인쇄의 생명력

인쇄 5.0세대

인쇄의 생명력

인쇄 5.0세대

조용국 지음

한국학술정보㈜

추천사

인쇄는 인간을 떠나서 존재할 수 없다. 인쇄는 문자를 발명한 이래 반세기를 지탱해 온 유일한 제조산업이며, 문화를 포함하고 있는 복합적 산업이다. 세계 최초로 금속활자를 발명한 민족적 자긍심을 우리나라 외 어느 국가도 가지고 있지 못하다. 그럼에도 아직까지 이 훌륭한 국가브랜드가 세계화에 뿌리 내리지 못하고 있다.

18C 산업혁명 이후 선진국들은 인쇄물을 이용한 대량생산, 대량보급으로 세상을 점령했다. 우리나라도 다소 늦은 1970년대부터 인쇄장치를 경쟁적으로 확장한 결과, 인쇄인프라는 최첨단 시스템으로서 질적·양적으로 전혀 손색없는 천문학적 생산능력을 확보하고 있다. 그러나 투자 대비 국내의 좁은 시장에 발목이 잡혀 있어 우리 인쇄업계가 해결해야 할 숙명적 과제가 크다. 그동안 업계 진단이 부족할 수밖에 없었던 어두운 환경에서 인쇄시장의 전체 정보를 파악할 수 없었음도 당연하다.

2012년 3월 본인은 인쇄조합연합회 회장을 취임하면서 해결해야 할 많은 현안문제가 있음을 통감하고 있다. 우선 국내의 좁은 인쇄시장을 넓혀야 하고 긴급히 세계시장으로 확대할 수 있는 프로그램이 필요하다. 이를 위해서는 인쇄영역을 넓혀야 하고 신기술 개발도 시급한 실정이다.

다행히 오랫동안 미래인쇄인 차세대 인쇄기술 개발을 줄기차게 주창해 오고 있는 한 분이 계시다. 바로 전(前) 대한인쇄연구소 조용국 소장이다. 그는 특강과 칼럼 등을 통해 '종이인쇄의 한계 극복을 위해 다양한 소재를 이용한 기술 확대'를 주장해 왔다. 또한 기존 인프라를 이용한 나노인쇄와 특수인쇄 개발, 그리고 우리의 자산인 인쇄산물의 디지털화, 시장을 선도하는 컬러의 산업화 등 다양한 경영기술을 계속해서 제시하고 있다. 뿐만 아니라 발 빠르게 변화하는 글로벌 시대의 고급정보와 이를 인쇄산업에 적용시킬 수 있는 구체적인 비전과 변화상을 전달하기 위해 많은 자료를 정리해 오고 있었다.

이러한 끊임없는 연구 속에서 그는 10여 년 전부터 전자여권시대가 열리고 시큐리티 시장변화를 예견하여 수입대체효과에 필요한 RFID(여권, 스마트카드)가 국내 인쇄문화산업에 미칠 영향과 기회를 제시한 바 있다. 현재 전자여권이 확대되고 보편화된 상황에서 보면, 인쇄 관련 산업을 바라보는 관점이 상당히 혁신적이었음을 알 수 있다. 이에 대해서는 인쇄기술로 제조하는 방법까지 책을 통해 확인할 수 있다.

또한 이 책에서는 '금속활자'의 중요성과 인쇄역사도 심층적으로 정리하고 있다. 자본주의와 인쇄5.0세대의 접목도 시도하였다. 이처럼 문화·기술·산업 등 인쇄의 모든 영역에서 과거−현재−미래에 걸친 활자로드를 분석하고 있고, 구체적인 비전을 명시하고 있다.

뿐만 아니라 2008년 "drupa" 흐름을 통해 세계의 인쇄산업의 변화에 대응할 수 있도록 시급히 인쇄산업의 현실을 진단해야 하고, 인쇄도 산업 간 울타리를 허물어야 한다고 주장한 내용들이 보고서에 포함되어 있다. 또한 현재의 인쇄산업을 객관적인 눈으로 바라보고 업계에 구체적으로 변화시킬 여러 가지 패러다임을 여러 항목에서 조목조목 제시하고 있다.

『인쇄의 생명력(力)』이라는 제목을 통해 그가 생각하는 인쇄는 '계속 성장하고 있는 소프트한 문화유기체'라면서, 영원히 존재할 수밖에 없는 유일한 산업임을 강조한다. 늦었지만 몇 년 동안 인쇄산업을 위해서 항시 주장하던 이야기들을 책으로 펴내는 것에 고맙고, 다행으로 생각한다. 지금에 와서 아주 시의적절하고 꼭 필요한 정보로서 많은 인쇄인들에게 필요할 것으로 사료된다.

책은 미래시장을 개척하기 위한 많은 혜안(慧眼)을 담고 있다. 이 책은 디지털시대에 인쇄업계가 뛰어넘어야 할 많은 과제를 집어내고 그에 상응한 아이디어도 소개하고 있어 젊은 인쇄인들에게 꼭 권하고 싶다.

이제 더 넓은 세상을 향해 뛰어야 할 때이다. 그동안 새로운 비전과 열정을 함께 나누어 주신 많은 분들께 감사드린다.

대한인쇄정보산업협동조합연합회 회장
고수곤

추천사

　　인쇄산업은 장치 기반의 제조산업으로서 기능적인 측면과 문화산업으로서의 무형의 가치를 포함하고 있는 포괄적인 산업이다. 이러한 인쇄산업은, 대한민국이 1377년 세계 최초의 금속활자 인쇄본 '직지'를 발간했다는 민족적인 자긍심과 함께, 한국을 대표하는 산업으로 한때 자리매김하여 왔음은 누구나 인지하는 사실이다.

　　그러나 현재의 우리나라 인쇄산업은 과거의 위상을 찾지 못하고 내수에 의존하는 정체된 산업의 모습으로 나타나고 있다. 새로운 산업으로 거듭나기 위해서는 변화하는 산업 환경을 적극적으로 받아들일 뿐만 아니라, 다양한 디지털 기술들과 접목하여 또 다른 사업 영역을 개척하는 등의 끊임없는 자기 혁신이 요구되고 있는 실정이다.

　　이 책의 제목은 『인쇄의 생명력(力)』으로, 인쇄5.0세대 부제를 달고 있다. 조용국 전 인쇄문화산업진흥위원회 위원께서 인쇄산업의 발전을 위한 변화와 혁신의 방향을 놀랍도록 정확하고 예리하게 제시한 칼럼들을 모아 단행본으로 발간한 것이다.

　　그는 서울신문사 출판사업국장과 (재단법인)인쇄연구소 소장을 역임하면서 쌓은 다양한 경험과 인쇄산업 전반에 관한 탁월한 이해를 바탕으로, 잡지 『인쇄문화』에 2006년 1월부터 현재까지 6년여에 걸쳐 총 70여 편의 칼럼을 집필하였다. 칼럼의 제목들만으로도 충분히 느껴지겠지만 끊임없이 변화하고 있는 인쇄산업과 그를 둘러싼 환경의 변화, 진보된 기술들이 인쇄산업이 미치는 영향을 분석하고, 이를 토대로 인쇄산업이 나아가야 할 방향을 날카로운 통찰력으로 제시하고 있다.

　　이 책을 통해 독자는 인쇄산업이 시대의 변화와 함께 다양화되고, 그 용도 또한 대단히 포괄적으로 변화하고 있음을 이해하게 되고, 아울러 앞으로의 인쇄산업의 발전방향을 가늠해 볼 수 있는 단초들을 제공받을 것이다.

본인은 지식경제부 지원사업인 "지역연고산업 진흥사업 차세대 프린팅 산업의 기반 구축 사업"의 수행을 위한 연구책임자로서, 당시 인쇄연구소 소장을 맡고 계셨던 조용국 위원과의 만남을 통하여 참으로 많은 조언과 도움을 받으면서, 조 위원께서 인쇄산업계의 진정한 opinion leader, vision provider임을 확신할 수 있었다.

그가 이 책을 통하여 제시하고 있는 인쇄업계의 현황 분석과 진로에 대한 제안들이 우리나라 인쇄산업이 세계적인 경쟁력을 제고하고 그 위상을 높이는 데 일조할 것임을 믿어 의심치 않는다.

동국대학교 공과대학장
이의수

서문(序文)

'인쇄가 세상을 점령한다'라는 말은 오늘 세대에서 느끼고 있는 한 장면이다. 이것이 관세음(觀世音)이고, 현실이다.

인간은 누구나 태어나면서 기본 욕구 중 하나가 의사소통이라고 한다. 소통의 수단으로 문자를 만들고 이를 기록하기 위해 스스로 활자를 발명하고 오래 보존하기 위해 책을 만들어 사용한다. 인쇄술의 공헌은 이미 인류역사가 증명해 주고 있다. 인쇄를 통해 세상의 틀도 알 수 있는 것은 정치, 경제, 사회, 문화를 표현하는 데는 일정한 이(理)와 형(形)이 필요하기 때문이다.

인쇄는 사람을 떠나서는 살 수 없다고 하고, 모든 생활은 문화가 된다고 한다. 왜 활자가 세상을 뒤덮고, 왜 컬러가 세상을 뒤덮고 있는지 그 이유를 디지털이 보여 주고 있다. 이렇게 인쇄가 문화적으로, 산업적으로 세상을 점령하고도 활성화가 안 되고 있는지 이것이 문제이다.

이 문제를 풀어 보고자 함이 이 책의 조그마한 소망이다.

'인간과 인쇄'는 문화이면서 의식주(衣食住)이고 삶이다. 인간생활 속에서 인쇄는 현실이고 필수이다. 모든 사람들이 누구나 인쇄물과 인연을 맺고 있어 어머니가 보여 주는 많은 그림과 문자는 어린아이를 성장시킨다. 활자는 인간을 무지로부터 해방시키고, 자아를 눈뜨게 하고 지식과 정보를 전달해 준다. 한편으로 인쇄는 세상의 모든 재화(財貨)를 표현하고 있어 모든 산업의 요체로서 산업적인 측면과 문화적인 측면을 함께 가지고 있는 복합적(hybrid) 산업이라고도 한다. 디지털이 문자까지 인간의 생체 속에 기록시킨다 하더라도 5천 년을 지탱해 온 인쇄는 살아 있는 생명체로서 앞으로도 계속될 것이다.

이것이 '인쇄의 생명력'이다

세상이 변화함에 따라 인쇄도 진화하고 있다.

대공황 때도 부자들이 출현하고 저성장시대에도 새로운 기업은 나타난다. 전 세계가 공급과잉 중에도 막강한 경쟁자들은 계속 나타난다. 미래는 혼란이다. 알고 있고 믿었던 것들도 전혀 예상치 못한 홍수를 만날 수 있듯이 유능한 기업도 쓰나미처럼 쓸려 갈 수 있다.

오늘의 세계는 이제 고령화에 따라 20대 중심의 인터넷이 40, 50대로 이동하기 시작했고, 신문활자도 커지고, 대용량 데이터베이스 구축도 간단한 서비스로 해결되고 있다. 또한 21세기의 산업혁명이라고 하는 빅데이터(Big DATA) 시대가 출현하고 있다. 현실 공간의 주체인 인쇄와 가상공간과의 싸움이 시작되고 있는 것이다. 세상을 보는 방식이 바뀌고 있어 2011년에 전 세계에서 생성된 디지털정보량이 무려 1.8ZB(제타바이트)나 된다고 한다. 수많은 데이터들이 만들어 내는 무질서한 혼돈 속에 숨겨진 키워드를 발견하는 것은 매우 중요하다.

빅데이터는 현재 어떤 일이 일어나고 있으며, 앞으로는 어떤 방향으로 가야 할지를 예측하는 중요한 수단과 해답을 생성시키고 있다. 어쩌면 인쇄가 직면하고 있는 수많은 문제와 의문들에 답을 찾아 주고 있을 것이다. 혁신이란 끝나지 않는 여행이라고 한다. 그렇다면 변화와 혁신을 어떻게 이끌 것인가.

올해도 1월 말 스위스 동쪽 끝에 있는 조용한 산골 휴양도시 다보스에 세계를 움직이는 정치·경제분야의 최고경영자들이 모였다. '최상위 1%의 모임'이라고 불리는 다보스포럼은 매년 전통적으로 '1년 후의 경제전망'과 이슈를 논의하는 것이 관례이나 올해는 개막 세션의 주제부터 '20세기 자본주의는 21세기 사회에서 실패한 것인가'로 선정됐다.

결국은 성장도 필요하지만 공정한 경쟁과 삶의 질 향상을 위해 자본주의의 정비도 필요하다는 뜻을 암시하고 있다. 따라서 자본주의와 승자독식에 대한 비판도 갈수록 매서워질 것이라고 한다.

다보스포럼은 우리나라 기업들에도 적지 않은 화두를 던져 주고 있다. 특히 우리나라의 정부정책과 제도가 자본의 집적과 정보기술(IT)의 발전에 초점을 맞추고 있어 경제가 성장한다고 하더라도 아직 업종 간의 현실이 맞지 않아 산업 간 격차만 더 크게 벌어지고 있는 것이다.

이 어려운 환경 속에도 견뎌 내는 인쇄경영인들이 있다. 필자는 이러한 인쇄경영인들을 존경한다. 그들은 철인이기 때문이다.

인쇄산업이 가는 길에 보탬이 되고자 월간『인쇄문화』를 통해 많은 분들의 희망과 염려를 담았고, 폭넓은 인쇄시장을 그때그때 사안별로 진단하고, 미래를 준비하고자 점차 다가오고 있는 차세대 인쇄기술을 업계의 대안으로 제시한 바 있다.

이 책의 내용은 필자가 모은 칼럼을 근간으로 한바, 다소 시의(時宜)에 한계가 있을 수도 있고, 치기(稚氣) 어린 주장일 수도 있다. 아쉬움이 있다면 실전적 전문성을 극복하지 못한 점이며, 많은 기자재 메이커가 갖추고 있는 훌륭한 기술을 일일이 소개하지 못함이다. 많은 관심과 질책이 있기를 바란다. 그동안 배려해주신 월간『인쇄문화』사장님과 임직원에게 감사드린다.

마지막으로 인쇄를 사랑하는 사람으로서 드리고 싶은 말씀이 있다.

‘그래도 인쇄는 미래가 있어 행복하다.’

조용국

목 차

제1장 인쇄는 살아 있는 생명체이다(기술)

제2장 인쇄5.0세대(역사)

제3장 인쇄가 신대륙을 발견한다(디지털)

제4장 인쇄경영에 문화유전자를 심는다(경영)

제5장 컬러 경영시대(컬러)

제6장 녹색성장과 하이브리드 인쇄산업(환경)

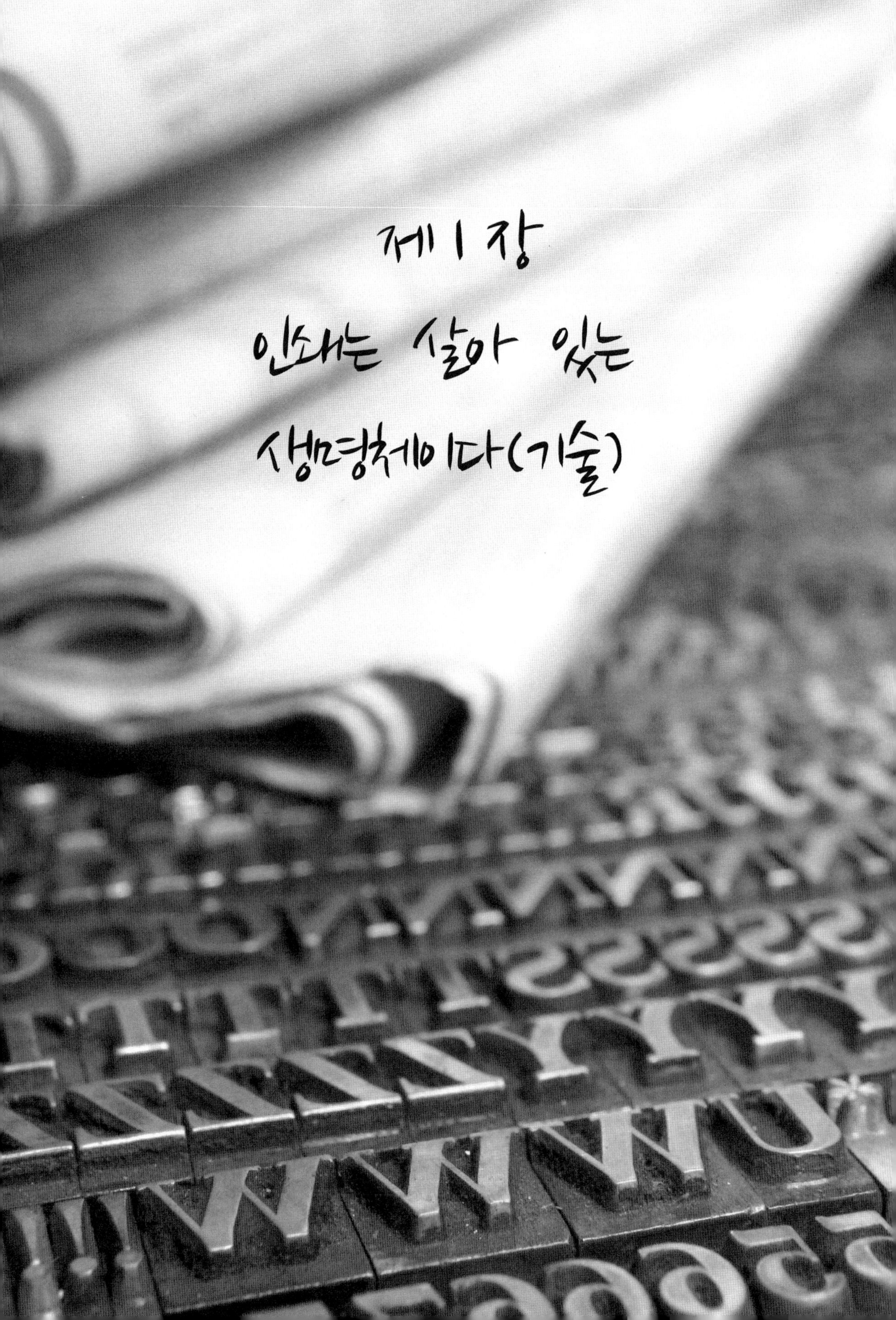
제1장
인쇄는 살아 있는
생명체이다(기술)

인쇄는 살아 있는 생명체이다

일본 대지진의 여파로 전자부품 생산패턴이 바뀌고 있다.

세계적 기업들이 한국산 부품소재로 눈을 돌리고 있는 것이다. 특히 스마트폰 같은 모바일 기기에 필수적 부품인 연성 인쇄회로기판, 박막형 구리기판 필름 등에 대해 전통적인 부품소재 강국인 일본에서 정상적인 부품 구매가 어려울 것으로 예상되자, 신흥 소재 강국인 한국으로 공급량 확대요청이 잇따르고 있다. 이제는 산업의 흥망성쇠도 기업의 경영과 기술문제뿐 아니라 지구환경도 고려하지 않을 수 없게 되었다.

책을 흔히 살아 있는 생명체라고 한다. 활자에서 발하는 신호를 통해 인간과 호흡하고 있기 때문이다. 책은 인쇄를 통해 만들어진다. 세상을 소통하는 생명체인 모든 모바일 통신기기들도 사람의 손안에서 편이하게 쓰도록 더 가볍고 더 얇게 만들다 보니, 핵심부품도 박막화되어 인쇄기술을 이용하는 경우가 많아지고 있다. 따라서 살아 있는 생명체가 책뿐만 아니라 모바일, 나노기판으로까지 확대되어 가는 과정이다.

이미 아날로그에서 디지털로 전환되면서 책 속에서만 담아 오던 문화가 활자와 종이의 변화로 음향, 컬러, 그림이 합하여 멀티미디어를 스크린에 표현하기 시작하고 있다. 디지털화된 활자는 날개를 달아 활동의 범위가 끝이 없다. 책이 물리적 실체가 아닌 살아 움직이는 바이러스처럼 퍼져 책의 주인과 관계없이 지식의 공간이 넓어지고 있어 기준과 가치가 혼동 될 수도 있다. 문제는 아날로그의 생활 속에서 또 하나 무한대로 커지고 있는 네트워크 디지털이 눈앞에 전개되면서 정보와 미디어를 사고파는 방식이나 생활하는 방식이 아날로그적인 것과 디지털적인 것으로 양분되고, 사람들도 아날로그식 인간과 디지털식 인간들로 분열되고 있다. 정보화 시대 초고속 광케이블이나 무선인터넷을 통해서 책을 보고 천 리 밖 소식을 보면서도 벽 하나 사이에 살고 있는 옆집 사람들이 무엇을 하는 사람인지도 모르는 무정함 때문에 편리한 디지털 시대에 와서도 전통의 아날로그에 대한 그리움을 잊어버릴 수 없다.

예로부터 책은 감촉과 소리 그리고 냄새와 체온이 있는 살아 있는 생명체라고 했다.

1100년 전 일본땅 헤이안(平安) 시대 한 궁녀는 책을 놓고 육감적으로 '종이냄새'는 여인의 피부향기이고, 검은 먹(墨)은 윤기 나는 머릿결이라 표현했다는 이야기가 재미있다.

장장 1200년을 습기 찬 석가탑 속에서 말끔한 상태로 견뎌온 두루마리 불경이나, 몇백 년간 컬러가 바래지 않는 조선왕실의궤를 보면서 이처럼 종이는 천 년을 살아오고 있지만, 과연 디지털을 담는 그릇인 오늘의 합금소재가 얼마의 세월을 견딜까?

일시에 전기와 배터리를 없애 버린 일본지진은 우리에게 많은 것을 알려 주고 있다. 지진피해가 컸던 일본의 미야기(宮城) 현에 육필로 쓴 벽신문(壁新聞)이 등장했다. 과거 중국 공산당의 대자보(大字報), 로마시대 카이사르의 벽신문은 전력을 필요로 하지 않는다. 시공을 초월한 소통혁명이라도 인터넷과 방송은 에너지가 끊기면 더 이상의 생명체가 아니다. 그러나 종이와 인쇄는 에너지와 관련 없이 살아 있는 생명체이다. 책은 인터넷이 아니라도 강물이 흐르는 것처럼 움직이고 책을 따라 움직이는 사람들과 함께 살고 있다.

1866년 프랑스에서 약탈해간 외규장각 도서 297권이 145년 만에 1차분 75권을 포함하여 4차에 걸쳐 돌아온다. 또한 일본 궁내청(宮內廳, 왕실 담당행정기관)에 보관돼 있다가 반환되는 한국도서는 총 150종 1,205책으로 조선왕실의괘(朝鮮王室儀軌) 167책, 대전회통(大典會通) 1책, 증보문헌비고(增補文獻備考) 99책, 이등박문(伊藤博文)이 반출한 도서 66종 938책이 생생히 살아서 돌아온다. 어느 곳에 있든 세월에 관계없이 견디는 것이 인쇄된 책이다.

강원도 원주 치악산 고판화박물관에서 '판화로 보는 불화의 세계' 특별전이 4월 21일

개막했다. 한·중·일·티베트·몽골 등의 불화판화 80여 점을 전시했다. 중국 최고의 초상화가 염립본(閻立本, 601~673)이 그린 양유관음도(楊柳觀音圖) 목판은 세계적으로 희귀한 작품이다. 중국 문수보살 신앙의 본거지이면서 신라 자장율사가 신인(神人)을 만났다는 오대산을 묘사한 판화로, 원주 치악산 명주사 고판화박물관에 소장하고 있다. 이 박물관이 주최하는 '판화로 보는 불화의 세계' 기획전 출품작 중 하나다. 예로부터 원본 불화는 지배계층의 것이지만 판화는 인쇄본으로 대량생산이 가능하여 서민들의 생활 속에 신앙의 매체물이 되었다.

문화란 참으로 질긴 것이다. 디지털이 청소기처럼 무서운 힘으로 아날로그적인 문화를 빨아들이고 있지만 오래 지내 온 음식처럼 그 식성은 좀처럼 쉽게 변하지 않는다. 살아 있는 모든 생명체가 하듯이 인쇄도 종족본능과 다음 후대를 위해 부단히 노력해 왔다. 숨이 멈추면 죽는다. 인쇄는 5000년의 세월을 견디어 오면서 18세기 산업혁명을 기점으로 인쇄매체를 대량으로 생산할 수 있게 하는 기틀이 마련되었다. 밀레니엄 시대에 진입하면서 지식과 정보의 대량생산은 세계화로 이어져 보급과 이용이 폭발적으로 확대되고 경제적 호황도 최고의 수준에 도달하게 된다. 이로 말미암아 지금에 이르기까지 서적과 신문, 잡지는 대중매체로서 확고한 지위를 지키고 있다. 그러나 정보통신과 디지털이 등장하면서 독점적 지위를 점차 상실하기 시작하고 있다. 매체 간의 무한경쟁이 시작되자 인쇄매체의 약점이 나타나고 속보성, 시각적 효과, 흥미 등에서 영상 매체에 뒤질 수밖에 없다.

컬러를 생명으로 하는 광고시장도 힘겨운 싸움이 계속되고 있다. 그뿐 아니라 포장시장 역시 새로운 기능성 소재 출현과 재투자 요구에서 자본과 기술적 판단이 인쇄인 한 사람만으로는 해결할 수 없는 문제에 봉착했다.

또한, 제2산업혁명으로 불리는 혁신사업인 태양광 전지, 2차 전지, 박막 트랜지스터 등이 인쇄기술을 이용하기 시작하면서 다급해진 측면도 있다. 매체 간 무한경쟁이 시작되고, 뒤따라 산업 간 무한경쟁도 피할 수 없게 되었다. 전통적 기술과 경영적 사고로는 미래가 불안하다.

또한, 인쇄산업과 관련된 학계도 역시 전통적인 기술공정에 관한 연구만을 답습하고 있다. 전통적 기술투자는 중복투자의 염려가 있고 새로운 시대에 맞는 신기술 개발에는 무심하고 두렵다. 인쇄업체의 생존에 필요한 품질 향상이나 경영적 기법도 판매 증가와 가격 향상에는 큰 효과를 발휘하지 못하고 있다.

21세기의 새로운 정보환경에 적응할 수 있도록 인쇄산업이 새로운 경영모델을 발굴하고 허약한 체질을 개선함으로써 국제사회에 '직지'의 위대함을 인정받을 수 있도록 해야 할 것이다.

오늘날 많은 기업들이 '위기' 운운하며 분주하게 변화를 시작하지만 은근과 끈기가 부족한 것도 현실이다. 막대한 장비를 투자하면서도 정작 사소한 것들을 소홀히 하여 기업들이 기회를 찾지 못하고 있다. 사소한 기술에서 새로운 신기술 사업이 창출될 것이 많으나 현실적으로 눈을 돌릴 겨를이 없다. 오늘날 무한경쟁에 놓여 있는 기업이 생존하려면 어쩌면 더 작은 것에 길이 있을 수 있다.

인쇄는 살아 있는 생명체이다. 모든 생명은 살기 위해서 과거와 오늘 그리고 미래로 이어 가고 있고 동, 서, 남, 북을 소통하고 움직이고 있다. 인쇄도 윤회(輪廻)하는 중이다. 오늘의 칼럼에서는 제2의 부흥을 위해 다음 몇 가지를 짚어 볼 것이다.

① 상생협력 문화를 이해하자.

② 지극히 사소한 기술에 기업의 운명이 달려 있다.

③ 고객서비스는 100점 아니면 0점만 존재한다.

④ 최고의 직원을 만든다.

1) 상생협력 문화를 이해하자

자연의 모든 사상(事象)은 둘로 나뉘어 있어서 하나는 다른 것으로 완성시켜야만 하는 반쪽에 불과하다. 안과 밖, 남자와 여자, 주관과 객관, 하드웨어와 소프트웨어 등 만상의 전체적인 시스템은 '역경(易經)'의 음양(陰陽) 변증법(辨證法) 원리에 의하여 모든 사물과 업(業)이 움직이고 있다. 기본적으로 기업이 성립하기 위해서도 상생과 협력이 필수조건이다. 자연의 생태계와 인체를 비롯한 생물 유기체, 심지어 기계까지도 상호 의존적 관계가 특징이며, 전체가 변하면 부분에도 변화가 일어나고 한 부분에 문제가 발생하면 다른 부분은 물론 전체에까지 문제가 생긴다. 다분히 변증법적(辨證法的)이다.

요즈음 영업시장에서 치열한 경쟁과 가격파괴가 심각하다. 연고 판매의 확률이 줄어들고 있다. 즉, 과거식 협력적 방법이 한계에 부딪히고 있는 것이다. 정보기술 사회로 진입하면서 새로운 스타일의 기술협력 시대로 변하고 있기 때문이다. 협력이라는 용어는 같지만, 상생의 상대성이 생태적으로 변하기 때문이다. 특히 생물 유기체는 자기의 이익에 필요한 대상물을 주고받는다. 종적 사회구조는 일방적 협력으로도 자기 방어가 가능했으나 현실은 종적 구조는 점점 사라지고 네트워크화됨으로써 상호 협력 대상도 관계의 연고에 앞서 상생(윈 – 윈)으로 나타나기를 기대하기 때문이다.

협력과 상생이 중요시되는 가장 기본적인 이유는 갈등을 없애고 함께 일을 꾸미고 만들어 가는 합작의 편의성이다. 모든 기업이 목표달성이라는 의무가 주어지면서 당분간 이러한 형태의 상생은 계속될 것이다. 인쇄기업은 이를 위해 협상기술을 개발하여야 하고, 새로운 생태계에 적응하도록 부단히 개발하여야 한다. 사소한 기술이라도 발굴하여 신상품을 만들어 고객관리를 통해서 제안서(presentation) 작성과 과감히 발굴된 상생업체를 찾아나서야 한다. 앞으로 상당기간 기술 제안서 수주방법이 유행되고 협상의 규칙도 변화될 것이다. 고정적인 자원을 나누려는 배분식 교섭(distributive bargaining)은 어느 한편이 이기고 지는(win – lose) 상태를 결과하지만, 통합형 교섭(integrative bargaining)은 한 가지 이상의 해결방안을 찾아 상호 간 상생(win-win)하는 **상황을** 조성하려 한다. 이를 위해 이미 오래전에 대한인쇄연구소는 영업개발의 중요성에 대한 교육을 시행한 바 있다.

오늘날 인쇄업은 더 이상의 제조업이 아니다. 정보통신 시대에는 소위 고정거래처라는 성벽은 없다. 신속하고 정확한 인쇄물을 절실히 필요로 하던 업체들이 그 예산을 돌려 새로운 매체에 접근하고 있기 때문이다. 과거의 상생 협력 방법이 완전히 바뀌고 있기 때문이다. 그저 오늘 하루라도 기계를 돌릴 수 있다면 하고 찾아 나서는 목마른 심정도 오늘의 현실이다.

더 이상 제조업의 개념에서 생각해서는 안 된다. 수요창출은 고사하고 수요변화를 잡아 정지할 수도 없는 변화 속에서 다각적으로 보유한 기술력과 아주 사소한 기술까지 찾아 고도의 서비스업 개념으로 바꾸어야 한다. 인쇄기술이 한 가지에 너무 착실한 제조공정만으로 해결하는 사고에서 여러 형태의 정보로 교환되고 변환시키는 새로운 영역으로 개편되어야 한다. 과거 인쇄회사 밑에 화공업체로 주문에 의존하던 소규모 디자인 업체들은 새로운 발상인 제안서 수주 전략으로 과감히 개발하여 오늘날 인쇄업 입장에서는 주종이 바뀌고 있는 경우가 많다. 인쇄는 상생과 협력을 해야 하는 산업이다. 인쇄공장 내부에서 사소한 기술을 찾아보자.

2) 지극히 사소한 기술에 기업의 운명이 달려 있다(주변 돌아보기)

컬러와 정밀인쇄 그리고 고해상도를 표현하기 위한 가장 최고의 기술은 지금까지 오프셋인쇄 이외엔 출현하지 못했다. 여기에 고속성과 품질관리 그리고 경제성도 마찬가지이다. 초정밀과 극세인쇄기술은 반도체를 인쇄하는 장비도 이를 따를 수 없다. 이러한 최첨단 기술이 일감과 가격에 시달린다 함은 이해하기도 어렵다. 최첨단 반도체장비보다 단위별로 보면 인쇄장비가 몇 배 이상 고가다. 나노의 소재만 개발된다면 반도체도 생산할 수 있다. 이해하기 황당할 수 있지만 현실이다. 인쇄사가 가지고 있는 장비인쇄기, 제본기, 사진 관련 장비, 디지털인쇄기 등의 지극히 사소한 기술에서 크고 작은 많은 산업이 생성되고 있음은 현실이다.

주변을 돌아본다. 새로운 기능물질이 많이 개발되고 있다. 주로 코팅인쇄를 통해 많은 종류가 탄생되고 있다. 그러나 신상품에서는 정밀성과 품질관리에 어려움이 있어 외국기술에 밀리고 있는 부분도 있다.

스마트폰의 LCD와 터치스크린의 스크래치 필름이 국산을 능가하고 있지만, 필름을 펀칭하는 기술은 국내기술이 우수하다. 외국산 필름은 금속성 충격을 받을지라도 흠집을 방어한다. 내구성과 방습성이 뛰어나다.

아직 우리나라의 필름은 오래 사용하려면 손의 땀이나 채취가 필름을 통과하여 기능을 상실하기도 한다. 같은 인쇄장비와 적응기술을 갖추고도 새로운 시장에 호기심이 약하다. 남이 해야 따라 하는 안전습관에 준비되지 않은 급한 개발로 금속의 나노화, 잉크 소재와 코팅의 열처리와 속도 시간 등 많은 데이터는 상당한 시간을 가지고 준비가 필요하나, 우리나라의 특이한 철학은 평소에 준비보다 벼락치기 시험 공부식 상품은 여러 가지 낭비가 많을 수밖에 없다.

언젠가 세계 최고 제품이 나올 때면 또 다른 새로운 스타일이 시장을 점령할 수도 있다는 데 대한 기업의 의욕상실 원인이 될 수도 있을 것 같다. 그러나 국내 몇 개 업체들도 진입한 곳이 있다. 외국 업체들도 필름코팅은 오프셋, 그라비어, 플렉소, 잉크젯, 실크스크린 등 UV를 이용한다.

요즈음 자연치유 요법이 유행하고 있다. 약을 먹는 것보다 피부를 통해 약물을 흡수시키는 테이프는 제조공정상 그야말로 인쇄기술이 으뜸이다. 이를 수행하는 제약회사의 수입 고가품 전용장비임을 고려하여 볼 때 경제성이 충분한 인쇄기업의 제안으로 상생하는 협력문화가 필요하다. 이를 위해 인쇄공정 기술에 사소한 부분을 들여다보면 투자 없이도 상생할 수 있는 길이 많다. 또 한편 컬러치료술이 효과를 보면서 맞춤형 컬러용지의 관련 색깔은 인쇄만이 가능하고 장점이다. 스티커형의 컬러펀치는 신경통의 혈자리에 붙여 놓으므로 치료가 되고 있다. 전자파를 막는 소재에는 나노물질이 같이 개발된다면 오프셋 기술 이상 합당한 것이 없다. .

미래 한국을 먹여 살릴 5대 신산업 중에 박막 태양전지도 들어 있다. 알고 보면 인쇄기술은 접근성이 너무 쉽다. 기초과학 용어에는 우리 인쇄가 조금 설하기는 하다.

그동안 본지 칼럼에서 여러 가지를 소개한 바 있지만, 너무 빠르다. 세계 연구기관들의 사이트(web-site)는 앞다투어 신기술상품들을 계속 소개하고 있다. 카이스트가 개발하고 있는 '스마트파스'는 근육통에 파스를 붙이듯 심장 근처에 부착하여 심장상태를 체크한다. 안테나회로와 칩이 내장된 스티커이다. 인쇄기술과 궁합이 맞다.

영국에서 개발 중인 사례에서 보듯 화폐나 수표에 전자칩을 삽입하여 위조를 완벽하게 방지하려면 합지와 펀칭기술이 필요하다. 인쇄기술 응용은 나노소재를 직접 생산하지 못하더라도 생산된 소재를 종이처럼 구매하여 인쇄하여 제본하면 되는 것도 있다. 과학자들은 후가공분야의 전문가가 아니므로 해당 연구 전문가들에게 도움을 줄 수 있는 훌륭한 인쇄기술의 제안사업도 될 수 있다.

스마트폰 컬러의 웃지 못할 이야기도 있다. 아이폰4가 화이트를 출시한다고 마케팅을 하고 있다. 그전까지는 블랙 컬러만 출시되었다. 이는 전파의 흡수능력과 관련이 있다고 한다. 국제학술지『네이처 포토닉스』지는 다음과 같이 밝혔다. 서울대 전기공학부 권 교수가 나비의 날개나 딱정벌레의 껍질과 같은 컬러의 특성을 이용하여 휴대전화의 색깔을 수시로 바꿀 수 있는 나노입자 잉크(M-ink)를 개발해 인쇄 후에도 색상을 자유로이 바꿀 수 있게 될 예정이라는 것이다.

이러한 모든 것들이 인쇄에는 하나의 기회일 수 있다. 에너지 절약 기술 중 하나로 미국의 MIT 재료공학부 학생들은 지붕의 색깔을 계절에 따라 자유자재로 색깔을 바꿀 수 있는 카멜레온 타일을 개발, 열에너지를 절약한다고 한다. 인쇄의 다층인쇄 기법으로 지폐를 흔들면 그림이 움직이는 것도 지폐에만 사용해야 하는 법이 없다. 미국 내 대학들의 경쟁적 아이디어 창조는 인쇄 미래에 고무적인 희망을 주고 있다. 그들은 우리를 기다리고 있다.

3) 고객서비스는 100점이 아니면 0점만 존재한다

- 스스로 완벽하다고 생각하며 고객서비스를 소홀히 한다면 기업은 당장 변해야 한다. 그렇지 않으면 오만이라는 유리창 때문에 자멸할 것이다.
- 영업실적이 떨어지고 비즈니스가 전만 같지 못할 때는 고객을 탓해 봐야 소용이 없다. 이 시점이 고객에게 최상의 경험을 제공하기 위해 애써라.
- 당신이 고객보다 똑똑하고 전문성이 있다는 생각을 버려라. 당신의 비즈니스에 대해 설명하려 하지 말고 고객이 설명하는 말에 더 귀를 기울여라.
- 테이프를 붙여 놓는다고 깨진 유리창이 수리되는 것은 아니다. 빠르게 그리고 깨진 유리창을 제대로 유리창을 수리하라.

(마이클 레빈의 『깨진 유리창의 법칙』에서)

오프셋인쇄의 신비
-그것은 100년의 역사이다-

지금으로부터 100년 전 최남선은 그의 나이 19세에 『소년』을 창간(1908년 11월)했다. 당시로서는 상상을 할 수 없는 문화적이고 역사성 있는 기획과 컬러를 이용하는 디자인, 그리고 사진을 많이 사용할 줄 아는 인쇄경영자로서 근 현대를 통틀어 찾아보기 힘든 "경이로운 사건"이라고 생각한다.

당시 최남선은 한반도를 호랑이에 비유한 지도를 최초로 고안하여 『소년』 창간호에 실으면서 호랑이를 민족의 상징으로 형상화하면서 소년들에게 "맹호가 발을 들고 허위적거리면서 동아 대륙을 향하여 나르난 듯 뛰난 듯 생기 있게 할퀴며 달려드는 모양"이라고 호랑이 지도를 설명했다.

또 다른 발견으로 "육전소설"은 기획의 참신성도 놀랍고, 열정과 시대적 소명의식까지도 느끼게 된다. 당시의 딱지본(단행본) 가격이 20~30전이었던 시절 최남선이 "육전"을 받겠다 했던 것은 무모하고도 신선하다. 잡지나 딱지본에 수록되는 모든 글을 혼자서 썼고, 편집, 디자인 역시 그가 다 했으며 컬러 인쇄까지 직접 했다. 당시 "신문관"이라는 인쇄출판사는 오늘에 전달은 안 되었지만 최남선의 열정과 창의성은 오늘에 전달되고 있다. 100년 전 최남선은 오프셋인쇄를 이해하고 있었다. 그때부터 오프셋인쇄의 신비는 시작되었다.

오프셋인쇄로 표현되는 컬러는 이 지구상에서 그 어떤 기술로도 이를 따를 수 없다. 수많은 인쇄기술의 진화와 창조의 산물이다. 인쇄는 빛의 산업이고 소재의 산업이다. 미디어의 HD컬러도 인쇄컬러를 능가할 수 없다. 따라서 우리는 지나온 100년을 주목한다.

미국의 GAFT(Graphic Arts Technical foundation)의 발간자료에서 오프셋인쇄의 역사를 간략히 소개하고 있다. 1798년 법률가이며 극작가인 알로이스 제네펠더(Senefelder, Johann Nepomuk franz Alois)는 석회석판에서 평판인쇄를 발견하게 되고 19세기 들어 스팀엔진이 상용화되면서 인쇄기의 자동화가 시작되었다. 19세기 당시는 블록 판(활판)인쇄가 유행되고 있었으며 미술품, 포스터 등 한정된 범위에서 평판인쇄기가 이용되고

제1장 인쇄는 살아 있는 생명체이다(기술)

있었다. 1900년도에는 사진제판기술과 접목하면서 오프셋인쇄기가 발명되고 1904년경에 이라루우벨(Rubel, Ira Washington)은 고무시트를 탑재한 윤전인쇄기까지 발명하게 된다.

1930년대 중간부터 사진화보와 잡지가 유행이 시작되고, 특히 『LIFE』 잡지는 우리 기억에 생생하다. 이러한 사진잡지들은 오프셋인쇄기 개발에 많은 공헌을 했다. 사회적·경제적 팽창으로 단시간에 많은 양을 인쇄해야 하는 상업적 요구와 우수한 컬러 재현 능력 때문에 오프셋인쇄는 블록판인쇄기에 판정승하면서, 양면을 동시에 인쇄할 수 있는 B-B타입의 인쇄기까지 개발하게 되고, 1969년부터는 수요가 폭발하여, 컬러표현에 눈부신 발전은 광고시장에서 제2의 산업혁명을 만들었다. 비즈니스 폼(business form)분야에서 채택은 사무용품 및 사무자동화에 크게 기여하게 된다. 인쇄속도에 맞추어 후가공 장치산업은 넘버링, 펀치(punch), 인프린트 장치로 발전되면서 M/S테이프가공은 금융·항공분야에서 엄청난 공헌을 하고 있다.

품질과 가격이란 경쟁요구가 생기면서 디지털을 이용한 인쇄공정의 단축 등 새로운 미래기획은 끝이 없다. 최근 일본 인쇄회사 DNP(www.dnp.co.jp)는 3차원 다이나큐브(DynaCube 3D) 인쇄를 개발했다. 종이 인쇄물에서 입체감과 움직임을 느끼게 하자는 것이다. 렌티쿨라 방식처럼 영상처리기법을 응용, 인쇄물에 비친 반사광선의 움직임을 재현하는 인쇄기법을 오프셋인쇄에 연동시켜 개발했다고 한다.

세계미래학회는 "2010년 이후의 미래전망"에서 3차원 프린터로 물건을 제작하는 시대를 예견하고 있다. 프린터에 종이 대신 합판물질을 넣고 책상도면을 인터넷에서 골라 인쇄로서 책상을 조립할 수 있는 합판을 찍어 내고, 금을 넣으면 금반지, 흙과 도자기, 개인 책자의 가내 생산 등 세계미래학회는 차세대의 인쇄를 대표 화두로 내세우고 있다. 오프셋인쇄의 신비가 100년의 역사를 표현해 왔다. 앞으로의 100년은 어떻게 표현할 것인가?

IT강국이 된 우리로서는 과거 서양에 넘겨주었던 인쇄기술처럼 다시 새로운 발명의 기회가 생기고 있다. IT와 접목시킬 새로운 인쇄기술이 필요하다. 오늘의 현실은 디지털 응용과 네트워크의 발전에 따라 프리프레스분야가 완전히 변화되었고, 인쇄공정과 후공정 그리고 환경도 디지털의 영향을 받아 크게 향상되고 있다. 고속자동화된 인쇄기, 편이성, 다양화한 재료, S/W 정보 등이 넘치고 있어 이를 이용하는 기술인력도 문제가 생기고 있다. 고속화 생산에 따른 새로운 안전수칙뿐만 아니라 경제적 검토와 분석이 따르지 못해 경쟁가격의 적합한 진단을 못하고 있는 것도 사실이다. 인쇄기술자의 새로운 숙련방법이 필요하고 영업마케팅 방법이 세계화해야 하는 것도 사실이다. 특기할 것은 전자화되고 있는 인쇄기계에 대하여 365일 상시 노력하고 있는 메이커 임직원들의 노고를 기억해야 한다는 사실이다. 필자의 경험으로 다른 나라에서는 우리나라와 같은 메이커들의 열정과 애정을 찾아볼 수가 없기 때문이다.

마지막으로 모든 인쇄기업이 관습화되어 있는 공장환경과 인쇄환경, 인쇄 전 준비, 보수점검 등을 과거의 경험에서 간과했던 것들을 생각해 보고자 한다.

1) 인쇄 전 준비

인쇄 전 준비란 인쇄완료에서 다음 인쇄시작까지 준비되어야 하는 모든 공정의 총칭이다. 인쇄준비에서 어떠한 작업을 하는가는 인쇄공장에 따라 다르다. 판을 장착하고 용지를 세팅하고 블랭킷의 밑 바르기 또는 재료를 준비한다든가, 종이, 잉크, 축임물도 준비한다. 색 바꾸기를 위한 용제류도 가까운 곳에 준비한다. 특히 기록을 위한 노트는 인쇄기계나 공구상자 옆 2, 3곳에 걸어 둔다. 급지장치에서 권치지의 단지(斷紙) 등에 대한 문제를 숙지해야 하고 매엽지의 포장상태, 습도, 정전기 등의 확인도 필요하다. 인쇄 유닛의 준비는 상당한 시간이 필요하다. 물을 포함한 용제 준비, 잉크장치의 각 롤러 세척과 색바꿈이 있을 때는 완전한 세척을 요한다. 용제로 지워지지 않는 고무 분도 깨끗이 세척한다. 축임롤러의 커버를 교환하는 데는 상당한 시간이 걸리기 때문에 항시 스페어를 준비한다. 인쇄판의 준비, 판의 정확한 위치결정, 블랭킷의 세척과 교환, 블랭킷의 냉암소 보관, 블랭킷의 교환 시엔 기본적 청소, 잉크와 축임물의 밸런스, 기계속도를 서서히 올리며 인쇄 계속 여부를 즉시 판단하여 손자율을 줄인다. 기계경험으로 상속(常速) 유지 데이터는 사람의 몫이다. 인쇄기의 일시 정지는 피할 수는 없지만 정지비용 발생이 만만치 않다. 각자의 역할에 따라 필요한 것을 기계 가까이에 준비되어야 손지를 줄일 수 있다. 결론적으로 인쇄속도와 경제성과는 반드시 비례하는 것은 아니다. 고속인쇄라고 해서 생산성이 좋은 것은 아니다. 종이와 잉크, 용제, 환경, 평균화된 기록일지와 기계속도의 상속유지가 생산성과 품질 향상에 기여한다. 장기간 고속생산 뒤에는 철저한 검산보수가 필요하다.

2) 계수(計數)와 기록

인쇄기 문제보다는 계수 때문에 낭비가 있는 것은 많은 경험으로 알고 있다. 인쇄와 제본 사이의 주고받음을 미리 예방한다 하여 필요한 접장 수보다 2,000~3,000부나 많이 인쇄하고 있는 것이 통례다. 손지율 관례가 1회의 비용절감으로 생각할 수 있지만 수천 종의 인쇄납품 후 막대한 손실금액이 발생되면 원인을 찾기가 힘들다. 인쇄공정의 표준화 프로그램이 없다 보니 모든 인쇄기 카운터가 본지손지의 구별 없이 모두를 카운트하고 있다는 데 주의해야 한다. 손지를 분간하여 세는 카운터는 아직도 없는 것 같다. 따라서 손지를 세는 것은 작업자가 할 일이다.

접장이 부족하게 되는 원인에는 두 가지가 있을 수 있다. 하나는 품질체크를 위해 잡아 뺀 접장의 부수까지도 포함되어 있는 경우다. 품질체크 후 접장은 휴지통으로 버리고, 그만큼의 수가 부족한 것으로 되는 것이다. 만일 1회에 3명의 작업자가 품질체크를 할 경우 그 빈도수에 따라 GAFT의 통계에 따르면 7시간 동안에 900부나 된다고 한다. 습관적으로 잡아 빼는 작업자도 있을 수 있다. 제본과정에서도 더러움이 묻어 버린 접장, 맞춤 불량, 접지 불량에서 발생하는 손지가 계수되지 않고, 당겨 뽑을 때에 생기는 실수 등이 카운터에 계수되지 못한다. 추리기 때도 마찬가지다. 계수와 기록을 위해서 핸드카운터(hand counter)를 두는 경우도 있었다. 접장을 뽑을 때마다 핸드카운터를 조작하여 부수를 기록한다. 그러나 개인마다의 기술 차이를 기계가 알 수는 없다. 잘못 세어서 납기와 품질에 문제가 되고, 추림 시에 회전된 접장의 사고 등 계수와 기록을 디지털 기술로 해결할 수 있는 시스템을 개발할 필요가 있다. 이러한 계수불량, 근본적 관행을 기록하는 것은 공장을 과학화하는 데 도움이 된다.

기록을 정확히 분석하면 자체 공장의 표준화는 스스로 생겨나는 것으로 볼 수 있다. 기록은 되도록 시간이 걸리지 않게끔 하여야 하며, 공정마다 파일형식을 이용할 필요가 있다. 기록은 모든 작업의 경영정보인 동시에 이후 작업에 대한 지침이 되며 손지의 결과를 나타내는 기록으로도 된다. 기록용 기입용지는 간결한 것으로 하되 영구보존을 원칙으로 한다. 바코드와 RFID기술도 응용할 수 있다. 기록데이터의 기본을 생각하면 사용기계의 성능, 러닝코스트(running cost), 인쇄적성 용지, 작업에 필요한 인원, 새로운 작업에 대한 견적, 인쇄상 발생되는 문제점, 개선해야 할 점, 손지량 비교분석, 자동계수장치의 조작성 및 부정, 예기치 않았던 로스타임(loss time) 등이 기록대상이다. 인쇄경영자는 기록을 인쇄공정의 일부라고 숙지시킬 필요가 있고, 자사의 ERP와 연동되어야 한다. 예를 들면 코트지와 매트지 때문에 블랭킷 세척회수, 용지두께 때문에 나타나는 인쇄중단 등 기록의 생성은 회사의 경영 개선에 많은 도움이 될 것이다.

3) 종이의 물리적 성질

종이의 구조는 다공질이다. 때로는 구멍의 용적이 50%에 달하는 경우도 있다. 일반적으로 종이는 두께, 강도, 표면의 성질에 의하여 정해지지만, 인쇄작업자의 의도에 의하여 종이결의 방향, 표리(表裏), 밀도 등도 인쇄에 있어서 중요한 요인이 될 수 있다. 종이의 결 때문에 결 방향으로 접지의 불편이 생길 수 있고, 찢어지는 경우도 있다. 또한 종이 유연성 때문에 생산된 상품이 효과를 발휘하지 못하는 때가 있다. 종이는 환경에 따라 수분을 흡·방출하는 성질이 있고, 롤러를 통과한 후 신축되는 경우가 많다. 만일 500선 이상의 고해상도 인쇄 시에는 절대적 영향을 미친다. 종이의 표리(表裏), 즉 표면[필드사이드(field side)]은 이면[와이어사이드(wire side)]보다 매끄럽고 조성도가 다소 다르다. 종이의 밀도는 단위 체적당의 중량으로 나타난다. 고해도(叩解度)가 높은 펄프나 친수성이 큰 펄프로 만들어진 종이는 높은 밀도를 가지고 있고, 다공성으로 두께가 있는 종이에서는 설령 개개의 섬유가 신축되어도 종이의 치수 변화는 크게 일어나지 않는다. 이렇게 종이의 밀도 때문에 인쇄물의 성질에 따른 종이 선택은 필수다.

종이가 유광 또는 무광이냐 하는 것도 시대에 따라 요구가 다르다. 윤전기에서 사용할 용지와 매엽기에서 사용할 용지에 따라 같은 모조지일지라도 평면성·함수량·내습성·인장력·내열성 등을 고려해야 하고, 연마재료에 따라 코트지와 비코트지에서도 윤전기에서는 파일링(pilling)이 발행한다. 그리고 S형 변형에 따라 표면박리현상도 종이 선택 때문에 나타난다.

마지막으로 종이의 성질에 따라 인쇄품질에 영향을 주는 인쇄적성을 보면 종이표면 때문에 색 재현, 광택, 전체적인 마무리 품질에 커다란 영향을 준다. 색조, 콘트라스트(contrast), 망점이나 통색의 균일성, 계조의 대소 등 많은 요인 때문에 지배되는 것도 확실하다. 오프셋 인쇄의 경우 인쇄판과 블랭킷 기술의 진보가 품질의 안정화에 기여했고, 망점의 재현 영역이 확대되어 우수한 계조재현성(階調再現性)이 이루어졌다. 종이의 색 같은 경우에도 컬러인쇄는 주로 백색지를 사용한다. 색이 붙은 종이는 컬러콘트라스트나 컬러밸류가 저하된다. 종이의 밝기도, 색과 같으나 전면균일을 요한다. 흠이나 얼룩진 부분은 컬러에 치명적이다. 그리고 평활도와 광택이다. 요즈음 LCD 디스플레이도 컬러표현을 위해 광택 성질을 이용한다. 물론 종이도 컬러인쇄는 도광지를 선호한다. 권취지 경우도 매엽지와 기본 성질은 비슷하나 기계속도와 건조장치와 접지가 동시에 일어남으로써 내구성과 내열성 등을 강화하고 있다.

4) 잉크의 광학적 성질

일반적으로 색은 물체의 고유한 색이라고 생각할 수 있으나 실제는 그렇지 않다. 빛이 없으면 색은 보이지 않는다. 안료에 백색광을 대면 색이 보이는데 그것은 안료가 백색광의 일부를 흡수하고 다른 것은 반사하기 때문이다. 대는 빛의 스펙트럼(spectrum) 분포가 바뀌면 안료의 색도 변한다. 색재(色材)의 3원색 시안(cyan), 옐로(yellow), 마젠타(magenta)는 모두 투명체이다. 백색광을 대면 스펙트럼의 약 1/3을 흡수하고 나머지를 투과한다. 컬러인쇄용 잉크는 투명하기 때문에 겹인쇄를 하여도 흡수, 투과의 영역은 변화하지 않는다. 오프셋 잉크는 액체, 고체 양쪽의 성질을 가지고 있다. 물, 알코올, 용제 등과 같이 자유로이 흐를 수 있는 액체를 "뉴턴(Newton)" 액체라고 부르고 있다. 잉크의 작업특성에서 인쇄속도는 택(Tack)에 영향을 주는 주된 원인의 하나이다. 잉크와 택(Tack)은 인쇄기의 속도가 빠르게 될수록 크게 된다. 점도가 높은 잉크를 사용하여 고속인쇄를 하면 잉크의 택(Tack)이 매우 크게 되어 종이 벗겨짐을 야기한다. 그러나 같은 잉크라도 인쇄속도가 느리면 그 반대이다. 현재 거의 인쇄물은 광택잉크를 사용하고 있으니 광택에 대한 요구는 더욱 크다. 인쇄 면의 광택은 잉크 속의 수지가 평활하고 표면조직이 조밀한 코트지를 필요로 하고, 잉크 속의 거친 안료나 표면조직이 거칠면 광택이 많이 감소된다.

5) 환경과 보수점검

공장환경은 작업자의 생체건강을 지배한다. 그리고 생체건강은 생산성과 정비례한다. 온도, 습도, 통풍과 대류, 소음 및 자재류의 정리정돈, 공장의 동선의 확보, 작업공간, 자동화 가능성의 모든 조건은 인쇄공정의 자유화이며 창의적 공간이다. 계속 요구받을 사안이며 앞으로 검토해야 할 인쇄산업의 숙제일 수 있다. 사회적 복지요구가 경영합리화와 상반되었던 생각은 이미 바뀌었다. LED조명 설치를 비롯하여 인쇄기계의 전력사용량을 스마트메타화하고 태양광발전을 이용하여 녹색성장에 참여하면서, 입찰제도에서도 개선된 인센티브도 받아야 할 것이다. 이렇게 변화되고 있는 차세대 환경은 기업의 대소에 관계없이 고객들로부터 친환경 인쇄를 요구받게 될 날이 머지않았다고 본다. 이미 오프셋인쇄의 친환경 표현은 부분적으로 시작되고 있다. 이를 위해 보수점검은 효과적인 스케줄이 필요하다. 계속적인 보수점검에 친환경적인 면을 가미한다면 작업자 전원의 안전과, 기기고장의 예방이 이루어질 것이다. 적극적인 친환경적 조치는 최소경비로 가능하다. 종이, 잉크, 블랭킷, 판, 약품용재, 포장지 등 자재절약과 정돈된 인쇄공장에서 사람과 물건의 이동 및 기계나 작업환경의 적절한 정비는 원가절감에 상당한 도움이 될 것으로 사료된다. 정리정돈은 보수감리의 기본이다. 이제 인쇄공정에도 IT기술이 융합되기를 기대한다. IT기술은 빠른 시간 내에 환경에 투자한 비용을 회수할 것이기 때문이다.

인쇄물 품질 향상과 스마트화
-문화콘텐츠와 인쇄물 품질 향상-

1) 스마트화되는 문화콘텐츠

인터넷 기술의 발전으로 스마트폰, 스마트TV의 확산은 시간과 장소를 초월해 소통과 근무환경을 변화시키고 있어 산업화 시대의 규격화된 삶이 '스마트 워크(work)'의 삶으로 변하고 있다.

이미 세계의 고용 환경은 원격근무자가 15%를 넘어서고 있다고 한다. 이에 따른 사회문화, 관습, 법, 제도 등이 변하고 있다. 사람들의 커뮤니케이션이 생의 현장에서 시간과 사회적 비용을 초래하고 있는 종이에 대해 불편한 진실을 떠올리며 그동안의 생활습관과 생각을 변화시키는 '모니터 대화'가 급증하고 있다.

스마트화되고 있는 문화콘텐츠에 대해 인쇄물도 스마트화해야 하고 품질도 향상되어야 한다고 한다. 특히 인쇄는 인맥과 인간관계를 중요시한다. 인간관계는 연결이다. 예를 들어 중간중간에 다리를 놓을 수 있는 사람 3명(3단계) 정도만 연결시키면 자기에게 필요한 어떤 좋은 분과도 만날 수 있는 것이 우리의 관행이다.

그러나 문제는 연결하기 위해서는 많은 시간과 공간이 필요하다는 것이다. 요즈음 새로운 인터넷이 폭발하고 있다. 트위터(Twitter)와 페이스북(Facebook)을 통하면 모든 사람들이 자신에게 필요한 어떤 사람과 연결되기 위해 많은 시간과 공간을 동원할 필요가 없다. 전후좌우(四方)로 연결된 자신의 아이디는 클릭하는 짧은 순간에 연관된 사람들끼리 즉시 연결될 수 있기 때문이다.

자신이 본 다른 사람의 글을 그대로 또 다른 사람에게로 바로 전송할 수 있다. 가입자 숫자의 폭발적 증가에 따라 온라인 인맥 구축 관리 서비스(SNS: Social Network Service)도 계속 진화되고 있고, 2004년에 등장한 페이스북 사용자는 4억 명, 2006년 첫선을 보인 트위터는 1억 명을 돌파했다고 한다. 이것 또한 인터넷의 새로운 미디어다. 쌍방향과 다중소통이 가능한 기술은 위치정보 서비스와 만나면서 나이, 성별, 혈액형, 취미, 관심사 등 다양한 정보의 프로필은 자신의 성향과 비슷한 이용자들을 찾아 관계를 만들고, 더 나아가 새로운 SNS는 인쇄출판에 있어서도 원고교정, 제작공정, 납품유통까지도 짧은 시간 내에 연결되는 새로운 인터넷도 머지않았다.

오늘의 문화콘텐츠는 새로운 스타일의 검색요구에 맞추어질 것이다. 문화콘텐츠 이용 변화에 우리는 세상의 흐름을 읽을 필요가 있다. 불황 위기에 파묻히다 보면 많은 패러다임의 변화를 놓칠 수 있다. 중요한 것은 갈수록 세상이 계속 열리고 있어 새롭고 더 많은 상황이 전개될 것이라는 것이다.

문화는 인쇄를 필요로 한다. 인쇄로 표현되고 제조된 문화상품이 절판 폐지되거나, 쓰레기로 버려지지 않는 한 훌륭한 문화유산인 문화콘텐츠로 남는다. 오늘의 흐름에서 배울 게 있다면 훌륭한 보존상태의 콘텐츠를 위해서 인쇄도 스마트화되어야 하고 내구성, 내색성 등의 품질 향상은 필수적이다.

물론 훌륭한 콘텐츠도 갖가지 이유로 절판되어, 책 한 권이 끝내 30원짜리 폐지로 사라지는 운명의 활자도 있고, 지난 세기 권력의 방해로 떼죽음당했었던 일도 어떤 맥락에서는 생로병사와 윤회가 계속되고 있는 것이다.

세상이 디지털화되면서 인쇄문화에 많은 변화를 주고 있다. 매일 새 책은 쏟아져 들어오고, 매일 어떤 책은 시장 밖으로 쫓겨난다. 그리고 콘텐츠는 새 책의 목록을 의무적으로 챙기다 보니 쏟아지는 새로운 정보에 힘겹다.

첨단기술과 많은 재료를 동원하여 첨단기기를 이용하여 인쇄 생산된 마케팅의 부산물인 화려한 색상의 2차 포장재도 색상이 많이 들어갈수록 재활용도가 어렵고 환경에 심각한 저항을 주고 있다. 공통의 제조기술과 품질경영을 새롭게 창조해야 한다.

미래의 문화콘텐츠를 만들기 위해 새로운 방식의 인쇄기술을 적용하고, 인쇄물 품질을 향상시키기 위해서는 환경까지 가미하여 다각적인 노력이 필요할 것이다. 산업융합을 서둘러야 하고 전통 산업과 첨단산업, 첨단 기술과 전통기술 간의 상호 소통은 필수적인 것이다.

문화산업에 과학기술을 융합한다면 문화콘텐츠의 부가가치가 높아질 것으로 전망된다. 우리나라는 다른 나라에 비해 새로운 기술을 빨리 받아들인다. 똑같은 장비를 도입하더라도 이를 창조적으로 응용하는 혁신적이고 뛰어난 기술을 갖고 있다. 일부 매체들이 디지털 프린팅의 도입을 기피하면서도 2009년에는 약 3억 장을 생산하여 전 세계에서 가장 높은 성장률이다.

오늘날 인터넷은 사람들이 정보를 소비하는 데 최고의 매체다. 아이패드 같은 수많은 디바이스들의 전쟁은 독자들이 '린-백(Lean-back: 소파에 앉아 콘텐츠를 즐기는 것)' 방식으로 정돈된 정보를 편하게 소비할 수 있도록 해 줄 것이다.

따라서 인터넷으로부터 경쟁우위를 위해서 잡지나 상업 인쇄물은 기능성, 환경성을 높인 인쇄기술과 좋은 품질로 버텨 내야 할 것이다. 우리는 변화되고 있는 문화콘텐츠를 끝까지 인쇄로 더 많이 양산시켜야 한다는 신념을 버리지 말아야 한다.

2) 인쇄물 품질 향상을 위한 노력과 경과

오늘날 인쇄기술 중 몇 가지를 제외하고는 외산 기계와 외산 자재, 그리고 해당 메이커에서 제공하는 획일적 기술에 의존하고 있고, 인쇄 품질면도 일정수준을 넘지 못하고 인쇄용지와 잉크 등의 인쇄적성을 위한 표준화 미비 등으로 원자재 변동이나 새로운 형태의 인쇄물 요구 시에 대응할 능력이 부족하며, 품질 기록면에서도 인쇄적성 시험기기, 즉 용지, 잉크, 인쇄상태, 환경, 조명, 보관 등의 시험장비의 절대부족과, 인쇄 공정상 기기속도와 온도, 피 인쇄재료의 종합정보, 인쇄후의 건조진단 등의 자사용 S/W가 없다.

인쇄물의 품질표준화를 위해 유수의 인쇄업체만이 자체적인 시스템을 확보하고 있을 따름이다.

대부분 진단과 프로세스 컨트롤 정도이며 원인에 따른 실태분석은 기초적인 기본 데이터화 수준이다. 더 나아가 다품종 소수량의 납품형태에서는 재료와 상관관계 그리고 인쇄적성을 표준화하기는 더욱 어렵다.

인쇄적성(Printability)은 인쇄물의 품질을 높이기 위해 인쇄재료와 공정 그리고 작업관리와 환경이 적합한지를 말하는 인쇄의 학술적 용어이다. 인쇄적성이라는 용어도 영국에서 1870년경 인쇄기가 생산되면서 사용되어 왔던 것 같다.

영국의 인쇄산업협회(Printing Industry Research Association)의 Riddle 박사의 연구 논문에서 용지와 인압, 잉크, 습수 관리를 비교적 자세히 연구된 자료가 최초인 것 같다.

1950년대부터는 인쇄를 학술적으로 연구하는 국제회의가 시작되었다.

인쇄화선에 직접관련이 되는 요소로 잉크의 피복성, 전이성, 인쇄공정에서 잉크의 농도, 광택, 색조 등을 포함하고, 인쇄표면은 종이의 건조, 뜯김, 지분, 평활도, 백색도를 파악하고 인쇄공정상 용지의 인장, 인열강도 등을 포함하면서 다공성 용지의 분석 등 비교적 오늘날의 인쇄기술 수준까지 언급이 되고 있었다.

미국의 Roger's는 인쇄적성 정의를 용지, 잉크, 인압, 판, 인쇄실 다섯 가지 조건을 맞추는 것이라 했다. 1960년부터는 평판, 그라비어, 실크스크린 등 종류별로 인쇄적성을 언급하고 인쇄물 품질을 높이기 위해 인쇄재료선택, 인쇄공정, 인쇄, 품질관리까지 최적화를 목표로 해야 한다고 언급하고 있다.

따라서 종이의 인쇄적성은 백색도, 평활도, 흡수도, 인장, 인열, 투명도, 광택도, 휨, 정전기까지 문제를 들고 있다.

특히 인쇄속도, 인압, 인쇄기계의 조건, 인쇄잉크의 성질, 인쇄사의 환경, 계절 등까지 고려하고 있다. 위에서 말한 인쇄적성 연구는 선진국에서는 훨씬 오래전의 예이지만 오늘날 우리나라 인쇄적성 연구보다 그 당시 실적이 훨씬 고려하였던 점이 많은 것 같다.

우리나라는 1990년도에 들어와서 외국의 인쇄적성 사례와 문헌 등을 통해 관련대학들의 해당교수들이 열악한 처지에서도 스스로 필드에서 테스트를 통해 많은 논문을 발표해 온 바 있다.

3) 인쇄물 품질 향상을 위한 준비

인쇄물 품질 향상을 위해서 최종결과 인쇄물 평가로부터 시작한다. 개인의 능력에 따라 경험적 판단을 최우선으로 한다. 물론 수치적 평가도 중요할 수 있다.

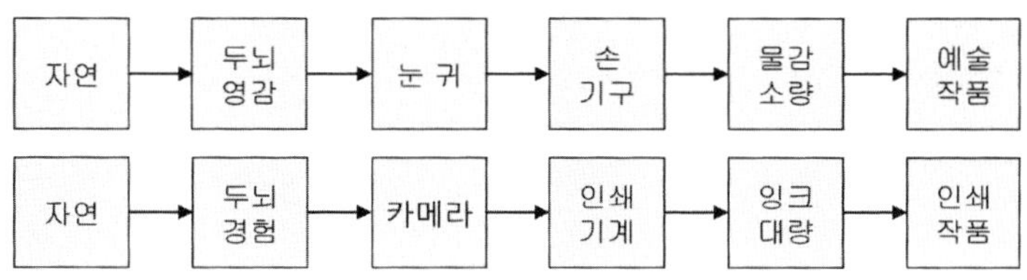

인쇄품질의 계측기를 이용한 과학적 판단은 디지털화 공정에서 필요하겠지만 본인도 인간의 눈과 감성을 기계가 따라오지 못한다고 주장하고 싶다. 계측과 계수화 기록으로 과학화된 데이터는 아주 중요하다.

물론 앞으로 모든 거래선의 편의를 위해 자기공장의 인쇄현장을 스마트폰이나 각 모바일로 보여주는 서비스를 하게 될 것이며, 디지털 기술을 통해 색 교정을 디자인 제공자가 직접 모바일 디바이스기로 조정할 수도 있게 될 것이다.

계측기에는 농도계, 현미경, 분광기, 표면분석상태기, 이미지검색기, 수분함량기 그리고 잉크와 관련한 수많은 장치가 있다. 인쇄물에 대한 평가를 위한 테스트는 국가시험기관, 기업시험기관에서 데이터를 측정할 수도 있다. 결론적으로 중요한 것은 인쇄공정에 종사하고 있는 장인들의 경험 판단에 맡기는 것이 현명하다. 물론 필요 시 몇 가지 기본적 계측기를 보유하는 것은 바람직할 것이다. 그러나 인쇄는 예술성을 무시할 수 없다. 때로는 화상의 변위색을 선택할 경우도 있기 때문이다. 미술이나 음악은 손이나 악기 또는 붓으로 작품을 만들 수 있지만 인쇄는 대량생산을 위한 기계화된 시스템을 운영해야 한다는 것이다.

예외적으로 인쇄기계로 미술작품을 만드는 유명한 스크린 화가들도 있다. 인쇄는 예술적인 면을 가미한 과학적이고 공학적 기술일 것이다. 인쇄물의 반사율과 투과율 측정을 인쇄잉크의 농도(Printing density)로 정하고 이를 아주 중요시한다.

컬러필터와 광도필터, 편광필터의 원리가 적용된다. 빛과 색은 분광기를 통과하면서 전자파를 감지하여 색의 지각을 판단한다. 인쇄물은 선이나 그림을 보고 육안으로 화상을 평가하는 것이 대부분이지만 미시각적인 평가로 망점의 재현상태를 면적, 농도, 윤곽 등을 계측기를 이용한다. 용지의 표면강도에 의한 뜯김, 보풀, 히키 등을 평가하고, 잉크의 침투 깊이, 잉크의 건조 표면, 잉크의 접착 상태를 평가한다.

다음으로 물리화학적 분석으로 인쇄물의 잉크, 종이 등 재료분석과 재료의 계면정력, 정전기, 습수, 유화와 인압의 분포, 용지의 탄력성과 인쇄물의 내구성, 공해성을 평가한다. 인쇄적성시험기의 종류는 너무 다양하다. GATF의 종이 뜯김 시험장치, 독일의 인쇄연구소형 인쇄적성시험기는 드라이 오프셋도 가능하다. 스웨덴, 네덜란드, 일본, 미국 등을 비롯하여 인쇄적성시험기를 자체 제작하여 활용한 바 있으며 우리나라도 인쇄적성을 교정쇄기로 지난 1970년대부터 사용해온 바 있다. 물론 그라비어, 플렉소, 실크의 인쇄적성시험기기도 사용되고 있다.

인쇄적성 검토는 많은 경험과 상당한 연구자료가 있다. 대한인쇄연구소에서 정부의 지원하에 발간한 자료들을 참고하였으면 한다.

4) 종이의 특성이 인쇄적성에 미치는 요인

① 물리적 특성: 투기도, 공극특성, 표면특성, 치수안전성

섬유구조, 배향, 정련, 농도, 전층, 표면처리, 웨트프레스, 칼렌더링, 결합제, 내부 강도, 수분조절

② 강도적 특성: 인장강도, 인열강도, 고시, 내부결합강도

섬유결합, 섬유구조, 섬유길이,섬유특성, 건조, 배향, 웨트프레스, 결합제, 지합

③ 광학적 특성: 광택도, 백색도, 색상, 불투명도

펄프종류, 표백, 충진제, 표면처리, 염색, 지합, 정련, 끝가공

④ 흡수특성: 젖음성, 침투성, 확산

기공도, 표면에너지, 거칠기, 프레스, 점도, 섬유종류, 확산계수, 사이즈도

⑤ 기타: 전기적 특성, 열적 특성, 화학적 특성

정전기, 열전도도, 사이징제, 회분, pH

5) 환경과 인쇄물 품질 향상, 그리고 스마트화

우리나라 기후는 4계절이 있으며, 온도, 습도의 변화가 심하다. 특히 여름의 경우 완전히 열대지방이다. 고온다습 환경에서는 인쇄장소의 항온 항습은 필수적이다. 80, 90%의 습도는 기계보다 우선 사람이 견디기 힘들다. 환경과 품질 향상보다 더 급한 생존문제에 처한 현재 국내 인쇄업계는 어려움이 많다.

인쇄물 품질 향상을 위한 투자는 공통적으로 대량인쇄물 확보와 가격의 적정선 유지가 전제 되어야 한다. 만일 계기가 마련된다면 상호 필요한 인쇄사들이 공동 협업화 조

합으로 공장을 키워 환경을 바꿀 수 있을 것이다. 다른 방안으로 인쇄기기와 재료보관소 장소만 그린 캡슐화하는 것도 절감 차원에서 고려해 볼 수 있을 것이다.

다음으로는 조명의 안정성이다. 표준화된 조도와 시각 판단이 일관성 있게 변하지 않아야 한다. LED와 같은 녹색 형광원을 검토할 필요도 있다.

마지막으로 에너지 절감과 맞물려 기계를 비롯한 인쇄공정상에 스마트 계기의 부착이다. 인쇄시스템의 디지털화는 색 교정, 원고 교정을 비롯한 인쇄 전체 공정을 실시간으로 모바일 기기에서도 볼 수 있도록 하고, 데이터를 수정할 수도 있으며, 필요시에 선택한 곳의 인쇄 층이 원고와 비교한 수치가 농도계를 통과한 수치(디지털)별로 표현될 수 있고, 모든 데이터를 실시간으로 원고 제공자에게 보여 줄 수 있어 이러한 시스템은 공장의 온·습도뿐 아니라, 자재창고의 입출현황, 사람의 출입통제까지도 디지털화할 수 있다.

이러한 인쇄환경으로 바꾸어 줌으로써 품질 향상은 물론, 대외적으로 신뢰감과 실시간의 서비스는 고객관리에 최우선이 될 것이다. 이것은 꿈일 것 같지만 확실히 가능한 것이다.

참고로 2010년 6월 대한인쇄연구소의 인쇄산업 품질관리 및 실태조사 분석자료에 의하면 공공기관에 품질관리용 시험기자재 설치를 79.3% 찬성하고, 품질관리 필요성도 83.1% 원하고 있지만, 품질관리를 일부라도 실행하고 있는 업체비율은 43.4%이며, 품질관리 방법도 인력에 의한 눈 측정이 49.5%로 아직 미흡한 점이 많다고 볼 수 있다.

플렉소인쇄의 전통 그리고 미래

"인쇄는 국력이다"라는 말이 생소할지 모르나 우리보다 선진국은 오래전부터 인쇄를 국가기간산업의 역할 중 하나로 기정사실화하고 있다. 정보와 기술이 지배하는 지식사회와 다원화된 사회에서 기록되고 있는 문화, 그리고 경제적 특성을 가진 산업구조에서 쏟아 고 있는 상품생산은 인쇄산업과 연결되고 있다.

특히 오늘날 새로운 변화는 전자, 전류가 인쇄기술을 필요로 하고 있다는 것이다. 전자기기의 제조 및 패키징 기술에 관한 아시아 최대의 전시회인 "인터넵콘 저팬 2010(internepcon Japan 2010)"이 일본 도쿄에서 열렸다. 인터넵콘 저팬 보고서는 특히 불황 극복을 위한 저가화 기술이 관심의 집중이었다.

값이 비싼 금(Au)을 사용하지 않아도 되는 구리(Cu)와이어 기술과 처리물량(through put)을 크게 높이는 인쇄장치, 공정단계를 줄일 수 있는 표면 패키징에 응용할 수 있는 인쇄기술을 많이 소개한 바 있다.

지금까지는 전기가 없으면 도금을 할 수 없다는 것이 상식이다. 그러나 저가화하고 있는 경제흐름은 이를 극복하기위해 무(無)전해 도금기술이 개발되고 있는 것이다. 획기적인 전기 없는 도금기술이 인쇄기술이며 이 중 플렉소인쇄가 합리적이다. PET필름에 에칭(Etching)을 하지 않아 환경부담이 적어지고, 부분도금이 가능하며, ABS 이외의 수지에도 도금이 가능해짐으로써 수지의 선택 폭이 넓어졌다. 지금까지 곤란했던 플라스틱 소재에 고난도 도금이 가능하게 되었다. 즉, 나노분산화합물인 PPY(폴리필름) 도료를 이용하고 상온에서도 보관 능한 납땜(solderPaste) 분말도 소개되고 있어 그라비어, 스크린, 플렉소인쇄로 가능케 된 것이다. 기존에 어려웠던 입체형상의 패턴도금이 가능해져 PPY(폴리필름) 인쇄기법으로 3차원 입체회로, PC 휴대전화의 안테나회로 등 장식용 홍보상품의 부분도금도 가능해졌다. 인쇄가 국력인 것이다.

종이가 산업용지로 계속전환하고 있다. 얼마 전부터 '책자용지:포장산업용지' 비율이 30:70으로 변하고 있다. 1년에 오일필터, 에어카필터만 해도 900만 통 이상이 소비되고 있다. 기록보다는 포장, 전자, 감각을 나타내는 곳으로 급속 증가하고 있는 것이다.

쇠보다 강한 종이, 불에 타지 않는 종이가 출현하면서, 산업용으로 증가함에 따라 인쇄기술 적용방식도 급속 변하고 있다. 따라서 인쇄방법이 윤회하고 있다. 플렉소인쇄도 이 중 하나다. 요즘 차별화된 마케팅의 승부는 친근한 문구도 물론이지만, 표시되는 인쇄패턴에 따라 전달감정이 다르다.

컬러인쇄에 촉감, 향기, 기능성 있는 질감이 혼합되어 가고 있다. 로마의 국립민속박물관에서 우리나라의 나전과 옻(漆)공예를 알리는 "한국의 나전과 칠예전"이 열리고 있다. 옻으로 빚은 그리스도상을 유럽인들이 감탄하고 있다 한다. 나전은 진주광택을 지닌 조개껍데기를 얇고 편편하게 갈아 무늬를 붙이고 옻을 수차례 바르고 그 바탕에 다시 자개를 붙이고, 다시 옻을 입히는 예술이다. 옻(漆)예술과 같이 영롱히 빛나는 예술을 포장산업에 응용하려면 가장 합당한 기술이 플렉소 기술이다. 유연하고 탄성을 적당히 가진 고무와 실리콘이 그 비밀이다.

한국전자통신연구원(ETRI)은 혈액 2~3방울로 심근경색을 20분 만에 진단해 주는 "반도체 센서"를 개발했다고 한다. 항원과 항체는 모두 전류가 흐르는 도체물질이라고 한다. 미세한 전류변화를 감지하는 기술이다. 머지않아 박막형태의 바이오센서가 필요하게 되고, 플라스틱 종이에서 인쇄된 센서를 사용하게 될 것이다. 마이크로 구슬로 코팅한 물방울을 (5~50nm) 종이나 대형 전광판, 태양광 전지 패턴 위에 인쇄하면 별도의 세척이 필요 없어진다. 새로운 형태의 보호막용 코팅산업이 생성될 것이다. 플렉소인쇄는 다양하게 쓰이고 있다. 종이, 금속, 필름(Pet), 포장용 골판지 등으로의 쓰임새가 우리나라보다는 선진국에서 대단히 높아 컬러품질도 대폭 개선되면서 신문, 잡지, 벽지, 라벨, 쇼핑백, 노트류 등에 광범위하게 사용되고 있었고, 플렉소그래픽 인쇄(Flexographic Printing)라는 용어를 사용하기도 한다. 인쇄판이 유연하고 탄성을 가진 돗판을 사용하고 인쇄잉크는 유동성 있는 수성계통이나 알코올을 주제로 하는 유기용제계의 증발건조형을 사용하는 경우가 많다. 역사적 배경을 보면 초기 플렉소인쇄기는 1890년 영국 리버풀의 배렌 앤 산즈(Baran and Sons)의 비비(Bibby)가 설계한 인쇄기로서 단압통 주위에 복수의 인쇄 유닛을 배치한 것이다. 이미 1853년에 고무판 인쇄기에 대하여 J. A. Kingsley에 특허가 주어진 바 있었지만 대표적인 산업화는 영국이라고 본다.

1920년대에는 독일의 Wind moeller & Hoelscher사 프랑스의 Holweg사가 폭 36인치의 3색 인쇄기를 개발했고, 이것으로 종이포대를 생산하게 된다. 1930연대부터 잉크를 개선하여 셀로판 등의 투명필름이 등장하여 담배포장용으로 셀로판에 인쇄를 플렉소가 인정받았다. 미국의 제임스 디니(James J. Deeney)는 불투명의 아닐린 잉크를 개발하여 백색안료를 개발, 투명필름산업과 연계되고 인라인장치에 코팅과 엠보싱가공은 연포장 뿐 아니라, 티슈, 냅킨, Cup, CartonBox도 가공하게 되었다. 1940년대 우유용기의 급속한 확대로 세계시장에서 폭발적 확장이 일어났다. 열풍순환 건조장치는 신문윤전인쇄기까지 확대되어 납활자를 이용하는 신문이 고무판으로 전환되어 생산성 향상에도 기여한 바가 크다. 당시 미국의 모스타이프사는 활자에서 고무판(수지판)으로 전환하여 다국적 기업이 되기도 했다.

1950년 폴리에틸렌 등장으로 셀로판이 갖지 못한 유연성과 신장성을 폴리에틸렌이 갖춤으로써 농산물, 직물, 금속물, 식품 등의 포장산업에 사용이 폭발적으로 확대되었다. 1970년 이후는 다색 인쇄기, 인쇄 주변기술, 인쇄판, 잉크 등이 발전하고, 골판지, 지대, 액체음료 용기 등 연포장분야의 폴리에틸렌 필름분야에 플렉소인쇄가 많이 채용되었으나, 우리나라는 오목판의 그라비어인쇄가 연포장을 반분하기도 했다. 플렉소와 그라비어는 인쇄방식상 경쟁이 될 수 없으며, 상호 협력적 기능으로 볼 수 있다.

우리나라의 경우로 폴리에틸렌 필름은 플렉소를, 알루미늄 포일은 그라비어로 대표되는 경향이 있다. 신축성이 높은 필름류는 인쇄유닛에서 신축이 생겨 핀트 조정이 어렵다. 이 부분인 경우 플렉소인쇄기술이 타당할 수도 있다. 그러나 현재의 기계기술의 탄력성은 이를 극복하고 있는 중이다.

마지막으로 플렉소인쇄의 특징은 경제성, 생산성, 친환경성이라 주장한다. 즉, 잉크 소비량이 적다. 인쇄부분의 박층화가 가능하다. 인쇄유닛과 가공유닛의 변착이 쉽다. 평활도가 좋지 못한 곳에 인쇄가 가능하다. 수성계통의 잉크를 사용함으로써 작업환경과 인쇄 후 잉크막 두께에 따라 잔류 용제가 적다. 그리고 속건성 잉크를 사용하는 속건성 고속인쇄가 가능하다. 연속인쇄 및 리필작업도 가능하다. 요즈음 인쇄장비들의 단점들을 보완하여 인쇄기술간에 결론은 어렵지만 과거의 역사적 배경도 참고할 필요는 있다. 디지털 플렉소인쇄기의 시제품을 지난 드루파전시에서 전시한 바 있다.

제1장 인쇄는 살아 있는 생명체이다(기술)

1) 플렉소인쇄의 현재와 미래

세계시장에서 보면 플렉소인쇄의 선진국은 미국이다. 합리적, 효율화를 지향하는 미국에서는 역사적으로도 포장시장에 용도의 확장을 했으며, 신문인쇄나 서적, 교과서 등에도 대폭적 사용이 증가되고 있다. 유럽시장에서 포장은 그라비어인쇄를 선호한다. 일본에서도 골판지, 쇼핑백 수성잉크를 주로 이용한 제대(포대) 등에 사용량이 높고, 액체 음료용기(우유, 주스), 즉 카톤 케이스에는 오프셋인쇄와 대적할 수 있는 컬러를 재현하고 있다.

특히 일본은 종이 라벨보다 플라스틱 라벨 쪽이 시장이 높다. 1980년대 후는 고정밀도 공통 압통식 플렉소인쇄가 시장을 지배하고 있다. 그러나 플렉소인쇄의 발전을 저해하는 사항도 있다. 그라비어에 비하여 인쇄기, 인쇄판, 잉크의 기술전개가 부족한 면이 있다. 고무재질의 재현성 부족이 전통적이었으나, 광범위한 합성 고무재 출현이 상당히 보완되고 있다. 플렉소인쇄는 유닛 사이에서 필름 신축이 거의 없고, 핀트 조정이 쉽고 한번 조정되면 인쇄속도를 높게 유지할 수 있는 특징이 있다.

물론 플렉소인쇄 시작이 볼록판에서 출현하다 보니 활판인쇄 퇴조와 물려 인쇄효과에 부정적인 면이 있었으나, 인쇄속도나 인쇄판의 합성고무화, 실리콘고무 개발 등으로 고정도의 인쇄가 가능해지고, 전자 인쇄의 패턴에서도 박막의 나노물질을 합리적으로 연속 증쇄(8쇄)할 수 있어 견고한 층이 형성될 수 있음을 눈여겨볼 필요가 있다. 그라비어 오프셋을 이용하는 인쇄전자는 결국 마지막 공정을 고무판에 의존하자는 것이다.

따라서 결론은 속도, 인합, 기계종류로 중요하지만 문제는 잉크개발과 고무 인쇄판의 혁신적인 소재개발이다.

플렉소는 다른 인쇄, 즉 그라비어에 비하여 제판이 간단하고 비용도 싸며 복제도 쉬우므로 판의 부분적 교환이 가능한 많은 장점을 갖고 있다. 플렉소인쇄는 인쇄판이 고무탄성을 가지고 있고, 넓은 피인쇄체에 잉크가 전이하는 것은 판면의 화상이 인압의 변화에 민감하여 작업관리가 어렵다. 그러나 이러한 인압의 특성을 살리면 아주 미세한 전자 패턴 인쇄가 가능해진다고 본다.

이 분야를 개척함이 플렉소인쇄의 미래이다. 역사가 말해 주듯 플렉소는 연포장재,

의약품, 식품포장재의 경험을 갖고 있다. 속건성 잉크와 직접인쇄의 잉크막의 박막전이는 이 인쇄를 따를 수 있겠는가? 아닐루스 롤러의 개선과 세라믹스제 롤러의 개발은 내구성과 품질에 모든 것을 해결할 것이다. 앞으로 디지털플렉소프레스가 소형화로 개발되면서 과학적인 박막전이 다양화가 플렉소의 새로운 미래다.

2) 플렉소인쇄기

플렉소인쇄기는 유연성 있는 활판인쇄기라고 할 수 있다. 독립된 인쇄기라기보다는 제대기(製袋機)의 부속품 정도로 인식하고 있는 데는 그 이유가 있다.

1970년대 전에는 컬러의 완벽한 재현이 어려웠던 시절이 있었다. 당시는 레터프레스기의 컬러 인쇄도 선이나 그라픽인쇄 정도이지 망점인쇄는 상당히 초기단계였다. 따라서 기계의 사용범위의 출발이 골판지이고, 연포장재였다. 그러나 현재는 색채 표현력이 뛰어나 여러 방면에서 적용되고 있다. 인쇄기는 크게 네 부분으로 나누는 게 통례이다. 공급부의 언와인더, 인쇄, 건조, 리와인더. 여기에 다양한 모델과 디자인이 많다. 전체적인 운전은 웹가이드, 웹뷰어, 파우더스프레이 유닛, 에어샤프트 등 보조장치를 움직인다. 인쇄기 종류는 기본적으로 스텍(STACK)시스템, 센트럴 임프레이션(Central Impression Cylinder)시스템, 인라인시스템 형의 세 가지 형태로 구분한다. Stack Press는 표준형이라고 할 수 있다.

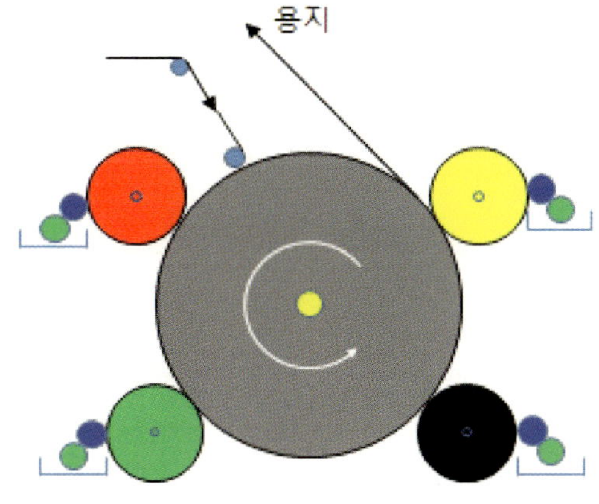

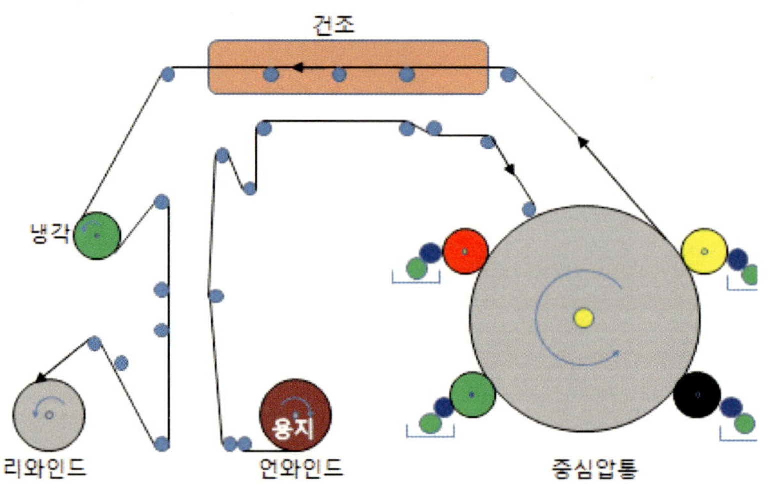

유닛마다 독립된 압통을 가지고, 그 압통에 대해 각 잉크 공급 유닛이 딸려 있다. 주로 종이인쇄에 적합하다. 핀 맞춤이 어려워 그래픽 코팅에 적합하다. Central Impression Press는 중앙에 공통압통 주위에 4~8개의 인쇄 유닛을 배치하여 컬러 장치를 통과할 때 신축이나 늘어짐이 없고 정밀인쇄가 가능하다. 압통에는 온도조절이 가능하나 인쇄유닛 간 간격이 좁아 고성능 건조장치가 필요하다. Pin맞춤이 정확하고 필름인쇄에 적응력이 강하고 작업공간이 작아 광폭인쇄에 적용한다. In–Line Press는 컬러장치들이 수평으로 배열되어 하나의 축에 의해 구동된다. 인쇄도수에 제한이 없고 배면인쇄도 가능하다. 그라비어 유닛, 롤실크 유닛도 추가 탑재가 가능하다. 전환바(Turning Bar)를 사용하여 두루마리를 반전시키거나 교대미싱을 사용, 양면인쇄도 가능하다. 전면 담금코팅에도 사용된다. 장력(Web Tension) 조절은 기계 생산효율과 생산품질을 결정하기 때문에 장력 조절은 인쇄기의 성능도 중요하지만, 인쇄공의 경험도 중요하다.

인와인드는 공정, 두루마리의 재료, 두께 그리고 폭이 결정한다. 신축성 있는 필름은 낮은 장력을 만들어 주어야 한다. 리와인드 역시 같으나 일반적인 장력의 이론의 값과 실험적인 값과는 차이가 발생한다. 웹 절단, 늘어남, 주름과 인쇄길이의 변화, 정전기 등 문제를 일으키는 경우가 있다. 웹장력 제어시스템은 오퍼레이터로 하여금 끊임없는 조정, 장력정도 판단, 기술과 경험에 대한 필요성을 덜어주고 다른 일을 할 수 있도록 해준다. 웹장력을 측정하기 위하여 장력변환시스템을 사용하기도 한다.

트랜스 듀서(Transducer)의 출력 값은 아날로그나 디지털 계수로 표현된다. 레귤레이터는 실제와 정해진 장력 차이를 줄이도록 출력 값을 조절한다.

이상 플렉소인쇄기의 내용과 종류를 간단히 소개했다.

3) 아닐록스 롤러

플렉소인쇄 유닛에서 잉크-미터링 롤러는 계속 진화되고 있다. 아닐록스 롤러는 일정한 양의 잉크를 고무 또는 포토폴리머 인쇄판의 표면에 공급한다. 이것은 고무롤러로부터 전사되거나 롤러의 조각된 표면을 닦아 내고 인쇄판에 알맞은 양의 잉크를 공급하는 것이다. 아닐록스 롤러를 만들기 위한 조각공정은 연성과 가단성 그리고 거의 동질의 재료를 요구한다.

조각이 된 후에는 마모 면을 강하게 크롬도금한다. 롤러를 바꾸기 위해 인쇄유닛을 분해할 경우가 생겨 시간이 많이 소요될 수 있다.

롤러의 선택 시 매끄러운 세라믹(Smooth Ceramic)은 가장 긴 내 마모성과 경제성이 있다. 이것은 크롬을 다이아몬드 휠이나 벨트로 연마하여 광을 낸다. 롤러가 닳거나 상처가 나면 즉시 조치하여야 한다. 인쇄 유닛을 더 이상 사용하지 않을 때에는 가능한 한 롤러를 분리시켜 모든 부품, 조각, 롤러를 세척하고 황동브러시 등으로 닦고, 적절한 용제를 사용하여야 한다. 아닐록스 롤러의 마모는 육안보다는 고성능 현미경으로 측정된다. 광택의 증가로 마모상태를 확인한 후 표면을 다시 갈아 내야 한다.

4) 플렉소인쇄의 재료

종이, 플라스틱 필름, 유리까지 인쇄할 수 없는 물질은 거의 없다. 재료의 발전은 플렉소인쇄의 미래다.

골판지는 거의 표백하지 않은 침엽수 펄프로 된 크라프트 라이너를 사용한다. 그리고 크레이 코팅이 필요하다. 종이컵과 우유팩용 종이는 표면의 평활성과 잉크적성을 위하여 충분히 표백된 펄프를 사용하여 만든다.

용도에 따라 폴리에틸렌이 코팅되기도 하는데, 인쇄적용기술이 경우별로 다르다. 포장지는 고분자 수지계통이 코팅된 것이 많다. 종이는 평량, 두께, 함수율, 평활도 등이 중요하다. 특히 골판지류는 파열강도와 압축강도를 참고한다. 폴리에틸렌(PE)은 통상적 필름이다. 폴리에스테르 필름(PET)은 기계적, 열적, 화학적으로 인쇄에 적용하기 적합한 재질이다. 사진, 항공사진, 자기기록, 마이크로필름, 금속광택표면, 열접참성(라미네이트) 필름 등 사용처가 다양하다. 폴리프로필렌 필름(OPP) 인쇄는 코로나 방전 표면처리가 필수다.

그리고 표면특성, 물리적 성질, 구조적 특성을 고려한다. 폴리비닐클로라이드(PVC)는 비닐필름으로서 합판무늬, 벽지, 발포포장지, 테이프 등에 사용되며 인장강도(3,400~5,000psi)와 신장강도(50~200%)를 갖고 있다.

셀로판은 과거 1950년대부터 주로 사치품목에 사용되고 있으며, 밀폐와 기계능력을 요구는 조미료와 담배 및 제약포장에 많이 사용된다. 글라닌 용지는 고도조밀로 열차단 코팅제이다.

사탕포장지, 의료용 포장지, 화장품, 사진 등에 다양하게 사용된다. 메탈라이프 종이는 라미네이트하여 맥주깡통, 비누포장 등에 사용하고, 메탈라이프 필름은 메탈박층에 사용되는 알루미늄이 종이 위에 도포되어 사용한다. 이 외에 다수의 재료와 잉크와 솔벤트는 다기능화되고 소프트해지고 있다.

이와 같이 플렉소그래피는 최소 150년의 역사를 가지고 인간과 산업에 많은 공헌을 한 역사적 기술이다. 플렉소그래피 역시 많은 진화와 윤회를 거듭하면서 계속 발전시켜야 할 기술이다.

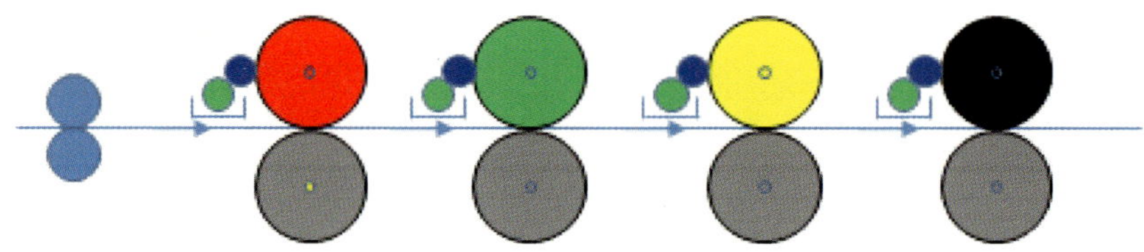

실크스크린의 끝없는 도전

"영구보존이 가능한 금속사진도 포토에칭 기술로 금속표면을 오목하게 파낸 뒤 잉크를 실크스크린으로 채워 넣고 코팅하여 금속동판의 색감을 그대로 살리고 영상을 인쇄하는 신종 기록 보존산업이다. 휴대전화, 컴퓨터자판, 전화기, 전자제품 등 모든 표시장치는 거의 실크스크린 인쇄를 이용한다. 투명전극필름의 터치스크린의 핵심기술도 일부분에서 스크린 인쇄기술을 사용한다."

위는 2008년 8월 블룸버그통신의 보도 내용이다.

베이징올림픽이 열리는 8월을 앞두고 뉴욕경매업체인 크리스티인터내셔널사는 순수미술과 상업미술의 경계를 무너뜨린 팝아트의 거장 앤디워홀(Warhol, 1928~1987)이 그린 마오쩌둥(毛澤東)의 초상 '마오(Mao)' 작품을 홍콩에서 약 1,200억 원에 내놓기로 했다. 가로 107.3cm, 세로 127.3cm의 큰 크기 때문에 일명 '자이언트 마오'라고 하기도 한다. 미국이 중국과 관계를 개선한 후인 1973년에 완성된 것으로 실크스크린 인쇄 작품이다. 실크스크린 작품으로는 세계 최고가이다. 원래 실크스크린은 섬유판(纖維版), 공판(孔版), 등사판(謄寫版)과 같은 기법을 이용한 원시적 인쇄기술이었다. 두뇌가 원하는 상(像)대로 스텐실(Stencil)을 만든 후 그 위에 실크를 올려놓고 실크의 망 사이로 잉크가 새어 나가도록 하여 구멍이 난 스텐실 부분에만 선택한 잉크를 묻혀 눌러 찍는다. 스텐실은 종이스텐실, 글루나 아라비아고무로 된 액체스텐실, 래커필름스텐실, 사진의 원리인 감광액을 이용한 포토스텐실 등 종류가 다양하다.

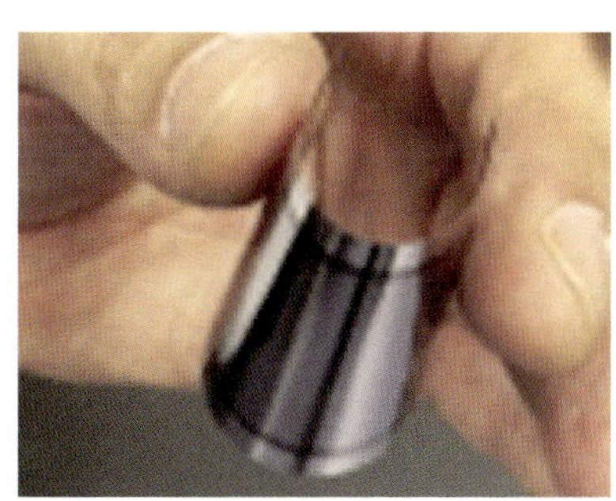

실크스크린에 쓰이는 프레임은 실크나 나일론 천을 씌우는 데 필요한 것으로 수놓을 때 수틀처럼 나무 등 다양한 소재로 만들어진다. 가로세로 그물형태로 짜인 그물눈의 밀도에 따라 90~420목까지 나와 있고, 실크의 경우는 800목까지 초정밀하다. 실크스크린은 우선 아마추어도 쉽게 제작이 가능하고 기능에 따라 다양한 형상을 만들기 때문에 미술판화에서 많은 응용을 하고 있다. 동판에 그림을 파고 새겨 넣는 것보다 작업하기가 간편하다.

사용되는 소재가 종이부터 섬유, 금속, 나무 등 물과 공기를 제외하고는 무엇이든지 인쇄가 가능하다. 따라서 실크스크린은 지극히 원시적이면서도 최첨단의 기능적 역할을 한다. 요즈음 스크린 인쇄의 쓰임새는 상상을 초월한다. 몇 가지 예를 들어 보자. 이스라엘에서 개발된 초박형 종이전지 경우이다. RFID가 인식거리를 높이고, 전파노이즈를 해소하기 위해서는 상당한 파워가 필요하다. 전자태그에 전지를 결합시켜야 하지만 전지가 워낙 커서 효율성이 없다. 이를 해소하기 위해 개발되는 것이 박막형 종이전지다. 1.5V망간 건전지를 종잇장처럼 얇게 만드는 기술 중 하나도 실크스크린을 이용하는 것이다. 이렇게 만든 종이전지는 전지로 끝나는 것이 아니고 화장품에도 사용할 예정이다. 미세한 전류가 흐르는 종이전지의 한쪽 면에 화장품을 바르고 피부에 붙이면 전류의 압으로 피부 깊숙한 곳까지 전달된다. 이것이 피부 프린팅이다. 미국 조지아 공대 재료공학과 웡(Wong) 교수는 기존 태양광 전지의 표면에 마이크로미터 크기의 표면이 피라미드처럼 우툴두툴하게 하여 햇빛과 전지가 접하는 면적을 늘려, 반사가 덜 되도록 하여 전지효율을 향상시키는 것으로 여기에도 가장 적합한 실크스크린 기술을 응용했다. 영구보존이 가능한 금속사진도 포토에칭기술로 금속표면을 오목하게 파낸 뒤 잉크를 실크스크린으로 채워 넣고 코팅하여 금속동판의 색감을 그대로 살려 영상을 인쇄한 신종 기록보존산업이다. 휴대전화, 컴퓨터자판, 전화기, 전자제품 등 모든 표시장치는 거의 실크스크린 인쇄를 이용한다. 투명전극필름의 터치스크린의 핵심기술도 일부분에서 스크린 인쇄기술을 사용한다. 특히 기존의 산화인듐주석(ITO) 대신 신소재 물질인 탄소나노 튜브를 사용한 새로운 투명전극필름도 금속인쇄기술이다.

1970년 3M의 연구원이었던 스펜서 실버가 강력접착제를 개발하려다 실수로 약한 접착제를 만들었고 이 접착제를 다른 연구원인 아서 프라이가 책 표시용 쪽지 같은 것에 바르면 어떨까 했던 아이디어가 오늘날의 '포스트잇'이 되었다. 이것도 개발 당시에는 실크스크린을 이용했다고 한다.

위조지폐 방지책으로 대표적인 것이 복사 자체를 불가능하게 만드는 소위 '유라이온(Eurion)' 마크다. 투명 인쇄된 특정한 디지털 표시도 실크스크린 인쇄를 이용한다. 최근에는 옥외광고물에도 광학페인트 사용이 높아졌고 훨씬 다양해졌다. '인천도시축전'에서 옥외구조물도 광학페인트 덕분에 야간 입체스크린으로 탈바꿈하게 되었다.

스크린 인쇄의 쓰임새가 상상을 초월하고 있다. 물론 잉크젯기술과 경쟁이 시작되었지만 당분간은 실크스크린 위치가 흔들리지는 않을 것 같다. 특히 디지털사진용 인화지, 카드신분증 발급용 잉크리본 필름 등 염료승화형 인화소모품 필름도 스크린 인쇄의 노하우이다. 딱정벌레의 등에 나 있는 돌기구조를 모방하여 방수, 항균물질 코팅제를 만들어 세균이 달라붙지 못하게 하는 항균종이나 방수종이를 제조하는데, 코팅처리는 스크린 인쇄가 효자다. 연잎 구조를 본떠 만들어진 방수종이와 연잎옷감 등도 스크린 코팅의 기법이다. 이렇게 장난감으로부터 시작하여 문구류, 판촉물, 전자부품, 건축자재 등 쓰임새가 계속 확대되고 있고, 일부는 소멸하고 있다. 이것이 스크린 인쇄의 진화이고 발전이다. 인쇄업계보다는 타 산업 쪽이 더욱 적극적이다. 어린이들 미술판화놀이가 새로운 산업을 창출하고 있다. 며칠 전 전화기 키패드(Keypad) 생산업체인 H테크사는 7,500만 원으로 설립한 회사가 3년 만에 연간 52억 원 매출을 올려 중소기업청 주최로 열린 '제1회 청년기업인상' 시상식에서 지경부 장관상을 받기도 했다. 속도를 중시하는 현대사회에서 슬로시티(slow city)를 맥으로 하는 느림의 문화가 어울리지는 않으나, 세계는 슬로(slow)로 가고 있다. 실크스크린은 슬로인쇄의 대표다. 느림의 인쇄가 많은 산업에 응용되면서 보이지 않게 여유로운 창조산업으로 급성장을 하고 있는 것이다.

1) 스크린 인쇄의 역사

스크린 인쇄의 시작을 정확히 발견하지 못하고 있다. 고대 동굴 속 밑 무덤(장군총 등) 속의 벽화 등이 똑같은 크기와 형상으로 반복되어 표시된 것들이 있는데 이것이 최초의 스크린 인쇄 시작일까? 추측할 따름이다. 남태평양의 피지 섬 원주민들의 얼굴이나 몸에 다양한 잎의 모양을 채색하는데 잎의 엽록소를 제하고 줄기만을 이용 광물질을 투입, 몸에 동일한 색 문양을 새기고 있다. 이것이 일종의 스크린 기법이다. 고대 그리스에서도 스텐실을 이용한 채색방법이 있었다. 그러나 시작시점은 정확히 찾지 못하고 있다. 1907년 영국의 사무엘 사이먼이 스크린 인쇄기법의 특허를 받은 기록이 있다. 실크나 헝겊 망을 통하여 잉크를 밀어내는 방법이 강압식인 스퀴지가 아니고 붓을 사용한 채색방식이었다. 그 이후 1914년 미국에서 '존 필스워드'와 '오웬스'가 공동으로 단색인쇄에서 3원색 인쇄를 성공시켜 상업인쇄를 발전시켰다. 이를 계기로 1925년에는 스크린 인쇄기가 판매되기 시작했고, 제판용 필름이 개발되어 열을 이용 스크린망사에 옮겨주는 기술이 개발되고, 각양각색의 고급형 광고 시장에서 스크린인쇄 사용이 팽창되고 있었다. 우리나라는 1950년도 6·25 당시 미군에 의해 유출보급이 되었던 것 같고, 1961년에 직접 스크린에 유제를 도포하여 사용하는 감광제판법이 개발됨으로써 고급인쇄의 상업성이 확실해졌다. 1948년도에는 국제스크린인쇄협회(SPAI)가 결성되었고, 우리나라도 가입하고 있다.

2) 스크린 인쇄의 특징

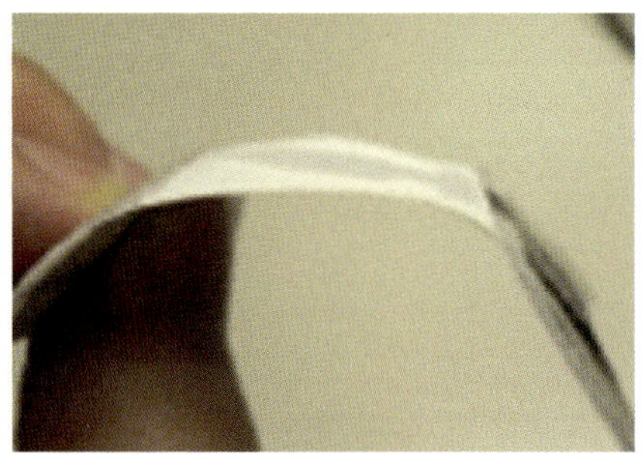

간접인쇄의 대표적인 BB타입 인쇄는 잉크의 전이가 38% 정도로서 잉크두께는 5~7㎛ 정도로 얇아 접착력이 떨어지고 밝은 빛에 아주 취약하다. 그러나 스크린 잉크는 30~100㎛ 정도로 잉크 층이 두꺼워 입체적인 효과를 얻을 수 있고, 확실한 광택유지와 컬러의 호소력이 강하다. 다만 두껍게 인쇄함으로써 내구성은 뛰어나지만 건조방법에서 주의가 필요하다. 그러나 다른 잉크에 비해 햇빛에 의한 변회색이 적다. 또한 인쇄할 수 있는 판면이 유연하여 다른 인쇄기종에 비하여 다양한 형태나 각종재질의 피인쇄체에 직접 인쇄가 가능하다. 인쇄와 IT를 만나게 하는 매체 역할수행이 뛰어나다. UV와 IR 응용도 가능하며 최첨단 소재와 잉크만 개발되면 모든 피인쇄체의 종류에 관계하지 않고 다양하게 생산할 수 있다. 인쇄의 압력, 즉 인압이 적어 깨어지기 쉬운 피인쇄체도 가능하다. 평활도가 높은 피인쇄체도 마찬가지다. 앞면에서 언급한 차세대 인쇄기술도 이 때문에 가능하다. 크기, 모양, 종류, 물리적인 규격이나 형태에 관계없이 인쇄할 수 있다. 시계부속의 마이크로 인쇄부터 옥외간판, 원통, 원추, 요철 형에도 가능한 전천후 인쇄이다. 진입장벽이 낮아 설비와 공정이 간단하다. 소규모 미술공방에서부터 대규모 디스플레이 공정까지 소화해 낸다.

3) 스크린 인쇄의 활용범위

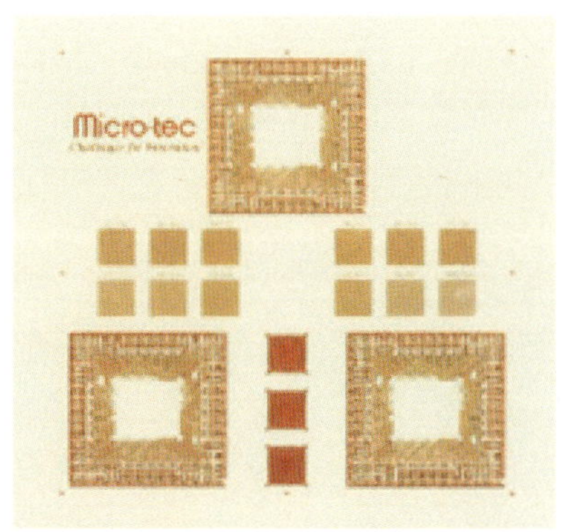

활용범위가 너무 넓어 전 품목을 기록할 수는 없다. 현재 상업화하여 매출이 확대되고 있는 품목들을 열거해 보면 종이인쇄를 포함하여 벽지제조, 완구류, 간판, 장식물, 가구부품, 각종 기계부품, 인쇄회로기판, 전자부품, 유리컵, 볼펜 등의 학용품, 컨테이너, 자동차 데칼, 안테나, 날염인쇄, 식모인쇄, 전사인쇄, 판화, 유화복제품, 철판인쇄, 동판부식판화, 건축자재, 가전제품의 컬러와 문양, 도자기, 그릇, 용기, 휴대전화의 모든 표시장치, 디스플레이패널, 통신용 안테나, 종이배터리, 피부프린팅, 태양광전지막, 발광

문자, 기능성 있는 활자인쇄 등 계속 요구되는 새로운 기술과 이에 따른 수요가 창출되고 있다.

4) 스크린 제판의 중요성

스크린인쇄 시 망사의 선택과 잉크의 선택은 사업의 승패와 연결된다. 모든 인쇄물은 원고에 충실해야 하며, 스크린 망사는 신축이 가급적 적어야 하고 높은 견장력과 외부 압력에 잘 견뎌야 한다. 메시(MESH), 오프닝(OPENING), 두께, 조직, 강도 등 선택의 요령이다. 원색인쇄 시 망사의 선택은 오프닝이 잉크와 안료입자를 통과시킬 수 있는 최적의 범위선택의 표준화이다. 주위의 온·습도에 주의해야 하고 유제의 접착성 문제 해결을 위해 망사두께, 공간비율, 인장강도 등을 고려해야 한다. 요즈음 망사매기나 제판은 전문업체나 경험 많은 기술인들이 많다. 로터리(롤)스크린의 스크린 판의 회전운동(실린더)에 따른 용제 선택도 필수다. 감광제판의 용제나 빛의 조건, 유제와 감광제 혼합 등은 경험과 기술이다. IT기술을 위하고 나노물질을 처리하기 위해 최근 금속메탈 실크스크린의 기술이 개발되고 있다. 이 부분에 대한 내용은 다음 기회로 미루겠다.

5) 스크린인쇄의 현실과 미래

　　보통 스크린인쇄는 인쇄소재의 형태에 따라 평면인쇄, 두루마리인쇄, 곡면인쇄, 전사인쇄로 나눌 수 있지만, 컬러 윤전인쇄가 시작되고 있고, 디지털 실크 프린터기도 선보이기 시작했다. 수동형태의 산업 스크린인쇄도 자동화 다량화 산업으로 변화하고 있다. 전자부품의 대량화 요구에 따른 실크스크린도 대량 생산체제의 S/W 개발이 필요하고 이것 또한 경쟁력이고, 미래인쇄산업의 숙제이다. 프린트 기판의 동도금 공정의 복잡성이 가격경쟁으로 인하여 산업이 위축될 수도 있다. 나노물질의 발전으로 각 산업의 현장에서 다품종 소수량의 시험인쇄의 요구가 계속되고 있다. 이것이 스크린인쇄의 매력이다. 마지막으로 필자는 하고 싶은 이야기가 있다. 스크린인쇄 입장에서 잉크젯 프린트 확장을 어떻게 볼 것인가? 분명한 도전이다. 그리고 문제점이다. 공생할 것인가? 전쟁을 할 것인가? 점점 영역이 좁아지고 있다. 스크린 인쇄업계가 고민해야 할 사항이다. 통합의 길을 찾아야 할 것이고, 분명히 새로운 형태의 스크린과 잉크젯의 복합개발은 우리의 숙제이다. 금속활자를 개발한 조상들의 지혜를 우리는 알고 있다. 두 가지 기술을 통합한 실크 잉크젯 프린터는 세계시장을 향한 시장개척이고 우리의 미래인쇄이다.

인쇄는 QR코드를 주목한다

　광장이 있는 곳에 사람이 모이고, 사람이 모인 곳에 온갖 인쇄물이 함께한다. 광고 지면이 있는 곳에 시간이 머물고, 시간이 머물고 있는 그곳은 활자가 존재한다. 신문, 잡지 속, 버스정류장, 지하철, 길거리 게시판 곳곳에 붙어 있는 광고지 한 귀퉁이에 손톱 같은 크기의 스마트 도장들이 인쇄되어 있다. 그렇게 인쇄된 스마트 도장이 IT와 융합하기 시작한다. 손톱만큼의 크기로 찍힌 도장 비슷한 바코드가 상품을 대표하기 시작한 지 오래다. TV광고를 비롯해 드라마 속에서도 아주 예쁘게 디자인된 QR코드(Quick Response Code)를 눈에 띄게 하고 있다. 새로운 마켓 기법이 출현한 것이다. 이미 세금고지서, 등기우편을 부치거나, 물건을 살 때마다 결재인증을 위해서는 빠질 수 없는 것들이 바로 바코드다.

　바코드가 출현한 지 52년이 넘는 세월이 지나고 있다. 다양하고 복잡한 생활 상품의 유통과정을 편하고 정직하게 발전시키고 천문학적 판매수량을 순간 정산시켜 힘을 덜어 주던 바코드의 막대 기둥들이 다시 쪼개져 2차원 공간으로 재집결하여 새로운 조화를 부리고 있다.

　제2세대 바코드 QR코드는 1차원 바코드와 전혀 다르게 통신 비즈니스와 연계되면서 신문, 잡지, 인쇄포스터, 대형 현수막 등에 QR도장들이 다양한 아이디어를 갖추고 마치 산사(山寺) 입구의 사천왕(四天王)처럼 수많은 스마트폰의 출입문 역할을 하고 있다. 인쇄와 디자인으로 탄생한 손톱 같은 작은 도장들이 상품마켓과 정보유통을 바꾸고 각종 콘텐츠의 새로운 비즈니스를 창조하고 있다.

1) 인쇄된 바코드가 통신을 한다

　바코드가 인쇄매체의 한계를 넘어서 양 방향 "소통의 통로"로 거듭나고 있다. QR코드를 찍으면 종이 활자는 물론 사진, 동영상까지 멀티미디어로 볼 수 있게 하는 새로운 유행을 보여 주고 있다. 화제의 현장, 특종의 기사, 칼럼, 사설도 QR코드만으로도 읽을 수 있게 함으로써 종이인쇄의 한계를 뛰어넘고 풍부하고도 다양한 콘텐츠를 종이 위에서 융합시킴으로써 그야말로 살아 있는 생명체가 되고 있다. 진화된 QR코드가 "바코드 대란"을 일으키고 있어 미국도 이를 두려워하고 있다. 특허청은 모든 특허출원료 납부 고지서에 기존 막대식(1차원) 바코드 대신 2차원 바코드(QR코드)를 새겨 발송하고 있다. 2차원 바코드는 정보를 일정한 방향으로 배열하는 막대식 바코드와는 달리 막대 바코드를 조각조각 잘라 가로·세로로 배열 100배가량 많이 저장할 수 있는 기술이다. 납부액뿐 아니라 납부자번호, 접수번호, 이미지 정보까지 담을 수 있다. 특허청 관계자는 "은행 측은 업무 부담이 줄고 특허청과 고객은 민원처리 기간이 짧아지는 '윈-윈' 상황"이라고 말했다. 미국 뉴욕시티에서는 시내 공사현장을 QR코드에 담아 휴대전화로 확인토록 하고 있다.

이처럼 2차원 바코드의 응용이 가장 활발한 곳은 공과금 납부 같은 공공업무, 국가재정 전산화의 통일 작업과 국가홍보업무, 국가기록물관리, 문화재보호와 정보공개 등으로 효율성 때문에 지방자치단체까지 도입이 확산되고 있다.

대학들도 지난해 말부터 휴대전화로 QR코드를 다운받아 도서 대출과 도서관 좌석 예약, 성적 조회 등 학생증 겸용 인증 시스템을 마련하고 있다. 플라스틱 카드 대신 휴대전화에 전송된 QR코드를 학생증으로 활용하기도 하고, 주변 시네마 등 각종 편의 시설 티케팅 서비스에도 2차원 바코드가 활용되고 있다.

1차원 바코드는 적은 정보량 때문에 사용 범위가 좁고 각종 기능을 부가하는 데 많은 제한을 받아 발전 속도가 멈추고 있었다.

따라서 이를 활성화하기 위해 보다 많은 정보를 입력할 수 있고 사용방향에 자유로운 스마트라벨이나 전자태그(RFID)가 바코드를 급속히 대체할 것이라는 희망과 전망이 우세했다. 그러나 최근 기존 바코드보다 정보 저장용량이 획기적으로 늘어난 2차원 바코드인 QR코드가 빠르게 부상하고 있는 것은 스마트폰의 이미지처리 기술 업그레이드로 인하여 궁합이 맞은 것이다. 또 다른 변화는 스마트카드가 NFC로 이동하고 있다는 것이다. 디자인과 QR코드는 동시에 인쇄되므로 별도 인쇄비용이 필요 없어 매우 경제적이다.

또한 기존 바코드에서는 거의 불가능했던 암호화도 가능하고 이미지도 전송할 수 있는 휴대전화를 통해서 볼 수 있고, 이메일을 통해서도 사용할 수 있는 특징이 앞날을 기약하고 있다. 결국 아무리 정보기술이 발전한다 해도 인쇄매체는 살아 있다. 아날로 그와 디지털을 연결해 주어야 하는 매체가 필연적으로 있어야 하기 때문이다. 이것이 인쇄기술의 경쟁력이다. 역사는 되풀이된다.

2) QR코드와 인쇄

NFC 칩이 스마트카드를 흡수하고, QR코드가 상품카탈로그를 점령할 수 있을까? 인쇄된 QR코드는 스마트폰과 만나면서 모든 것이 가능해졌다.

서울시와 경기도는 스마트폰을 이용해 편리하게 버스도착정보를 조회할 수 있도록 시내 2만 2,000개 버스정류장을 대상으로 QR코드 포스터를 설치했다.

스마트폰이 NFC(Near Field Communication)를 장착하고, QR코드도 인식할 수 있는 스마트폰 이용자가 정류소에 설치어 있는 바코드로 인쇄된 안내표지판에 스마트폰을 가까이 접근만 하면 해당 정류소의 버스 노선과 도착 정보를 손쉽게 이용할 수 있게 된다. 버스 도착정보를 제공하는 안내전광판이 없는 버스정류소에서 유용하게 사용될 수 있어 아주 경제적이다. NFC는 스마트폰 안에 설치하고 통신기능이 필요하지만, QR코드는 인쇄된 스티커에 포함돼 있어 훨씬 경제적이고 사용도 편리하다. 안내전광판은 설치비용과 A/S 비용이 아주 높다. 인쇄의 효율성이 여기서도 발견된다.

각 고을의 아름다운 산책길, 맛집과 연락처, 주요 관광지와 숙박시설 등을 안내하는 마을길 안내 QR코드와 가까운 도서관 검색 및 도서 대출 검색이 가능한 QR코드도 이용하기 시작했다.

한편 QR코드가 미술관에도 들어왔다. 작가가 직접 애플리케이션을 개발한 앱 아트를 비롯, 작품 옆에 부착되어 있는 QR인쇄코드를 스캔하면 작가가 직접 작품을 해설하는 동영상을 내보낸다. 이른바 스마트 미술이다. 오래전 서울 안국동 사비나 미술관에서 시도했던 "경계를 허무는 융합적 예술과 창의성"은 멀티미디어 미술의 시작이었다.

바코드와 스마트폰 렌즈가 스마트 예술을 만들어 낸다. 현실과 가상현실을 결합한 복합형 시스템인 '증강현실(Augmented Reality)' 작품은 디지털 편집기술이다. 관객이 보고 있는 실사 영상과 3차원 가상영상이 겹쳐지면서 전혀 새로운 이야기가 완성된다. 직접 애플리케이션을 개발한 작가는 "단순한 모바일 아트가 아닌 앱 아트"라고 설명할 수 있다. 인쇄현장에서 찾기 힘든 아이디어 QR코드와 멀티편집기술을 미술에서 창조하고 있다.

대상이 무엇이든 관객이 스마트폰으로 QR코드를 스캔하면 작업을 설명하는 관람객 모바일 서비스를 선보이고 있다. 바코드나 QR코드의 창의적 발상은 예술융합으로서 새로운 프로젝트이고 부가가치 있는 사업이다.

3) QR코드는 컬러코드와 디자인코드로 통합된다

10여 년 전 우리나라에서 "컬러코드"를 이용하던 대학 동아리들과는 별도로 우정사업본부도 세계 최초로 말하고 움직이는 우표를 만들어 낸 바 있다. 말하고 움직이는 우표의 핵심은 최첨단 '컬러코드'의 기술, 즉 가로·세로 각 5mm 크기의 사각형에 빨강, 파랑, 녹색, 검정 등 4가지 컬러 사각형 25개를 조합해 160억 개의 인터넷 주소를 기록하는 코드이다.

당시 시도된 기념우표에는 '컬러코드'가 우표 여백 좌측 상단에 인쇄되어 있는데, 이 부분을 PC에 연결된 카메라로 찍으면 '컬러코드'를 통해 인터넷 서버에 저장된 멀티미디어 자료를 컴퓨터로 볼 수 있었으나 인프라 구축이라는 예산문제 등 상업적 어려움으로 뒤로 미루어진다.

오늘날 스마트폰과 PC발전은 이 모든 것을 아주 편이하게 구현할 수 있게 되었다. 이 기술은 더욱 개발되면서 QR코드가 다시 진화하여 컬러코드와 통합하게 될 것이고, 전혀 또 다른 형태의 상품이 출현하고, 이어서 인쇄 먹을거리 하나가 창조될 것이다.

인터넷을 통해 스마트우표를 구입하여 이를 개인들이 직접 우편물에 인쇄해 보내는 스마트 시스템이 QR코드나 컬러코드를 통합 이용하면 이것은 상품내용의 이미지, 배달상황, 반송확인 등 추적이 가능할 것으로 보여 차세대 통신사업 수단으로 개발이 가능할 것이다. 이를 뒷받침할 초극해상도 인쇄기술은 이미 진행되고 있다.

바코드에 기발한 아이디어 디자인을 넣고 있다. 바코드가 검은 막대가 줄지어 있는 직사각형의 틀을 벗어난 색다른 디자인을 선보이면서 미국에서 인기를 끌고 있다고 월

스트리트저널(WSJ)은 보도했다.

지금까지 정보 저장 기능이란 실용성만 있었던 바코드에 제품의 특성을 살린 디자인이 더해지면서 기업들의 새로운 마케팅 수단이 되고 있는 것이다. 스위스에 본사를 둔 식품회사 네슬레는 신제품을 출시하거나 새로운 포장법을 도입할 때 디자인 바코드를 넣고 있다. 이 회사의 탄산 과일 음료 바코드는 검은 막대에서 거품이 올라오는 모습이다. 곡물바인 '베어 네이키드 그래놀라'는 바코드 막대 줄기에서 밀이 자라는 모습을 형상화하고 있다. '스키니 카우'란 저칼로리 디저트 제품엔 젖소 모양의 바코드가 등장했다. 조선일보는 독자와의 소통을 위해 "소통암호"인 QR인쇄코드를 서비스하여 종이신문 매체의 한계를 넘어 아주 편리하고 풍부한 디지털 영상콘텐츠까지도 즐기도록 하고 있다(2011년 6월 조선일보).

QR코드는 광고구성에도 상당한 영향을 주고 있다. 작은 공간에 최대한 많은 정보를 담게 되어 아무리 작은 공간의 QR코드로 모바일 웹에서 주고받아 다종의 인쇄물 역할을 충분히 해내고 있다.

그러나 중요한 것은 인쇄 없이 QR코드의 사용은 불가능하다는 것이다. 마케팅전단, 홍보물, 상품 포장의 상표 등에 동시 인쇄된 QR코드는 정보량이 늘어날수록 더욱 초정밀 인쇄기술이 필수적이기 때문이다. 그러나 스마트폰의 위력이 사회형태를 바꾸고 있어 바코드와 인쇄도 통신을 이용하지 않고는 버틸 길이 없다.

새로운 마케팅의 패러다임은 목표가 생존전략이다. 전통적으로 간판 위에 표시하던 전화번호는 대신 그 자리에 QR코드가 필수표시로 변하면서 그 속에 홈페이지, 블로그, 페이스북, 트위터 등을 포함하는 것이 기본이 되고 있다. 영화 홍보 전단도 QR코드를 통해 인쇄 예고편 정도는 즉시 보여 주는 것이 가능할 것이다.

4) QR코드란 무엇인가?

바코드는 흰색 선과 검은색 선을 인쇄하여 검은색으로 인쇄된 선과 흰 공간은 바코드 스캐너의 레이저 빛으로 검정색 선은 흡수되고 흰색은 반사되면서 아날로그 부분이 0과 1의 디지털로 변환시킬 수 있는 조건을 생성하는 기술이다. 제2세대로 진입한 QR

코드의 역사와 의미를 다음과 같이 설명한다.

바코드역사를 살펴보면 제1세대 바코드는 미국에서부터 시작한다. 1923년 미국 매사추세츠(Massachusettes) 주의 식료품 도매상의 아들인 월리스 플린트(Wallace Flint)가 하버드(Harvard) 대학에서 '슈퍼마켓의 계산 자동화'에 대한 논문에서 시작한다. 그 후 최초로 1940년 말에 조 우드랜드(Joe Woodland)와 버니실버(Berny Silver)는 식료품 마켓 계산대에서 기초 바코드가 붙은 상품의 가격이 자동으로 읽히고 정산하게 하는 처리기술 시스템을 연구하여 1949년 10월에 세계 최초로 특허출원(1952년 10월 7일 공개번호 2612994)을 했으나 수없이 많은 시도와 더불어 여러 시행착오가 계속되고 있었다. 돈은 못 벌었지만 정부로부터 훈장은 받았다.

1960년대 말에 와서는 많은 회사와 개인 마켓들의 강력한 요구가 잇따랐다. 이에 따라 슈퍼마켓용 자동화 시스템도 상품화되기 시작하고, 특히 전자회사 RCA사에서 개발한 Photo-Multiplier Tuve(No935) 기술을 사용 황소 눈 형태의 심벌과 스캐너는 신시내티(Cincinnati)의 크로커 상점에 설치되어 1972년 초부터 18개월 동안 운영하였다.

이 결과로 비용절감과 시스템 개선에 효과적이었다. 1973년 4월 3일 식료품 업계의 표준코드와 심벌을 채택하고자 미국 슈퍼마켓특별위원회(U.S. Supermarket Ad Hoc Committee)가 결성되었으며, UPC 심벌을 식료품업계의 표준으로 결정하였다. 그 후 1974년 UPC(The Universal Product Code) 심벌을 판독할 수 있는 경제성 있고 표준화된 최초의 스캐너가 오하이오(Ohio) 주 트로이(Troy)의 마쉬(Marsh) 슈퍼마켓부터 설치된다.

1980년에 이르러 상품과 식료품의 90%가 UPC 심벌을 부착하고 있으며, 1985년 말까지 미국의 약 12,000개의 점포에 스캐너가 설치되어 운영되고 있었다. 한국은 1988년 EANA(European Article Numbering Association)로부터 국가코드를 부여받아 (재)한국 유통정보센터에서 각 제조업체 코드를 등록받아 필요한 상품에 바코드 심벌을 부착하고 있다. QR코드는 제1세대 바코드에서 진화하여 발전된 2차원 바코드가 다시 업그레이드된다. QR코드에 대한 사전적 의미는 흑백 격자무늬 패턴으로 정보를 나타내는 매트릭스 형식의 이차원 바코드이다. QR코드의 명칭은 특허권자인 일본 덴소웨이브 사에서 처음으로 개발되었고, 등록상표 Quick Response에서 유래하였다. 동사는 1994년 QR코드의 활성화를 위해 특허권을 행사하지 않겠다고 선언하여 모든 기업과 개인은 저작권

제1장 인쇄는 살아 있는 생명체이다(기술)

없이 무료로 QR코드를 이용할 수 있도록 했다.

QR코드는 숫자 최대 7,089자, 영어문자(ASCII) 최대 4,296자, Binary 최대 2953bit 등 영문, 한글, 숫자, 기호와 한자 1,817자까지 담을 수 있어 업체명, 이름, 전화번호, 이메일 등 CRM을 담아 디지털 명함으로도 사용이 가능하다. URL(uniform resource locator)을 담아 해당 웹사이트로 바로 이동이 가능하여 주소창에 도메인을 직접 입력할 필요가 없다.

사실 휴대전화에서 문자를 입력하는 것이 PC보다 불편할 수 있어 이것은 모바일에서 아주 유용한 수단이 아닐 수 없다. QR코드는 움직이고 있는 고객들의 정보요구를 온라인으로 실시간 이동시킬 수 있고 인쇄 지면 위의 제한된 공간에서 보여 줄 수 없었던 정보와 동영상은 물론 실제 구매까지도 가능한 것이다. QR코드는 다량정보를 저장할 수 있는 데다 인식속도도 빨라 기업의 마케팅 수단으로 널리 활용되고 있어 번거롭게 인터넷주소를 입력하지 않아도 QR코드가 인쇄된 신문지상에 스마트폰을 근접시켜 해당 코드를 읽기만 하면 기업의 홈페이지, 홍보 동영상, 판매정보, 쿠폰, 마일리지 적립 등에 연결되어 즉석에서 다양한 정보를 얻을 수 있다.

5) QR코드의 특징과 장점

① 대용량 정보 수납

② 작은 공간에 인쇄: 가로세로 양방향으로 정보를 표현하기 때문에 정보량 1/10 정도의 크기에 표시할 수 있다. 더 작은 공간에도 표현이 가능한 Micro QR코드를 지원한다.

③ 오염과 손상에 강함: 인쇄기술이 충족되었다면 더러워지거나 손상되어도 데이터를 복원할 수 있다.

④ 360도 어떤 방향에서도 인식이 가능: QR코드 안에 위치 찾기 심벌이 있어 어느 방향에서도 가능하다.

⑤ 데이터를 분할하여 표현 가능: 최대 16분할까지 가능하여 좁고 긴 영역에도 인쇄를 할 수 있어 연속 지원이 가능하다. 변화의 시대를 맞이하는 IT는 더 쉽고 더 편리함을 연구하고자 함이 인간들의 습성이다. 요즈음 수없이 밀려드는 정보량에 치어 많은

사람들은 조급함에 전화번호나 주소를 기억하거나 메모하기를 귀찮아한다.

QR코드도 이를 놓치지 않고 개선하기 위해 개발된 것 중 하나다. 인간생활 곳곳에서 활용하는 QR코드는 어느 사이 우리 생활필수품으로 변하고 있다. 누가 어떻게 활용하고 어떻게 발전시킬 것인가, 비즈니스 창조는 뜻있는 자들의 몫이고 행운이다.

미래의 QR코드가 분야별로 활용된다면! 우선 제조업분야로 기존 OCR 전표에 비해 용지와 시간 비용의 절감이다. 생산 이력관리의 자동화이고 호스트 PC에 의존하지 않는 제작준비 시스템(CIP4)의 실현이다. 물품분야에서 활용한다면 출하오류 방지와 출하품과 재고관리의 QR코드의 검수시스템이 자동 형성된다.

극소형 상품시대의 상품관리에 새로운 아이디어다. 모든 쌀알에 관리 번호를 부여한다든지, 분 단위로 시간이 바뀌는 QR코드 시계가 로봇을 조정하고, 스마트폰의 마이크로부품, 콘택트렌즈, 시계부품 검사인증, 개별 반도체 검수 등 육안으로 검수하기 어려운 분야에 대한 마이크로바코드의 디자인과 극소형 검사시스템, 측량경계의 위치정보 표시 등 사업영역이 넓어진다.

출판물의 새로운 사업영역이 시작된다. 발간책자의 목차 및 요약문 QR코드, 독자별 섹션 편집, 학생 논술용 신문사설의 스크랩 용역코드, 앨범의 단순화, 모든 출판 정보를 종이쿠폰으로 전단화하는 서비스 등 무한한 미래가 있어 행복하다.

책을 지키기 위한 노력(코팅 이야기)

얼마 전 미국 2위의 서적상 보더스그룹이 파산신청을 냈다고 한다. 1971년 시작한 미국 내 650여 지점을 가진 대형서점으로 지속적인 판매부진과 급속하게 성장하는 전자책 시장에 늦은 대응 때문이라고 한다. 미국발 서점붕괴를 보는 우리나라 서점가도 위기감은 마찬가지다. 국내 서점 수도 2003년 당시 3,600여 개에서 2009년에는 2,850개로 급감했다. 인터넷, 모바일, e-Book, web-Book 등 새로운 유행의 편리함과 전통적인 감성과의 경쟁이 시작되면서 오프라인 서점에서 종이책을 팔던 시대가 저물어 가고 있는 느낌이다. 페이스북은 계속 확산되고, 그것을 보는 고급 장치의 끊임없는 출현은 사람을 너무 편하게 하고 콘텐츠에 대한 소비자들의 성향은 "읽기"에서 "보기"로 바뀌고, 책장을 한 장씩 넘기면서 생각하기보다는 그림처럼 빠르게 보는 습관은 분석적인 것에서 직관적인 것으로 변화하고 있다.

이 시절에 책을 지키기 위한 방법은 없는가?

해답을 찾기 위해 우리 조상의 지혜와 장인정신을 찾아볼 필요가 있다. 옛 책 여러 장의 단순한 인쇄물인 고서(古書)는 한 시대의 모든 정보와 지식 사상을 담고 있고 우리의 정신과 문화의 뿌리이다. 정보전달 매체가 없던 시절 책은 당시로서는 최상의 멀티미디어이다. 옛 인쇄장인들의 기술과 마음에서 무엇을 찾을 것이며, 어떻게 전승할 것인가. 저작권을 뒤로하고 몇 가지를 본다. 활자와 종이를 만들어 인쇄판을 발명하고 천연잉크를 사용하여 책을 만들었던 이들에게 예(禮)를 갖추고 보아야 할 것이다. 그리고 지식정보를 영구보존하기 위한 노력도 세계역사상 그리 흔치 않다.

책을 오랫동안 지켜 온 기법 중에서도 코팅기술을 살펴보고자 한다.

서울 종로구 견지동에서 "옛 그림에의 향수전"이 열린 적이 있다. 가장 눈길을 끄는 작품은 세종의 현손(玄孫) 탄은(灘隱) 이정의 1609년 작품 '니금세죽(泥金細竹)'이다. 작품의 우측상단에 상강야우(湘江夜雨)라는 화제가 적혀 있다. 중국의 대나무골 명산지 상강(湘江)에서 밤비가 댓잎으로 내리는 모습을 그린 것이다. 여기서 중요한 것은 희귀한 작품이기도 하지만 니금(泥金)을 사용했다는 점이다. '니금세죽'은 먹물을 들인 비단 위 아교에 금가루를 갠 니금으로 대나무를 그린 그림이다. 위로 뻗어 올라가는 댓잎과 아래로 늘어진 댓잎이 대비되는 모습이 두 폭의 대형화면에 담겼다. "탄은의 능숙한 운필이 잘 살아난 명작"이다. 당시의 코팅기술을 잘 활용한 작품이다. 금박코팅은 기계기술을 이용하지만, 순금을 형상(이미지)코팅으로 인쇄는 기계보다는 장인들의 손기술에 의존한다. 본인의 경험으로도 순금카드를 옛 기법을 전수한 장인들 손끝과 붓으로 제작한 바 있었다.

이것 역시 책을 지키기 위한 노력이다. 국장도감(國葬都監)에도 태종의 상장의궤에는 금간자와 은간자에 금박종이, 은박종이를 사용하여 바르고 니금(泥金)으로 그림을 그렸다고 기록되어 있다.

조선시대에는 왕실보다는 민간사찰이 주도하여 출판인쇄소 역할을 했다. 많은 가문의 족보도 사찰에서 인쇄했다. 따라서 문화를 주도하는 지식산업의 유통도 사찰을 통해 이루어지는 경우가 많았고 경전, 족보, 문집 등 광범위한 책들을 보유하면서 조선시대에 출판인쇄 중심역할을 하게 되었다.

고서(古書) 표지에 담긴 비밀도 많다. 오늘날 코팅, 형압, 합지 등에 해당하는 재미있는 기술들이 책갈피에 박혀 있다. 멋과 여유를 나타내기 위해 면지(面紙)나 표지에 능화문(菱花紋)을 넣어 연꽃을 새긴 것, 수복을 상징한 박쥐를 새긴 것, 다산(多産)을 상징하는 석류, 용과 물고기도 새겨 넣기도 하고 가정의 안녕을 위한 부적을 표지 속에 숨기고 치자 물을 입혀 방충(防蟲) 역할도 하게 하고 표지를 두껍게 하려고 밀납을 칠하고 방수성도 높이고 능화판의 요철을 이용하여 면과 면을 합지가 잘되도록 했다. 또한, 놀랍게도 표지에 덧댄 배접지들에 파지도 사용했지만 숨겨 놓은 비밀창고 역할도 만들었다. 어쩌면 이것은 오늘의 디지털에 대한 인쇄의 신경영이 될 수도 있을 것이다. 디지털에서는 이러한 책의 감성을 도저히 느낄 수 없다. 고전에서 배울 것이 어디 한둘이겠는가? 따라서 책을 보는 디지털기기 들은 고려, 조선시대의 고서(古書) 제조방식을 참고로 설계돼야 할 것이다. 중국의 106세 노학자 저우유광(周有光) 선생은 시사잡지 칼럼에서 혁신을 못해 문을 닫은 대륙을 향해 "청나라가 열강의 식민지로 전락한 이유에 대해서는 서(西)로는 히말라야 산맥을 비롯한 고산준령, 북(北)으로는 사막, 남(南)으로는 밀림, 동(東)으로 대해에 가로막힌 자신만의 제국에 안주하다 보니 르네상스와 산업혁명 같은 서양의 변화를 보지 못했다"라고 분석했다.

"실패하지 않는 사업만 선택하다 보니 역시 실패가 두렵다." "세상에는 안전한 게 없다." 우리가 흔히 듣는 이야기이다. 그러나 실패를 마다 않고 앞으로 뛰는 사람들이 창조세력을 만든다.

정보화 사회에서 지식사회로 가면서 인터넷을 중심으로 한 콘텐츠가 주류이지만 바로 지금 인간중심 사회가 뒤따르고 있다. 즉, 좌뇌 중심에서 우뇌의 창조 감성시대가 시작되고 있어 상상력의 감성이 경제학(經濟學)과 결합하고 있다. 제주 올레길이 지극히 전통적이고 아날로그적이지만 그중 하나가 감성과 만나면서 세상을 바꾸고 있다. 농업이 감성과 만나면서 인터넷 거래가 급속 성장하고 있다. 성장 속도가 1위이다. 인간중심 산업이 무엇인가 생명, 문화, 인쇄, 엔터테인멘트일 것이다.

1) 책을 지키는 코팅기술

예부터 활자를 지키기 위한 노력을 여러 흔적을 통해 보고 있다. 오래 쓰기 위해 습과 열을 견디도록 천연 물질을 코팅하고 미생물 방어를 위해서도 한약재를 사용하고 파손을 방지하기 위해 표지는 가죽이나 죽간을 쓰기도 했다. 책을 지키기 위한 노력은 지금에 비교해도 결코 뒤지지 않는다.

오늘날 인쇄는 고객요구가 다양해지면서 단 납기, 고품질, 저비용에 경쟁력과 품질 향상의 요구는 첨단기술까지 동원하여 놀랄 만한 발전을 하고 있다. 특수인쇄로 대표되고 있는 코팅은 여러 형태의 기술로 라이프 사이클이 변하고 있다. 기능성, 홍보성, 보존성, 풍습성, 내화성, 내구성 등 다양한 목적에 따라 첨단소재와 장비개발은 끝이 없다, 컬러의 보색, 금속효과, 방습효과 때문에 개발된 신기술은 제3의 산업에까지 응용되고 있다. 코팅기술도 오프셋과 실크스크린, 플렉소, 그라비어, 동판, 분사식, 잉크젯, 금박인쇄, 액상인쇄 등에 UV를 다양하게 응용하고, 필름 라미네이팅의 발전은 앞으로 많은 산업에 새로운 길을 열어 줄 것이다.

2) 자외선(UV, Ultra-Violet)인쇄

1970년대 주택복권을 제조할 때가 생각난다. 당시는 모든 것이 열악하여 복권을 노점에서 판매하는 곳이 많았다. 복권이 햇볕에 노출되어 3일이 안 되어 색깔이 바래 실내판매분과 색깔이 같지 않고 견본과도 색상이 맞지 않아 1등을 당첨해 놓고도 진위에 말썽이 많았다. 당시 UV인쇄를 모르는 기술부족으로 여러 곳을 힘들게 했던 것이 지금도 생생하다. 오프셋 기술공에게만 고통을 준 어리석음이 공장 모두의 무지였지만 그 당시 컬러잉크 방어는 오버코팅이 있었지만 이를 사용하기는 두껍고 넘버링 후 후가공은 거의 불가능했다. UV인쇄의 고마움이 여기에 있다. UV잉크로 처리되는 기술의 장점은 인쇄물의 효과적인 보호 및 내마모성과 함께 높은 광택도, 부드러운 촉감의 특성도 주고 있다. 종이의 종류에 관계없이 가공할 수 있고 UV에 의해 경화하기 때문에 배지부에 추가적인 파우더 사용이 필요 없다. PVC, 각종필름, 증착지 같은 비흡수성 피인쇄물에도 인쇄가 쉽다. UV광원을 이용해 액체를 고체로 건조시키는 방식은 100년 전부터 타 산업에서 사용되었고, 목재의 무늬목 코팅, 단추 등에 색상을 입히는 데 많이 사용해 왔다.

UV인쇄분야는 무한한 창조력을 지니고 있다. 순간건조라는 특성 때문에 코팅 외에도 금속분야, 섬유분야 등에도 여러 개의 신기술사업이 개발되고 있고, 심지어 RFID 안테나 생성까지 이 기술이 사용되고 있다. 특히 나노물질을 인쇄하는 곳은 UV경화가 합리적이어서 필수적으로 사용 권장되고 있다.

고해상도 인쇄는 오프셋인쇄를 따를 수 없다. 고해상도와 UV와의 만남은 창조적 미래기술이 되고 있다. 최근에는 더블코팅 장치를 이용하여 일반인쇄에 UV코팅이나 하이브리드잉크로 하나의 코팅 타워를 이용하여 인라인 작업까지 할 수 있고 피인쇄물에 따른 인쇄기 구성에 따라 코팅을 통한 다양한 인쇄물 추가 가공도 가능하게 되었다.

포장산업이 급속성장하면서 포장인쇄에서 인라인화할 수 있어 다양한 인쇄 효과와 일괄생산은 품질보장과 높은 생산성은 물론 많은 미래의 창조산업으로 개척할 수 있다.

UV인쇄는 일반적인 조건이 있다. 경험과 기술을 축적해야 한다. 재료와 에너지비용이 약간 비싸다. 공장의 환기가 필요하다. 도트게인(망점퍼짐)이 크면 잉크의 점도 등 인쇄특성을 고려해야 하는 노하우도 필요하고, 잉크와 물의 균형을 설정해야 하고, 공정상 지분 등 불순물 세척이 필수적이다. 인쇄 내구성을 위해 인쇄판 버닝도 필요하다. 인쇄 전에 UV코팅이나 표면가공 여부를 점검해야 한다. 하지만 복잡한 만큼 차세대 기술의 가치가 있다.

3) UV잉크 및 코팅인쇄

UV잉크는 다양한 인쇄방식에서 사용되므로 피인쇄체의 표면품질과 다공률은 접착력에 영향을 줄 수 있다. 높은 다공률은 잉크가 인쇄 시에 광택도 부족이 생기고 경화 부족도 있을 수 있다. 모든 잉크의 색조나 색상, 강도, 투명성은 안료의 특성에 따라 좌우되고 있다. 점도가 강한 UV잉크는 잉크 분배량에 영향을 준다. 오버코팅 바니시는 경우에 따라 잉크의 증착력을 향상시킨다. 장점도 많지만, 단점으로는 기존의 유성잉크보다 해상도 면에서 미흡하고, 잉크가격이 비싸고, 자외선 건조기의 설치 부담이 있다. 소재에 따라 광택이 부족할 수도 있고 망점이 선명하지 못할 수 있다. 따라서 IR(적외선)잉크를 사용할 수 있으나 설치면적이 넓어 에너지 소비가 많다. 그러나 코팅 효과면으로 UV를 따를 수는 없다. 장점의 몇 가지를 보면 광택/무광택의 효과가 높고, 저항성이 높으면서 즉시 건조되는 것을 들 수 있다. 그리고 분말 스프레이가 필요 없고 내마찰성이 높으며 용제가 없어 환경친화적이다. UV코팅은 UV광에 노출될 때만 경화하므로 PVC와 판금 같은 비흡수성 인쇄물에 적합하다. 부분코팅이 가능하며 종이의 두께에 관련 없다.

광범위한 스크린잉크로 디스플레이, 부착광고물, 스티커, 도자기, 전자부품, 회로기판 등 다양하게 쓰이고 있다. 자성잉크, 전도성 잉크, 전도성 핫멜트, 후막 페이스트, 도금 등 신상품 개발과 신기술산업에 무서운 미래가 있다. 마이크로 볼 잉크, 감열지, 형광잉크를 사용할 수 있다. IT산업과 최고의 동반자이고 부가가치 있는 사업 창출이 가능하다. 장치설치 전 아이디어와 타깃이 성공 요인이다. 도전이 필요하다.

4) 디지털이 코팅기술을 이용한다

코팅은 책장의 보존과 내구성을 높이고, 상품이나 포장재의 가치를 높이면서 시각적인 안정성과 유통 시에 안전과 보호를 위한 적절한 재료와 인쇄기술을 선택하여 상품가치가 최종 수요자에게 잘 전달되도록 함이다. 모든 코팅이 다 같은 것은 아니지만 인쇄분야에서는 다양한 종류의 코팅이 사용되고 있다. 상품 마케팅의 요구도 다양하지만 사용목적에 따라 물과 공기를 빼고는 무엇이든지 할 수 있는 준비가 되어 있다. 요즈음은 표현의 흐름도 기능적이며 광택과 무광택 등 특별한 구조를 갖추고 정보성과 상품성 그리고 환경 적합성이 복합적으로 선택되고 있다. 주로 코팅인쇄시장은 유성 바니시로 코팅하는 기계코팅, 단순히 코팅인쇄만 하는 불변코팅, 광택을 내는 오버코팅, 필름을 접착하는 라미네이팅, UV코팅 등이 있다. 그리고 인쇄와 동시 코팅하는 인쇄기술도 다양하게 수요자의 아이디어에 따라 무수하게 재창조되고 있다.

코팅의 응용은 크게 상업인쇄, 책자표지나 명함의 에폭시, 잡지나 인몰드 카탈로그 및 카드, 라벨, 포장용 필름, 포장박스, 식품 소프트포장, 일회용 종이컵 또는 녹차 봉지, 약봉지, 담배, 화장품, 의약품포장, 산업용 박스 등 용도가 셀 수가 없다. 캔과 병의 포장인쇄에서 코팅의 보호기능은 수성과 UV코팅 시스템이 필요하다. 메탈안료 코팅, 금, 은 분코팅이 인쇄유닛 공정으로 인라인화되어 있어 품질과 생산성에서 경영 요구를 충분히 충족한다. 요즈음 스마트폰 액세서리도 코팅과 압착기술이다. 3DTV의 입체영상 표현에 합당한 소재도 코팅과 열 압착기술로 만들어진 렌티큘러 필름의 인쇄기술이다. 그러나 이러한 최첨단 기술을 인쇄기술이 처리하고 있다는 사실을 모르고 있는 현실이 아쉽다. 코팅의 공정시스템은 다음 기회로 미룬다. 나노 금속소재가 인쇄전자된 필름표면에 디지털 신호가 입력되고 있다.

인쇄 미래를 예측하는 징조에 관련된 재미있는 이야기가 있다.

종이처럼 얇은 특수 처리된 두루마리식 비닐 스피커 이야기이다. PET나 비닐처럼 얇고 투명한 필름 스피커라고도 한다. 포장용 랩처럼 잘라서 사용할 수 있어 원하는 크기만큼 잘라 사진이나 그림을 인쇄하여 벽이나 필요한 공간에 붙일 수 있다. 책상 표면에 부쳐 책상 겸 스피커로도 쓸 수 있다. 필름 스피커 원단은 어떤 크기로든 자르고 모양은 다양하면서 오디오 앰프의 스피커 선만 연결하면 된다. 가전제품이나 완구나 명함, 신용카드에도 적용될 수 있다. 1970년 일본에서 기본재료인 PVDF(polyvinylidene fluoride) 필름을 개발했으나 전극을 붙이는 기술이 미흡하여 상용화가 어려웠다. 몇 년 전 한국과학기술연구원이 플라스마에서 이온빔을 쏘아 전극을 필름 표면에 심어내는 최첨단 차세대기술을 개발했다. 오늘날 인쇄기술도 전극소재를 열압착 인쇄기술로 충분히 가능할 수 있다. 코팅의 2단계 기술이다. 기 개발된 전극필름을 가지고 인쇄매체와 디자인으로 신사업을 얼마든지 개척할 수 있다. 이업종 간의 협력은 인쇄의 제2도약이다.

5) UV 공정 시 안전조치

(1) UV 경화 물질 취급 시 안전조치

UV 경화 물질은 접촉할 경우 눈과 피부의 가려움증을 유발할 수 있다. 따라서 코팅첨가제나 특수세제 취급을 팀장관리하에 두어야 한다. 작업할 때는 항시 보안경과 장갑을 착용하고 특수세제로 기계부품과 장비를 세척할 때 주의를 요한다. 오염된 세제는 조심성 있게 즉시 폐기하고 피부에 묻지 않도록 한다.

오염된 작업복은 즉시 벗어 특수밀폐장소에 넣고 재사용에 대한 안전수칙을 따른다. 코팅잉크와 접착제가 피부에 묻으면 비누로 세척하고 흐르는 물에 헹군다. 코팅제와 접착제가 눈에 들어갔을 경우 즉시 물로 씻고 병원에 가야 한다. 인쇄기와 UV경화장치는 눈이 UV광선을 직접 쏘이지 않도록 사용하여야 하고 산란한 자외선도 작업자에게 도달하지 않도록 차단막도 고려해야 한다. 안전 기본규칙을 정하여 모든 장소에 붙인다.

(2) 광선·경화 재료 취급요령

UV 코팅 경화제와 접착제를 사용할 시 주의할 사항들이 있다.

비철금속은 촉매 특성이 있으므로 배관, 개스킷(Gasket), 마개 등에는 황동, 구리 등을 사용 하지 않는다. 천연고무나 스테인리스강 사용을 권장한다. 기계적 마찰은 광중합을 유발할 수 있다. UV 광선과 접촉하면 보통 개스킷과 호스(실리콘, 바이톤)는 파손될 수 있다. EPDM[ethylene propylene diene Monomer(M-class) rubber] 또는 테플론 개스킷과 시스템에 적합한 호스를 사용하여야 한다. 50C 이상에서는 UV 물질이 겔화할 수 있다. 빠른 인쇄속도에서 발생하는 UV 경화 물질의 결로현상을 방지한다. 필요할 시 시스템 부품을 격리한다. 물질 안전보건 지침을 참고로 사용한 용재와 폐기액은 규정에 따라 유해물질로 폐기한다.

스마트카드가 진화하고 있다

1) '새로운 삶'이 시작되고 있다

인쇄산업과 IT산업의 융합인 스마트카드는 새로운 생활양식을 창출하면서 급속하게 진화하고 있다. 인쇄산업의 새로운 영역으로 급부상하고 있는 스마트카드를 비롯한 디지털혁명에 보다 적극적인 업계의 접근과 도전이 절실하다.

21세기의 인류문명에 대변혁이 일어나고 있다. 산업사회가 급속하게 정보화 사회로 바뀌면서 디지털혁명이라는 용어가 생겨났다. 디지털혁명의 양상은 아주 다양해서 정부의 역할과 기능, 상거래 등의 경제활동을 비롯해 특히 개인의 문화생활, 기업의 경영활동, 교육과 근로 등 다방면으로 전 세계 곳곳에서 아주 빠른 속도로 진행되고 있다. 사회를 변화시키는 속성, 즉 디지털혁명의 원동력은 정보기술(IT)의 발전이다. 정보기술산업은 최근 미국 상무성이 발표한 장문의 보고서 '디지털 경제'에 따르면 일반 경제성장률에 비해 IT산업은 두 배에 이르고 두 자리의 성장률이 계속될 것이라 한다.

인쇄와 IT산업의 융합인 스마트카드는 '새로운 삶'에 기여하면서 전자거래와 전자적 판매와 유통에 인증과 보안 및 금융거래, 교통, 엔터테인먼트, 보험, 교육, 의료서비스 등 여러 분야에서 엄청난 신기술이 개발되고 있으며 인쇄산업인 스마트카드가 진화를 시작하고 있다. 또한 국내 마켓도 2006년도에 스마트카드 인쇄부문만 2,000억 시장을 돌파하는 것으로 기대하고 있다. 20대 여성들의 지갑 속에 평균 10개 정도 카드를 소지하고 있고 휴대전화 고리에 소형 교통선불카드를 착용하기 시작하고, 지하철 티켓이 코인형태로 변하고 있다. 여기에 인쇄인들에게 미약한 정보라도 도움이 됐으면 하는 바람이다. 한정된 지면으로 총론만 언급하게 되어 죄송스러운 마음이 있다.

(1) 스마트카드의 정의

스마트카드는 현재 전 세계적으로 사용하고 있는 마그네틱카드(은행카드)와 선불카드, 마일리지카드, 회원권 등을 제외하고, IC카드, RF카드, 광카드, 레저카드, 현재 무성하게 논란하고 있는 RFID 등을 말한다. 세계 최초로 IC카드는 1970년도에 일본의 아리

무라기술연구소의 아리무라구교 씨가 고안해서 특허를 신청했지만, 해외 특허를 게을리 한 관계로 1974년 프랑스 주간지의 기자 롱랑모레노 씨(현재는 이노바트롱회사)가 취득하고 말았다.

스마트카드는 PVC인쇄와 COB의 연합형태로 기본적인 Chip(EEPROM)이 장착된 카드를 말한다. 초창기에는 종이로 만들어졌으나 보관상 파손이 심해 점차 플라스틱 카드가 등장했고, 인간이 가장 편안하게 소지할 수 있는 크기, 즉 명함크기형태로 표준화되어 있다. 주로 은행신용카드는 마그네틱층, 즉 차상(叉狀)산화철($R\text{-}Fe_2O_3$), 산화철(CrO_2)로 구성된 것을 염화비닐, 폴리에스테르필름, 아세틸로스필름에 부착해서 정보데이터를 기록 확인하는 것이다. 후가공 공정은 ISO규격에 규정되어 있다. 요즘은 환경문제로 ABS수지를 사용하게 되고 기계적 강도 및 내열성 때문에 PET 등을 사용하고 있다. 그리고 은행통장과 신용카드도 IC카드, 즉 스마트카드로 변화하고 있다.

(2) 스마트카드(IC카드)의 제조과정

원고 및 필름의 원판작업 → 제판 → 인쇄 → 적층 및 열압착(ISO규격 0.76±0.06mm의 두께 유지)(온도는 160~170℃에서 열과 냉각교대) → 펀칭(재단) → 칩 선택(알고리즘, 설계) → 포켓포밍(COB모듈±0.02mm) → COB인서트 → COB 열압착 및 냉각 → 검사 → 카드초기화(키, 비밀코드) → 카드에 ID기록 → 검사 → 납품

위의 제조공정 중에서 가장 중요한 부문이 인쇄과정이다. 위변조, 보안 등으로 인쇄색상, 문자, 서체크기, 망점 등이 섭씨 150℃ 이상의 열압착 후에 색상의 변화, 망점의 신축문제 등 정교한 인쇄를 요구한다. 인쇄는 UV오프셋인쇄와 실크인쇄를 혼합 사용하고 수성코팅 등 오버코팅이 기본으로 적용된다. 보통 색도가 10도를 넘기 때문에 사진제판과정부터 잉크선택, 소재선택 및 후공정 후 변질과정까지를 통합하여야 하는 컬러관리시스템은 기본이다.

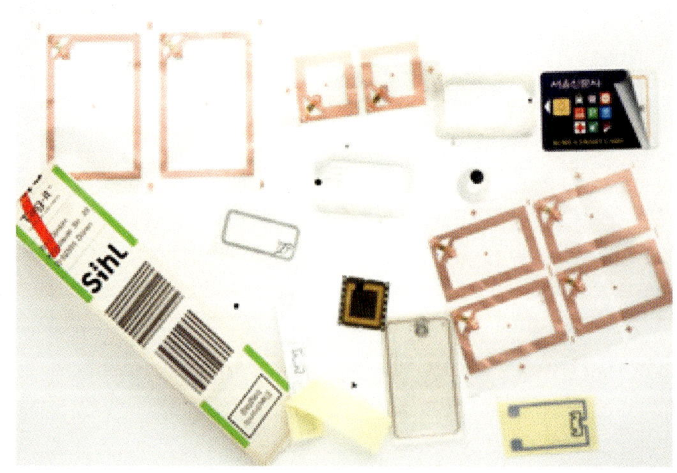

현재 고급 인쇄기계를 확보한 인쇄사는 다른 어떤 카드 전문업체보다 우수한 품질을 생산할 수 있고, 또한 많은 발주 거래선은 우수한 인쇄업체에 기대를 하고 있다는 것을 인쇄인들이 인지할 필요가 있다. 인쇄 후 후공정 분야는 제책하는 것처럼 자동화된 Chip 부착장비가 최소 인원으로 가능토록 자동화되어 있다. 마지막으로 검사과정도 자동검사기가 일손을 많이 절약한다.

참고로 M/S카드(현재 사용 중인 은행카드 등)의 제조는 마찬가지로 IC카드의 COB 이전단계로 끝난다. 여기서도 CMS는 필수적이다.

(3) PET카드의 제조과정

앞으로 TV시청료나 고속도로 자동 징수시스템에 사용하는 카드는 내열성, 내구성을 갖추어야 하기 때문에 PET와 표지카보네이트에 관해서도 알아 둘 필요가 있다.

특히 앞으로 여권 및 주민등록카드 등은 투명한 소재 속에 문자와 사진을 레이저 엥그레이빙(Laser engraving, 레이저조각인쇄)으로 인쇄를 하여 전혀 겉에서 칼로 도려내어도 사진 등 데이터가 지워지지 않는다. 앞으로 엄청난 수량의 발주가 기다리고 있기 때문에 소홀히 할 수 없다.

PET는 특성상 잉크를 흡수하지 않는 성질이 있기 때문에 워터 베이스처리를 한 경우가 많다. 또는 클리어 바니시나 특수코팅제를 사용한다.

또한 카드 앞면에 감열방식으로 마킹이나 인자를 하는 경우 감열코팅, 즉 감열층을 만드는 경우도 있다. 이 모든 과정은 UV인쇄와 실크인쇄로 처리가 가능하다.

2) 스마트카드 제조과정 '표' 설명

※ 스마트카드 제조과정

카드 인쇄용 원고작성 → 제판. 교정 → 안테나플레이트제작 → 부품재료선택 → 표면인쇄 → 인쇄보호층 부착 → 자기층부착 → 라미네이팅 열압착 → 펀칭 → 검사 → 칩부착 → 레이저인코딩 → 검사 → 납품

위의 공정으로 반제품만 생산, 국가기관과 협력 납품하는 경우를 고려해 볼 필요가 있다. 물론 카드제조매수가 소량이냐 대량이냐에 따라 처음 제조 계획부터 다르겠지만 위에 소개한 제조과정에서 약간 순서가 바뀌는 정도다.

3) 스마트 카드와 경영

전자화폐는 실용화 단계에 접어들고 있다. 이제 진화가 되고 있는 것이다.

일본 도쿄 시부야 역 근처의 아이스크림 점에서는 귀갓길의 여고생들이 각자 원하는 메뉴를 선택하여 주문한다. 그리고 지갑에서 현금이 아니고 신용카드 모양의 전자화폐, 코인 형태의 전자화폐를 해독기에 집어넣고 표시된 금액을 보고 확인버튼을 누르고 계산을 마친다. 지하철. 버스, 택시를 타고 극장. PC방에서 편리하게 전자화폐를 사용한다.
젊은이의 거리 시부야에서는 요즘 이러한 광경이 자주 목격된다. 시부야 스마트카드 소사이어티(SSS) 때문이다.

요즘 인쇄산업이 불황이라고들 한다. 그러나 곳곳에 극복할 수 있는 기회는 많으며 어려울 때 변화를 위한 준비가 필요하다고 본다. 이제는 서로 다른 영역의 사업을 넘나드는 유연성을 가져야 할 것이다. 기존의 인쇄마케팅 방법은 완전히 버리고 새롭게 변화를 시도해야 한다. 덩치 큰 것보다 아주 빠른 기업으로 변신해야 한다. 비단 스마트카

드시장 뿐 아니라, 앞으로 한국사회의 디지털혁명은 교통, 시큐리티, 문화유통, 상품유통등 여러 분야에서 스마트카드 제조기술을 기다리고 있다.

앞으로 컴퓨터 USB에 카드가 삽입될 것이며 스마트카드 한 장에 CD-ROM 여러 장이 들어갈 것이며 개인의 생체정보가 카드 속에 들어가는 신산업이 확대되고 있다.

교과서, 소설 등이 스마트 미디어 카드로 대체 발간하는 시기도 얼마 남지 않았다고 본다. 인쇄업계가 관심을 기울여야 할 새로운 분야로 부상하고 있는 것이다.

디지털환경에서 시큐리티 그리고 특수인쇄
―인류문화의 변화를 인쇄가 주도하고 있다―

"현재 시행되고 있는 전자여권도 스마트칩의 운용과 위·변조 방지를 위한 각종 시큐리티는 특수인쇄기술이 필수적으로 접목되어 있다. 식품산업도 IT와 연계되면서 필수적으로 대표상품을 보안해야 하는 새로운 시큐리티가 다양하게 요구되고 있다. 시큐리티는 보안S/W와 더불어 새로운 특수인쇄를 효과적으로 접목시켜야 한다."

삶의 질이 향상되고 있다. TV도 큰 화면에 HD로 보고, 휴대전화로 사진전송, 전자사전, 인쇄데이터 송고, 실시간으로 인쇄공정의 동영상을 통해 자신의 인쇄물 제작현장도 볼 수 있다. 세탁기, 냉장고 등 전자제품이 말을 한 지는 오래되었고 사용매뉴얼도 책자가 아닌 LCD창을 통해 사용방법을 읽어 볼 수 있다.

달리는 자동차에서도 엔진과 부품의 고장 유무를 즉시 체크하는 무선장치라든가 모든 IT기기의 안테나도 자동차 차체 속으로 숨어 버려 공간이 쾌적하고 편하게 되었다. 기술이 하루가 다르게 세상을 변화시키고 있다. 모든 산업이 디지털화되면서 IT와 연결되어 있다. 유비쿼터스와 친환경적인 시대적 요구를 충족하기 위해 자동차·조선·의료·국방·건설 등 5대 주력 기간산업에 IT기술을 융합시키는 정책도 정부의 과제다.

다보스포럼 등 국제사회에서도 IT와 환경이 최우선 의제로 채택되고 있다. 인류 생존 문제를 IT를 활용해 해결해 보자는 연구가 본격적으로 시작되었다. 물론 정보통신과 S/W기술이 최우선이지만 여기에 지식을 기반으로 한 기술, 즉 인쇄기술이 필요하게 된 것도 사실이다.

유해물질의 환경문제 때문에 TV나 휴대전화 케이스도 석유화학제품이 아닌 옥수수 전분으로 만들기 시작했다고 한다. 여기에도 특수인쇄의 코팅기술이 접목되어야 한다. 모든 화공계통 회사들이 바닥재, 벽지 등 모든 건축자재 제품에서 포름알데히드가 전혀 방출되지 않은 친환경 제품도 디자인 표현을 위해서는 인쇄공정이 마지막이며 필수적인 것이다.

그뿐이겠는가?

제1장 인쇄는 살아 있는 생명체이다(기술)

수많은 문헌정보, 출판물, 교육교재, 의약품, 화장품, 각종 포장지 등의 고급화 및 보안화는 등급분류 및 보존기한 설정 등 곤충이나 미생물에 의한 파손 방지도 인쇄기술이 S/W를 개발해야 한다.

전자여권도 스마트칩의 운용과 위·변조 방지를 위한 각종 시큐리티도 특수인쇄기술이 필수적으로 접목되어 있다. 식품산업도 IT와 연계되면서 필수적으로 자체를 보안해야 하는 새로운 시큐리티가 다양하게 요구되고 있다. 시큐리티는 보안S/W와 더불어 새로운 특수인쇄를 효과적으로 접목시켜야 한다. 따라서 디지털화되어 가는 산업의 소비자 편이를 위한 실용화는 시큐리티와 특수인쇄기술이 접목되어야 하며 차세대 산업과도 연계 될 수 있는 인쇄기술을 소개하고자 한다.

1) 실용화된 특수인쇄

인쇄를 역사적으로 볼 때 인쇄기술은 엄청나게 변했고 앞으로 계속 발전할 것이다. 1980년대부터는 특수인쇄가 인쇄의 중요한 부분으로 자리 잡았다. 광학기술과 천연소재를 이용하여 생활의 편이성에 기여했다. 인쇄기술인 오프셋, 실크, 그라비어 등의 기술을 이용한 잉크나 용지, 소재를 활용하고 광학기술까지 응용하면서 인쇄특수성을 개발하여 시큐리티산업에 크게 기여했고 인쇄의 영역확대는 물론 물량도 엄청나게 증가했다.

(1) 마그네틱 이용 기술

종이나 염화비닐 등에 자성재료를 코팅하여 목적에 따라 스트라이프와 전면 자기코팅하여 사용하고 자기장의 영향을 표시하는 항자력에 따라 자기인쇄의 종류가 나뉜다. 자기 인쇄분야는 300, 650, 1750, 2750가우스가 있고 카세트테이프는 500, 비디오테이프는 600이고 8mm 비디오테이프는 1,500가우스다.

1980년대부터 마그네틱인쇄는 극치를 이루었다. 현재까지도 고속도로 통행권이나 지하철 승차권 등도 마그네틱인쇄를 사용하고 있다. 기타 MICR잉크를 이용하여 영수증이나 청구서에 사용되고 있고, 신용카드를 비롯한 각종 카드형태의 요금 정산장치도 계속 사용 중이다. 마그네틱을 인쇄한 스티커는 금속과 무접착제 부착용으로도 쓰이고 있다. 마그네틱 인쇄시장의 규모는 통계가 없으나 시큐리티산업을 대표하고 있다. 인쇄방법은 주로 오프셋기와 그라비어인쇄를 이용하고 있다.

(2) 위·변조 방지 기술(화폐, 상품권)

요판(볼록)인쇄로 오목판 조각기법으로 활판인쇄기를 이용하여 인쇄한 인쇄물을 손으로 만져 보면 볼록 튀어나옴을 느낄 수 있다. 숨은 그림으로 표시되는 무수인쇄(기름잉크)와 가변잉크를 이용하고 광시각 가변잉크로 각도에 따라 다른 색상으로 보이게도 한다. 형광인쇄나 자외선잉크를 사용, 특수광선을 이용한 식별방법, 밝은 빛에 나타나는 숨은 그림표시, 마이크로문자를 이용 확대경으로 볼 때 나타나는 문자, 디자인색선에 컬러의 강약을 주는 레인보우인쇄, 보안을 확인하는 카본인쇄, 금속성 필름과 용지의 라미네이팅기술, 스마트칩을 화폐원지 속에 삽입하는 기술, 마그네틱 인쇄선을 비표화하는 기술, 생체 DNA를 이용한 잉크, 워터마킹 인쇄기술 및 3D 홀로그램인쇄 등 흔히 사용되는 기술이 있으나 실제시장에서 화폐나 유가증권뿐 아니라 사용대상이 확대되어 상품패키징, 즉 특수 의약품케이스에도 시큐리티기술의 도입이 시작되고 있다.

(3) 전산화에 따른 OCR, OMR, 전자복권 인쇄

광학기술을 이용하여 부호를 전산화하여 광학문자나 바코드 또는 전자문자를 이용하여 현재 은행업무나 국가 시험제도, 각종 복권에 사용되고 있다. 모든 상품에 판매기호인 바코드를 인쇄하고 스캐너가 읽고 정산하는 시스템은 공장 자동화에도 적용되고 있으나 앞으로 스마트태그(smart tag)에 자리를 내줄 것으로 본다. 바코드 또한 2D에서 3D로 확장되면서 사람의 얼굴사진 정도는 입력이 가능하고 음악파일도 담는다.

모든 기술은 진화하고 있다. 일반 넘버링에서 사용된 복권은 광학문자를 이용하면서 온라인 복권으로 변화되었고 또한 광학기술을 어린이용 학습용 장난감에 응용하기도 한다. 기계식 넘버링으로 복권이나 전표, 영수증을 생산하는 것이 디지털 프린터기 출현으로 번호, 약물, 문자 이미지까지 가변데이터를 정확하게 소화함으로써 새로운 변화를 예고하고 있다. OCR기술을 이용하여 외국어 자동번역기가 개발되고 또다시 음성 번

제1장 인쇄는 살아 있는 생명체이다(기술)

역장치까지 개발하게 된 것이다.

2) 기술이 변하면 문화도 변한다(차세대 인쇄기술)

인쇄가 된 후, 즉 인쇄된 결과물을 문화상품이라고 한다. 그러나 인쇄물(문화상품)은 사용자에 따라 보는 즉시 버려지는 것도 있고 수천 년 보존되는 것도 있다. 보존기간은 인쇄기술 때문에 결정되는 것은 아니다. 그러나 사용목적은 인쇄기술에 따라 좌우되고 있다.

역사도 인쇄기술의 변화로 오늘에 이르고 있다. 디지털화에 따른 차세대 인쇄기술이 현대문명의 변화를 주도하고 있다. 한 가지 예로 과거 특수인쇄기술에 기초한 카본인쇄기술의 하나인 마이크로볼 잉크개발은 반도체 패키지기술에 필요한 접착제로 개발 사용되고, 앞으로는 LED제작의 핵심기술이 될 것 같다.

테이프에 마그네틱을 분사식 코팅으로 제조하는 기술은 이미 낡은 기술이 되었고 지금은 잉크젯이 자리를 차지하고 있지만 앞으로 새로운 기술변화를 예고하면서 차세대 또는 미래인쇄라는 이름으로 모든 인쇄분야에 적용될 것이다. 그러나 중요한 것은 차세대 인쇄는 특수인쇄이다. 여기에 더 붙인다면 목적별 기능성을 갖고 있다고 말할 수 있다. 즉, 고전적 인쇄기와 인쇄방법을 이용하여 특수한 형상, 형태를 가진 각종의 인쇄소재에 여러 가지 기능, 즉 발광, 전도, 절연, 코팅 등을 가진 잉크를 사용하여 목적에 맞는 제품을 생산하는 것이다. 그리고 이것은 너무나 당연해졌다.

전통적 인쇄기보다 더 편리한 새로운 시스템도 잉크젯 시스템처럼 개발되어 있다. 디지털 프린팅시대가 기존 인쇄시장을 변화시킬 것은 당연하다. 디지털인쇄가 잉크젯과 어울려 인쇄만능의 시스템을 출현시킬 것 같다. 문자데이터, 컬러, 나노프린팅, 코팅 등을 한 공정에서 처리할 수 있을 것이다. 물론 재투자비용도 상당히 감액될 것으로 기대한다. 액정인쇄, 증착인쇄, 써멀잉크인쇄, 금속인쇄, 전자인쇄, 발포성인쇄, 금박인쇄, 곡면체인쇄 등 많은 종류의 인쇄가 단순한 기술로 편이하게 진행될 수 있을 것 같다. 결국 인쇄도 기술변화에 따라 인쇄문화산업도 변하게 될 것이다.

RFID의 무서운 도전(과거, 현재, 미래)

스마트폰이 출현한 이후 인쇄산업에는 많은 과제와 기회가 접근하고 있다.

여러 분야에서 도전과 모험이 시작되고 있다. 지능형 RFID가 출현하여 기본적인 생체정보와 상업적인 사물의 인식은 물론 주변의 환경정보, 즉 온도, 습도, 오염정보, 균열정보까지도 실시간으로 네트워크에 연결되고 있다. 주요 핵심은 과거에서 보듯 카메라보다 필름시장이 광대했던 것처럼 RFID 태그의 공급시장도 같을 것이다. 20년 전 구리코일로 직접 와이어 본딩했던 안테나 기술도 바뀌고 있다. 따라서 RFID의 제조공정이 인쇄공정과 같은 또 다른 영역이다. 책을 만들려면 제지회사에서 종이를 선택하여 인쇄하고 후가공하듯이, RFID도 종이 대신 전자태그를 선택하여 인쇄 후 후가공하는 과정은 같다. 단지 인쇄업계에서는 극히 제한된 업체들만 참여하고 있어 감추어져 있을 뿐이다.

RFID가 진화하고 있다. 과거보다 진화의 속도가 너무 빠르다. 수량 증가는 물론 사용범위도 넓어졌다. 과거보다 현재, 현재보다는 미래의 패러다임이 너무 바쁘다. 스마트폰의 기능이 경쟁적으로 신기술의 RFID를 출현시키면서 양 방향으로 대화할 수 있는 소셜네트워킹도 가능해졌다.

RFID는 사실 최근에 개발된 기술은 아니다. 과거로 돌아가 보면 제2차 세계대전 당시 영국이 자국 전투기의 피아식별(彼我識別)을 위해 개발한 전자식별 장치가 최초이다. 1960년대에는 핵과 위험 독극물 감시를 위해 활용했고, 1972년경에는 유럽 일부 국가의 군사용 신분증에 사용되었으며, 1978년경은 동물보호 및 자원 관리용으로도 개발되기도 했다. 1990년경부터 군사용 탄약통제 장치 등 제한된 보안영역에서 벗어나 생활현장으로 접목되기 시작했다. 미국의 비접촉 무선 칩 기술이 일본시장의 마그네틱 인식기술 채택으로 인하여 일본공급이 중단된다. 그 후 사장(死藏)되었던 기술은 어느 중국 상인의 마케팅으로 독일 지멘스(Siemens)의 지원을 받아 독일국경의 미크론(Micron) 사가 종이처럼 얇은 소재에 탑재되도록 칩과 안테나를 통합설계하여 마이패어(Mifare)칩 카드라는 이름으로 개발, 1994년 세계 최초로 핀란드 헬싱키 시에서 불과 십여 대의 시내버스에 노인용 경로(敬老)카드를 시범 운행시켰다.

1995년 독일의 기술을 서울특별시의 도움으로 서울특별시버스운송사업조합과 국민은행이 도입한다. 도시 전체를 상업용으로 도입하는 것은 세계 최초로 무려 시내버스 9,000여 대와 지하철 게이트에 비접촉 무선리더기를 장착하고 RF 버스카드와 RF 국민카드가 출현한다. 이어서 부산 하나로카드도 진입하여 세계 최대량 사용국가이면서 이러한 대규모 인프라는 세계 어느 곳에도 없다. 그리고 신용카드에 탑재한 RF카드는 세계에서 가장 발전된 시스템이다.

이미 여러 국가에 수출 중에 있다. 비록 초기에 독일의 '마이페어' 기술을 도입하여 시스템을 한국화하였지만 아직도 전자칩은 독일에서 수입하고 있고 안테나와 칩의 접합기술도 국산화가 멀다. 이후 2000년도부터 유통분야 시장, 축산물의 사육과정, 생산물류의 이력 추적, 상품의 정확한 정보를 제공하는 전자태그에 대한 이론적 주장은 좋으나 비경험자들의 건의에 정부정책의 효과는 회의적이었다. 일부 도서관 관리와 도서유통 물류도 RF카드 수준이다. 필자의 주장은 비판이 아니고 아직 개발하여야 할 시장이 많다는 것이다.

물류, 유통, 국방, 의료 등을 비롯하여 전국 지자체들의 U−시티에 대한 의욕이 RFID를 신사업의 모델로 채택 하면서 모든 산업에 화두가 되고 있다. 그 후 극초단파 RFID가 채용되는 모바일 서비스의 개념은 스마트폰이 스마트태그를 읽어 들이면서 이동통신망을 통해 정보를 주고받게 되어 콘텐츠, 오락, 물품구매, 광고, 보안의 영역까지 담당하게 된다. B2B에서 B2C로 확대되어 지금까지 무관심한 시장이 많은 소비자의 편이성으로 전자태그의 폭발적인 사용량은 인쇄로서는 외면할 수 없다. 더욱이 제1세대 시장을 놓친 인쇄로서는 제2세대 RFID 시장은 포기할 수 없을 것이다.

왜 기회인가!

오늘 현재도 전자여권에 들어가는 전자태그, 스마트카드, 하이패스(OBU), 위스키병 위조방지태그, 전자태그, 보안카드, 전자학생증등 사용하는 핵심부품이 거의 수입이기 때문이다.

2011년 NFC 기술이 스마트폰에 탑재되고 근거리 무선통신이 활성화되면서 사람들의 소비패턴을 변화시키고 있다. 구글 월렛(Google Wallet)이나 애플도 단말기에 집어넣겠다는 것이다. RFID의 한계를 극복할 제3세대 기술이 스마트폰에 탑재되어 선보이고 있는 것이다.

NFC는 RFID처럼 단방향 통신이 아닌 양방향 통신을 구현한다. 정보의 읽기와 쓰기가 가능한 스마트폰은 정보교환이 가능하여 결제는 물론 상품정보 및 서비스 저장이 가능하다. 거래와 정보교환 등 활용이 기존의 틀을 완전히 깨고 있다. 스마트 기기 간 접촉만으로 명함 교환, 요금결제와 계좌이체가 가능하며, 콘텐츠(책자와 음악) 교환은 물론, CRM으로 확대하고, 인증을 통한 출입문 개폐, ATM 금융기기에서 생체정보와 신원을 선 인증정보를 교환할 수 있고, 포스터 스캔으로 공연예약이 가능하고, 위치기반 광고, 쿠폰 및 할인권의 자동입력, 전자책 및 음악 콘텐츠 다운로드 등이 가능하다. 따라서 스마트폰에 NFC를 탑재하는 대형제조사들이 늘고 애플, 구글 등이 차기폰에 적용함으로써 그동안 전자지갑의 불편이 일시에 해소되어 소비자의 삶을 변화시킬 수 있다. 차세대 기술이 쇼핑형태에도 새로운 마케팅기법이 적용되어 과거에 미처 생각지 못한 기술들이 선보일 것이다.

NFC는 방송통신위를 주축으로 국내 통신사와 금융사가 모여 협의체를 구성하고 모바일 결제용 인프라 구축에 본격적으로 나서고 있다. 과거 정부가 유통시장에 RFID를 활성화시키는 것이 어려운 것은 인프라에 대한 부담 때문이었다. 그러나 이제부터는 스마트폰의 위력으로 상황이 다르다.

1) 스마트폰이 각종 인증리더기 역할을 한다

상품과 사물을 읽어야 하는 리더기 인프라가 문제이나 스마트폰의 기능이 리더기 인증역할을 대신할 수 있어 많은 숙제가 해결되고 있다. 국내 RFID산업 시장은 매년 30%씩 성장하고 있고 내년도에는 50% 이상의 성장세를 유지될 것으로 전망하고 있다. 전자태그 시장의 중요한 핵심이 Inlay 부문으로 아직도 거의 수입에 의존하고 있다. NFC가 출현하면서 1세대 안테나보다는 2세대 유통 스마트라벨 시장이 주도하게 될 것 같다.

우리나라 산업기술이 고속성장을 해 온 것은 사실이지만 본질적인 평가는 그렇지 않은 것 같다. 한국산업기술평가원에 의하면 세계 핵심산업기술 874개 가운데 우리나라가 앞선 세계 핵심기술은 전체의 1%에 해당하는 9개 분야이다. 전기전자 6개, 정보통신

2개, 그리고 기계 소재분야 1개뿐이다. 인쇄는 거론조차 못하는 실정이다. 그러나 세계 핵심 산업기술 속에 인쇄기술은 여러 분야에 감추어져 있으며 RFID기술은 정보통신로 분류한 바 있다. RFID를 만드는 것은 제조이지 통신이 아니다.

피터 드러커는 『위대한 혁신』 저서에서 '기업들은 혁신을 하든지 사라지든지' 하는 극한적 주장을 한 바 있다.

현재 인쇄산업의 혁신과제를 몇 가지 생각해 본다면 4G통신에서는 모든 출판정보와 전자카탈로그가 모바일에서 빠르게 교환되므로, 첫째, 편집과 인쇄기술이 참여해야 하고, 둘째, RFID(전자태그) 등 신산업수요에 기여해야 하며, 셋째, 나노와 인쇄기술로 생산되는 피부프린팅, 센서, 전지, 신소재 등이 RFID기능과 연계시키는 것이 필수적이다. 제2의 인쇄산업에 혁신적인 기업활동으로 활로모색이 필요하다. 이 중에서 RFID는 인쇄산업 측면에서 중요한 긴급 과제이기도 한다. 이 분야를 개척하다 보면 위에 지적한 혁신과제는 자동적으로 진입하게 될 것이다.

2) RFID의 응용분야와 규모

RFID응용서비스 활성화 분야 순위(%)

분야	%
물류, 유통	57.1
국방	4.9
전자, 조달	4.5
인쇄, 출판	3.3
보안, 방범	9.8
금융	3.3
재난, 재해	1.2
도로, 교통	6.1
항공, 선박	3.7
농수산, 식품	1.2
생활, 문화	1.2
환경, 시설물관리	1.2
보건, 복지	0.8
교육	0.8
기타	0.8

RFID는 어떤 곳에 쓰이는가? 사용대상이 응용분야라 할 수 있다. 왜 필요한가는 매일 신문지상에서 소개되기 때문에 따로 설명이 필요 없을 것으로 본다. 인쇄산업에서는 응용분야가 아닌 전자태그 생산이 중요하다. RFID 응용분야는 도표에서 참고할 수 있으나 매년 사용대상은 변할 수 있다.

2005년 한국전자통신연구원(ETRI)이 한국RFID협회를 수행기관으로 총 RFID 수요공급기업 2,200개를 대상으로 시행한 산업실태 조사결과를 발표한 바 있다. 조사결과에 따르면 당시 RFID산업 시장은 산업부품 사용과 유통시장을 포함해 2,900억 원을 기록했지만 시스템 시장과 태그 사용의 구분이 통계에 나타나지 못한 것도 상당하다. 분명히 판매액 통계는 구분이 필요하다. 금년도 전자태그 공급은 1,800억 원 정도를 예상할 수 있으며 내년에는 2,500억 원 정도의 매출을 예상하고 있다. 전자태그분야는 매년 높은 신장률을 보일 것이다.

결국, 전자태그시장을 분석해 보면 5년 이내에 연간 5,000억 원 시장이 새로이 생기게 될 전망이다. 물론 국내 생산량도 증가될 것이며 한 개(@)당 단가도 인하될 것으로 보인다. 이처럼 만만치 않는 시장을 적극적으로 참여해야 하는 당위성은 충분하다.

3) 전자태그의 구성

태그의 종류는 다양하다. 종류에 따라 모양, 크기, 포장재료, 생산방법이 각기 다르지만 기본적인 구성인 칩의 설계방식은 같다. 쓰임새에 따라, 즉 응용분야에 따라 현장(필드)에서 가장 합리적 스타일로 현실에 맞게 설계된다.

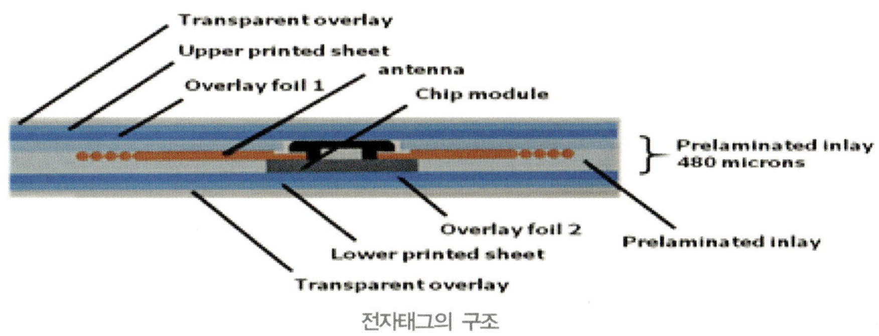

전자태그의 구조

따라서 전자태그의 크기도 0.5㎟ 이하에서 컨테이너나 항공기용으로 1㎡ 이상 되는 태그도 사용하고 있다. 모양도 구슬, 코인, 카드, 라벨, 나사, 막대형태 등 현장에 따라 디자인 설계되므로 종류가 무한하다. 또 다른 용도로 배터리 파워를 장착할 때도 있다.

기본적으로 반도체 칩은 통신 전파방법에 따라 13.56㎒, 900㎒, 134.2㎑, 125㎑, 2.45㎓ 등 필요에 따라 정하고 전파관리법 등 ISO 규격인증을 택한 후 적용하고 있다.

주파수 대역별 RFID 특성

주파수	저주파 125~134.5㎑	고주파 13.56㎒	극초단파(UHF) 433.92㎒	860~960㎒	마이크로파 2.45㎓
인식거리	근거리	60cm까지	50~100m	3.5~10m	1m 이내
일반특성	비교적 비싸지만 성능저하 없음.	스마트카드에 적용됨. 저주파보다 값이 쌈.	인식거리가 길고 실시간 추적 가능	금속환경에 적합하지만 물에서는 반사됨.	환경 영향을 가장 많이 받음.
동작방식	수동형	수동형	능동형	능동/수동형	능동/수동형
적용분야	공정자동화 출입통제 보안 동물관리	수화물관리 대여물품관리 교통카드 출입통제 보안	컨테이너 관리 실시간 위치추적	유통, 물류 공급망 관리 자동통행료 징수	위조방지

4) 전자태그의 종류

전자태그 생산은 사용목적과 환경에 따라 크기와 디자인, 안테나길이로 태그의 설계가 달라진다. 통신파워에 따라 패시브(Passive)와 액티브(Active)로도 나눈다.

5) RFID의 형태와 종류

구분	사용대상	순도, 제조 방법	사용 구분	장단점
Copper Coil (구리)	전자여권 스마트카드 보안키, 자동차키	안테나 설계도에 따라 Coil을 초음파 기술을 이용해 안테나를 형성	주파수별로 안테나 두께와 길이가 달라진다.	안전성과 내구성이 뛰어나 스마트카드, 여권 등에 사용
Etching(PCB)	전자부품 보안키	동박판을 사진제판 기술을 이용해 부식시킨다.	〃	통신거리에 문제점 Coil보다 안정성이 떨어진다.
알미늄 박(합금)	스마트라벨, TAGS	알미늄 박 생산기술 이용	안테나 형성, 디자인 등이 고주파에는 부적합	대량생산용으로 장점, 일회용 사용에 최적
메탈 실크스크린	전자부품 이동통신장치회소	전도성 금속 잉크를 이용 실크 인쇄기술 응용	주파수별로 안테나 디자인을 변경한다.	일반 실크제판은 효율성이 없어 메탈실크기술이 우수

나노 잉크	시험 중	오프셋인쇄, 후렉스, 그라비아 개발 중	"	대량생산용 전도성 잉크와 전이성 용재 선택
동박판 안테나	컨테이너	금박지 기술 이용	특수한 Active 요구 시 한정적으로 사용	사용제한
잉크젯 기술	전자부품	소재개발 다양화	Chip 종류에 따라 맞춤형 안테나 가능	경제성이 있음. 아직 개발 단계

① 카드: 스마트카드, 교통카드, USIM카드, NFC카드, SD카드, 신분증, 전자여권

② 코인(통신용): 1회용 승차권, 카지노인식, 군용인식표, 열쇠고리(자동차원격시동)

③ 원통, 캡슐: CHIP Inductor, 동물등록신고, 수도 및 배관 감색장치, 인체 장기 무선 촬영캡슐, 무기와 탄약용 내부 장착

④ 트랜지스터: 전자부품

⑤ 안테나의 종류

    ㉠ 초음파기술 안테나 형성: Copper coil, aluminium coil, Silver coil

    ㉡ edge antenna(PCB)

    ㉢ punched antenna(금, 은, 박)

    ㉣ printed antenna(나노 소재, 전도성금속－대량생산용)

    ㉤ wireBonding(coil-on-chip, Inductor, 마이크로태그)

제1장 인쇄는 살아 있는 생명체이다(기술)

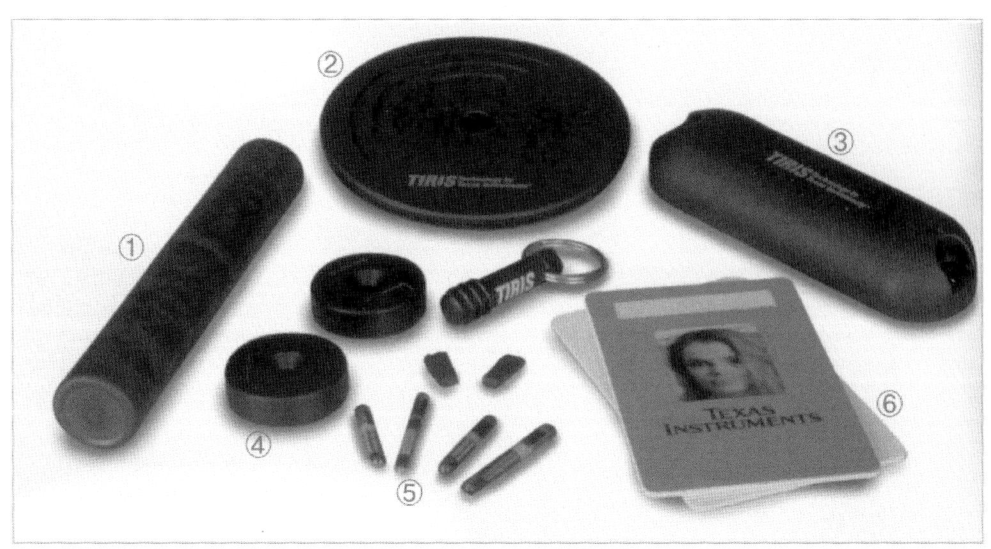

전자태그의 여러 가지 용도(① 키, ② 코인, ③ 산업용, ④ 수도밸브, ⑤ 동물이력관리, ⑥ 카드류)

6) 전자태그의 생산공정(inlay제조방법)

시스템	내용	사용재료	비고
Hot System	용접(900℃)	접착제 없이 직접 용접한다.	Module 형태의 Chip과 Copper(구리) Coil을 사용
	융착(250℃)	전도성 glue를 사용 열압착한다.	상동
Cold System	레이저 광선이용 접착	Flip chip 사용	프린팅된 안테나와 Flip chip을 본딩한다. •사용 안테나 −알루미늄 박 −에칭(PCB) −동박, 필름 −실크스크린 인쇄 −잉크젯 프린터
	Hot Stamping+Cold Stamping	Hot, Cold 반복 3회	
	저온 융착	ACF, 전도성 금속테이프 사용	

※ 1. 사용목적에 따라 제작된 inlay를 직접 부착, 삽입하여 사용할 수 있다.
2. 사용수량이 많은 경우 생산자동화를 위하여 매엽식 낱장 Inlay와 Roll식 연속지 inlay를 생산할 수 있다.
3. 모든 inlay는 PET, 종이, 천류 등에 합지하여 사용되고 부착된다. RFID 형태에 따라 다양하게 제조할 수 있다.
4. 모든 사용 가능 inlay는 수동 또는 자동화 전문기계를 사용하여 제조한다.

① 스마트라벨 전 공정 생산(Roll지): RFID-Chip+Antenna+용지-Punched+Label-Printed+ 합지+ Label+후가공

② TAGS 및 Coin 전 공정 생산(매엽식): RFID-Chip+Antenna+Inlay+용지+Printed+라미 네이터+후가공

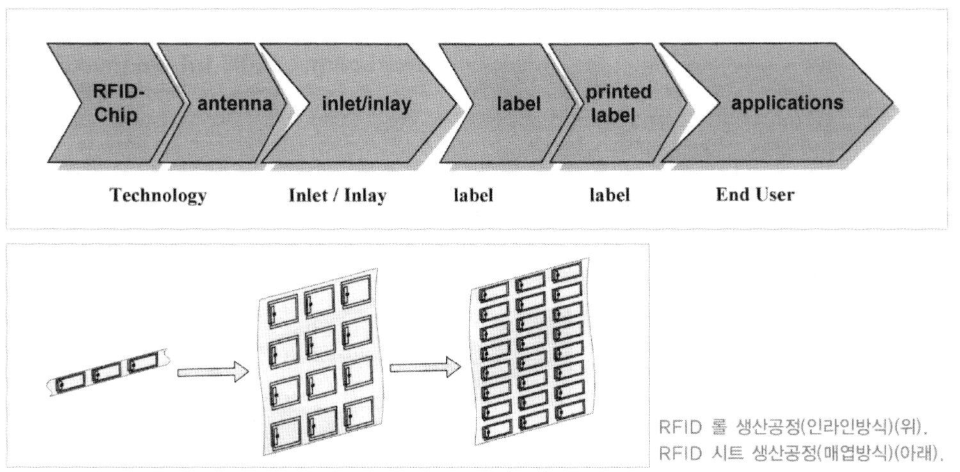

RFID 롤 생산공정(인라인방식)(위).
RFID 시트 생산공정(매엽방식)(아래).

7) RFID의 과제

RFID 응용의 잠재력은 가늠하기 어려울 정도로 광범위하고 무한하다. 하지만 2)의 응용을 지원하기 위한 전자태그 제품의 출시는 아직도 대부분 수입에 의존하고 있다.

전파를 이용한 다양한 정보 전달이 동시에 한꺼번에 멀리서도 인식해야 하는 소비자 요구 등 현실문제는 비용과 주파수 배분 등 산적한 과제가 있다. 산적한 과제가 부가가 치가 높은 신사업이다. 태그를 생산하는 것은 어떠한 종류라도 가능하다. 또한, 표준화 에 따른 대량 생산일 경우 더욱 경제성 검토는 필요하다. 무조건 획일적 표준화는 물류 와 상품의 특성상 비효율적이다. 업계 스스로에 맡겨져야 한다. RFID가 많은 장점이 있 지만 문제점도 안고 있다. 보안기능과 칩 생산국이 아닌 입장에서 위조와 인증문제가 도사리고 있다. RFID선진국은 미국이며 많은 특허권을 갖고 있다. 특허주장을 하지 않 고 있으나 국내업체의 활약이 두드러지면 특허공격을 해 올 것으로 추정한다. 일부는 금년부터 특허기간이 지나고 있으며 충분히 특허방어를 위한 프로그램도 있다. 대한인 쇄연구소를 활용하기 바란다.

복권제조는 인쇄기술의 총합체
- 인쇄업체의 제작참여가 용이해졌다 -

디지털기술 접목으로 이제는 모든 복권 게임소프트웨어에 어떠한 요구나 조건도 현재 인쇄업체가 구비하고 있는 장비로 얼마든지 해결할 수 있게 되었다. 남은 것은 경험기술과 복권의 컨설팅 도입이다.

인쇄가 잘못된 복권 때문에 대법원 판결까지 기다려야 하는 상황이 생겼다. Y씨 등은 2006년 9월경 같은 그림이 3개일 경우 1억 원, 같은 숫자가 3개일 경우 100만 원의 당첨금을 지급하는 즉석복권을 구입했다. 그 즉석복권에는 같은 숫자가 3개인데도 당첨금은 1억 원으로 인쇄되어 있었다. 따라서 복권 사업단 측에 1억 원을 달라고 요구했지만 인쇄오류라고 거절했고 Y씨 등은 소송을 제기했다.

1심에서는 즉석복권의 특징에 따라 발행사의 점검과 감리 등 잘못한 책임을 들어 원고승소 판결을 내렸다. 그러나 2심 재판은 복권 뒷면 설명 난에 나온 당첨금 지급기준과 인쇄결과가 달랐다면 구입자들은 오류임을 인식할 수 있다는 판단 아래 "단지 인쇄오류 때문에 당첨금을 줄 책임은 없다"고 2008년 10월 23일 서울고법 민사 29부는 원심을 깨고 원고패소 판결을 했다. 2006년 9월 인쇄 잘못으로 인한 판매중지된 복권은 2008년 다시 발행이 시작되었지만 인쇄가 잘못된 즉석복권에 대해 당첨금을 줄 것인가 하는 것은 대법원의 최종결론을 기다려야 할 상황이다. 인쇄오류 때문에 대법원 판결까지 가는 것은 인쇄로서는 처음 있는 일이지만 이만큼 인쇄산업이 사회에 상당한 영향을 끼치고 있다는 사실이다.

복권제조도 인쇄기술에 따라 신뢰성과 안정성이 좌우된다. 물론 이미 복권에 대해서 국제 품질관리 표준과 인증기준이 마련되어 있다. 국내 복권제조사들은 시설능력을 떠나서 소프트웨어 운영 면에서 개발하여야 할 것이 너무 많다. 복권 인쇄기술도 90년대 초기의 수준이다. 결국 복권사업의 활성화에 기여하기는 부족할 것 같다.

우리나라도 복권제조에 대한 게임개발 및 디자인의 혁신과 시큐리티기술 적용 등 새로운 형태의 개선이 필요하다. 새로운 변화는 우리나라 유가증권, 즉 상품권·증권·증지·인증서 등에 복권기술이 확대 적용되고, 모든 인쇄기업들이 현 위치에서 참여가 쉬워졌고 또 가능하다.

인류 역사와 함께 발전해 온 복권은 초기에는 오락 유흥으로 시작되었으나 현재에 와서는 각종 국가 공익사업을 위한 기금조달을 목적으로 발행되고 있다. 우리나라는 1947년 런던올림픽 참가 후원을 위해 복표 발행이 공익사업 복권으로는 최초인 것 같다. 그 후 본격적으로 1969년 9월에 주택은행이 국민주택기금 조성을 위해 국내 최초로 주택복권을 정기적으로 발행했으며, 본인도 1970년부터 주택복권 인쇄 실무자로서 참여하여 30여 년 동안 어려운 환경 속에서 기술과 지식을 쌓고 경험한 바 있다. 열악한 인쇄시설과 경험부족으로 인한 인쇄기술은 당시 선진국들의 복권제조 수준에 따르지 못했다. 지금도 부족한 점이 많이 발견된다. 여기에 세계 각국의 복권의 형태와 복권의 제도 등 취향을 알아보면서 앞으로의 흐름도 감지할 수 있을 것이다. 또한 복권 제조기술의 미흡한 점을 보완하고 새로운 기술을 접목함으로써 더욱 안전하고 흥미로운 복권 인쇄에 도움이 될 것으로 사료된다.

1) 복권의 형태

세계는 지금 110여 개 국가 150여 개 기관에서 여러 형태의 복권을 발행하고 있다. 그 지역의 문화와 풍속에 따라 발행 형태도 다양하다. 복권은 기본적으로 6가지 정도의 유형 중에서 각국의 형편에 따라 선택되고 있다.

(1) 추첨식 복권(DRAW GAMES)

가장 전통적인 복권 형태로서 로마시대 황제가 연회 중에 상품으로 주기 시작하여, 아우구스투스 황제가 로마복구 자금을 명분으로 복권을 판매한 것이 최초이다. 사전에 각각 다른 번호를 인쇄한 복권을 판매한 후 어느 정해진 날에 추첨하여 그 추첨된 번호와 이미 구입한 인쇄된 복권번호의 일치여부에 따라 당첨금을 주는 제도이다. 행운상 등 보조 당첨방안으로 Decomposition 방식과 남미 등에서 주어지는 Approximation 방식 등이 기본적으로 적용되었다. 변형방식으로는 네덜란드·스페인 등에서 발행되었는데 등급복권을 6개월 동안 판매하면서 그 기간에 매주 추첨에 참가하여 한 장의 복권으로 약 25회 추첨에 참가하는 방법 등 여러 형태가 있다. 단점으로는 복권 구입 시 구입자가 원하는 복권번호를 스스로 선택할 수 없다는 점이다. 아쉬움은 있지만 세계 전역에서 기본적으로 발행하고 있다.

(2) 로또(LOTTO)

일명 온라인 복권이라고 부른다. 추첨식 복권형태의 아쉬운 점을 보완한 형태이다. 16세기 초에 이탈리아의 플로렌스 지방에서 소규모로 시작하여 경마장에서 사용되고 있었던 parimutuel 방식(해당 등위에 해당된 당첨금을 당첨자 전원에게 균등 배분방식)을 가미한, 발전된 복권으로 다양한 유형으로 계속 진화하여 구매자가 직접 선택한 번호에 돈을 거는 적극적인 게임으로 발전하면서 시장규모를 소도시에서 전 국가 시장으로 확대시켰다, 확대시키는 혁신적인 방안으로 인쇄기술의 하나인 OCR 광학문자 인쇄를 기본으로 하고 컴퓨터와 통신을 이용한 과학적인 복권을 개발해 낸 것이다.

영국·호주 등에서는 Lotto복권에 가미한 Jackpot, gold Lotto 등 추첨식 번호에 보너스 번호 등을 첨가, 당첨금에 대한 면세 및 요일별 추첨일시에 따라 가격이 달라지고 복합 베팅 및 연속 숫자에 대한 보너스 등 다양한 게임방법이 이용되고 있다.

(3) 즉석복권(INSTANT GAMES)

복권의 당첨시기를 기다릴 여유가 없는 인간의 심리를 충족시키고, 이동 또는 여행 중인 사람의 참여를 위해 스위스에서 최초로 시작하였다. 초기에는 복권을 여러 겹으로 접어서 행운의 번호나 표시(Image)를 감추어서 구매자가 즉시 뜯어 미리 추첨된 당첨번호나 표시와 대조함으로써 구입 즉시 당첨 여부를 확인할 수 있다. 우리나라에서도 무역박람회 기간에 당첨 표시인 태극마크 수별로 인쇄된 것을 감추기 위해서 여러 겹으로 접어서 만든 즉석식 무역복권을 발행한 바 있다. 1970년대 후반에 들어와 미국의 조지아 주 애틀랜타 시의 사이언티픽 게임사의 특허로 복권을 접지 않고 복권표시면 위에 불투명한 알루미늄 막이나 라텍스 막을 인쇄기술로 코팅하여 구입자가 즉시 긁어냄으로써 당첨 여부를 알 수 있게 만들어진 복권이다. 따라서 스위스 식 접기 즉석복권은 사라지고 미국식 Scratch—off 즉석복권으로 자리를 잡고 있다. 1980년대에 미국식 즉석복권은 점차 세계 복권시장에 확산되어 미국에서 제조된 즉석복권 인쇄기는 세계시장을 점령했다. 본인의 경험으로도 1980년 후반에 즉석복권을 제조하기 위해 즉석복권 전용기기를 수입하지 않고 전통적인 인쇄기계와 게임구조를 수동으로 처리하려고 한 순수 국산기술 개발 도전은 쓰라린 실패와 더불어 아픈 기억으로 남아 있다.

(4) 숫자게임(THE NUMBERS GAMES)

경마장의 마권게임과 비슷한 형태로 미국의 일부 주에서 명맥을 유지하고 있다. 0~9번호 중 3개 또는 4개 자리 번호를 선택하여 그 번호와 게임형태에 돈을 거는 방법이다.

선택한 번호와 게임에 건 금액을 온라인에 등록하여 번호를 추첨, 당첨자는 건 금액의 일정 배수 액을 당첨금으로 받고, 3자리 당첨번호를 순서대로 맞춘 사람은 기본적으로 500배까지도 받을 수 있다.

(5) 경기복권(TOTO)

온라인 복권에서 축구경기에 승부를 예측하는 게임으로 개발한 것으로 영국이 시초다. 스포츠 경기 결과가 당첨결과이다. 유럽이나 남미지역같이 축구를 열광적으로 선호하는 나라에서 급속적으로 발전되었다. 물론 우리나라에도 도입되었다. 한때 어려움이 있었지만 지금은 유망업종으로 성업 중이다. 앞으로 온라인 자동화도 가능할 것으로 보인다. 추첨식 복권, Lotto복권 등과 경쟁에 문제가 별로 없다는 것이다.

(6) 기타 복권

법령과 국가제도의 변화에 따라 복권의 종류와 형태는 변할 것이다. 공익사업을 목적으로 하다 보니 현재 발행복권의 게임방식이 너무 단순하고 독점화되어 있어 세계시장으로의 발전이 어렵다. 특허출원 시장을 보면 아주 많게 복권게임의 출원이 늘고 있다. 그러나 이 기술은 활용되지 못하고 출원비용만 소모되고 사장되고 있다. 상품판매와 연계되는 복권, 이동통신 전화번호 누름에서 발생되는 당첨번호, 바코드선택 복권, 신용카드 사용 속에서 생성시키는 복권 게임 등 다양한 방법이 있으나 시장에서 사용이 검토되어야 할 것이다(주택은행 발행 『세계복권총람』 참조).

2) 복권 인쇄기술

복권 인쇄기술은 인쇄기술의 집합체이다. 시스템 설비 설계가 온라인화를 요구하고 있다. 많은 공정을 라인으로 묶어 두면 생산의 편이성은 있지만 새로운 상품으로 변화시키거나 복권 이외의 다른 유가증권 생산에 대한 융통성은 사라진다. 1980년대식 사고에는 적합하다. 그러나 복권과 유가증권에 대한 시대적 요구가 20여 년 전의 기술을 그대로 따를 것인가, 새로운 마케팅에 대한 새로운 복권으로 다변화될 것인가, 인쇄기술도 소프트웨어에 따라 변신이 필요하다. 지금은 잉크젯 기술도 디지털과 연계되었으며 실크스크린도 디지털화되었다. 모든 가변데이터를 디지털 프린터가 소화하고 있고, 각종 잉크가 개선되고 특수한 코팅제가 개발되었다. 시큐리티에 필요한 모든 인쇄재료가 급속 발전하고 있다. 이제는 모든 복권 게임소프트웨어에 어떠한 요구나 조건도 현재 인쇄업체가 구비하고 있는 장비로 얼마든지 해결할 수 있게 되었다. 남은 것은 경험기술과 복권의 컨설팅 도입이다.

복권의 제조기술은 앞으로 전개될 상품의 품질표시 보안을 요구하는 새로운 사업도 나타날 것이다. 마지막으로 복권, 유가증권 제조 계약기간도 최소한 3년 이상으로 확대하여 기존 업체의 노하우도 보호해야 하는 등 기술개발과 더불어 해결해야 할 문제다. 따라서 한 번쯤 검토할 만한 것 아닌가!

품질관리의 선결과제와 이해

인쇄가격과 품질의 기본이 정해져 있지 않은 상황에서 품질관리는 그 어려움이 크다. 국가표준과 업계 단체표준이 제정돼 있지 않아 어떤 분쟁이 생길 때마다 그 어려움은 인쇄업계가 고스란히 떠안는 실정이다. 업계가 시급히 해결해야 할 사안이다.

최근 '세계의 공장'으로 부상한 중국이 2005년 들어 '독자적 품질표준이 없이는 경제발전의 안정성이 떨어진다'고 인식전환을 했다. 그동안 자기 국가의 막대한 시장을 기반으로 선진기업의 첨단기술을 확보해 나가던 전략에서 진일보한 전략이다. 인쇄시장을 보더라도 우리나라와는 사뭇 다르다.

생산량을 충분히 확보한 입장에서 품질에 대한 인식, 생산성, 경제성을 연계하여 다양한 사례분석을 토대로 효과적인 전략으로 품질관리를 주제로 한 국가 표준을 이미 제정한 상태다. 그러나 우리나라 현실은 1만여 개 인쇄사 중에서 소수업체만 충분한 물량을 확보한 상태이고 거의 자기 생산능력에 비하여 공장 가동률은 형편이 어렵다. 거의 주문생산방식의 인쇄공장으로 인쇄종합시스템을 갖추지 못하고 있으며 기업 간 분업화 협력으로 생산이 되고 있다. 그렇다 보니 인쇄사마다 공장운영, 기술, 설비, 환경, 경험 등이 각양각색이다. 그리고 외산 기계와 자재 그들이 제공한 획일적인 기술에 의해 인쇄물이 생산되고 있고, 선배 기능인의 인쇄기술 전수에 의해 인쇄물이 생산되므로 일정 수준의 품질을 넘지 못하고 있다.

인쇄용지와 잉크 등의 인쇄적성을 맞출 수 있는 기술이 부족하고 표준데이터가 없기 때문에 갑자기 인쇄조건을 바꾸면 인쇄적성을 조정할 수 없는 것이 다수의 실정이다. 원자재의 가격상승, 수요기관으로부터 신기술 형태의 인쇄물을 원할 경우 대처할 능력이 부족하다. 인쇄제품이 고급화되고 다품종 소량으로 변하고 용지와 잉크의 종류도 많아지고 있다. 잉크의 물리적 화학적 성질과 종이와의 적성을 맞추어 인쇄물의 품질을 높이는 것은 인쇄담당자의 경험에 의존할 수밖에 없다.

인쇄업계 현실은 복잡하다. 제조업이라기보다는 서비스업에 더 가깝게 변하고 있다. 인쇄사마다 형편이 다 다르다. 여기에 한 가지 잣대로 품질관리를 논하기는 불가능할 수도 있다. 왜냐하면 인쇄는 예술적인 면, 과학적인 면, 공학적인 면을 안고 있다. 결국 인쇄는 계측기 수치보다는 인간의 주관적인 육안에 의한 평가로 결정되기 때문이다. 각 양각색의 인쇄사들의 현실적인 문제를 고려하고 현 위치의 눈높이에 맞는 맞춤형 품질관리를 찾아야 하는 필요성과 인쇄공정보다 더 중요한 마케팅의 품질도 고려돼야 하는 현실에서 품질관리를 이해해야 할 것이다.

1) 품질관리의 이해

요즈음 품질관리의 필요성이 대두되면서 많은 이론과 교육기관이 생겨나고 있다. 세계시장이 네트워크화되면서 산업정보, 기업 간 정보, 전자상거래 등 시장이 글로벌화되면서 제품의 공통적 특성으로 표준화를 요구받고 있다. 재료, 공정 및 서비스가 표준의 목적에 부합한다는 것을 보증하기 위해 규칙, 지침을 제정하게 되면서 필수적으로 품질관리는 결정적 요인으로 된 것 같다.

인쇄의 품질관리는 국가별 형편, 산업생산 규모, 문화콘텐츠의 규모 등 현실여건이 다르다. 각 인쇄사의 능력에 따라 꼭 품질관리라는 용어를 붙이지 않더라도 이미 자기 관리를 꾀하고 있는 것이다. '회사'라는 품질과 인쇄물의 품질은 구분된다. 회사의 품질은 전통, 신용, 성실도, 경영자 관리능력, 사원, 투자 등을 포함하고 있다. 인쇄품질도 간단하지는 않다. S/W, 환경, 기계, 판, 고무, 용지, 잉크, 물 등의 8가지 도구를 관리해야 하고 교육이 첨가되어야 한다. 결국 품질관리는 '회사품질+인쇄품질'의 통합관리다. 따라서 품질관리는 CEO의 몫이다. 자기회사 위치에서 인쇄기술 표준화와 고도화 및 교육도 인쇄품질 관리라고 볼 수 있는 것이다.

품질확인을 위한 검사, 체크장비를 활용한 평가, 수치관리, 색관리, 농도, 도트게인 등의 사내기준을 만드는 것도 품질관리의 일환이다.

품질관리라는 용어가 생겨나면서 품질평가, 품질확인, 품질조사, 품질보전, 품질표준, 품질검사, 품질규격, 품질표시, 품질분석 등 수많은 용어들이 사용되고 있다. 이 모든 것은 결국 품질관리를 위한 것이다.

2) 품질관리의 기본

우리나라 인쇄산업을 분석하면 거의 판매생산보다 수요자를 위한 주문생산에 의존하고 있다. 따라서 주문자의 요구가 때로는 인쇄의 통상적 기준과 표준을 파괴할 수도 있다. 이것이 일반 제조상품과 다른 점이 생기는 것이다. 수요자를 대별하면 정부기관, 대기업, 중소기업, 개인, 출판디자인업계 등 수요자들의 표준화가 되어 있지 않다. 인쇄가격과 품질의 기본이 정해져 있지 않은 상황에서 품질관리는 그 어려움이 크다. 국가기관과의 업계 단체표준이 제정돼 있지 않아 여러 가지 분쟁이 생길 때마다 그 어려움은 인쇄업계가 고스란히 떠안고 있는 실정이다. 시급히 업계가 해결해야 할 사안이다.

현재 자기 회사에서 형편에 따라 진행하고 있는 관행이 품질관리의 기본으로 보아야 할 것이다. 그러나 한 가지 예로, 인쇄 전 용지수량과 기계 속에서 넘버링되고 있는 수치와 인쇄 후 출하하는 용지와 소비 사용된 용지수량이 단계별로 서로 차이가 많은 것이 현실이다. 단지 국제적인 기준과 새로운 기술도입 등 회사의 자구적 노력에 따라 개선될 것이고, 따라서 CEO의 관리능력은 회사의 미래를 결정할 것이다. 또한 인쇄품질 향상을 위하여 인쇄기자재 관련 제조업체들을 활용하는 것도 한 방법이 될 것이다.

3) 인쇄 품질관리의 고려사항

① 다른 산업제품과 다르게 문자, 색, 선 등 한 가지라도 불량은 모두 재인쇄 처리되므로 이를 예방하기 위하여 기본적인 설비, 사람, 방법(S/W), 원재료, 환경 등이 준비돼야 한다.

② 수요자의 요구사항을 납기, 인쇄의 품질, 기능, 형태, 특성 등을 자기회사 실력과 비교해야 한다. 외주 협력회사 내용을 평가해야 한다.

③ 단납기, 고품질, 저코스트 요구에 대한 공정관리 기준을 마련하고 자체공정의 품질보증을 실시한다.

④ 사장이 직접 품질관리 책임자가 된다. 인쇄기 및 가공기는 처음 1대부터 시범실시한다. 물론 용지, 잉크 및 기타재료체크는 기본이다.

제1장 인쇄는 살아 있는 생명체이다(기술)

⑤ 품질개선 대책의 주제를 선정하고 행하여야 한다.

인쇄 품질관리의 고려사항

용도	성격	품질요구	문제점	비고
출판	문화, 정보의 전달 매체	정확, 미려함, 균질, 장기보관	제책, 용지, 납기, 주관적 품질평가	저가격
상업, 인쇄	상업광고의 전달매체	정확, 미려함, 균질	납기, 다색자동화, 주관적 품질평가	저가격
상품권, 카드, 유가증권	사회안전활동매체	보안, 위변조방지	재료공정, 다단계	
포장지기 제품	산업, 공업, 기능성 제품	보존, 불변성, 내광, 내습 보호성	자동화, 수시변경	

4) 품질관리의 준비

우리나라 인쇄산업은 특이하다. 인쇄기자재 수입도 다른 국가에 비하여 적지 않다. 극심한 가격경쟁 속에서도 견디고 있는 인쇄업계는 어쩌면 나름대로 품질관리를 자생적으로 하고 있을 것으로 보인다. 그러나 인쇄글로벌시대의 인터넷 무역이 시작되고 수요자 요구가 다변화되면서 경영시스템은 현재의 방법으로는 한계가 있을 것으로 예상되며, 새로운 준비는 필요하다.

인쇄업계 단체가 공동적으로 할 일이 있을 것이며, 인쇄사 최고경영자들이 준비할 것도 있을 것으로 본다. 아무튼 품질관리는 셀프서비스다. 필요한 만큼 자기가 갖추는 것이다. 인쇄적성 품질향상 개선 및 컬러인쇄물 관리, 인쇄 습수관리 등 품질관리에 대한 이론적 자료는 대한인쇄연구소에서 발간한 책자를 참고할 수도 있다. 그러나 더욱 중요한 것은 가격안정과 적정생산량 확보다. 어려운 숙제이지만 인쇄업계가 극복해야 할 과제이다. 인쇄마케팅의 품질관리를 위해 보든 전문가들의 연구와 공통되고 새로운 모델이 필요하다.

선진국 등은 인쇄사별로 품질개선과 발전을 위해서 회사진단을 받는다고 한다. 또한 공장 내의 오퍼레이터들이 상세한 제작일기와 기계일지, 메모 등이 한 사람당 수십 권이 된다 하니 이것이 바로 품질관리이다.

우리에게 타산지석의 교훈임에 틀림없다. 결론적으로 품질관리 준비는 신기계 도입 이상의 효과가 있을 것으로 믿어 의심치 않는다.

제1장 인쇄는 살아 있는 생명체이다(기술)

특수인쇄, 오늘 우리는 무엇을 찾을 것인가
-인쇄산업의 무한한 도전을 상정하며······-

　과거에 출현했던 특수인쇄와 미래 인쇄산업에서 새롭게 요구되고 있는 인쇄기술이 상호 보완하여 새로운 인쇄마케팅을 설정해야 한다.

　일반인쇄를 기본으로 모든 특수인쇄를 갖추기 위해 업계 협동화 기술컨소시엄도 필요하다고 본다.

　동양과 서양은 15세기부터 인쇄기술의 진가를 발견하고 모든 산업에 이용되면서 혁명적으로 발전해 왔다. 종교는 물론 문학과 철학이 꽃을 피우면서 인간생활의 길잡이로서 역할을 톡톡히 해냈다. 어쩌면 인류역사는 인쇄술에 힘입어 조상들의 문명 지식과 지혜를 다음 세대로 용이하게 전달하고 당시의 사회적 의사를 원활히 교환하는 방법과 문화의 융합을 통하여 조화 속에서 시대적 삶을 발전시켰다.

　결국 인쇄기술 이용을 오랫동안 변함없이 지속시키느냐, 못 시키느냐에 따라 나라 발전도 정비례한다는 원칙을 우리에게 알려 주고 있다. 인쇄기술이 발전하면서 인쇄가 기록문화의 필수적 수단이 되었고 문화기록기술은 카메라·녹음장치·컴퓨터까지 출현시켰다. 이렇게 인류문명에 공헌해 온 인쇄는 맏형으로서의 위치는 물론 고전적인 인쇄기술도 지금까지 유지시키고 있다.

　지금은 생활패턴의 변화와 필요에 의하여 여러 산업분야에서 인쇄라는 용어를 사용하고 있다. 그동안 인쇄종류도 종이를 통해 원하는 화상을 전달하는 고전적 인쇄방식에서 특수한 형태, 형상을 변화하는 다양한 인쇄방법을 사용해 왔으며 또 다른 한편으로는 다양한 피인쇄재료를 선택하여 반도체, 전자부품 등의 경제성과 고수율, 대량 생산체계를 위한 첨단 제조공정에 활용되면서 거대한 변화과정을 겪고 있다.

　일반인쇄 이외에 특수인쇄 또는 특수잉크라는 이름으로 20여 년 전부터 진화된 기술은 산업화에 성공한 것도 있지만 실패했거나 사라짐도 있었다. 그러나 과거에 잊혔던 기술이라도 인쇄기술만은 사라지지 않았다. 과거에 사양화되었던 기술이 지금 다시 부활하고 있는 것이다. 사라졌던 인쇄기술도 어쩌면 그 기술을 기다리고 있는 곳도 있을 것이다. 특수인쇄이건, 변형된 일반인쇄이건 관계없이 인쇄기술은 인쇄인의 소유이며 활용 보급시키는 것도 인쇄인의 몫이다.

이제부터는 잊힌 기술도 수많은 산업상품에 이용될 수 있도록 홍보되어야 한다.

과거에 출현했던 특수인쇄와 미래 인쇄산업에서 새롭게 요구되고 있는 인쇄기술도 이를 종합하여 새로운 인쇄마케팅을 설정해야 한다. 이제는 인쇄시장에 발주하는 산업(수요자)에 의존하는 시대는 아니다. 이미 모든 산업상품에 사장된 특수 인쇄기술을 접목하도록 제안할 때 인쇄는 새로운 수요창출과 영역은 넓어질 것으로 본다. 결국 다양화하여야 한다. 일반인쇄를 기본으로 모든 특수인쇄를 갖추기 위해 업계 협동화 기술컨소시엄도 필요하다고 본다. 더 중요한 것은 과거 구공탄집이 도시가스회사로 변신했던 패러다임전환을 배울 필요가 있다.

1) 고전적 인쇄와 특수인쇄

인쇄는 출현할 당시부터 진화보다는 혁명적으로 시작됐다. 따라서 특수인쇄라는 개념도 일반인쇄와 대비하기 위함이지 특별한 의미는 아니다. 현재에 와서 인쇄는 종이뿐 아니라 섬유, 플라스틱, 유리 등 수많은 소재를 대상으로 확대하면서 인쇄방법이 다양화되는 한 과정일 뿐이다. 현대의 인쇄종류는 방향에 따라 수십 가지로 분류되어야 하기 때문에 학술적으로 정하기는 매우 어려워졌다. 즉, 인쇄기술은 변하지 않지만 인쇄방법은 계속 변하고 있다.

기본인쇄(활판, 평판)와 특수인쇄를 보면 신기술잉크를 사용하고 있다. 20여 년 전 UV잉크를 사용할 때, UV인쇄는 특수인쇄로 분류했었지만 지금은 일반 기본인쇄이다. 사라진 활판인쇄는 양각인쇄를 처리하고 화폐의 고난도 기술로 자리 잡고 있다. RAINBOW인쇄, 카드인쇄, 그라비어, 플렉소인쇄 등도 활판인쇄의 혁신이다. 더 나아가 보안잉크의 최고기술인 DNA잉크도 어떠한 인쇄기에서도 사용이 가능하다. 수은화합물 안료를 이용한 가변색(시온)잉크도 기본 인쇄기에서 사용이 가능하다. 건축자재인 무늬목을 비롯한 벽지 중 무공해 벽지도 잉크종류에 따라, 디자인에 따라 기본 인쇄기를 사용한다. 철판이나 알루미늄판의 캔종류 인쇄도 특수인쇄로 분류되었으나 결국 일반인쇄화되고 있다.

제1장 인쇄는 살아 있는 생명체이다(기술)

향기인쇄도 잉크에 향료첨가가 아니고 마이크로캡슐을 이용한 일반인쇄이다. 사용목적에 따라 기본인쇄를 유사하게 변형한 기능을 이용하여 표현에 적절한 방법을 선택한다. OCR, OMR용지도 특수성을 떠나 후가공 장치의 조절이다. 지하철티켓을 비롯한 고속도로 통행권 모두 오프셋으로도 가능하다. 형광잉크, 무수잉크, 감열코팅인쇄 등도 그라비어나 플렉소인쇄에서 열전사 코팅제와 소재선택이다. 수십 년간 사용해온 마그네틱 스트라이브도 기본 인쇄기를 변형한 코팅기술이다. 접착테이프 등도 코팅기술과 후가공이다.

의료용 피부프린팅 테이프에도 인쇄기술의 이용이 시작되었다. 물론 특허기술에 제약은 있지만 피해 갈 수 있는 길도 얼마든지 있다. 기술산업은 개혁의지다. 지면관계로 모두 소개할 수 없는 것이 아쉽지만 다음 기회에 각론적으로 종류별로 구체적으로 접근할 수도 있을 것이다.

2) 특수기자재와 특수인쇄

산업이 과학화되고 다양화되면서 모든 분야가 빠르게 변하고 있다. 모든 전자제품 케이스부터 변화가 시작되고 있다. 철판에 도금 처리하던 시절은 가고 필름에 금속나노코팅 인쇄 처리하여 가볍게 색채 디자인화한다. LCD디스플레이 필름도 유리판의 도광 처리보다 인쇄방법의 경제성 때문에 점차 프린트기술로 변화하고 있다.

모든 Coil이나 표면물질이 금속이던 것이 전도성 잉크를 사용한 금속 전자프린팅으로 전환하고 있다. 특히 잉크젯 프린터 기술은 모든 전자산업의 부품혁명을 가져올 것으로 보이고, 모든 형태, 소재, 섬유층까지도 층층이 쌓아 올려 생체조직까지 생성하기 시작했다. 문자데이터나 숫자, 바코드를 인쇄하던 기자재가 혁신기술로 변화하고 있다.

지금까지 실크인쇄를 이용, 금속으로 표면투과 처리하던 기술은 잉크젯기술에 패할 수도 있다. 기능성 코팅제와 잉크를 이용하기 위한 합리적인 기자재가 개발하기 시작했다.

나노물질을 잉크처럼 사용하고 향기인쇄에 사용했던 마이크로캡슐 기술을 자기성질을 띤 전자잉크로 개발, 플렉시블한 디스플레이판이 출현하게 되었다. 모든 산업에 응용할 범위가 넓어져 즐거운 비명일 수 있다. 전자잉크와 컬러인쇄가 구간 단면처리 가능으로 3D현상을 볼 수도 있다. 효과적인 인쇄방법을 위하여 특수한 기자재가 만들어지고 있다.

이제는 인쇄업계도 새롭게 출현하는 분야에 관심을 가져야 하고 이 분야의 마케팅도 개발해야 한다. 앞으로 문자, 사진, 그림 등의 표현산업이 디지털 인쇄기의 확대개발로 편집과 출판의 개념이 변할 수도 있다. 이러한 모든 것이 특수기자재개발에 의한 특수인쇄다. 정지영상에서 동영상을 사용하는 모든 책자, 상품포장, 광고포스터로 변할 수 있다.

3) 디지털과 특수인쇄

디지털과 인쇄가 접목하면서 인쇄판과 필름이 필요 없는 디지털 프린팅 사용자가 늘고 있으나, 한편으로 모든 지식정보뿐만 아니라 상품정보가 와이브로 통신에서 교환이 시작되고 있다. 인쇄가 장악하고 있던 DTP가 모든 수요자 측의 산업계 쪽에서 흡수하게 되고 인쇄 고유영역을 자연적으로 내어놓게 될 위기에 몰리고 있다.

모든 세계 정보가 종이를 통하는 것보다 Web을 사용하는 층이 넓어질 수밖에 없다. Web을 사용하려면 지식정보를 축적해야 한다. 이러한 축적기술도 특수인쇄이고 인쇄업계의 새로운 기회다. 왜냐하면 인쇄는 텍스트와 이미지를 통합하는 기술을 이미 사용했기 때문이다. 음성과 문자가 결합하고 동영상의 UCC가 보편화되면서 자동편집 S/W 비즈니스가 종류별로 출현, 상상할 수 없을 정도로 출판이 자유로워지고 이를 이용한 기술로 새로운 인쇄시장이 창출될 것이다.

아마도 10년 이내에 인쇄기술도 내부적으로 장벽이 허물어지고 상호 통합하는 종합인쇄기술로 변할 것 같다. 여러 종류의 인쇄가 동시에 사용하는 시대로 될 수도 있다. 그러나 이를 획득하는 것은 기업 자신이다. 먼저 수요기관을 변화시키고 선점해야 할 것이다. 가수 조용필의 노래 구절이 떠오른다.

'오늘 우리는 무엇을 찾을 것인가, 오늘 우리는 무엇을 만들 것인가!'

책자윤전기와 미래
-디지털시대에 따른 다기능화 시도 현실화-

책자 윤전인쇄기는 응용목적에 따라 폭넓게 이용할 수 있는 최첨단 초고속 인쇄장치이다. 그러나 대량생산과 고속화가 시장변화에 따라 어떤 형태로 전환될 것인지 또한 어떻게 대응할 것인가가 새로운 미래의 숙제다.

인쇄용어가 국가표준이나 단체표준이 지정되지 않아서 offset인쇄의 용어표시의 하나만 보더라도 '오프셋', '옵셋', '옵셋트' 또는 '평판인쇄' 등 여러 가지로 표현되고 있어 오해가 많다. 인쇄기술용어나 S/W 또는 인쇄기계의 명칭도 마찬가지이다. 업계가 모여 우선 단체표준이라도 정함이 시급하다.

오프셋 윤전인쇄기 출현은 볼록판(활판, 동판, 아연판) 인쇄로부터 진화된 역사성을 갖고 있다. 1798년도의 알로이스 제네펠더(Senefelder. Johann Nepomuk, Franz Alois)라는 극작가가 최초로 발명한 평판인쇄로부터 시작한다. 그 당시 활자조각과 활판인쇄는 일반 개인이 운영하는 것은 거의 불가능하였다. 자신이 쓴 원고를 공적으로 발간하는 데는 꼭 자기 손으로 필사하든가, 인쇄하지 않으면 안 되었다. 동판조각이나 활자는 개인 소장이 어려우며 값이 매우 비쌌다. 판재는 한 번밖에 사용할 수 없는 데다 판 공정이나 인쇄에 많은 시간이 걸리는 어려움이 있었다. 이를 극복하기 위해 값이 싼 석회석을 이용, 화학 표면처리로 활자나 그림을 융기시켜 평판인쇄를 개발하고 난 후 1843년에 제네펠더는 세상을 떠났다. 이것이 오프셋기술의 효시다.

산업혁명 이후 증기기관차 기술을 이용하여 스팀엔진(steam engine)을 만들어 볼록판 인쇄기에 접목시키고 1856년에는 권취지를 사용한 양면 동시 인쇄기가 출현한다. 1875년경에는 접지장치와 라이노타이프(linotype)가 발명되어 인쇄기술이 규모가 큰 사업으로 발전하게 된다. 1904년에 와서 이라 루벨(Rubel. Ira Whashinton)은 윤전인쇄기의 압통에 고무시트를 감아 사진제판 기술을 접목하여 평판인쇄를 시작하였다. 1930년이 되면서 활판 윤전인쇄기의 건조장치가 개발됨에 따라 사진제판이 고무판으로 전이된 후 인쇄의 문제를 해결하게 되고 1950년부터 오늘날 형태의 신제품인 오프셋 윤전기가 시판되면서 매엽 오프셋기와 더불어 오프셋 윤전인쇄기는 볼록판 인쇄기에 강력한 경쟁자로 나타났다. 그 후 1960년부터는 볼록판 윤전인쇄기를 완전히 따돌렸다. 우리나라도 이때부터 인쇄업계의 무서운 발전이 시작되었다. 어쩌면 최고의 황금기로 볼 수 있다. 동시에 각 신문사도 오프셋 윤전기 도입의 검토가 시작되었다. 오프셋 윤전 인쇄기술이 여러 가지 형태로 발전되면서 모든 산업에 엄청난 기여를 해 온 것도 사실이다. 이러한 여러 형태의 오프셋 윤전인쇄기를 종류별로 설명할 필요가 있다.

1960~2000년경까지 신문사를 비롯한 모든 인쇄업체들이 물량전쟁과 스피드경쟁의 일환으로 인쇄속도는 곧 회사의 발전과 직결되었다. 가장 일반적인 B−B타입의 윤전기 와 공통 압통식(SATEL LITE) 윤전기는 서로 경쟁이 치열했었다. 당시 인쇄업계에서 인 기가 있었던 B−B타입 윤전기는 두 개의 블랭킷 통이 마주 보고 붙어 있어 상대에 대 하여 압통으로 작용하여 양면이 동시에 인쇄되도록 설계되었고, 이러한 B−B타입 기술 은 품질보장과 컬러인쇄에 대한 다원성 및 인쇄용지의 보호면에서 월등했다. 여기에 비 교하여 공통 압통식은 지름이 큰 압통에 대하여 여러 개의 블랭킷 통이 접촉, 회전하는 기술로 B−B타입의 시스템보다 인쇄속도가 빠르고 평면 사용공간이 상대적으로 적다. 그러나 종이 선택에서 특정한 규격을 요하는 단점이 있지만 신문사에서 주로 공통 압통 식 신문 윤전인쇄기를 선호했다.

시장 환경변화에 따라 컬러에 취약한 활판인쇄기나 활판윤전기는 뒷전으로 물러났지 만 현재는 시큐리티를 요하는 화폐나 유가증권 인쇄기로서 특화되어 살아남고 있다. 또 한편으로는 오프셋 윤전기술을 소형 전문 인쇄분야에 응용시켜 라인 타이프(Line Type) 형태의 비즈니스폼 인쇄기로 개발되어 인쇄와 동시에 UV건조장치, 인프린트, 넘버링, 바코드, 펀치(punch), 접지, 재단, 검사장치, 코팅, 마그네트 스트라이프 부착 등 특수인 쇄분야 해결을 위한 다목적 인쇄장치로서 윤전인쇄 중 가장 많이 판매된 바 있다.

마지막으로 그라비어 오프셋 윤전인쇄기는 다양한 코팅과 필름인쇄 및 금속인쇄를 고속화하는 데 사용되고 있고, 앞으로는 전자 인쇄분야 이용에 연구에 집중될 것이다. 이렇게 다양한 오프셋 윤전 인쇄기술이 발전되면서 수많은 다국적기업이 탄생하였다. 그러나 앞으로도 계속 성장을 기대할 수 있는가, 흐름은 어떠한 방향인가, 미래를 위해 서 기본적인 인쇄기술 검토와 이해 그리고 새로운 대응도 필요하다고 사료된다.

1) 오프셋 윤전인쇄기의 인쇄유닛과 기타 장치

기본적으로 윤전인쇄기는 여러 개의 인쇄유닛(unit)과 기타 부속장치가 많다. 그리고 기본적인 기술 등 알아야 할 사항들이 많다. 숙련된 기술자, 8개 이상의 인쇄유닛, 권취지 제어장치, 건조장치, 잉크광택과 농도의 향상기능, 재료, 종이, 접지장치(Folding Apparatus) 그리고 경제성 등이다. 기타 부수적으로 끊임없는 테스트와 품질관리, 원가분석, 영업능력이다.

기능적으로 윤전인쇄기의 인쇄부는 4개의 기본적 구성으로 되어 있다. 첫째 축임물을 넣는 물통과 판에 공급하는 롤러인 축임장치, 둘째 잉크를 넣는 잉크집과 그 잉크를 판에 공급하는 롤러잉크장치, 셋째 판을 설치하기 위한 판통, 넷째 블랭킷을 설치하기 위한 블랭킷(blanket) 통으로 판의 화선부에서 잉크를 받아서 이것을 종이에 전사 작용하는 장치로 네 가지가 인쇄기능의 핵심이다.

인쇄를 시작함에 있어 판 통(Plate Cylinder)과 블랭킷 통(Blanket Cylinder) 사이에서 회전할 때 인압과 타이밍의 측정과 표시 또는 인쇄용지와 잉크의 체크도 필수적이다. 고품질 인쇄를 위해서 잉크장치 중의 잉크집과 잉크집에서 잉크시스템으로 잉크를 보내는 잉크냄 롤러(ink fountain roller)와 잉크를 균일하게 분산시키는 롤러군 및 판에 잉크를 올려 주는 착육 롤러(form roller)에서도 잉크를 올리기 전에 판에 축임을 주어야 한다. 이것이 축임장치(Dampening Arrangement)이다. 롤러 표면에 흡수성이 좋은 천이나 종이, 면포나 플란넬(flannel)을 감아 2중의 커버로도 한다. 앞에 설명한 인쇄장치에서 인쇄를 시작하기 위한 제1관문은 급지장치다. 권취지의 스탠드에서 제1유닛까지의 사이에 위치하는 것으로 종이의 급지속도를 조정하는 장치, 종이장력을 제어하는 장치, 좌우급지의 위치 조정장치, 정전기 흡수장치 등이 포함되고 권취지의 스탠드는 전기식, 진공식, 유압식, 자기식 등 여러 가지 브레이크가 설치되어 있다.

종이에 인쇄가 진행되면서 필수적으로 건조장치를 통과해야 한다. 건조장치에 있어 B-B타입의 윤전인쇄기는 양면 동시인쇄이기 때문에 양면 동시에 건조가 되는 플로팅 타입(floating type)이 아니면 안 된다. 건조방법은 가스 노즐에서 불어대는 직화식과 열풍을 이용한 고속 열풍 건조방식이 있다. 건조장치에 바로 붙어 있는 냉각장치는 냉각

환원수를 이용한다. 건조온도는 일정치 않다. 잉크와 종이의 종류에 따라 다르고 인쇄속도와 건조장치의 길이에 따라 다르다. 건조장치 내부가 때로는 200℃까지도 오를 수 있기 때문에 종이의 연소온도 232℃(451℉)도 참고해야 한다. 다음으로 접지장치는 페이지 크기나 인쇄물 규격, 종이결의 방향, 또는 접지의 속도, 제책의 종류에 따라 접지의 다원성을 고려해야 한다.

물론 온·습도의 적용도 또한 중요하다. 마지막으로 이 모든 것이 인라인화되어 있는 인쇄기 제어장치, 즉 컨트롤 시스템은 기종에 따라 제작년도에 따라 다르지만 모든 인쇄기의 조작시스템을 100% 활용하고 있는 곳은 거의 없다. 현재는 디지털화되어 가면서 공장자동화로 가는 길이 쉬워졌다. 종이의 장력과 탄성을 모니터링하고 온·습도에 따른 잉크의 성질을 감지하고 이미지의 레지스터 핀홀 자동화와 종이의 주름을 방지하고, 크린장치와 더불어 음파를 이용한 평찰도 측정장치도 소개되고 가쇄장치(Imprinters), 미싱장치(Perforators) 등 다양한 옵션이 준비되어 있다. 보수점검 및 주유(윤활유, 그리스)의 전자제어와 손지율 계수 기록장치 등 공장관리와 경영평가를 위한 다양한 S/W가 개발되고 있다.

2) 오프셋 윤전인쇄기술의 미래

오프셋 윤전인쇄기는 응용목적에 따라 신문, 서적, 잡지, 상업인쇄물, 기능성 필름 및 전자인쇄까지 폭넓게 이용할 수 있는 최첨단 초고속 장치이다. 그러나 대량생산과 고속화가 시장변화에 따라 어떤 형태로 전환될 것인지 또한 어떻게 대응할 것인가가 새로운 미래의 숙제다. 몇 가지 제안이 나타난다. 매엽인쇄와 윤전인쇄 차이가 언제까지 갈 것인가, 점차 통합의 조짐이 보이기 시작한다. 1,000,000부 1종보다 1,000부×1,000종의 주문이 유행이다. 윤전인쇄기에서 소량부수와 소절접지 이용이 늘어나고 있다는 점이다.

디지털화는 필름과 제판공정을 생략하고 새로운 프리프레스는 Web+Print시스템으로 인쇄공정을 무인자동화로 가고자 하는 욕구가 있다. 단계적으로 다색화·다기능화 요구는 매엽과 윤전기능에 UV코팅, 스크린가쇄, 볼록판 인쇄기능이 윤전 인쇄시스템 속으로 인라인화 시도가 현실화되고 있다. 특히 전자 인쇄분야의 경제성을 위하여 박막

화학 처리분야에서도 오프셋 윤전기의 역할을 기대하고 있다. 이것이 인쇄업계의 미래
이기도 하다.

힘겨운 인쇄표준화
―'국가표준'이냐, '단체표준'이냐―

1) 인쇄표준화 필요성

B.C. 230년경 중국 진나라 진시황은 '표준'을 활용하여 중국 천하를 처음으로 통일하였다. 이웃나라를 정벌하기 위해 도로 폭, 마차바퀴, 화살 크기 등을 표준화하여 적은 공사비를 들이고 심지어 전국 도로망과 행정단위 및 화폐도 표준화하였다. 표준화는 이처럼 세계를 통일할 수 있는 힘을 가지고 있다.

최근 사회구조, 경제구조가 급변하고 있다. 또한 산업사회는 지식이나 정보라는 새로운 생산요소를 활용하기 시작했다. 디지털기술은 디지털경제를 진입시켜 네트워크화되었고, 신자유무역체계의 확산과 글로벌경쟁의 출발은 규제철폐의 장벽을 허물었고 국제 경제환경을 변화시켰다. 여기에 자연적으로 새로운 산업환경에서 표준의 역할이 확대되고 있는 것이다. 특히 자유무역실현을 위해서 세계 각국은 국제표준 채택을 의무화했다.

특히 세계표준은 대부분 기술선도국에 의해 이루어졌고 그 결과 기술후진국들은 종속될 수밖에 없는 현실이다. 표준화 제정과정에서 탈락한 기업은 막대한 경제적 손실을 입을 수밖에 없고 과다한 로열티를 지불해야 하는 결과를 가져온다. 따라서 표준획득 여부는 산업에의 진입장벽과 자유무역에 대한 장벽파괴로도 작용된다. 또한 표준화는 생산비용의 감소와 연구개발비 절감을 가져온다. 표준화된 기술명세서에 따라 제품을 생산하기 때문에 비용절감은 당연하다. '인쇄표준화'는 고유전통과 문화를 갖고 있는 특수성이 있지만 이미 이웃 일본과 중국은 컬러표준화를 제정하였고 한 걸음 나아가 아시아 컬러표준화 제정을 추진하고 있다. 지역적으로 유로 컬러와 아메리칸 컬러와 대응하겠다는 것이다. 그러나 우리나라는 아직 기초적인 구성과 준비조차 못하고 있는 실정이다. 표준화의 목표는 대내적으로는 품질향상이고 대외적으로는 국제간의 표준경쟁에 대한 대비다. 따라서 인쇄표준화의 실질적 수혜자인 인쇄기업의 노력과 관심이 필요하다.

'인쇄표준화'를 위해서는 우선 전문가 발굴, 정보교류, 원천기술의 축적 등 중·단기계획과 효과적인 전략수립이 요구되고 산업경쟁력 제고차원에서 정부의 지원도 필요하다. 이제는 우리 인쇄업계도 모두 이 점을 함께 고민해야 할 것이다.

2) 인쇄 관련 ISO규격의 근황

인쇄기술의 국제규격은 ISO/TC130에서 심의되고 있다. 인쇄규격안은 참가국의 기관에서 검토하여 연 2회 국제회의에서 심의, 투표에 의해 규격화된다.

ISO/TC130은 1969년에 발족하여 현재 참가국은 35개국에 달하고 있으며, 국제규격의 최종적인 투표의무를 지는 P멤버는 12개국이고 나머지 23개국은 옵서버국가다. 한국은 옵서버국가로 참가하고 있다.

TC130은 현재까지 45개에 달하는 규격을 발행한 바 있다. 워킹그룹(WG)은 7개가 있으며 WG1은 인쇄용어, WG2 제판데이터 교환, WG3 공정제어와 관련계측, WG4 인쇄미디어와 재료, WG5 기계의 안전, WG6 국제간 컬러컨소시엄, WG7 컬러매니지먼트로 규격화되어 있다.

인쇄규격화의 진행과 TC130에서 신규규격 또는 기존규격의 개정은 워킹그룹에서 제안되어 TC130 전체회의의 승인을 거쳐 P멤버에 의해 투표에 부쳐지게 된다. 모든 참가국들의 의견과 중요한 이해관계자들의 실질적 문제 등이 충분히 고려된다.

규격심의는 기본, 프리프레스, 프레스, 포스트프레스 4분류로 용어를 정의하고 기본용어는 영어를 토대로 하여 투표는 독일어, 폴란드어, 중국어, 일본어 등 5개국 언어로 정의되어 투표하고 있다. 기본 용어는 ISO12637-1, 프리프레스 용어는 ISO12637-2, 프레스 용어는 ISO12637-3, 포스트프레스 용어는 ISO12637-4로 규격화되고 있다. 교정기호에 관해서는 국제규격화가 새로이 검토되고 있다. 인쇄잉크는 ISO2834-1, 2, 3이며 기계의 안전은 기본규격으로 ISO12100-1, 2, 인쇄기계는 ISO12648, 제책기계는 ISO12649가 국제규격으로 발행되고 있다.

결국 규격화의 흐름도 계속 변화하고 있다. 특히 컬러매니지먼트의 기술이 규격에 큰 영향을 미치고 있는 것은 사실이다. 인쇄기술도 예술적 요소를 고려하여야 하고, 또한 공업제품으로서 제품생산을 가속화하지 않으면 안 되는 부분도 많아 규격을 활용한 표준화는 빼놓을 수 없다.

규격은 이용자가 만들고 바꾸어 나가는 것이다. 해당분야의 기술을 잘 아는 인쇄기능공들이 더 많이 규격화에 관계하는 것이 바람직하다.

3) 인쇄표준화는 인쇄용어와 오프셋공정부터

최소한 ISO/TC130에서 규정하고 있는 워킹그룹(WG)에서 규격화하고 있는 인쇄용어도 한국형 인쇄표준용어 제작이 시급하며 인쇄기술선진국에서 이미 규격 사용 중인 것을 우리나라에서 국적 없이 모방 사용되고 있는 사진제판 데이터 교환, 인쇄공정 제어와 관련 계측 및 인쇄종류와 재료, 기계의 안전 및 컬러매니지먼트 등도 순차적으로 ISO/TC130 규격절차에 따라 우리나라 전통과 관습에 맞고 한국 인쇄산업의 실정을 충족시켜 주는 색의 표준을 제정하여야 한다.

(1) 인쇄표준의 TOOL

우선적으로 오프셋 매엽인쇄·오프셋 윤전인쇄·신문 오프셋 윤전인쇄용 '한국컬러'로 제정되어야 하고 스크린 등 관련 분야 인쇄도 점차 확대규격화되어야 하며 '국제규약에 의한 표준은 1국 1표준이다'라는 표준원칙에 따라 우리나라 인쇄공정도 표준규격이 제정되어야 할 것이다.

(2) 왜 인쇄색의 표준이 필요한가?

원고로부터 인쇄물을 제작하는 공정의 중간과정에서 사용되는 여러 가지의 기술은 제각각의 컬러 데이터를 운영하고 있지만 모니터 색상이고 임시 모습이다. 실제 컬러는 종이와 잉크에 의해 재현 복제된 후의 시점이다. 인쇄색은 종이와 잉크 및 기계의 인압 및 환경 등에 의해 원하지 않는 더군다나 유사한 색이 재현되기 때문에 임시모습에 의한 상태로는 불안하고 원고 제공자의 감성에 의한 재인쇄 등 시간과 이중비용 등 비효율성은 항상 존재하고 있다. 특히 디지털 원고의 경우 보낸 측과 받는 측의 공통의 인쇄색(표준)을 갖지 못하고 있는 현실에서 문제해결은 표준화로 극복해야 한다. 컬러의 문

제1장 인쇄는 살아 있는 생명체이다(기술)

화적 차이와 전통관습 등을 가미하여야 하고 인쇄워크플로 전체의 색 재현을 통일하는 색의 기준이 마련되지 않으면 안 된다.

결론적으로 인쇄표준화는 '색의 기준'이며 공정의 표준이다. 인쇄표준화 TOOL의 마련은 인쇄품질의 균일화, 생산성의 향상, 경비절감, 신뢰성 회복으로 이어지게 될 것이다.

4) 국가표준으로 할 것인가, 단체표준을 할 것인가

표준은 그것을 적용하는 지역, 범위에 따라서 사내규격, 단체규격, 국가규격, 지역규격, 국제규격으로 제정할 수 있다.

국가규격은 본질상 산업의 육성, 진흥, 서비스의 사용, 소비, 안전, 환경 등 국가적 편익을 도모하며 국가 행정요청 등을 감안하여 제정하며 단체규격은 사내 표준, 즉 회사 자신의 제품, 품질인증, 생산의 합리화를 목표로 하고 사내규격과 국가규격의 중간의 입장에서 교량적 역할을 하고 국가규격으로는 부족한 것을 단체표준이 충족시킴에 따라 나라 전체에 온전한 표준화를 실현할 수 있다고 본다.

최근 사회생활의 고도화, 다양화, 산업분야의 세분화, 종합화, 기술혁신의 다양화, 급격화 등에 대응하기 위하여 국가규격의 대상이 되는 넓이와 깊이가 확대됨에 따라 단체규격 역할은 점차 중요해지고 있다. 그리고 이미 인쇄산업은 국내 산업이 아닌 국제적인 세계적 산업으로 자리 잡고 있다.

ISO/TC130위원회에는 35개국 이상이 가입하고 있다. 인쇄표준은 국가표준으로 제정되어야 한다. 국제위원회에 적극 참여해야 하고 이를 위해 인쇄 관련 단체는 적극 나서야 한다.

개인적적으로는 인쇄업계에 최소한 인쇄표준실무 소위원회라도 만들어져 다음과 같은 일이 진행되기를 소망한다.

기술표준원 산하로 '한국컬러' 검토위원회 구성이 필요하다. 필수적으로 대한인쇄정보기술협회, 대한인쇄정보산업연합회, 대한인쇄연구소, 한국신문협회, 광고업계(대행사), 인쇄잉크회사, 용지메이커, 인쇄기계메이커 등 인쇄관련단체 및 기업체들이 참여해야 한다.

제 2 장
인쇄 5.0세대(역사)

印刷의 始祖 金屬活字
-金屬活字의 出發-

"직지(直指)는 인류의 보물이다. 우리 민족의 위대한 자랑이며 모든 문화의 뿌리이자 인쇄문화의 원류이다."

2004년 대한인쇄기술협회가 직지탄생일(8월 19일)을 지정하기 위해 선언한 결의문의 서두이다. 우리는 예부터 글을 사랑하는 민족이다. 우리는 예부터 글을 사랑하는 민족이며 세계 최초로 목판활자와 금속활자를 발명한 나라이다. 그리고 한글은 무엇보다 세계적으로 과학성을 인정받은 훌륭한 문자이다.

미디어 콘텐츠가 폭발적으로 증가하고, 디지털 통신 기술의 발전은 세계를 하나의 시장으로 만들어 지구 곳곳에서 기록된 모든 서화(書畵), 학문, 전통, 문화콘텐츠가 시간과 공간을 넘어 민족과 세대 간의 벽을 허물고 우리에게는 또 다른 기회를 주고 있다. 요즈음 갑자기 금속활자가 광고모델로 등장하는 등 관심이 많아지고 유럽에서는 금속활자가 디지털의 선조라는 주장까지 대두되고 있다. 밀레니엄 10년 동안에 디지털 문자의 유통 혁명과 디지털 지식확산은 농업혁명과 산업혁명에 버금갈 정도의 큰 변화를 불러오고 있다.

금속활자와 연관된 사업이 새로운 호황으로 시작되고 있지만 보는 시각에 따라 희비가 엇갈리고 있다. 올여름에 새로운 북 스캐너가 출시된다고 한다. 북 스캐너는 종이책을 쉽게 전자책으로 변환시킬 수 있는 간단한 장비로 15분이면 200쪽 분량의 종이책을 스캔과 동시에 디지털 파일로 변환할 수 있다고 한다. 금속활자를 두고 여러 가지 요리를 하겠다는 것이다.

또 한편으로 출판시장의 현실은 사전(辭典)이 점점 사라지면서 종이사전의 위기를 이야기하고 있다. 특히 국어사전의 위기가 심각하다. 세계 각국의 공통사항이다.

오랜 전통과 역사의 집대성이며 지식의 보물창고인 사전이 경영 효율성에 밀리고 있다고 한다.

30년 이상을 발전해 오던 콘텐츠의 대표 산업이 디지털 문자 유통에 너무 빠른 속단으로 종이사전의 눈물이라는 용어를 쓰고 있다. 지금까지 집중한 노고가 빛을 보게 될 몸부림으로 보인다. 단지 종이에서 웹으로 옮겨 가는 또 다른 시장이 열리고 있을 따름이다.

사전(辭典)의 경영에 있어 더 많은 시간과 투자가 필요한 좋은 시점으로 판단된다. 지식의 창고가 사라지면 새로운 콘텐츠는 어디서 받을 것인가? 반면에 유럽은 우리나라보다 마케팅 면에서 한 수 위로서 신 구텐베르크 프로젝트라는 이름으로 과거 15세기에 활판인쇄기로 찍어 냈던 '구텐베르크 성경'이 새로운 기술로 무한 복제되고 있는 중이다. 전 세계에 단 3권밖에 남아 있지 않아 집 한 채 값이라지만 고화질 복제기술과 인터넷 비용은 이미 무(無)에 접근하고 있어 개미군단의 시장에서 환영받고 있다. 스마트폰 확산 이후 많은 사람들은 손바닥에 수많은 세상의 정보를 들고 다니면서 궁금할 때 즉시 손가락 하나로 사실을 확인하고 있다.

이미 우리 민족은 가르치는 수단, 그 손가락으로 상징하는 직지(直指)를 교육의 방법으로 삼아 온 관습이 있어 그 손가락으로 금속활자를 창조함은 당연하다. 2500여 년 전 붓다의 가르침도 '觀世音菩薩'에서 "세상의 모든 소리를 본다"라고 했다. 요즈음은 세상의 모든 소리를 손바닥 위에서 손가락으로 보고 있다. 훈민정음의 정음(正音)은 백성을 가르치는 바른 소리이지만 이것이 보기에 편한 활자로 표현되면서 많은 창조를 얻게 된다. 세종대왕은 28개의 자음과 모음만으로 모든 소리를 듣기보다는 볼 수 있도록 모든 문자를 편리하고 쉽게 배열했다.

2만 자가 넘는 글자를 여러 단계로 조합해야 하는 중국어, 문장마다 표시되는 한자의 변환 등을 입력하는 일본어에 비교할 바가 아니다. 매일 빛의 속도로 늘어나는 막대한 양의 지식정보를 한눈에 볼 수 있음도 활자의 은혜이고 인간의 능력이다. 지난 2010년도 한 해 전 세계 19억 8천만 명의 이메일 이용자가 총 107조 건을 전송하고 약 50억 명의 휴대전화 가입자, 10억 명 이상의 블로거들이 매일 자신도 모르는 독자를 위해 셀 수 없는 천문학적 수의 문자를 생산하고 복제하고 있다. 이제 문자는 우리가 상상해 보지 못한 방식으로 새로운 진화가 진행 중이다.

인터넷이 인간을 문자로부터 멀어지게 할 것이라는 많은 학자들의 주장도 그 예측이 빗나갔다. 결국, 문자의 중요성을 디지털 시대에 와서 발견하게 된 것이다. 영화 '아바타'에서 주인공의 생각이 분신인 나비족 전사의 몸을 통해 그대로 행동으로 옮겨진다는 이야기처럼 뇌로 세상을 움직이는 뇌→무선통신이 연구되고 있다. 뇌→컴퓨터 인터페이스로 사람의 뇌파를 컴퓨터에 보내면, 컴퓨터가 이를 로봇이나 인체 속의 전자칩이 알아들을 수 있는 기계적 명령어로 바꾸어 전달하는 기술도 이것 역시 명령어, 즉 문자의 기술이다. 이렇게 모든 기술의 원천은 결국 소통의 수단인 금속활자와 맥을 같이한다. 앞으로 미래 커뮤니케이션이 발전하면 할수록 기술의 뿌리인 금속활자 이야기는 계속 회자될 것이다. 일찍이 한국의 존재를 세계에 알리는 데 크게 기여한 것은 고려의 금속활자와 고려대장경이다.

세계는 한국이 인쇄 종주국이라 불러도 부인할 수 없을 것이다. 현존하는 세계 최고의 금속활자본인 직지심체요절(直指心體要節)의 금속활자를 복원하고 있다.

청주 고인쇄박물관이 2015년까지 고려시대 세계최초의 금속활자 1만 4천 자를 당시 인쇄에 사용했었던 것으로 추정된 똑같은 활자를 밀납주조법으로 복원시키고 있다. 이 것은 고려시대의 일부 금속활자가 복원되기는 했지만 '직지(直指)'에 사용한 모든 활자의 재 복원을 시도하는 것은 이번이 처음이다. 특히 2011년은 고려대장경이 1000년이 되는 해이다. 현재 합천 해인사에 보관되어 있는 고려대장경 경판(인쇄판)은 1251년 완성한 것으로 고려가 두 번째로 만든 재조(再雕)대장경이다. 1965년도 이전은 해인사대장경보다 앞선 고려대장경이 존재한다는 사실을 알지 못했다. 그해 일본 교토(京都)의 남선사(南禪寺)에서 해인사경판과 전혀 다른 경판으로 인쇄된 고려대장경을 보고 초조대장경(初雕大藏經)이 있었다는 것을 알게 된 것이다.

최초 고려대장경 경판은 대구 부인사에 보관돼 있었으나 1231년 몽골 침입으로 소실되었다. 초조대장경은 1011년에 시작하여 1031년에 완성된 것이다.

따라서 초조대장경과 재조대장경을 통틀어 고려대장경이라고 부른다. 고려대장경 조성 첫해인 1011년을 시작점으로 하면 금년이 꼭 1000년이 되는 해이다. 당시 고려의 승려인 대각국사 의천(1055~1101)은 대장경 발간에 대하여 "천년의 지혜를 천 년 후에 보내는 일"이라고 기록하고 있다. 몇 해 전 '2011년 고려대장경 천 년의 해 선포식'이 있었으나 대장경 1000년 후인 2011년에 우리는 조용했다. 과연 유럽이나 다른 국가라면 조용할 수 있을까? 실크로드를 따라 인접해 있는 국가의 언어로 된 30여 종의 대장경을 한곳에 모으는 '세계의 대장경전'을 못 할 게 없지 않은가. 직지 프로젝트로 "세계의 금속활자전"도 할 수 있을 것이다.

고려대장경의 경판(인쇄판) 목(木)인쇄판을 만들기 위해 나무를 고르고, 베어 내고, 말리고, 판새김, 판서본(板書本), 판각, 상감 등에 연인원이 무려 130만 명이 참여했다고 한다.

여기에는 불교 경전뿐만 아니라 당시의 시대상, 역사, 설화, 사전, 판화 등이 모두 포함되어 있다.

거국적인 대사업으로 완성된 고려대장경은 인쇄술과 서적 출판의 발전을 가져오면서 문화국가로의 위신을 드높인 문화유산이며 고려의 학문적 문화적 수준이 대단히 뛰어났음을 보여 주는 것이다. 목판인쇄의 대표작인 고려대장경 기술은 곧바로 세계의 금속활자를 탄생시킨다. 오늘에 와서 금속활자가 왜 중요한지, 그 당시 목활자에서 왜 금속활자가 출현했는지, 활자의 제조기술과 인쇄재료는 무엇인지, 또한 목판인쇄와 활판인쇄의 발달도 궁금하다.

1) 金屬活字의 發明

금속활자가 발명되기까지는 수천 년간 여러 민족들의 수많은 사람들이 생각하고 만들고 시험하여 여러 형태의 경험들이 이어져 전달되고 수많은 단계를 거친다.

인간이 부호를 만들어 쓴 것은 구석기시대부터이다. 동물의 뼈에 달의 변화를 부호로 기록한 것이 있는가 하면, 신령한 바위에 새긴 암각화 등은 의사소통 및 통치수단에 이용되면서 민족마다 각기의 글자를 발명함과 더불어 글자를 쓰기 위한 바탕(素材)을 찾아 뼛조각, 거북 등껍질, 대나무조각, 비단, 양피지, 풀줄기(파피루스) 등을 이용하기 시작했고, 좀 더 진화하여 그물의 부스러기나 천조각 그리고 나무껍질 등을 섞어 만든 중국의 종이를 비롯하여 나뭇조각, 뼛조각, 동물의 털 등을 깎아서 끝에 물감을 묻혀 글자를 쓰기 시작 하고 물감은 산화철과 옻칠, 광물질, 숯과 검댕이 등이 적절히 배합하여 사용되었다. 이것이 구석기 시대에 인쇄의 초기발전 단계이다.

그 후 도교, 유교, 불교의 세 가지 가르침을 위하여 석경이나 나무판에 글자와 부처상을 새기면서 이것이 다시 탁본으로 발전된다. 탁본은 당연히 목판인쇄로 이어진다. 고려시대에는 사찰을 중심으로 경전이나 고승의 시, 문집 및 서책 간행이 성행하면서 목판인쇄의 최고 전성기를 이룬다. 따라서 사찰의 인쇄 출판업은 호황기였다.

그러나 목판인쇄는 특정한 나무를 베어서 오랜 시일에 걸쳐 연판과 연마과정을 밟는 반면에 판서본을 만들어 붙이고 나뭇결과 맞추는 숙련도와 교정 후 잘못 새김에 대해 도려내고 새로 상감하는 기법 등이 만만치 않았다. 이어서 글자 하나하나를 정성껏 새겨 내기 때문에 비용과 시간이 많이 걸리면서도 오직 한 가지 형태의 한 문헌만의 발간으로 국한되는 비효율이 있었다.

상대적으로 독서대상이 양반 지식층에 국한돼 있어 다양한 종류의 책을 적은 수량으로만 찍어야 했고 그러기 위해서는 목판인쇄보다는 비용이 적게 드는 금속활자가 더 효과적이었다.

더욱이 몽고의 침입과 무신의 반란을 거치면서 궁궐이 불타고 왕실의 도서관이 파괴되어 많은 서적이 소실되자 이를 다시 만들기 위해서는 전적(典籍)의 재발간이 필요했을 것이다.

한 번 만든 금속활자는 필요할 때마다 찍어 낼 수 있는 장점을 가지고 있어 금속활자의 발명은 필수적인 것 같다. 다행히 당시 고려는 목판용 단단한 나무가 적은 반면에 일찍부터 모래주형을 이용하여 화폐를 제작해 내는 주조술에 익숙해 있었던 그 당시 고려의 장인들이 금속활자 주형(鑄型)들을 발명하였을 것으로 보인다.

이들은 목판인쇄에 활용되었던 먹물(墨)보다는 금속활판을 이용하여 인쇄하는 데 훨씬 적합한 먹물도 발명해 냈을 것이다. 이 기술은 신라시대의 청동으로 된 종주형(鐘鑄型)의 모델을 이어 받은 것으로 보인다. 고려 숙종(1102년)은 해동통보(海東通寶)라는 아주 발전된 금속주화를 조제 사용해 온바 이 엽전에 새겨진 문자는 아주 뚜렷하고 선명한 것으로 정평이 나있다. 이를 응용하여 세계 최초 금속활자 발명의 역사를 가진 직지(直指)는 "선(禪)의 요체를 깨달아 석가(釋迦)와 이심전심(以心傳心)으로 통한다"라는 의미로 '백운화상초록불조직지심체요절(白雲和尙抄錄佛祖直指心體要節)'의 긴 제목의 대표 줄임말이다.

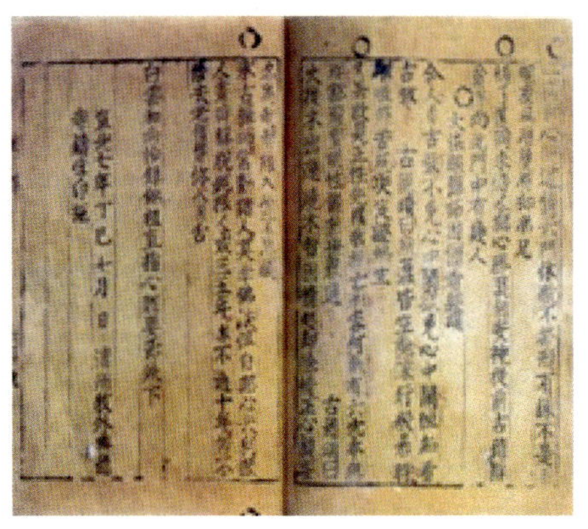 

2001년 유네스코에 의해 '세계기록유산'으로 지정된 『직지』에 대한 자세한 설명은 생략한다.

역사는 고려에서 조선으로 이어져 조선시대 태종3년(1403년) 임금은 발행된 서적들이 부족한 데 대하여 금속활자의 제조와 서적 간행을 위해 주자소(鑄字所)를 설치하고 조선시대 첫 번째로 구리로 된 금속활자를 부어 낸 것이 1403년이다.

같은 해의 간지(干支)를 따서 계미자(癸未字)라 불리게 된다. 세종이 즉위하여 1418~1450년까지 통치한 시기는 역사상 유래가 없는 강대한 국력과 과학발명의 전성기였다. 세종은 무신 과학자 이천(李藏)으로 하여 밀납에 활자들을 고정시키는 문제를 해결하고 계미자의 결함을 보완하여 신 금속활자 경자자(庚子字, 1420년)를 만들어 발표한다.

따라서 활자의 모양이 반듯하지 못한 것을 고치고 활자의 평활도를 높이고 개선하여 하루 20장 이상을 찍을 수 있었다. 1434년(甲寅年) 7월, 다시 계미자, 경자자 두 종류의 금속활자를 개량하여 글자모양에 알맞게 곡목자판(曲木字板)을 추가하고 대나무계선을 사용하여 활자의 공간을 채워 흔들리지 않게 강한 식자틀(植字版) 조립과 인쇄능률을 향상시켜 갑인자(甲寅字)가 다시 만들어진다. 갑인자의 주조는 그해 부려 20만 자의 활자가 주조(鑄造)되었다.

갑인자(甲寅字)는 이천(李蕆)이 마지막으로 심혈을 쏟은 작품이기도 하다.

그 후 갑인자는 명나라 고전 작품들의 필체와 수양대군의 글씨체가 첨가되어 여섯 차례나 다시 만들어져 조선시대에 가장 많이 쓰인 활자가 되었다. 세상에 이와 같은 문화국가가 어디에 있단 말인가. 따라서 자랑스러운 역사를 이제 와 보며 우리는 금속활자를 인쇄의 뿌리라고 말한다.

계속하여 세종 18년(병진년, 1436년)에는 처음으로 납활자(鉛活字)인 병진자(丙辰字)가 제작된다.

자치통감강목(資治通鑑綱目)이 병진자(丙辰字)로 총 294권이 인쇄 발행된다. 활자개량과 활자주조는 계속되어 1403년부터 1544년 사이에 내려진 새로운 활자주조에 대한 왕령(王令), 시행규칙이 11개에 달했다. 유명한 문인들의 필체가 모방되어 아름다운 활자들이 제조됨으로써 많은 서생들과 문인들은 스승의 글씨체를 모방하고 새로운 활자고안을 둘러싸고 필체 공부 등이 확산되면서 서지학(書誌學)이 꽃을 피웠다. 한편, 늘어나는 활자량 확보는 구리부족으로 이어져 사찰의 종(鐘)이나 관에서 쓰는 청동그릇까지도 동원하여 활자의 재료에 사용되기도 했다.

따라서 조선시대의 인쇄술에 관해서는 상당한 자료가 전해진다. 성리학자 성현(成俔, 1439~1504년)이 1470년에 남긴 문집 『용재총화(慵齋叢話)』에서 다음과 같이 기록했다.

"너도밤나무를 잘라서 원하는 활자모형으로 나무활자를 만든다. 갈대들이 무성히 자라는 지역의 모래를 거푸집에 평평하게 편 다음 나무활자 모형을 누른다. 이러한 방법으로 해감 모래 위에 글자모형이 새겨지며 이 거푸집 위에 구리를 끓여 부어 넣었다. 거푸집에서 나온 활자들을 식힌 다음에 톱과 쇠줄로 활자 옆면과 뒷면을 다듬어 마무리지었다. 활자판은 대나무 가지를 이용해 활자들이 움직이지 않도록 나란히 부착시켜 놓았다. 종이로 만든 활자쟁반에 활자들을 얹어놓고 부착시켰는데 매번 활자들이 흔들리고 움직였다. 그래서 활자들을 단단히 매어 움직이지 못하도록 대나무로 된 틀 안에 고정시켜 놓았다."

(박병선, 한국의 인쇄에서)

1446년 세종대왕은 훈민정음을 공포했다. 그리고 1년 후 동으로 한글 활자를 만들어 인쇄한 '월인천강지곡'은 조선시대의 최초 한글 금속활자본이다. 한글 활자는 약 30여종이 만들어져 한문과 함께 쓰였다. 1485년은 갑진자(甲辰字)를 개발 대·중·소 크기의 활자 30여만 자가 만들어졌다. 성종 24년(成宗, 1493년)에 만들어진 구리활자인 계축자(癸丑字)는 획이 굵은 해서체(楷書體)로 큰 활자는 1.6"×2.1"cm, 작은 활자는 1.6×1.0cm 크기였다.

중종 13년(1519년)에 병자자(丙子字)가 탄생하고 갑인자와 을해자(乙亥字)도 다시 제작된다.

활자의 중요성은 갈수록 커져갔고 주조공들에게는 업무상의 신변보호가 뒤따랐다.

선조 6년(1573년)에 갑인자(甲寅字)가 다시 주조되고 이때 새로 만들어진 구리활자를 계유자(癸酉字)라 부른다. 이어서 광해군 9년(1617년)에는 주자도감(鑄字都監)을 설치하였고 그다음 해 1618년에는 무오자(戊午字)라고 불리는 광해군동자(光海君銅字)를 완성했다.

이 광해군동자는 갑인자 계열 중에서 가장 박력이 없고 글자 획이 둔탁했다.

조선왕실의 금속활자 개발은 전 세계에 유례가 없으나 양반층의 독과점으로 문화시장의 개방과 문민시장의 활성화 기회를 놓쳐 버린다.

일본에 당당히 인쇄기술을 보급하지 못한 채 일본 침입으로 강탈당한 억울함도 있었다.

세계화를 못하고 인쇄종주국 역할을 못 한 게 아쉬움은 있으나 최초의 금속활자는 죽지 않고 다시 살아난다. 문화는 국력과 맥을 같이한다는 교훈이 있어 우리들 금속활자의 세계중심은 멀지 않았다.

인쇄5.0세대

초조대장경 천 년의 해 2011년을 마무리하는 시점에서 20세기 산업사회와 21세기 환경은 무엇이 다른가, 그리고 변화의 소용돌이 속에 있는 세계경제와 인쇄5.0세대를 진단해 본다.

지금까지 우리가 살고 있는 세상 모든 것은 성장과 후퇴, 진화와 퇴보를 거듭하면서도 발전해왔다. 과거 120년간 통계에서도 보듯이 기업은 폭발적인 사회 확장과 변화에 힘입어 성장하였고, 기득권을 개척한 다국적 기업들은 세계경제를 주도했다.

그리고 한 시대의 위치와 성장 속도를 예측할 수 있는 프로그램이 있어 사전 예방이 가능하고 안정된 발전이 계속될 수 있었다. 이렇게 강자기업들은 당시 창의적인 기반조성의 성공으로 고속 성장을 계속해 왔다. 그러나 오늘은 전혀 경험하지 못한 변화를 제대로 읽지도 못하고 과거의 기득권에만 몸을 싣고 있다.

성급한 변화가 오고 있다. 강자의 기업이 망하고 있다. 세대 간 시간과 공간이 바뀌고 있다. 초(超) 경제환경은 유로존 위기 등 불안정한 환경을 재생산하고 있다.

최근 5~6년간 100년이 넘는 기업들이 위기에 몰리고 있다. 전대미문에 없었던 최고기업 코닥, 소니, 노키아 등이 흔들리고 있다. 지금까지는 최고기업들이 무너지기 전에 경제적 징조가 서서히 예고되어 이를 방어할 수 있었다. 그런데 현재는 서서히 무너지고 있는 원칙을 깨고 예측하기도 전에 갑자기 무너지는 혼란을 보여 대안이 없다.

반면에 바닥에서 갑자기 정상으로 튀는 기업도 있다. 애플과 구글은 자기들 스스로 가슴 뛰는 회사라고 한다. 죽었다가 갑자기 튀는 그들은 "가슴 두근거리는 일을 해 보자!"라고 하고 있다. 코닥은 화학자가 창업한 회사로 100년간 감광기술기반을 당할 자가 없다. 100년간 점유한 각종 필름기술은 세상을 바꾸고 생활방식까지 변화시켰지만 컴퓨터기술과 디지털카메라 출현으로 100년간의 뿌리를 흔들어 버렸다. 반면에 후지는 아예 디지털에 백기를 들고 변화한다. 인쇄기술의 하나인 인화지를 만드는 표면처리기술을 혁신하여 화장품에까지 표면처리기술을 응용시키고 있다. 변신에 성공한 것이다. 그것은 자기기업의 성공공식을 발휘한 혁신안이다.

따라서 옛날 게임방식만 생각해서는 안 될 것이다. 18C 이후 120년간 해 왔던 대량생산, 대량소비의 경쟁구조와 경쟁방식이 하루아침에 바뀐 것이다. 강한 기업이 망할 수 있는 시대, 경쟁의 패턴, 규칙이 변하여 경쟁의 본질이 달라졌다. 인터넷은 사회, 자본, 기술, 지식 등의 경계를 허물어 버려 기술복합경계가 없어진 것이다.

안정이라는 개념이 없어지고 있다. 규모의 경제를 갖추고 자기 땅만 갖추면 다 되는 양반 시대의 시장지배는 이미 사라졌다. 초경쟁시대가 출현하면서 스마트게임은 열심히 뛴다고 해서 다 되는 것이 아니다. 환경변화가 빛의 속도로 바뀌다 보니 전통적 강자들의 장점인 신중한 의사결정은 치명적인 약점이 되고 있다.

예측할 수 없는 시대에는 눈 깜짝할 사이에 혁신을 누가 먼저 하느냐이다. 창조적 혁신이 필요하다. 과거 성공공식에 도취한 사이 기존 것을 지키려다 기업은 망한다. 기득권을 지키려 하지 말고 기존사업을 재창조하여야 한다. 최초의 창조만이 글로벌화가 쉽다. 경영자에게는 움직임 철학, 즉 유목민 DNA가 접목돼야 할 것이다. 변화속도가 과거 10년 사이가 요즈음은 1년 사이로 빨라지고 있다.

수천 년 인류의 긴 역사 동안 시대의 흐름을 거슬러 보려는 몸부림도 있다. 그러나 세상 변화 조류를 거슬러 이기는 자는 없었다. 한 시대의 변화 소용돌이 속에는 항시 승자만 존재할 뿐이다. 지금도 나타나고 있는 변화 패러다임은 누구에게나 쉴 틈을 주지 않는다. "시대"라는 용어의 의미가 없어져 버려 시대의 정의를 내릴 수 없고 변화의 속도 또한 계산하기 어렵다. 요즈음 변화는 매우 복합적이고 입체적이어서 살아 있는 여러 모든 주체는 규모의 장대함은 물론 기술의 섬세함도 모두 갖추어야 한다.

20세기 인쇄는 호황의 시대로 급성장했고 근면과 속도로 오늘의 자리에 섰다. 그러나 그 자리에 앉아 있기가 매우 어려워졌다. 지금 차에서 내려 새로운 자리를 찾아야 한다. 지금 내가 앉아 있는 현 위치에서 이 시대를 읽을 줄 알아야 세상을 극복할 수 있다. 춘추전국시대의 제(齊)나라도 시대를 읽을 줄 아는 관중과 포숙의 지혜를 빌려 그 시대를 제패하였다. "디지털이 생활을 담당하는 시대"가 이미 자리 잡았다.

한 시대가 저물고 새로운 시대가 오는 바로 교차지점에는 승자와 패자가 있기 마련이다. 디지털 속성을 알아야 한다. 그 길목에서 어떤 분은 지금까지 지나왔던 익숙하고 편안한 그 길을 계속 갈 것이고, 어떤 분은 내일을 향해 다소 모험적인 새 길을 선택할 것이다. 밀레니엄 시대가 마무리되면서 디지털 유목민시대의 갈림길에 새로운 과제가 던져지고 있다.

과거에 볼 수 없었던 복잡하고 다양한 사회문제도 발생한다.

"마태오 효과"로 인한 양극화 현상이 고착화돼 가고 있다. 대기업은 자본력 바탕으로 각종 사업에 진출하고 중소기업과 영세업은 도산 위기로 몰리고 있다. 부익부 빈익빈 현상은 개인뿐 아니라 기업에까지 미치고 있다. "누적우위" 이론이라고도 말하는 마태오 효과는 현대를 살아가는 인류가 전 지구적으로 겪고 있는 양극화 현상이다. 급격한 신기술 출현과 세계화로 말미암아 경제적 이익을 둘러싼 문제들로 인해 현실 속에서 시대적 징표를 정확하게 분석하고 분명하게 바라보는 현명한 판단력과 지혜가 필요하다.

오늘날 새로운 기술이나 방법을 창안해 이미 경계의 벽이 허물어져 버린 해당 분야에서 이익을 선점하게 되면 선발주자로서의 기득권과 우위를 누리고 그 우위의 누적과 실적을 가속화하게 된다. 약한 중소기업은 고유 업종을 모두 잃을 수도 있다. 광범위하게 오늘을 살아가는 방안으로 우리 인쇄산업도 당연히 기본부터 재정비할 필요가 분명해졌다. 인쇄는 오랜 역사를 갖고 있어 세대별로 공간이 너무 장대하여 시대감각에 둔하다. 초 경제시대의 대변환기를 맞이하면서 각 인쇄세대를 통해 오늘의 현 위치를 짚어 보는 것이 더 나은 미래로 가는 길이 될 것이다.

1) 인쇄 제1세대(고전과 전통을 무시한 문명은 살아남을 수 없다)

인쇄는 혼이 있다. 혼은 인쇄 제1세대부터 출발한다.

인간이 살아가는 데 있어 기본이 의사소통(意思疏通)이다. 선조는 생활주변에서 갖가지 자연산물의 재료를 가지고 의사표현의 도구로 삼아 온다. 전달과 보존의 필요에 따라 표현하는 욕망은 생활근거지에 인접한 암벽이나 동굴의 벽화를 통해 기록으로 나타난다. 이러한 암각화는 인류 역사에 처음 출현하는 의사전달 표현이다. 바위나 갑골, 동물 뼈, 조개껍데기, 나무껍질 등에서 그림들이 발견된다. 인류의 발전과 더불어 수많은 그림이 체계화되면서 그림문자가 형성되고, 그림 문자들이 상형문자로 진화되어 문명 발상지마다 합당한 문자들이 각각 다른 형태로 출현한다.

이것이 인쇄역사의 시작이다. 최초 소통과 문화를 만들어야 하는 인류는 모든 것을 기록할 수 있는 기술과 소재를 발명해 낸다. 이 필요한 기술과 소재가 인쇄 제1세대 산물이다. 당시 뛰어난 장인들은 자연환경의 지배를 받아 문화를 기록하는 방법도 서로 다르게 특성을 지니고 있다. 기원전 3100년경에 고대 이집트 상형문자(象形文字)가 탄생한다.

그 상형문자에는 무려 5,000여 개의 기호가 존재하여 많은 수수께끼를 담고 있다. 당시 인쇄장인들은 암각 문자의 비효율을 개선하기 위하여 나일 강 습지에 많이 자라는 파피루스(Papyrus)를 개발, 실용적 서사도구인 가공 종이를 만들고 갈색 마른 잎에 쓸 수 있는 잉크도 발명해 낸다. 메소포타미아의 쐐기꼴 문자는 이집트 상형문자보다 더 오래전에 사용된 흔적이 발견된다. 중국에서도 한자 출현 시기는 알 수 없으나 기원전 4500년경 황하유역을 중심으로 그림 각 부호 등이 발견된 것은 있으며, 한자 최초 기록을 기원전 2200년 전으로 추정하고 있다. 갑골문자, 대나무나 대조나무를 이용 죽간으로 만들어 사용했다. 알파벳도 기원전 4세기경으로 추정한다. 문자가 대중화되면서 각 민족은 자기의 고유문자를 갖추기 시작한다. 이러한 고대문자들은 오랜 역사를 거듭하면서 자취를 감추고 변화해 간다. 인쇄의 시조격인 문자는 인류역사에 있어서 가장 위대한 발명이다. 『역사란 무엇인가?』라는 책에서 역사는 현재와 과거의 끊임없는 대화라고 표현했다. 기록(인쇄) 없이는 역사도 전승할 수 없고 과거와 현재도 대화할 수도 없다. 따라서 고전과 전통을 무시한 문명은 살아남을 수 없다. 인쇄의 혼은 영원불멸한다.

2) 인쇄 제2세대(종이와 금속활자 발명 그리고 실크로드)

페이퍼(종이)로드는 자연 발생적이다. 인쇄 제2세대에 최고의 창의력이 출현하여 수천 년을 이어 오고 있다. 국가체계가 확립되면서 통치기술에 인쇄를 이용하면서 국가장악력이 확고해진다. 그것에 때맞추어 종이출현과 더불어 출판간행이 활기를 띠기 시작하였다. 가볍고 오래 견딜 수 있는 종이가 아주 좋은 소재 역할을 대신하면서 필사(筆寫)보다 신속하고 쉽게 책을 만들어 내는 방안을 찾아낸다. 따라서 종이출현은 인쇄술발전에 촉매 역할을 한다. 최고의 인장(印章)도 이때 나타난다. 종이발명 이전의 서사 재료인 석판(로제타스톤－광개토대왕비), 나무와 껍질, 파피루스, 양피지, 죽간 등은 운반과 보관 및 인쇄의 어려움 등 문제가 많았다. 종이는 인쇄 1세대에서 2세대로 진화시키고 불편한 서사 재료를 일시에 해결해 버린다. 섬유종이는 채륜(蔡倫, A.D. 121)에 의해 발명되었다. 페이퍼로드는 실크로드를 따라 전 유럽으로 파급되기 시작하고 이로 인하여 동서양 동시에 인쇄기술혁명이 일어나 인류문명에 커다란 변화를 주기 시작한다. 종이, 잉크, 목판 개발은 지식정보와 문화의 형태를 바꾸어 놓았다.

필사본에서 목판인쇄로 전환되기 시작하면서 활자발명도 활발해져 찰흙 활자, 점토(粘土) 활자, 대추나무 활자(木活字) 순으로 개발되기 시작한다. 역시 인쇄기술은 변증법적으로 진화한다. 어제의 기술을 바탕으로 오늘의 새로운 기술이 새로 진화한다. 또다시 내일의 기술이 재창조될 것이다. 그렇다고 내일의 기술이 오늘의 기술과 단절되는 것은 아니다.

우리나라에서 세계 최초의 역사적인 고려인쇄술이 출현한다. 세계에서 처음 금속활자를 창안하고 발전시킨 것은 우리 민족이다. 금속활자가 발명되면서 인쇄술은 또 다른 문화혁신에 성공한다. 바야흐로 금속활자 발명은 인류문화에 눈부신 도약을 가져온다. 우리 민족이 금속활자의 주조기술을 발명하게 된 배경의 하나는 불교가 정착하면서 불경(佛經)이 활발히 간행되어 인쇄기술이 발전되었기 때문으로 보인다. 고려시대의 초조대장경은 활자인쇄술 발전과 서적출판의 혁명은 세계 유일의 문화국가로서의 위신을 드높인 활자산업의 자랑이다.

3) 인쇄 제3세대(산업혁명과 대량생산)

18세기 산업혁명과 더불어 인쇄산업이 눈부시게 발전하였고 선진국은 활자산업을 국가 전략산업으로 육성시켜 세계화에 성공한다. 당시 그들은 의무교육의 보급, 인구의 도시집중, 일반대중의 생활수준 향상, 언론매체인 잡지와 신문 등의 성장은 인쇄기술 발전의 원동력이었다.

제국주의가 출현하고 대량생산과 대량보급이 시작된다. 한편, 세계 최초의 금속활자 직지(直指)는 지식계급에 편중하여 대중화되지 못하고 수공업 굴레 속에서 억울하다. 인쇄물이 제국주의의 세계전략에 이용되면서 천문학적인 수량을 양산하기 위해 동력과 컬러기술이 필요 하게 된다. 그들은 더 많이, 더 빠르고, 더 아름다운 색상을 위해 국가의 지원하에 총력을 기울였다. 그 결과 그들은 다국적 기업을 탄생시켜 지금까지 이어오고 있는 것이다. 그렇다 하더라도 우리나라도 인쇄장비 설치는 3.0세대에 최고성장기였다.

제너펠더가 오프셋의 원조 석판술을 발명하고, 근대 컬러인쇄의 시조인 듀 오롱은 1862년 노광(露光)으로부터 3색분해 네거티브를 촬영할 수 있는 카메라를 발명했고, 1870년에는 3색의 석판화를 만들었다. 활판인쇄가 직접인쇄임에 비하여 오프셋인쇄는 고무블랭킷에 인쇄형상을 옮겨서 그 블랭킷으로부터 피인쇄체인 종이에 전사시키는 간접인쇄방식이다.

오프셋인쇄기 개발은 30년 차이는 있지만, 미국의 루벨(Ira Washington Rubel)과 영국의 로버트 바클레이(R. Barclay)의 위대한 작품이다. 컬러스캐너, 피에스(PS)평판 플레이트, 무수평판 등이 인쇄 제3세대에 개발된 시스템이다. 그라비어인쇄, 플렉소그래피인쇄기가 보급되고 19세기(1948)에 홀로그래피(Holography)인쇄도 영국의 물리학자 게이버(Dennis Galbo)에 의해 발명된다.

1813년 활판인쇄기도 목판인쇄기에서 금속제 활판인쇄기로 영국의 루드벤(John Ruthven)이 발명한다.

신문 윤전기, 컬러 오프셋 윤전기 역시 산업혁명이 가져다준 혜택이다. 인쇄산업은 거의 3세대에 꽃을 피웠다. 그리고 기계산업은 내리막이고 디지털기기는 오르막이다.

4) 인쇄 제4세대(종이의 제국이 무너질까?)

스마트 시대가 도래하였다. 디지털이 인쇄시장을 흔들고 있다. 스마트 시대와 인쇄 4세대가 융합할 것인가, 힘들지만 버틸 것인가, 쉽지 않다.

이 변증 원리에 굴하지 않은 산업은 거의 없지만, 인쇄는 각 세대를 거치면서 5천 년을 견뎌 왔다.

제조업의 발전과정을 보면 기업의 수명이 보통 30년 정도이며 시작, 성장, 성숙, 쇠퇴기 4단계로 흥망성쇠가 반복된다. 게임기로 한때 세상을 석권하던 닌텐도(任天堂)가 스마트폰과 소셜네트워크에 밀려 적자를 냈다. 전 세계 어린이들이 열광하던 닌텐도가 아닌가! 디지털이 앞으로 우리의 삶과 문명을 어떤 모습으로 변화시킬지는 예측하기가 쉽지 않다.

그러나 융합과 소통을 전제로 하는 새로운 변화를 외면할 수 없다. 그렇다고 부조건 혁신에 매달리는 것도 좋은 것은 아니다. 아직 활자와 콘텐츠는 살아 있다. 스마트기기가 확산하면 할수록 신문, 잡지 등 인쇄매체들이 종이 인쇄물로 팔던 콘텐츠를 디지털 버전으로 변환해 산업적으로는 종이의 한계를 극복할 가능성을 보이고 있다. 태블릿 PC, 스마트폰, 스마트패드 등을 통해서 웹으로 읽고 있는 잠재고객이 폭발적이다. 대신 인쇄기는 한가해진다. 통신사들의 모바일 카드 진출은 금융과 통신을 융합시켜 스마트폰 결제 시대를 열기 위함이다. 카드인쇄비용과 발송비용을 줄이겠다는 것이다.

이것도 부족하여 카드 대신 이마와 손바닥에 정보를 넣어 생체 결제를 하겠다고 한다. 대신 스마트카드 인쇄기는 무엇에 쓸 것인가? 인터넷과 스마트기기를 이용하는 광고폭주는 결국 인쇄비용만 줄어들게 할 것이다. 복고풍 마케팅이나 감성에 맞는 종이의 부활이 없는 한 인쇄기계는 숨쉬기가 어렵다. 한편, 전자부품도 인쇄로 찍는 시대가 시작되고 있다. 120년을 호령하던 종이의 제국들이 과연 무너지고 있는 것일까? 디지털이 못하는 무엇인가를 찾아야 한다.

아마도 인쇄 제1세대에 해답이 있을 것이다.

마지막으로 인쇄 제5세대는 인쇄의 미래이다. 작금의 추세를 보면 인쇄산업의 미래가 밝다는 사람은 없을 것이다. 그렇다고 희망이 없는 것도 아니다. 어떻게 변화할지는 각자의 몫이고 숙제이다. 인쇄산업의 미래를 생각하고 결정하는 것은 자신밖에 없다. 우리가 상상하지 못한 인쇄방법이 과학자들 상상에서 무엇이 출현할지 모른다. 기업화로 진행 중인 신기술은 본 책자 곳곳에서 미래인쇄의 많은 것을 소개하고 있다.

인쇄는 아주 끈질긴 특별함이 있다.

고전과 전통을 무시한 문명은 살아남을 수 없다. 이것이 해답이다.

활자로드는 오늘날 인터넷의 중심이다

"실크로드는 동서양을 잇는 옛 상인들의 통로이다. 활자로드는 동서양을 잇는 오늘 지식인들의 인터넷 통로이다."

미국의 맥주회사 롤링록(Rolling Rock)은 보름달을 향해 레이저를 쏘아 올려 자사 활자를 광고하는 문버타이핑(moonver-typing)을 시도한 바 있었다. 활자를 이용한 산업화이다. 활자가 디자인을 만나면서 책은 단순히 일개 매체가 아니라 촉각, 청각, 시각, 그 밖의 다양한 감각체계까지 변화를 주는 '문화상품'이며 또 하나의 새로운 생명체로 태어난다.

활자와 표지, 서문과 목차 그리고 본문에서 활자 선택은 미지의 감흥뿐 아니라 보는 이들의 심리적 감성에 영향을 준다. 전달하고자 하는 정보에 따라 통로를 만드는 활자는 기록되는 장소와 표현되는 매체에 따라 다종다양하다. 따라서 활자의 선택은 정답이 없다.

주변의 여백과 공간 처리기술 그리고 책의 느낌에서 벗어나고자 하는 출판계 '아이돌'들의 튀는 아이디어 등으로 활자의 진화속도는 초고속이다. 인간에 있어 의사소통은 인간의 근원적 욕구 중 하나다. 인류가 발전하면서 감정과 생각을 좀 더 쉽고 정확하게 전달하고자 하는 표현은 역사에서도 보듯이 다양하게 모색되었다.

동굴 속의 벽화, 구석기인들의 바위, 갑골(甲骨)문자 등을 이용한 의사 전달 표현방식을 우리는 보고 있다. 기원전 2천 년 당시 수메르의 문자 모양이 못(釘) 형태의 성형문자는 못 하나하나의 형태를 다양하게 변형시켜 새로운 기호들을 만들어 오늘날의 바코드처럼 의사소통에 활용했다. 고대 이집트의 상형문자(象形文字), 초서체인 승용문자(僧用文字) 등은 오늘날의 디자인의 효시이다.

고대 인도의 인장문자(印章文字)에 음각으로 새겨진 동물그림, 기호와 중국의 한자에서 점토와 찰흙으로 만들어진 토기 조각에 새겨진 글자 등은 그 당시의 필요에 의한 당연한 의사표현 도구이다.

그러나 이 과정에서 음을 표시하는 상징문자, 뜻을 표시하는 표의문자, 상징그림과 기호들이 다양화되면서 난립과 비효율은 당연히 개선해야만 했을 것이다.

문자의 단순화 작업을 위해 수많은 상형문자들을 214개 표의문자로 자원(字源)을 통합하여 은나라 때는 4,500자로 시작했으나 문화 발전에 따라 한나라 때는 10,000자, 18세기에는 문자수가 49,000자까지 증가되어 내환이 발생하고 있었다.

한자는 단음절어(單音節語)이다 보니 주로 위에서 아래로 쓰일 수밖에 없어 시간과 소재의 낭비가 존재했다. 당시는 국가를 통치할 수 있는 글자가 필요하고, 활자 디자인의 방향에 따라 산업화의 방향도 바뀔 수 있었다.

고대 그리스 로마인들도 문자의 단순화 작업을 위해 소리글자를 바탕으로 문자기호마다 고유한 발음을 하도록 문자를 배열함에 따라 지구가 돌아가는 방향, 즉 왼쪽에서 오른쪽으로 글쓰기가 가능해짐으로써 인간의 생체구조와 문자가 서로 상생하게 된 것이다. 물론 우리 한글도 마찬가지다. 국가의 세력이 커질수록 대문자를 많이 사용하여 점령국에게 국가 권력 표시, 승전기념 및 통치술 등에 많은 영향력을 발휘할 수 있었다.

이의 대표 국가가 로마제국이다. 허물어진 유적지에서 거대한 돌기둥들을 많이 발견할 수 있다. 파피루스 양피지를 제치고 종이가 출현하면서 서체 명필들이 출현하게 된다. 의사소통이 글자기호 표시보다는 명필서체가 인간들에서 호소력이 훨씬 높다는 것은 이미 증명된 바다.

세계의 지배구도는 국가 간 전쟁과 상업으로 귀결된다. 국가의 통치기술의 가장 핵심은 문장력과 활자이다. 명필서체를 대중화하기 위해 다량화, 기계화가 필요하게 되는 것은 당연하다.

랍을 칠한 목판을 사용했던 로마인들로부터 세계 최초의 금속활자를 사용한 "직지"까지 이어지는 "활자로드"는 놀라운 기적을 만들어 냈다. 고려가 발명하고 조선이 발전시킨 활자인쇄술이 여러 중간고리를 포함하여 실크로드 북쪽 초원의 길을 통하여 타무르 제국 수도 타마르칸트로 전달되고 이것이 다시 서양으로 전달되는 사실은 2001년 9월 4일 "직지"가 세계에서 가장 먼저 금속활자로 인쇄되었다는 사실을 인정받아 유네스코 세계 기록유산에 등재된 것으로 입증된다.

The 1234
The ABC 567890
DEFGHI abcdefhij
JKLMNO klmnopq
PQRSTU stuvwxyz
VWXYZ of Mate
of Mate rialist Dia
rialist Dia lectics.
lectics.

물론 여기에는 박병선 박사를 기억하여야 한다. 노학자인 그녀는 1967년 프랑스 국립 도서관에서 근무하던 중 '직지'가 금속활자로 인쇄되었음을 연구 발표하고 1972년 세계 동양학회 100주년 기념 책 전시회에서 전시함으로써 세계의 최고 금속활자본임을 공인받게 한 장본인이다.

'직지'는 모든 산업의 전무후무한 최고상품이다. 세계의 학자들은 지난 1천 년간 위대한 발명품 5가지 중에서 1순위로 금속활자를 꼽았다.

짧은 시간에 빠른 속도와 대량 생산을 가능케 한 금속활자는 양반사회와 기득권층을 대중화로 이동시키고 르네상스, 종교개혁과 더불어 산업혁명, 정보혁명, 미디어혁명까지 세계사에 미친 위대한 공헌은 계속 진행 중이다.

인류 역사상 지난 5000여 년 동안 지금의 100년은 상상 못 할 정도로 발전되었다.

활자만으로 다국적 기업이 탄생하고 있다. 서체를 활용하는 활자의 산업화는 이미 역사적으로 500년 전부터 시작되었다. 모든 디자인의 뿌리는 활자라고 주장하는 것에 나도 동감한다. 세계에서 디자인 교육으로 앞서 가고 있는 스위스의 바젤은 디자인 교육의 기본으로 활자를 교육시킨다.

모던 타이포그라피의 선두주자인 **개러몬드(Garamond)**는 프랑스의 활자주조업으로 1540년부터 활자산업으로 성공한 기업 중의 하나이다. 활자를 조합하고 해체가 가능하여 개별 활자의 재사용이 가능토록 하였다. 생산성 있는 활자로 대표되기도 하고 600년이 지났지만 아직도 쓰이고 있다. 하나의 서체는 역사를 가지고 있다. 시대의 정신과 정치, 경제, 사회, 문화와 기술의 척도에 따라 그 모양이 변하여 왔다. 명필서체와 조각기술, 금속배합기술, 주조기술이 필요한 시절, 손조판 시대의 금속활자, 그리고 기계조판의 시도와 실패, 사진 식자기를 통한 조판, 지금의 디지털 폰트의 서체들 시대와 유행을 초월하여 이를 바탕으로 한 유지, 수정 및 새로운 창조는 지금도 계속되고 있다.

역사적 유산에 대한 애정은 단연코 손조판의 금속활자이다.

1970년 7월 어느 무더운 여름날 식자와 문선과 한 모퉁이에서 가냘픈 선풍기가 소리 내어 돌아가고 주조된 활자를 원고대로 한 글자씩 손으로 집어 문선 상자에 순서대로 넣고 그것을 다시 식자공에 넘겨주면 활자와 곡목(띄어쓰기)의 반각, 전각공목과 행간(인때루)을 순서대로 조판하고 납판 위에 단단한 끈으로 묶고 한 페이지씩 조판된 상자를 한 곳에 쌓고, 활자가 부족하면 주조과에 가서 이글이글 벌겋게 녹아 있는 납주조물의 뜨거운 공장의 주조기 한 대 한 대에 한 사람씩 붙어 열심히 신주로 주물되어 만들어진 자모판 위에 녹인 납물을 부어 놓고 글자를 하나하나 찍어 낸다.

계속적으로 문선, 식자, 주조가 분업화되어 비록 손으로 작업을 하지만 그 당시 시스템으로는 자동화이다. 한두 페이지를 생산하기 위해서라도 필수적으로 기본인원이 10명은 있어야 하는 초기 투자비가 상당했다. 또한 목간재료 또는 납을 확보하는 재료비 또한 만만치 않았다.

대량 부수를 생산하기 위해서는 지형과 연판이 필요하고, 지형은 보관하였다가 재판할 시에 재판인쇄한다. 활판인쇄의 기계소리와 납 냄새와 땀 냄새, 그리고 매일 철야에 시달리는 기술 선배들의 애환은 우리나라의 50여 년간 산업 발전의 기수이고 증인들이다.

그 당시로서는 지금의 디지털이 부럽지 않은 최첨단 산업이었고 낭만이다. 한국의 저력은 세계 최초로 금속활자를 발명한 정보 지식혁명의 위대한 유산 직지로부터 시작된다. 그러나 선배 인쇄인들의 위대한 발명을 상속받지 못하고 있는 안타까움이 있다. 180개 국가 가운데 지구촌 정보통신 국민사용 평가에서 한국이 단연 1위이다. IT의 최강국이다.

요즈음 아이폰의 앱스토어에서는 활자를 그리는 프로그램, 모음과 자음을 이용하는 타이포그라피, 그림을 그리는 프로그램 등이 이미 외국 업체들에 의해서 콘텐츠를 등록하고 거래를 하고 있다.

과거 6, 70년대 인쇄호황기를 맞았던 인쇄기업들은 활자와 디자인, 화공이 기본이었다. 그러나 20여년 전부터는 영업 패턴의 변화로 인쇄사들이 주로 사업성이 좋은 인쇄기계에만 의존하다보니 활자에 관련된 모든 기술과 노하우를 거의 휴지통에 버린 곳이 많다.

디지털은 산업 전반을 흔들고 있다. 이 중 하나가 활자산업이고 이 활자산업에서 다국적 기업이 출현할 수 있다.

1) 글자 하나가 돈이다

디지로그 시대에는 글과 그림이 따로 가지 않고 융합되어 가고 있다.

오늘날은 활자만을 고집할 수는 없지만 영상과 그림이 활자와 같이 공존하지 않으면 멀티미디어가 아니다. 미디어 중에서 활자가 주인이라고 말할 따름이다. 전통적 활자가 가벼워지고 있는 느낌은 착시일 뿐이다. 디지털 미디어가 발전할수록 활자의 산업화는 폭이 더욱 넓어질 것이다.

스위스 **헬베티카**(Helvetica)를 주목할 필요가 있다. '스위스 디자인의 핵심은 바로 글씨에 있다'라고 주장하는 글씨체가 바로 '헬베티카'이다. 전 세계의 공공 표지판, 취리히 공항 표지판, 철도역, 국가여권, 정부문서, 심지어 다국적 기업의 대부분의 로고가 바로 스위스 글씨체이다. 이 글씨체로 디자인한 모든 상품이 심플한 폰트의 미학을 적용하여 멀리서도 한눈에 볼 수 있도록 컬러를 선택하면서도 불필요한 장식은 일절 배제시킨 공간 확보와 활자 선택이다.

1980년대 금성사에서 레이저프린터로 한글문서를 출력할 때 쓸 서체를 국내 개발 업체 S사에게 의뢰한 것이 산업화 1호로 보고 있다. 서체산업과 활자의 산업이 다를 경우가 많다. 활자는 종합인쇄와 연속된 개념이다. 시대를 디자인한 서체를 가지고 활자를 만들어 갈 것인가, 미디어로 갈 것인가에 따라 쓰임새는 다르다. 필자의 경험한바 1990년대 '한국민족문화대백과사전' 제작 시 10,000자 이상 되는 한자 서체를 폰트화하지 못하고 자변과 쪽자를 합자 처리하여 졸작이 된 창피한 경험이 있었다. 이 얼마나 활자의 활용이 어려운가? 키워드와 한자 전산화 사업은 어려움도 있겠지만, 파생되는 부가산업이 상당하다.

모든 산업이 브랜드를 강조하고 있다. 활자가 보이고 있는 묘한 매력이 브랜드이다. 전통 글씨체에 색과 질감을 입히고 무질서하게 덧씌우는 인쇄기술은 디자인의 기초이고 전문가의 경험이 경쟁력이다. 우리나라에도 수많은 서체개발회사가 있다. 여기와 적극적으로 협력하여야 한다. 그리고 IT와 융합하여야 한다.

2) 한글 폰트의 세계화

세종대왕은 우리말을 초성, 중성, 종성으로 구성시켜 음운도 초성, 중성, 종성 삼분법으로 나누되 초성자와 종성자를 같이 쓰도록 만들었다.

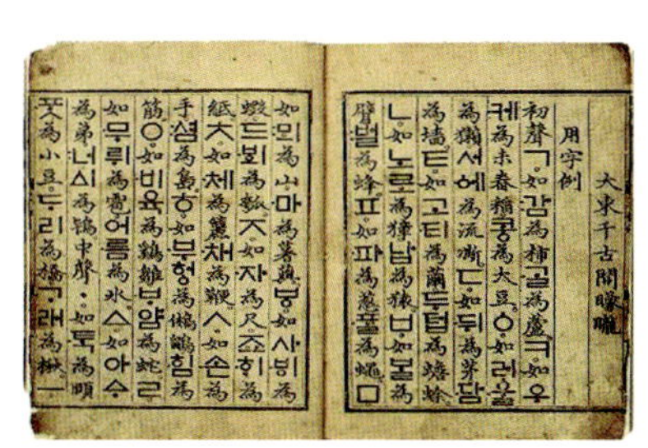

천지인(·, ─, ㅣ)의 조화를 추구해 모음을 만들되 '중상각치우'를 상형하여 나머지 글자들을 합성하는 방식을 취했다. 훈민정음은 세계 유일하게 주역을 바탕으로 만들어졌으며 과학적인 그래픽문자이다. 지금까지 우리는 주로 서책을 위한 활자를 수천 종 개발해 왔고 그것 또한 문헌정보를 위함이다. 이제는 틀을 깨어 고대 로마가 돌기둥에 새겼던 '큰 글자'처럼 한글도 큰 글씨로 확장 다원화시켜야 한다. 한글의 특성이 3위 1체형 글자로 다른 나라 글자와 달리 아무리 큰 글자라도 3위 글자의 조정으로 훌륭한 디자인을 표현할 수 있고 이를 디지털 폰트화한다면 A, B타입 어떤 사이즈에도 그래픽적으로 조화롭게 표현할 수 있다. 훈민정음의 위대함이 아닌가?

표준화된 한글폰트와 색채화집을 세계시장은 기다리고 있는지도 모른다. 삼위 각처에 색채를 달리해도 읽을 수 있고, 천지인을 분리시켜 초성, 중성, 종성 각각의 소리를 낼 수 있다. 디지털에서 멀티미디어로 활용이 확실하다.

한글 서체는 일종의 소프트웨어이며 외국 소프트웨어에 비해 너무 우수하다. 우리에게는 폰트라는 개념으로 돈 주고 사는 정서가 부족하다. 우리가 가치를 인정해야만 세계에서 가치를 인정받을 수 있다. 우리나라 서체거래량이 확대되면 될수록 인쇄출판 업계는 더 많은 부가가치가 생성될 것이다. 한글폰트는 음성과 언어인식 기술 개발이 가능하다. 다국적 웹 검색 기술이나, 세계 언어와 자동통역 기술 등이 가능하다. 음성 인식 기술은 키보드나 마우스 같은 디지털 기기 사용환경을 바꿀 것이고, 언어 장벽 때문에 발생하는 정보격차도 크게 줄어들 것이다. 이러한 기술은 활자로만 들어질 각종 출판물에 사전 지정된 폰트 기술은 지금까지 보지 못한 새로운 패턴을 보게 될 것이다. 여기서부터 활자 산업은 새로운 비전인 것이다.

3) 활자와 디지털산업

세계적인 시장조사 업체 가트너는 '2008~2012 **유망 10대 기술**' 가운데 하나로 증강현실을 꼽고 있다. 증강현실(AR: Augmented Reality)이란 실제 촬영한 화면 위에 그림, 문자 등의 새로운 정보를 덧씌워 마치 원래 그린 이미지를 촬영한 것처럼 보여 주는 기술로서 혼합현실(MR: Mixed Reality)이라고도 부른다. 특히 교육자료와 마케팅에 새로운 콘텐츠다.

마케팅에서 TV를 통한 가상광고는 물론 신문이나 잡지, 책자 등을 매개로 제품에 대한 다양한 체험을 할 수 있고, GPS에서 도서관이나 서적상을 통해 수많은 책을 가상공간에서 검색할 수도 있다. 또 하나는 매체 벽을 허물고 있는 크로스미디어(cross media)가 여러 각도로 시작되고 있다. 크로스미디어는 신문, 출판, 방송, 인터넷, IPTV 등 다양한 미디어에 들어갈 콘텐츠를 통일된 시나리오나 통일된 소프트웨어로 제작하는 것이다.

비단 신문과 방송만의 융합보다는 각종 출판잡지와 방송자료, 필요한 미디어가 책자와 신문에서 함께 묶어 표현하는 것이다. 세계 유수 신문사들이 팀을 만들기 시작했다.

디지털 시대의 영상자료나 데이터의 보존을 위한 기록물들의 보존비용의 부담이 날로 많아지고 있으며 확대되는 많은 양은 디지털 자료 보존의 문제점이 제기되고 있다. 일부 학자들의 의견은 종이, 마이크로필름 같은 아날로그 매체보다 보존 수명이 짧다고 주장한다. 활자와 디지털 산업의 새로운 시각이다.

마지막으로 활자로 만든 모든 책자와 활자를 포함하고 있는 영상물들이 인터넷의 콘텐츠 역할을 할 수밖에 없다. 인터넷은 사람들이 정보를 소비하는 데 최고의 시장이다. 새로운 시장은 꼭 필요한 정보를 잘 모아서 개인 맞춤형으로 편집하여 새롭게 등장하고 있는 모바일 기기들에 린-백(lean-back, 소파에 누워서 볼 수 있는 것) 방식으로 제공하는 편집이다.

가판대에서 표지를 보고 집어 가는 것처럼 모바일에서도 디지털식 구독자의 취향에 맞는 활자와 편집 기술을 요구하고 있다. 이 모든 것이 활자의 기묘한 매력이다. 보그(Vogue) 잡지를 디지털 퍼브리싱 시스템으로 공급하겠다고 한다.

인쇄지도가 변하고 있다

"우리는 5천 년을 이어 온 인쇄를 사랑한다. 의식주가 인류를 위해 존재하듯이 인쇄도 변함없이 인류를 위해 존재한다. 과학과 기술이 인쇄를 변화시켜도 근본은 그대로이다. 이대로 인쇄지도를 만들고 싶다."

18세기 연암 박지원은 당시 조선이 직면하고 있는 청나라 등 외국과의 관계에서 풀기 어려운 숙제를 "허생전"을 통해서 표현하면서, 북벌 대결이 아닌 네트워크로 해법을 찾을 수 있는 동반자 관계로 통하는 것이 성공적인 것이라 주장한다. 동의보감의 기본원리에 통즉불통(通即不通), 불통즉통(不通即痛)이라는 구절이 있다. "통하면 안 아프고, 안 통하면 아프다"는, 즉 기(氣)의 순환을 강조한 것으로 막히면 마비가 온다는 것은 인체뿐만이 아니라 사회, 경제구조도 마찬가지이다.

흐름이 막히면 제때 뚫어 줘야 하는 것이 오늘의 현실이론이다. 2010년 9월 8일 제17회 국제인쇄산업전(KIPES)이 킨텍스에서 열렸다. 이 산업전을 통해 인쇄업계 전체 흐름을 볼 수 있고 또한 시스템 간의 막힌 곳을 발견하고 미래를 준비한다. 전 인쇄업종이 참가하는 행사로 1년마다 개최된다.

주최 측 보도로는 무려 23개국 308개 사의 국내외 유수 인쇄 관련 업체들이 최신 트렌드를 반영한 다양한 제품들을 자랑하고 있고 각종 인쇄경영과 기술세미나도 동시에 진행되고 있다. 전시장에 몰려드는 수많은 인파 속에서도 나는 무언가 한쪽 날개가 없는 듯한 불통(不通)의 감은 왠지 서운하다.

"오늘의 현장에서 우리의 인쇄지도를 다시 보아야 하는가?" 하는 질문은 너무 성급한 것 아닌가? 요즈음 세상 돌아가는 패턴이 매우 급박하다. 변화하고 있는 몇 가지 유행은 오늘의 인쇄산업이 막히고 있는 원인의 일부라도 발견할 수 있고 더 나아가 미래 인쇄 준비가 시급하다는 것도 알 것 같다.

100년 전 중국은 청일전쟁에서 수모를 겪은 지 100여 년 만에 중국의 GDP가 5조 달러인 일본의 국내총생산을 뛰어넘었다. 중국의 빠른 성장 중에서도 인쇄생산은 중국 GDP 성장보다 훨씬 빠르다. 인쇄업체 수도 거의 200,000개에 육박하고 소상인들의 디지털 전환 속도도 명확한 통계수치를 진단하기가 어렵다. 이미 중국은 미래인쇄 분야인 전자종이와 E-Ink를 활용하고 마이크로캡슐 조성인쇄 등 종합적인 부문에서 우리보다 앞서 가고 있다.

2015년경에는 중국의 인쇄산업 생산이 GDP의 2.5%에 해당될 것으로 보여 중국이 인쇄강국으로 가는 것이 뻔하다. 세상 돌아가는 또 다른 이야기는 요즈음 20~30대 미국의 직장인이나 한국의 직장인들은 아침에 눈을 뜨자마자 아이패드나 스마트폰으로 오늘의 뉴스를 읽고 자신의 이메일과 트위터, 페이스북을 확인하고, 회사에서는 인터넷메신저와 인터넷전화, 이메일로 업무를 진행한다. 종이를 볼 이유가 없어졌다. 모든 문서나 책자까지도 벌써 웹(Web)에서 앱(App)으로 소속이 바뀌면서 다운로드도 필요 없이 편하게 새로운 서비스로 쏠리고 있다. 지난 9월 3일 유럽 최대전자박람회 "IFA 2010"이 독일 베를린에서 막을 올렸다.

240,000명이 참관했다고 한다. 중요한 화두는 역시 스마트TV이다. 스마트TV는 인터넷 검색은 물론 PC나 스마트폰처럼 여러 가지 응용프로그램을 볼 수 있다. 특히 전자북뿐 아니라 잡지, 신문 등을 이제는 TV에서 수시로 편하게 볼 수 있다는 것이 특징이다. 이것 또한 인쇄매체 시장을 흔드는 것이다. 세계적 권위를 자랑하는 옥스퍼드 영어사전이 1884년 출간한 이래 종이인쇄로 이어 온 종이사전 출간을 중단하고 온라인 판만 보급할 것이라고 한다. 온라인 사전검색은 늘어나고 종이사전은 판매량이 줄고 있다.

미국의 옥스퍼드에서는 2000년 3월부터 연 구독료($295)를 낸 독자에 한해 인터넷으로 온라인 판을 이용할 수 있게 한 후 월간 조회건수가 200만 건 정도로 늘어났다고 한다. 무서운 변화 아닌가. 우리나라에서도 지난달 27일 교보문고 광화문 점이 5개월 만에 재단장하고 문을 연 후 3일 만에 21만 명이 다녀갔다고 한다. 새롭게 변신함은 미래를 향한 몸부림으로 보인다. 그러나 진짜 승부는 앞으로 시작될 것 같다.

지난 8월 초에는 미국 전역에서 720개 체인을 갖고 있는 세계 최대의 서점 반즈앤노블을 매각하겠다는 뉴스가 있었다. 이 회사도 아마존처럼 인터넷 판매를 위한 전자책뷰어도 이미 개발했었다. 인터넷과 앱(App)이 종이책의 목을 조르고 있다. 이유야 어떻든 종이서적의 판매량 감소는 문화적으로 불행이다. 그러나 서적상점의 경영난과 폐업 증가는 이미 세계적 현상이다. 반면에 종이책을 지키기 위한 투쟁도 여러 가지 방법과 아이디어로 계속 버티는 것이 만만치 않다.

영국에서부터 시작 북미지역까지 전파되는 책인쇄자판기(에스프레소 북머신)에 책 제목만 클릭하면 커피 한 잔 뽑듯이 눈앞에서 인쇄되고 제책되는 새로운 형태의 인쇄주문방식이 유행되고 있는 것처럼 재단장하는 대형문고에서도 POD(주문형출판) 코너인 "책 공방"에서 디지털 형태로 수백만여 종을 대상으로 주문하면 즉시 또는 2~3일 내에 만들어 주는 혁신적인 방법을 선보이고 있다. 서적 상점의 변신이 여기까지 오고 있고, 우리나라 대도시의 번화가 통에도 유사한 디지털 인쇄공방이 자리 잡기 시작한 지 오래다.

동네서적공방에서도 이제는 세계의 유명 출판물도 클릭 한 번으로 즉시 인쇄해 볼 수 있게 되었다. 스마트폰을 활용해 도서정보를 검색하고 책이 있는 위치를 알려 주는 서비스도 시작되었다. 디바이스의 경쟁은 스마트폰, e북, TV, 책공방 등으로 일부 인쇄 매체가 흡수되기도 하고 매체 간 경쟁은 끝이 없을 것 같다. 앞날을 걱정하는 세계의 서점들은 이미 그다음 방식을 다양한 방향에서 고민하고 있다. 물론 종이인쇄도 다양한 각도에서 똑같은 고민과 몸부림이 있다.

한편으로 종이인쇄는 아니지만 연성회로기판(Flexible printed circuit Board)을 개발한 경기도 안산 반월공단에 있는 Y업체는 갤럭시, 아이폰, 모토로라 드로이드 X 등 스마트폰에 들어갈 부품 때문에 주문이 밀려 여름휴가도 못 가고 2교대 24시간을 일하고 있다. 아몰레드 기판이 수요폭발로 인해 아주 평범한 인쇄회로기판 인쇄공장들을 찾아 세계의 대형 스마트폰 제조사들이 반월공단, 남동공단으로 밀려들고 있다. 이렇게 인쇄공장의 생산부품을 받으려고 줄을 서고 있는 것처럼 인쇄종류에 따라 희비가 엇갈리고 있다.

대덕단지에 있는 한국기계연구원이 인쇄박막전지, 태양전지, OLED, 플렉시블 디스플레이 등 차세대 디바이스로 신문을 찍어 내듯이 제조하는 종합적 인쇄기술인 인라인 방식은 잉크젯, 오프셋, 그라비어, 플렉소 등을 통합기술의 운용으로 대량 생산용 연속 인쇄전자시스템을 개발하고, 미세접촉인쇄까지도 가능토록 하여 산업현장에 제공코자 한다. 이러한 모든 것이 패러다임이다. 새로운 변신은 소재산업과 오프라인 외에도 우리나라의 대표적인 W, D, K 출판사들이 학생인구의 급속한 감소에 대비하고 인터넷강의의 허점 등을 보완하기 위해 아동용 학습지나 초등학생 준비학습뿐 아니라 최대 격전지인 중학생시장을 향하여 스마트TV용, 아이패드, 스마트폰용 콘텐츠를 준비하고 있다고 한다. 이와 같이 교육출판업계도 부진의 늪을 건너기 위해 디지털 책자와 모바일 등을 앞세워 사업 다각화에 힘쓰고 있다.

1) 2010 KIPES에서 보는 인쇄지도

우리나라 인쇄시장의 불안한 미래를 예고하고 있는 인쇄지도의 한쪽을 꼭 기록해 둘 필요가 있다.

2010년 9월 8일 아침부터 많은 사람이 분주하다. 출품회사 직원인지 또는 전시관람객인지 모르나 대단히 활기차다. 규모는 아쉽지만 비교적 아담하고 배치된 참가업체들의 장소도 부담 없이 잘 정돈되고 찾기 쉽게 배치되어 있다.

한국을 비롯한 23개 국가에서 308개 사가 참여했다. 20개 업체 이상 참여한 국가도 일본(52개), 독일(29개), 미국(25개), 중국(23개)으로 고루 참가하여 비교적 국제행사에 손색은 없다. 전시품목대상은 프리프레스, 오프셋인쇄기, 디지털인쇄기, 스크린인쇄기, 기타인쇄주변기기, 인쇄재료 및 종이, 제본기계, 지가공기기, 사무/공장 자동화기기, 포장 관련 기기, 출판, 잡지, 기타 서비스업들로 아쉬움이 있다면 기기의 편중화이다. 고속대량화 시스템보다는 디지털기기에 치중되어 외형이 콤팩트화하고 볼륨 부족으로 너무나 조용하고 아담한 전시회 같다. **인쇄는 컬러를 찍는다기보다는 컬러를 만들어 내는 기술과 기능이다.** 컬러를 만들어 내는 대표적 기종 오프셋인쇄기나 오프셋윤전기의 과거의 웅장함을 보지 못해 생동감이 없는 것 같아 아쉽다. 그 자리를 대신하여 컬러를 찍어 내는 디지털인쇄기가 자리를 잡고 제법 화려했던 옛날의 인쇄기기 위용을 지키고 있어 다행이라면 다행이다.

연속하여 디지털 인쇄기의 취약점을 보완하기 위한 후가공장치들의 다양화는 앞날의 변화를 실감케 한다. 디지털 프린터에 적합한 다수의 관련 용지업체들이 포진하고 있고 라벨이나, 실크스크린도 디지털과 연계된 기기들이 눈에 띈다. 외국기술보다 뛰어난 합지장비나 국산 디지털인쇄기기가 잉크젯기술을 탑재한 창의성은 우리나라 인쇄의 미래가 밝을 것 같다. 워크플로, RIP, 교정시스템, 컬러 검사시스템, 디지털날염인쇄기, 세라믹과 유리 그리고 Metal 등에 사용되는 디지털 프린터기 도 우수한 국산기술을 확인할 수 있고, 각종 재단장치, 디지털 및 사무용 제책시스템, 라벨용 디지털 인쇄기 등이 빠짐없이 선을 보이고 있다.

차세대 인쇄에 필요한 신소재 업체와 플라스마 표면처리 장비는 수입대체 품목으로 아주 발전된 장비도 나와 있다. 구석구석 짜여 있는 인쇄기자재 관련 업체들이 많은 관심자들과 진지하게 상담을 하고 있다. 과거 다국적 기업인 복사기, 스캐너 제조업체들이 기존 사업을 접고, 종류별 디지털 인쇄기를 라인업하고, 디지털 인쇄기의 다양화와 다색 대량생산시스템으로 도전하는 모습은 가히 인쇄지도를 바꿀 만하다. 한국의 녹색성장에 맞추어 인쇄 분야의 친환경 인증 서비스를 위해 진출하는 기업도 있다.

카탈로그와 명함 등 다양한 디자인상품을 인터넷으로 판매하는 S/W업체도 한국시장을 겨냥하고 있다. UV, IR 관련 토털시스템들이 자신 있게 제품들을 설명한다. 아쉬운 부분이 있다면 최근 수많은 IT디바이스 기기들을 위한 스마트 편집, 멀티미디어 편집 S/W는 보이지는 않았다. 지금은 방송과 콘텐츠의 주인인 출판이 융합이 시작되고 있는 것을 인쇄입장에서는 유의해야 할 필요가 있다.

오프셋인쇄기 같은 대형장비가 전시장을 우람하게 채웠던 전시장의 익숙한 경험은 보이지 않고 부족한 듯하지만 과연 디지털 인쇄의 발전이 앞으로 기득권 인쇄와 통즉불통(通即不通) 불통즉통(不通即痛)을 어떻게 뚫어야 할까.

2) 오프셋인쇄기의 혁신

이번 전시장에서는 볼 수는 없었지만 오프셋인쇄기도 인쇄지도를 바꾸는 기술이 계속 업그레이드되고 있다. 우리나라 인쇄산업이 안팎으로 도전을 받고 있는 것은 여러 가지다.

지금까지 규모의 경제라는 유행으로 장치산업에 경쟁적인 투자는 우선순위가 최신형 오프셋인쇄 시스템이었지만 투자결과가 지금 상황에서 처음 의욕과는 많은 거리가 생기고 있다. 우리나라 실정으로 영업적으로 해결되지 않는 투자는 바람직하지 않다고 한다. 고급기술과 공정단축 그리고 높은 해상도를 제공한다 하더라도 적정가격을 지켜 주지 못한다. 그렇다 하더라도 고삐를 늦출 수도 없는 현실이 문제다. 기술투자와 가격유지의 방안을 어떻게 할 것이며, 디지털의 기습에 대한 대응은 어떻게 할 것인가 그 결론은 협상과 기술이다.

따라서 오프셋기기 메이커들도 가속화되는 소량다품종에 경쟁력 확보를 위해 인쇄준비 시간단축, 인쇄속도의 조정, 잉크교체의 편의성, 판교환장치의 단축 등 동시생산준비를 위한 네트워크의 워크플로 개선에서 전에 없는 기술이 선보이고 있다. 판교환 방법도 사용 인쇄판을 동시에 철거하면서 새 인쇄판을 동시에 삽입하는 방식도 이미 개발되어 있다. 인쇄속도와 인압조정, 잉크롤러, 블랭킷의 교환, 품질관리용 계수시스템, 인쇄검사 확인의 원격조정, 판의 핀맞춤 자동인식 장치, 각종 세척장치의 자동화, 시험인쇄와 본인쇄 연계, 인쇄 전체 공정과 스마트폰과 연계 등 새로운 혁신은 계속되고 있다. 오프셋인쇄기와 패키징 기술의 인라인화하는 독특한 장치도 어려운 시점에서 한몫을 해낼 것이다. 차세대 디지털오프셋기의 출현은 언제일까?

혁신기술의 새로운 기기 도입을 전제한다면 우리나라 현재 인쇄가격 체계로는 상당히 어려운 문제점을 안고 있고, 부담도 너무 크다. 결론은 메이커의 적극적 도움과 영업적 해결이 관건이다. 당분간은 업체마다 현재 사용 중인 기기들에 바로 장착될 수 있는 기술옵션장비 들이 더 필요한 시점이다. 만일 이것이 기술적으로 해결이 된다면 불황극복의 한 수단이 될 수도 있을 것이다.

3) 인쇄지도에 자리 잡은 에스프레소 북

나는 개인적으로 아주 진한 에스프레소 커피를 좋아한다. 원두커피기계에 원두를 넣고 스위치를 누르면 진한 커피가 소주잔만 한 한 잔으로 뚝 떨어진다. 책 자판기처럼 북 머신에 종이를 넣고 키를 누르면 몇 분 만에 책 한 권이 뚝 떨어진다. 에스프레소 북머신이 책을 만들어 내는 기술이다. 미래의 3차원 프린팅(영국의 케임브리지대학의 교내 벤처사인 Plastic Logic 사가 개발) 시대로 가는 길목이다. 에스프레소 북 시스템은 미국의 온디맨드 북스 사가 개발한 즉석 주문 출판 S/W 시스템이다. 이미 2004년 세계 최대 인쇄박람회인 드루파(Drupa)에서 "인쇄의 새로운 산업화"를 소개하면서 제록스, HP, 캐논 등에서 POD(Print on Demand 맞춤인쇄)에 아주 적합한 디지털 인쇄기를 소개한 바 있다.

영국, 미국, 캐나다의 주요서점과 대학도서관에 공급되어 있어 구글디지털 도서관과 연계하여 저작권이 만료한 책들을 커피 한 잔 뽑는 식으로 책을 만들어 쓴다. 절판의 고민도 없고 재고에 대한 창고비용도 걱정 없다. 대부분 주문이 인터넷으로 이루어지고 있고, 선물용으로도 DM발송과 연계되어 있다.

개인출판이 용이하고 비용이 절감된다. 모니터에서 오는 광선에 의한 눈의 피로도는 염려가 없다. e-페이퍼의 발전은 POD 시장도 흡수될 것으로 보나 당분간 이러한 시스템은 책뿐 아니라 카드, 논문, 카탈로그, 과거 경인쇄물까지 시장을 잠식할 것으로 본다. 세계 각국별로 발전의 형태가 제 각각이고, 그 나라의 문화와 풍습에 따라 여러 가지 기발한 머신들을 사용하게 될 것이다.

우리나라도 진정한 의미의 POD는 아니지만 복사물, 청사진, 디지털프린트 등을 서비스하기 위해 시내번화가 길 옆 지상 1층 몫 좋은 곳에 대형점포를 모델링하여 경쟁적으로 대기업에서 소기업까지 소형 "책공방" 역할을 하는 디지털공방이 점점 늘어나고 있다. 문제는 주문형 맞춤 인쇄장비가 현재는 성능에 비해 고가이나 이것도 인쇄지도에 자리를 차지하고 있다.

4) 부엌의 작은 탁자에서 시작한 "로라 애슐리" 사(Laura Ashley)

창업을 위한 참고사항으로 인쇄는 넓은 공장이 아니라도 "예술공방"도 있다. 만일 자신이 인쇄인으로서 전문적인 기술과 의욕이 있다면 다음 이야기를 보자. 아주 작은 인쇄사가 소박하게 출발하여 크게 성공한 회사 이야기다.

로라 애슐리 사는 금년 8월 롯데백화점 부산광복점에 230평 규모의 매장을 열었다. 1953년 가정주부인 로라 애슐리는 부엌의 작은 탁자에서 천 조각을 보면서 무늬를 찍어 팔면 될 것이라는 생각으로 소형 실크스크린 인쇄기계를 샀다. 그해 그 기계로 찍은 스카프가 영화 "로마의 휴일"에서 여자주인공이 매고 나온 것을 계기로 조그마한 상점이

번창하기 시작했다. 집 안에 설치한 인쇄기로 벽지, 카드, 가고, 침구, 화장품케이스 등 패턴을 늘리기 시작하여 작품수가 6,000가지를 넘기면서 연매출 65조 원을 달성하기도 했다.

　그녀가 디자인하고 인쇄한 자료는 자체 기록보관소에서 보관되고 있고 모든 패턴은 컴퓨터에 입력하고 있다. 이 회사의 정신은 "과거를 찾는 소비자는 언제나 있기 마련"이라며 "우리는 향수와 꿈을 판다"고 했다. 인쇄가 성공시킨 기업이다. 앤디워홀을 모르는 이는 없을 것이다. 앤디워홀도 조그마한 실크스크린 인쇄기 1대로 성공한 대 화가이다. 전통 인쇄 같은 과거를 찾는 고객은 언제나 있기 마련이다. 결론은 인쇄산업은 규모가 크다고 좋은 것은 아닌 것 같다. 작고 강한 기업이 해결책이다.

인쇄역사, 그리고 미래의 도전 1. 문자의 탄생과 인쇄의 시작
인류역사는 기록술 발전의 역사
–"우리는 인쇄역사에 큰 획을 그은 인쇄종주국" –

지금의 인쇄방법과 기술은 어떤 연고와 근원에서 태어났는가? 인쇄역사를 모르고서는 이해하기 어렵다. 인쇄는 5000년 역사를 가지고 있지만 고전 인쇄기술이 아직도 사라지지 않고 사용되고 있다. 변화를 싫어하면서도 끊임없이 변화를 거듭하는 업종이 바로 인쇄이다.

1) 변증법적으로 진화한 인쇄

헤르만 헤세는 '인류가 자연으로부터 선물로 받지 않고 인간의 정신으로 창조해 낸 수많은 세계의 유산 가운데 가장 위대한 것이 인쇄된 책이라고 말했다. 인쇄의 역사를 말하자면 결국 인류사 이야기이다. 인류는 수많은 세월 동안 진보와 변화를 거듭해 왔다. 언어를 정리하고 문자를 발명하고 생활을 기록 보존하기 위해 부단히 노력해 온다. 당시는 문자를 기록하는 데 필사에 의존할 수밖에 없었고 글쓰기 또는 글 새기기는 기술인 동시에 또한 예술이었다. 이것이 인쇄역사의 시작이다.

인쇄기술은 변증법적으로 변화했다. 오늘의 기술이 새로운 기술로 거듭 태어난다. 오늘의 기술이 내일의 기술을 잉태하고 내일의 기술은 오늘의 기술과 결코 단절되지 않는다. 따라서 인쇄의 역사를 되돌아보면서 오늘을 보고 내일의 도전을 준비한다.

인간의 기본 욕구 중의 하나는 서로 간의 의사소통이다. 인류역사는 소통의 역사이고, 기록이다. 소통이 잘 이루어지고 있을 때 발전한다. 인류사에 남겨진 소통의 표현은, 구석기시대로 올라가 보면 동굴이나 바위 등에 벽화나 그림기호 등을 남기고 암석 조각문자 등을 통하여 상징적인 메시지를 전달했다. 이렇게 인간의 노력이 계속되면서 필요에 의하여 문자를 발명, 사용하게 되고, 인간의 집단들이 생성되면서 문자를 권력의 도구로도 사용하기도 했다. 음성을 이용하는 수단도 있었지만 음성은 순간에 사라져 버린다.

당시 음성을 담는 기술은 당연히 불가능했다. 운명적으로 당시 최고 소통의 수단인 문자를 사용하게 되면서 기록 보존의 문화가 형성되고 인류 역사의 가치가 생성되었다.

2) 문자의 생성

기원전 3천 년경에 메소포타미아를 중심으로 그림과 같은 설형문자가 사용되고, 고대 이집트에서는 상형문자도 나타났다. 이러한 고대문자는 먼 훗날 나일 강 어귀에서 세계적으로 유명한 로제타석(Rosetta)을 발견한 고고학자에 의해 고대 상형문자의 비밀 코드를 푸는 데 성공하여 최초 문자로서 인정을 받게 된다. 그러나 당시의 설형문자나 상형문자도 인간사회의 모든 표현의 요구를 완벽하게 충족시키지 못하여 새로운 문자가 계속 발명되고 진화하면서 기원전 7세기부터는 비로소 법률, 행정, 문학 등을 해독할 수 있게 승용문자와 민용문자가 탄생하게 된다. 따라서 새로운 문자 기호는 기 사용되었던 문자나 기호에 비해 그려 내는 속도도 빠르게 하고 새기는 기술도 편이하게 개발되었다. 문자를 새길 수 있는 도구도 새롭게 개발되어 지중해 연안에서 쉽게 구할 수 있는 천연자원인 점토로 만든 '점토판'이나 '벽돌' 등 양쪽 면에까지 기록하기도 했다. 또한 지중해 연안 습지에서 자라는 갈대 같은 식물로 만들어진 '파피루스'에 잉크를 이용해 글을 쓰기도 했다. 고대 인도문자도 기원전 2300년경 인더스 강 유역에서 400개의 다른 그림 부호를 이용해 음각으로 새겨져 사용되었다.

중국의 한자 출현도 기원전 2278년 우 황제 시대 이전으로 추측할 수 있다. 그러나 공식적 최초 문자는 은왕조 때의 갑골문자로 보고 있다. 또한 중남미에서도 고대문자를 사용한 증거가 발견됐다. 기원전 8세기경 마야문명의 상형문자가 마야인들에 의해 무화과나무의 일종인 플로에마(Floema) 껍질에 글을 쓰기도 했다. 플로에마나무의 껍질은 길이가 6~7m짜리도 있다.

알파벳은 기원전 14세기경에 시리아지역에 거주한 가나안 인들이 사용한 페니키아문자에서 탄생하여 낙타 뼈에 문자를 새겨 사용하고 있었던 것을 고대 그리스와 로마인들이 문자의 단순화를 추구하면서 오늘날의 알파벳으로 고안된 것으로 보인다. 기원전 세계 곳곳의 문자는 그 민족의 수준과 환경에 따라 만들어지고 개정되었다. 문자를 전달하고 보존하기 위한 수단도 당시의 문화와 자연환경에 따라 다양하게 개발되었다.

금석문자 경우도 글을 돌기둥이나 비석에 새기면서 글자크기의 조절, 모양의 변형 등 폭이나 깊이가 다양해지면서 미적 감각, 호소력 있는 글자체 등 예술이 가미되면서 새로운 소재를 찾기 시작했다. 글자를 기록하는 대상이 밀납을 칠한 목판, 상아 등으로 문자를 새겨 넣던 방법이 갈대 붓으로 대체되고 문자를 새기는 장인들의 아이디어로 점점 소재 사용의 폭이 넓어졌다.

3세기경 로마인들은 당시 유행했던 '파피루스'의 비싼 가격 때문에 점점 구하기 힘들어지면서 소아시아의 도시 페르감(Pergame)에서 발명한 양피지로 유행이 바뀌기 시작했다. 두루마리로는 '파피루스'가 유리하지만 책 모습이 제책 형태로 바뀌면서 양피지로 대체하기 시작했다.

동지역에서 양피지가 유행하고 있을 때에 이미 중국에서는 종이가 발명된 이후의 일이다. 어쨌든 양피지는 그 당시의 가축경제에 바탕을 두고 피혁제품의 가공기술이 발달하여 만능의 좋은 양피지를 생산하게 되었다. 앞뒤 양쪽에 쓸 수 있고 잘못 썼을 경우에도 글자 등을 긁어낸 후 다시 쓸 수 있는 편리성이 있었다. 당시로서는 최첨단 소재였을 것이다. 종이가 각 지역을 따라 보급되면서 양피지의 단점이 발견되고 아무리 질기고 단단하더라도 무겁고 보관장소의 조건과 이동하는 데 어려움도 많았다. 실크로드 무역은 결국 양피지가 종이에게 자리를 양보할 수밖에 없었다. 아무리 뛰어난 기술도 변화하기 마련이다.

3) 서적혁명을 가져온 종이발명

중국에서 종이가 채륜에 의해서 105년경에 발명되면서 필사본보다 신속하고 쉽게 책을 만들어 내는 방법을 개발하게 되고 대량생산의 가능으로 인쇄술 발달에 획기적인 계기를 만들게 되었다. 종이가 출현하기 전 기원전 3세기경부터는 동양지역에서는 죽간이나 목간 또는 비단천이 글을 새겨 넣는 도구로 사용되었다.

따라서 고문서적들은 두루마리 형태였고, 글자가 아닌 지도 등도 새겨 넣었다. 그러나 필사에 의한 것은 단 1회 기록이지 동시에 다량 복제는 불가능하였다. 채륜 이전에도 여러 형태의 종이가 있었지만 순수한 식물 섬유지로 만들어진 것은 처음이었다.

이렇게 가볍고, 깨끗하고, 매끄러운 용지는 세계 각지로 전파되면서 필사본보다 훨씬 빠르고 쉽게 복제가 가능한 책을 생산하게 된 것이다. 즉, 종이발명은 인쇄자동화를 가능케 하는 '서적혁명'이 시작되었다고 보아야 할 것이다. 따라서 종이가 보급되는 시점으로부터 인쇄역사의 시작으로 보는 것이 타당하지 않겠는가? 종이의 특수성은 간접 전사방식을 가능케 했다.

돌이나 짐승 뼈에 양각 또는 음각으로 새긴 문자와 그림을 인장이라 한다. 인장을 사용하여 수백 장의 종이 위에 잉크를 칠하고 아주 빠르게 찍어 내기 시작했고, 석가의 화상을 새긴 인장을 수천 장씩 찍어 불교전파에 이용하기도 했다. 이에 따라 잉크인 먹도 종이와 동시대 발전물로 볼 수 있으나 공인되지는 못했다.

중국의 동진에서 400년경 연기 그을음을 아교로 섞어 만들기도 하고 그 후 소나무 송진을 첨가한 먹이 사용되고 있었으나 누가 만들었는지는 알려지지 않고 있다. 소나무 송진이 접착력이 강하여 잉크 먹을 종이에 부착된 후 지워질 수가 없는 것을 자연을 통해서 배운 것이다. 먹과 더불어 메소포타미아의 점토판 압인법이나 문자를 양각하는 인장기술, 돌에 음각하는 탁본방법 등은 목판인쇄술을 발전시켰다. 목판을 만들기 위한 기본조건인 종이, 붓, 먹, 벼루, 즉 문방사우를 통하므로 아주 편리해졌다. 이 문방사우는 오늘날의 S/W와 같은 것으로 이러한 기술을 바탕으로 목판의 부족한 부분을 보완하게 되면서 금속활자가 출현하게 된다.

인쇄역사를 어떻게 구분할 것인가에 대해 필자는 활자를 기계화하기 이전과 이후를 고전인쇄와 근대인쇄로 나누고 디지털과 접목 이후를 미래인쇄로 나누고 싶다.

우리나라는 문명의 발상지는 아니지만 인쇄역사에 있어서만은 큰 획을 그은 인쇄종주국이다. 계속해서 세계 인쇄기술의 뿌리와 기원을 갖고 있는 고전인쇄부터 현재까지 인쇄역사를 만들었던 획기적 사건, 즉 훌륭한 인쇄기술을 순차적으로 소개하고자 한다.

인쇄역사, 그리고 미래의 도전 2. 활자의 발명 그리고 컬러인쇄
중단 없이 이어 온 인쇄기술의 진화
－디지털과의 접목으로 새 지평－

  팔만대장경은 세계 최초 가장 방대한 수량의 목판인쇄물로 위대한 민족 유산이며 우리 민족의 자랑거리이다. 이러한 대장경판을 세 번씩이나 새기는 은근과 끈기의 민족성은 당연히 인쇄기술 발전으로 이어졌고 이러한 기술 축적의 뿌리는 세계 최초의 금속활자 발명국이 되는 영광을 갖게 된 것이다.

1) 인쇄의 시작, 고인쇄

(1) 목판인쇄술

  인쇄의 시초라 볼 수 있는 목판인쇄술에 대해서도 동서양이 의미를 달리하고 있다. 동양에서는 목판인쇄술을 인쇄의 시초로 보면서 활판인쇄는 목판의 진화된 부산물도 보고 있는 데 반해, 서양은 인쇄시초를 활판인쇄술로 보고 목판은 사전 예비단계로 보고 있다.

  목판인쇄술은 그 기원을 알기가 힘들다. 우리나라는 삼국시대부터 시작되었고 고려시대에서는 극치를 이루어 중국보다 더 우수한 실적을 가지고 있다. 당시 뿌리내린 불교를 바탕으로 한 국가정책으로 불경 보급을 위해 목판인쇄가 계속 개발되었고, 특히 고려는 몽고군 침입을 격퇴하려는 민족적 염원에서 대장경을 새겨 완성했다. 글자 수는 23행에 14자씩 새긴 총 8만 1258판에 2,600만 자가 수록됐다. 팔만대장경은 세계에서 최초로 가장 방대한 수량의 목판인쇄물로 위대한 민족 유산이며 우리 민족의 자랑거리이다. 이러한 대장경판을 세 번씩이나 새기는 은근과 끈기의 민족성은 당연히 인쇄기술 발전으로 이어졌고 이러한 기술축적의 뿌리는 세계 최초의 금속활자 발명국이 되는 영광을 갖게 된 것이다.

(2) 세계 최고 목판인쇄물 '무구정광대다라니경'

'무구정광대다라니경'은 세계에서 가장 오래된 목판인쇄물로 당시 고도로 발전했던 우리 민족의 인쇄문화 수준을 입증해 주는 귀중한 유물이다. 학자들 간에 다소 이견은 있으나 1997년 국립중앙박물관에서는 팔만대장경이 신라 성덕왕 때인 서기 706년 이전의 것이라고 발표한 바도 있다. 1966년 10월 13일 불국사 석가탑을 보수하던 중 발견된 것으로 전체 길이 6.2m, 폭 6.7cm 크기로 심하게 부식된 채로 발견되었다. 사용된 종이가 신라의 닥종이고 그 무렵에 제작된 석비에 음각된 글씨체가 같은 사람의 필체로 판명되기도 했다. 본 인쇄물에 대한 한국과 중국학자들 간의 이견이 있으나 진실은 변하지 않는다.

(3) 세계 최초의 금속활자 인쇄기술

금속활자가 출현된 데에는 목판인쇄로는 내구성에 문제가 있고 비용과 시간이 많이 소모되는 폐단이 있다. 한편 중국 송나라 비셍(990~1051)이 찰흙을 구워서 만든 교니활자는 잘 부셔져서 실용성이 없었다. 고려에서는 엽전을 만드는 방식을 금속활자에 응용한 혁명적 방법이 등장했다. 그 외에도 범종의 제조 기술도 뒷받침을 하고 있다.

고려 금속활자 기원은 고려 숙종(1102) 설이 옳다. 주자를 관장했던 '서적점'이 있었던 것도 한 요인일 것이다.

이를 바탕으로 1377년 청주 흥덕사에서 찍어낸 '백운화상초록불조직지심체요절'은 세계 최초의 금속활자 인쇄물이다. 이 책은 조선 말 서울에 근무했던 프랑스 대리 공사 골랭드 플랑시(Collinde Plancy)가 프랑스로 귀국할 때 가지고 간 후(1972년 당시 프랑스 국립도서관 소장) 1972년 '세계도서의 해' 기념행사인 '책의 역사' 전시회에 출품되어 소개된 바 있다. 이 책은 서양에서 독일 구텐베르크(Johann Gutenberg)가 금속활자를 발명하여 처음 찍었던 성경(요한계시록)보다 70년이나 빠른 금속활자본이다. 세계 역사상 최초 금속활자를 발명하며 찍은 우리나라의 직지심체요절은 2001년 6월 청주에서 열린 5차 유네스코 세계기록 유산 국제자문회의에서 세계최초의 금속 활자본으로 공인되었다.

조선 태종(1401) 초기에는 '교서관'으로 명명하여 주자소를 설치하여 구리합금으로 만든 10만여 개의 청동(놋쇠) 활자 '계미자', 세종 2년에(1420) '경자자', 세종 16년(1434)에 '갑인자' 등 다종다양한 서체와 활자에 구리·납·철까지 사용되었고 활자본의 불편하고 구조가 잘못된 것을 계속 과학적인 체제로 바꾸었다.

세종 30년(1448)에 간행된 최초의 한글 활자본 '월인천강지곡'을 비롯해 소개할 자료가 너무 많다. 국립 중앙도서관에서 관련 서적들을 참고할 수 있을 것이다.

우리나라는 세계에서 유일하게 인쇄용어로 된 마을 이름이 지금까지 전래돼 사용하고 있다(서울시의 주자동, 필동 등). 그리고 독일 마인츠 시에 있는 구텐베르크 박물관, 중국 북경소재 중국 인쇄박물관, 일본 동경의 종이박물관, 미국 워싱턴D.C.의 역사박물관 등의 탐방도 참고가 될 것이다.

2) 근대인쇄와 컬러인쇄 등장

화학적 인쇄인 석판 인쇄술은 평판인쇄의 원조로서 오프셋인쇄를 탄생시켰다. 독일의 알로이스 제네펠더(Alois Senefelder)는 1796년에 석판인쇄를 발명했다. 석판석은 다공질이며 지방성 잉크와 친화적이고 수분과는 서로 반발한다는 사실도 발견했다. 이러한 현상을 이용하여 평판인쇄가 개발되고 오프셋으로 이어진다. 석판에 인공적으로 그림의 분색판을 만들어 여러 가지 색상의 인쇄도 가능해졌다. 컬러의 시작이다.

1868년에는 모든 자연색을 재현시킬 수 있는 빨강, 노랑, 파랑(RGB) 3원색의 합성 원리를 발명한 프랑스의 듀오롱(du Huron)은 원색판 인쇄까지 완성시켰다.

이것이 근대 컬러인쇄의 기초다. 그 후 1880년경 뉴욕에 있는 인쇄소의 인쇄공인 유진 F 아이브즈(Eugene F. Ives 1856~1937)에 의해 고안된 원쇼트 카메라는 컬러사진과 제판기술의 효시가 된다. 이어서 감광물질인 염화은 흑화를 정리하고 질산은이 빛에 의해 검게 된다는 것을 발견한 사람은 독일의 슐제(Schulze)다. 또 중요한 사람은 렌즈가 달린 카메라를 발명한 프랑스의 니엡스(Niepce)다. 그는 1816년에 카메라로 촬영한 후 종이에 네거티브를 만드는 데 성공한 바도 있었다. 계속해서 네거티브와 포지티브의 음양 반전법이 영국에서 개발되고 미국이나 독일에서의 사진 관련 연구는 폭발적으로 매일 신기술을 발표했다.

미국의 존 카밧트 사는 1887년에 셀룰로이드로 필름을 만들었지만 실용적인 면에서 실패하고 결국 조지 이스트만(George Eastman)에 의해 설립된 코닥(KODAK) 사에서 1888년 휴대용 카메라 시판을 시작했으며 1889년에는 연속촬영이 가능한 최초 감광액으로 코팅한 롤필름도 발매했다.

그 당시도 많은 인쇄전문인들이 개발한 기술들이 많았지만 산업으로서 크게 성공한 기술만 기록되었던 아쉬움이 있다.

여기서부터 인쇄기술은 사진기자재와 필름 등을 기초로 하프톤 인쇄, 즉 망판인쇄가 시작되면서 스크린 인쇄와 동판인쇄가 출현한다. 컬러로 만들어진 원고, 사람, 도시, 자연 등의 이미지를 원색으로 복제해 낼 수 있는 것도 사진술의 바탕으로 미국에서 시작됐다. 3원색 이론을 바탕으로 검정 1색을 더하여 4원색으로 확대되면서 원색효과는 더욱 선명해졌다. 계속된 경쟁적 기술개발은 미국의 아이라 워싱턴 루벨(Ira Washington Rubel, 1846~1908)에 의해 인쇄판으로부터 고무판에 인쇄모양을 옮기고 다시 이것을 종이에 전사시키는 간접인쇄를 실현할 수 있는 기계식 인쇄방식을 개발, 오프셋프린팅 인쇄기계를 창조하면서 그 당시의 최고수준의 고속인쇄를 해낸 것이 오늘날의 발전된 인쇄기기의 원조다. 컬러인쇄를 급속히 성장시키기 위해 전자기술을 응용한 컬러스캐너가 제판용 원고를 전자적으로 색 원고를 주사(scanning)해서 분해필름을 생산해 내었다.

오늘날은 12색 컬러 오프셋기가 출현하고 CTP 등 자동화시스템 등은 18세기 인쇄기술이 진화된 결정체이다.

종이에 강한 오프셋 컬러인쇄의 단점을 공격한 그라비아 인쇄는 사라졌던 직접인쇄기법을 다시 부활시킨 제품이다. 레이저 장치를 이용하여 홀로그래피 인쇄가 출현하고 활판인쇄기는 다시 유가증권의 시큐리티 처리를 돕는 인쇄기로 환생했다. 초고속의 다색 윤전기 등 발전된 여러 종류의 인쇄기기와 장치는 더 이상 없을 것 같다. 그러나 인류문화를 표현 기록하는 기술이 디지털과 접목되면서 어떤 형태의 기기로 발전, 개선될 것인가, 이것이 인쇄미래의 숙제이다.

인쇄역사, 그리고 미래의 도전 3. 미래의 선택
인쇄와 통신, IT, 그린환경의 접목
−새로운 패러다임의 방향전환이 시작됐다−

인쇄기술의 기계화, 자동화, 전산화 노력을 넘어서서 통신과 만나고, IT와 만나고, 새로운 그린환경과 만나면서 인쇄는 새로운 패러다임이 시작되고, 진화된 기술은 새로운 인쇄산업을 예고하고 있다. 미래의 도전이 시작되고 있는 것이다.

인간의 문화소통과 기록보존을 위한 인쇄의 역할은 역사 속에서 수없이 찾아볼 수 있다. 오늘날 최첨단화된 인쇄장비는 그 기초가 금속활자 발명으로부터 출발한다.

금속활자가 발명된 이후 500여 년간 금속활자는 인류문명에 가장 공헌한 중대한 시기였다. 특히 1900~2000년까지 100년간에 인쇄는 현대화되었고 또한 인쇄기술이 세계를 변화시키는 데 큰 몫을 해 왔다.

세계 최초로 금속활자를 발명한 우리나라가 잠자고 있었던 아쉬움은 있지만 서양 선진국들은 인쇄를 과학과 만나게 하는 등 기계화를 위한 인쇄발전 노력은 오늘의 강대국이 된 이유이고 보람이다. 그들은 우리와 다르게 인쇄산업이 국력이라고 확실하게 주장하고 있다. 우리나라의 양반계급의 선비들과 다르게 서양 선진국 양반들은 스스로 인쇄기술에 대한 도전을 자랑스럽게 생각했다. 금속활자 종주국이라고 하는 우리의 자랑이 좀 부끄럽다. 그러나 당시 우리나라의 활자 인쇄는 세계에서 유례를 찾아볼 수 없을 만큼 발전되었고 활자의 종류도 다양하다. 미려한 인쇄 글자는 매우 정밀하고 과학적이었다.

좁은 국토를 가진 우리나라는 인구가 적어 책 읽는 사람이 한정되어 있기 때문에 기계화 작업의 필요성을 느끼지 못한 사회적 환경이 있었다. 그러나 뒤늦게 어려운 환경 속에서도 1880년경부터 활판인쇄기를 수입해 박문국에서 '한성순보'를 발간하면서 기계화된 인쇄기술이 우리나라에 최초로 소개된 것이다.

물론 세상은 먼저 된 자가 나중이 되고, 나중 된 자가 먼저 될 수 있다는 변화법칙이 있다. 금속활자 발명 이후 500여 년이 지난 지금 인쇄기술은 새로운 방향으로의 전환이 시작되고 있다. 인쇄기술의 기계화 · 자동화 · 전산화 노력을 넘어서서 통신과 만나고,

IT와 만나고, 새로운 그린환경과 만나면서 인쇄는 새로운 패러다임이 시작되고 있고 진화된 기술은 새로운 인쇄산업을 예고하고 있다. 미래의 도전이 시작되고 있는 것이다.

1) 문자 도형의 미래 도전

문선식자로 조판하던 주조활자도 사라졌다. 기계화, 자동화를 넘어 전산화하면서 기존 인쇄용어부터 바뀌고 있다. 컴퓨터에 의한 조판, 즉 CTS에서 DTP로 진행하면서 이제는 멀티미디어 시스템으로 음성과 동영상까지 인쇄원고가 만들어지고 있다. 필요에 따라 인쇄하고, 또 한편으로 온라인 또는 소형 칩으로부터 모니터가 수신하는 유비쿼터스의 자동화가 이미 이루어졌다.

우리가 버린 CTS와 원색분해기 등을 재설계한 인쇄기술은 미국 의회도서관이나 영국 대영도서관, 유럽 디지털도서관 등에 소장되어 있는 지도·필사본·희귀도서·서적·기록문서·고서화 등을 DB화하여 원본이미지를 그대로 검색할 수 있는 시스템으로 구축하고 서비스하는 데 이용되고 있다. 여기에 참여하는 기업이 인쇄회사들이다.

이렇게 프리프레스가 통신과 접속하면서 새로운 일거리가 생겨난 것이다. 전자만화가 이동통신기를 통하여 동영상이 재생되는 것을 보는 등 지식과 문헌정보의 정보이용이 폭발적으로 급증하여 정보 거래방식이 변화되고 있다. 책자도 100만 부의 1종보다 1,000부씩 1,000종의 맞춤형 출판시대로 가고 있다. 개인시대에 맞추어 개인출판의 개미군단 시장이 기다리고 있다. 전 세계 출판물을 국내에 소개하고 우리의 출판물 또한 세계로 나가는 데 있어 개발된 인쇄기술이 앞장서서 마케팅기술과 방법을 찾아야 한다. 문자도형의 미래도전은 편집·디자인·통신·멀티미디어 등이 인쇄회사 내에 구축되어야 한다. 어려우면 전문가를 찾아 협력을 받아야 한다. 이것은 너무나 절실하다.

2) 인쇄와 IT의 만남

출판과 신문·방송·교육이 통신과 융합하면서 수많은 온라인 상품이 개발되고 있다. 인쇄도 이러한 미디어시장 속에 들어가 한 과정을 담당해야 한다. 이러한 과정 속에서 속도와 편이성이 증가하고 새로운 먹을거리가 생겨난다.

컬러의 고해상도 요구는 인쇄기술이 디지털기술과 IT를 접목시켜야 효율적이다. 필름판재가 필요 없는 제조공정의 단순화가 시작되고 언제 어느 곳이나 필요한 시간과 장소에서 인쇄물로 출력해야 한다. 어쩌면 인쇄산업과 이업종 간의 벽이 허물어질 수도 있다.

컬러의 산업화는 다양한 옵션요구로 오프셋 기종만으로는 소비자 요구를 충족하지 못할 수도 있다. 이제 발전된 차세대 수요자는 인쇄물도 하이브리드를 요구할 것이다. 시각 디자인과 단순한 표현만 가지고 모든 산업의 상품을 마케팅하기에는 부족하고 업그레이드된 소비자의 성향을 앞서 맞추지 못하면 매출의 증대는 기대하기 힘들 것이다.

산업환경의 다양한 요구에 앞서 준비되어야 할 것이 한두 개가 아니다. 프리프레스, 프레스, 포스트프레스 전 과정의 기술이 IT를 이용한 새로운 사고로 총동원돼야 한다. 책자뿐 아니라 포장종류의 확대와 품질요구는 지금까지의 전통 생산방식이 아닌 신기술은 지금까지와 전혀 다른 인쇄산업의 경영모델이 준비되어야 한다. 종이에서 잉크를 즉시 분리해 낼 수 있는 신기술도 하나의 환경요구의 산업이고, 그림과 문서를 영구 보존처리할 수 있는 기술도 인쇄산업이 맡아야 할 분야이다.

건강 의료분야의 피부프린팅 유행은 특수한 코팅액을 소화해야 할 인쇄기술이 개발되어야 한다. 발광잉크가 개발되어 조명 없는 곳에서 글을 읽고 모든 포스터나 옷에 부착된 로고나 이름표 등이 밤중에 빛을 발하는 스마트종이도 인쇄기술의 몫이다.

전기전자잉크는 자동 문자인식을 완벽히 처리하게 되고 광고판에 손을 대는 즉시 상세한 정보를 읽을 수도 있다. 이러한 기술은 음성과 문자를 텍스트화하는 데 이용될 것이다.

앞으로 자사 상품의 차별화와 보호를 위해 눈에 보이지 않는 잉크, DNA구조를 삽입한 잉크 등 특수한 시큐리티 인쇄기술이 접목될 것이다. OLED가 책자나 카드 또는 캘린더 속에 장착되고 온돌용 전자필름, 터치스크린 등 전극필름의 생산도 인쇄기술의 몫이다.

이렇게 모든 사회적 요구는 인쇄기술과 IT가 만남으로써 해결될 수 있고 이에 따라 인쇄산업에는 새로운 영역이 형성될 것이다. 인쇄기술을 기본으로 IT를 이용하고 그린

환경 극복을 위한 연구는 필수적이다. 새로운 미래가 생기고 도전의 가치도 생기는 것이다.

지방자치단체(전주)에서도 전자부품 개발을 위해 2015년까지 수백억 원을 투입, 전자인쇄를 차세대 산업으로 집중 육성한다고 한다. 남의 일이 아니라고 본다. 결국 인쇄기술 공정과 잉크소재 및 회로 디자인의 3요소 기술이 협력되어야 한다. 이와 같이 디지털 프린팅과 일반인쇄, 그리고 잉크젯 기술과 특수인쇄와의 경쟁은 어떠한 결론이 날 것인가? 이러한 염려도 인쇄와 IT만남에서 해결되고 있는 것이다.

한때 활판이 오프셋으로 변화했던 것처럼 잉크젯기술이 고해상도 컬러인쇄를 극복하고 있으며 전자잉크인쇄, 특수인쇄기술까지 접근하면서 점점 차세대 인쇄기술의 대표 자리로 접근 중이다. 3차원 프린팅이라는 신기술이 실용화 되어 설계S/W를 이용하여 펄프재료나 실리콘, 고무, 금속가루, 잉크원료, 나무재료, 시멘트재료 등을 층층이 인쇄로 쌓아서 입체모형을 만들고 컬러를 입히는 등 전혀 다른 새로운 인쇄기술이다. 혈관과 피부조직까지도 3차원 프린터로 만들어 보는 실험은 세상을 무섭게 만들고 있다.

위에서 소개한 것 등은 미래를 위해 지금 시작되고 있는 인쇄기술의 몇 가지 예이다. 이미 지난 500년보다 더 짧은 10년 이내에 상상하고 있는 많은 기술이 현실화될 것으로 보인다. 이제 지난 500년은 놓쳤지만 미래인쇄의 도전이라는 화두에 놀랄 일은 아니다.

인쇄진화와 미래인쇄
― 3차원프린팅 기술이 새로운 산업을 예고하고 있다 ―

미래인쇄는 정의를 내릴 수 없는 상황으로 진화되고 있다. 필요에 따라 선택되고 소멸될 것이지만 신기술 시장에서는 모험하지 않으면 기회는 생기지 않는다. 너무 많은 변화 속에 인쇄산업이 위치하고 있다.

변화는 계속되고 있다. 전자거래기본법 개정안이 2007년 4월 국회를 통과했다. 종이 없는 서류시대가 시작된 것이다. 산업자원부 측은 연간 9,300억 원의 비용이 절감된다고 추정했다. 여기에서 종이 인쇄가 차지하는 것은 얼마일까? 문화관광부의 2006 문화산업 통계에서 보면 문화산업 매출규모가 54조에 달하고 그중 출판 분야가 20조의 시장규모이지만, 중요한 것은 온라인시장은 계속 활성화되고 있고 오프라인시장은 장기침체가 계속되고 있다는 것이다. 종이시대가 디지털시대로 옮겨 가고 있다는 것이다.

2006년도 킨텍스에서 열린 한국전자출판산업전은 '출판산업전'이 아니라 마치 '컴퓨터산업전'으로 보였다. 지난 수천 년간 인류의 문명사를 종이가 지배해 왔다면 앞으로는 인터넷이 주도하는 사회로 가고 있는 것이다. 사이버도서관과 전자책은 인쇄시장에 변화를 강요하는 게 틀림없다.

신문시장에서도 이미 그 징후가 나타나고 있다. 프랑스 경제일간지 레제코(Lesechos)사는 창간 100주년에 맞추어 세계 처음으로 전자종이 신문을 2008년에 출시했다. 엄청난 양의 기사와 정보들에 대한 오프라인의 한계를 어쩔 수 없는 모양이다. 따라서 독자들의 접근방식에 근본적 변화를 줄 것이고 전통적인 종이를 새롭게 신소재로 변화시키거나 사라지게 할 수도 있을 것이다. 전자종이 신문을 통해 비디오나 백과사전, 각종 출판 책자를 검색하고 저장한다는 것이다. 또 한편 미국, 영국 등의 의회나 정부는 매일 쏟아지는 정보를 인쇄물 보관방식이 아닌 디지털화 작업으로 집중하고 있는 것은 틀림없이 인쇄산업의 변화이다.

교육과학기술부는 2013년부터는 학교에서 종이 교과서가 사라지게 하고 종이노트, 참고서, 학습지, 필기할 종이까지 사라지게 하는 디지털학교의 의지가 강하다. 학습용 교육툴이 지원되고 새로운 디지털 교과서 상용화 계획에 본격 착수하고 있다. 여기서 학습효과나 건강문제 등 효과를 분석하자는 것이 아니다. 다만 중요하게 생각하는 것이 인쇄산업에 미치는 영향이 매우 크다는 것이다.

1) 3차원 프린팅기술 개발

옛날 1980년경으로 기억된다. 지금의 복권의 전신인 주택복권을 제조하던 S사의 직원으로서 근무했던 당시 주택복권은 버스정류장 노점에서 판매되었다. 일주일 동안 노천거리에서 햇빛을 받다 보니 복권 색상이 판매장소마다 다르게 변색됐다. 일주일 후 추첨 결과 1등 복권의 진위 여부가 인쇄상태 변질로 수요기관 측에서 판단이 어렵다고 하여 해결책으로 자외선 차단기술을 찾기 위해 고심했다. 어려움이 있었지만 UV인쇄 도입으로 해결한 바 있다. 또한 당시에 유가증권류 중에 승차권, 극장입장권, 복권 등에 한국의 야생화를 디자인하고 인쇄물에 향기를 내었다. 복권마다 향기를 내기 위한 테스트는 상당히 어려움이 있었다. 공장 내부의 두통현상, 시중에 출고하자마자 향기는 사라졌지만 잉크에 향료 또는 향을 믹스하는 기술적 무모함은 해결되지 않았다. 결국 미국의 NCR사의 감압복사지(pressure sensitive recording paper) 기술, 즉 발색제를 녹인 기름미립자를 보호하기 위한 마이크로캡슐 기술을 이용, 개발에는 성공했지만 상업화에는 성공하지 못했다.

그러나 30여 년이 지난 오늘 그 당시의 마이크로캡슐 기술은 나노물질을 담아 차세대 기능성 보호막으로 산업화가 되고 있다. 새로운 제조법 개발과 함께 기능성 마이크로캡슐을 새로운 분야에 확대 적용하는 방향으로 진행되고 있다. 음료, 의약품, 기능성 화장품, 피부프린팅 등에 응용되고 있다.

인쇄기술을 이용하여 마이크로캡슐에서 더 나아가 나노캡슐로 탄소나노튜브*를 사용 미래형 디스플레이인 전자종이를 위해 특정전하(+, -)를 띤 전자잉크 캡슐을 프린팅 처리하고 있다. 이를 바탕으로 3차원 프린팅기술이 개발되고 있다. 인터넷 쇼핑몰에서 장난감회사로부터 3차원 설계도면을 다운받아 잉크젯프린터를 이용해 e-플라스틱잉크를 사용, 입체적 장난감이 프린트에 의해서 평면이 아닌 입체가 만들어진다. 실리콘에서부터 회반죽, 고무찰흙, 초콜릿까지 다양한 재료로 입체를 만들어 낸다. 전자부품, 생체조직 등 피부나 혈관도 3차원 프린터에서 만들어 낼 수 있을 것이다. 이미 2005년에 미국 워싱턴대 가버 포각 교수는 생분해성 겔에 세포를 뿌려 세포층을 만든 뒤 이것들을 쌓아 올려 이식용 피부를 만드는 프린터기술을 개발했다고 Physical Review Letters에 발표했었다.

프린터가 못 하는 것은 없다고 한다. 미래는 휴대전화기도 설계도면만 선택하면 불과 몇 분 내에 휴대전화기가 가정에서 생산되는 시대가 올지도 모른다. 이처럼 미래인쇄는 무섭다. 그때가 되면 공장과 가정의 구분이 없어지고 프린터 서비스가 유통망을 대신할지도 모른다. 인쇄기술의 특징은 세상의 어떠한 재료, 즉 자연적 재료나 특수 기능화된 나노물질일지라도 목적하는 바대로 붓칠 또는 표현될 수 있다. 이것이 차세대 산업이면서 미래인쇄이다.

2) 미래인쇄의 대상

미래인쇄의 방향을 어떻게 정할 것인가는 대단히 중요하다. 업계의 공통된 포럼이 생겨나야 한다는 것을 전제로 한다. 위에서 살펴본 사항 중에는 현실과 거리가 먼 부문도 없지 않다. 그러나 이것은 테스트 중이거나 자체 대외비로 되어 있는 중요한 정보일 수 있다. 미래인쇄의 목표를 어디에 둘 것인가. 목표달성을 위해 인쇄업계가 지금까지 국내외 시장에서 확보하지 못한 인쇄물을 파악할 필요가 있다. 그리고 미래인쇄 대상으로 삼을 수 있다.

- 대상 1: 정부법령이나 규제 등으로 접근이 불가능한 품목도 있다. 그러나 이것은 금전(화폐) 정부 유가증권 등 몇 가지 품목이다. 이것은 업계의 준비와 단합된 힘으로 규제철폐 건의가 필요한 품목이 있다. 금권을 제외한 증지, 유가증권(채권, 증서), 전자여권 등은 인쇄 고유업종으로 분류할 수 있다. 물론 새로이 진행 중인 인쇄문화산업진흥법을 이용할 수도 있을 것이다.
- 대상 2: 전자정부를 위한 정부자료의 DB화 등 연간 2,000억 원 이상의 시장에서 인

쇄업계 준비는 미흡하다. 인쇄기술로 자료축적이 되지 않으면 국제간 교류에서 업그레이드를 보장할 수 없다. 온라인상에서 유통되고 있는 콘텐츠사업은 인쇄산업의 기본이다. 기획디자인, 출판, 정부DB 등의 콘텐츠화는 인쇄산업이 주인이다. 전자종이 교과서 UCC출판 등 개인 출판시장이 확대되는 시점에서 인쇄의 1차산업을 다시 찾아와야 한다. 이것도 미래인쇄분야에서 업계 공통의 플랜이 필요하다.

- 대상 3: 서론에서 간략히 언급한 미래 신기술 인쇄분야에 정보보유와 업계 교육이 필요하다. 말하는 종이가 광고업계에서 상용되고 RFID가 반도체 포장업계에서 진출하는 것은 바람직하지 않다. 인쇄경험 없이는 실패할 수밖에 없다. 전자회사에서 현재까지는 대규모 유리기판 제조라인이 합리적이지만 나노물질을 이용하게 되면 거대한 공장이 필요 없게 되고 인쇄산업의 협력을 받지 않으면 가격경쟁을 이길 수 없다. 인쇄업계가 주목해야 될 부분이다.

미래인쇄를 정의하고 목표와 방향을 설정하는 것을 필자가 언급하기는 부담스럽다. 그러나 미래인쇄는 계속되고 있다. 어쩌면 UV코팅 유행이 지나면 그동안 경험하지 못한 새로운 HD컬러전쟁이 시작될지 모르겠다. 결국 미래인쇄는 정의를 내릴 수 없는 상황에서 계속 진화되고 있다. 필요에 따라 선택 소멸될 것으로 사료되지만 신기술 시장에서는 모험하지 않으면 기회는 생기지 않는다. 너무 많은 변화 속에 인쇄산업이 위치하고 있다.

이것은 그만큼 모든 산업 중에서 인쇄가 중요한 필수요소이기 때문이다. 일본상공조합의 통계는 중소기업이 살아남을 수 있는 최선의 방법을 핵심기술력과 품질 그리고 인력으로 파악하고 있다. 결론적으로 살아남는 길은 특화된 전문화다. 가장 자신 있는 분야를 전문화하는 것이 미래인쇄를 개척하는 것이다.

***탄소나노튜브**

탄소로 이루어진 1나노(10억 분의 1)m 크기의 속이 빈 튜브다. 구리보다 전기 전도가 우수하고 다이아몬드보다 열전달 능력이 높은 전기·화학·물리적 성질을 갖고 있어 꿈의 소재로 알려지고 있다. 프린팅 기술을 이용하여야 합리적이다.

살아 있는 기록문화, 인쇄가 숨 쉬게 한다

2010년 6월 1일 '기록으로 만나는 세계'라는 타이틀로 2010 국제 기록문화 전시회가 있었다. 인간이 생명을 이어가듯 모든 기록문화는 역사를 이어가고, 그 역사는 민족과 나라의 문화를 대변한다. 유네스코에 등재된 세계기록유산 중에서 아시아 최대 보유국인 우리나라는 세계 6위에 빛나는 기록문화를 가지고 있다. 유네스코에 등재된 세계기록유산은 모두 83개국의 193건으로 거의 활자 인쇄본이며 국가별로는 독일이 가장 많은 11건을 보유하고 있다. 그리고 오스트리아 10건, 러시아와 폴란드가 각 9건, 멕시코가 8건, 한국이 7건, 중국이 5건이다. 우리나라가 보유하고 있는 세계기록유산이 언제 만들어진 것이며 또 어떠한 방법으로 만들어진 것인지가 궁금하다. 팔만대장경은 1251년 그리고 직지심체요절 1377년, 조선왕조실록 1413년, 훈민정음 해례본 1446년, 조선왕조의궤 1601년, 동의보감 1613년, 승정원일기가 1623년으로서 모든 것이 활자로 인쇄된 것이다. 이와 같이 우리나라가 보유하고 있는 세계기록유산(7종)의 제작년도를 살펴보면 모두가 12~16C에 걸쳐 인쇄된 것이다. 이외에도 세계기록유산에 등재되어야 할 수많은 문화유산 기록물들이 지금까지 살아 있는 것도 조상들의 문화 창조력을 바탕으로 한 인쇄기술의 뛰어남이다. 그렇다면 과거 우리조상들이 만들었던 문화기술력을 이어받고 있는가?

현재 생성되고 있는 정부, 기업, 개인의 기록인쇄물에 대하여 우리가 만들고 있는 결과가 과연 500년, 1000년 후까지도 살아 있을 수 있는가! 납본 시점부터 500년, 1000년 후까지 견디도록 만들어야 하는 의지는 있을까! 어쩌면 우리는 조상들의 지혜를 소홀히 하고 있는지도 모른다. 지금 세계는 모든 문화콘텐츠를 후대에 전달하기 위해 최첨단 기술까지 동원하여 심하게 손상되고 있는 희귀본 등 모든 역사 기록물들을 발굴하고 옛 모습을 되찾기 위해 나라별로 과학기술을 동원하는 등 많은 예산을 아끼지 않고 있다. 과거를 복원하고 보존하고자 함은 미래의 더 나은 삶을 위한 것이며 가장 확실히 보장되는 미래 산업이기 때문이다.

문화의 회귀성을 가진 인류는 모든 유산뿐 아니라 심지어 훌륭한 성인들의 생체까지도 보존하고자 한다. 과연 이유는 무엇일까! 2010년 11월 1일 200년 전 돈보스코 성인이 유해로 우리 땅에 왔다. 2009년 9월부터 시작된 성인순례는 약 5년간 전 세계 134개 국가로 이어질 '성 돈보스코 성인의 유해 세계 순례' 계획이다.

그 특징은 모든 신자들이 성인(聖人)들의 묘소에 직접 찾아가는 일반적인 순례와 달리 성인의 유해가 신자들을 직접 찾아오는 것이라고 한다. 모든 과거는 미래를 결정한다고 한다. 200년 전의 성인의 유해가 신자들을 찾아오는 것처럼 모든 기록유산도 옛 모습으로 복원되어 모든 후손들에게 찾아나서야 할 것이다. 곰팡이가 끼고 너덜너덜해진 고문서, 고화, 희귀기록물들은 어떻게 복원하고 어떻게 보존할 것인가에 대하여 세계가 경쟁하고 있다.

지금 해결하지 않으면 또 다른 환경으로 더 많은 비용이 소모될지 모른다. 지구온난화로 생태계가 무섭게 변하고 있고 생태계끼리 유기적 결합에 의한 파괴가 시작되고 있다 한다. 관련 학자들에 따르면 지구온도가 1.5℃ 오르면 지구생물의 10%가 멸종하고, 새로운 내성을 가진 생물이 2% 증가한다고 한다. 해수면이 상승하면서 지구의 온·습도가 변하고 인류의 삶을 보장할 수 없는 지구 환경파괴로 주요생물은 멸종한다고 한다. 기록유산에 치명적인 세균과 바이러스가 어떻게 변생할지 모른다. 오늘날 인류문화가 발전하게 된 배경도 선조들이 이룩한 기록문화를 이어받아 발전시키고 전달되는 결과다. 이러한 문화를 연결해 주는 고리가 기록물이며 인쇄물이다.

인쇄물은 그 시대의 문화를 표현하는 기술이다. 이렇게 중요한 기록물인 종이인쇄의 그 보존성은 얼마나 될까? 우리나라에서 발견된 가장 오래되고 현존하는 종이와 활자인쇄기록물로서 1000년 이상을 버텨 온 것이 있다.

1966년 10월 경주 불국사 석가탑을 보수하기 위해 해체할 당시 탑 안에서 다른 유물과 함께 발견됐던 **무구정광대다라니경**(無垢淨光大陀羅尼經)'은 목판활자 인쇄본으로 세계에서 가장 오래된 인쇄본이다. 이것은 그 당시 만들어진 종이와 활자인쇄본으로서는 1300년 이상을 견뎌 온 자랑스러운 세계적 보물이다. 그러나 지금의 현실은 어떤가, 현재 국내 각급기관, 도서관, 개인소장도서 90% 이상이 1900년대 이후 생산된 인쇄기록물이다. 이 중에 기록문화도서 60% 이상이 황변화, 열화붕괴되고 있으며 그 속도도 매우 빠르며 환경변화에 겹쳐 부스러지고 곰팡이, 세균 등의 활동에 아주 취약하여 너덜너덜해진 문서들이 앞으로의 세대와 정보, 지식전달의 단절뿐만 아니라 문화유산 전달에도 심각한 문제가 생기고 있다.

인쇄의 주재료인 인쇄용지, 잉크, 용재 등이 산성화되어 물리적·화학적 변화에 탄력과 내구력을 잃고 열악한 보존환경으로 문화의 훼손은 심각한 문제를 제기하고 있다. 우리나라뿐 아니라 미의회도서관 자료는 세계에서 모여든 기록물로 50% 정도는 대출 불가능한 상태이고, 이미 1970년 당시에 프랑스도 1,000만 권의 도서 1,200만 매의 우표, 150만 부의 악보, 희귀본 30만 부가 열화붕괴되었다는 보도를 한 바 있다. 도서의 열화의 원인이 값싼 목재원료와 산성이 주원인인 것으로 알고 있지만 출판시장의 경쟁은 어쩔 수 없는 것 같다.

종이 산화를 발견한 선구적 학자 버지니아 도서관 문헌복원 기술자인 Barrow 씨는 종이는 무한 수명을 갖는 것이 아니라 열화성질을 갖고 펄프종류와 환경에 따라 산화속도가 달라진다고 주장한 바 있다. 과도한 시장경쟁은 종이를 만드는 주재료인 섬유의 대체수단으로 화학펄프 사용증가는 종이의 내구성은 물론 종이의 강도까지 약화시켜 일어난 어쩔 수 없는 사항들이었다. 일찍이 1970년 초부터 선진국들은 그 보존대책을 다각적으로 조치하여 오늘날의 콘텐츠 수출국이 된 것은 공지된 사실이다.

우리나라는 1900년 이전까지는 전통적인 한지를 제조해 온바, 韓紙(한지)는 사계절 영향을 받은 우리나라 산지의 기후특성 때문에 '닥나무'의 껍질이 그 어떤 나무보다 내구, 내열 및 강도의 특성을 가지고 있어 그 품질의 우수성을 고려시대 때부터 인정받아 실크로드를 통해 서역에까지 최고 명품의 명성을 갖고 있었다.

또한 세종대왕의 문화촉진 정책은 조선시대의 서적 간행에도 많은 발전을 주었다. 그러나 근대 1930~1980년 사이의 종이는 여러 가지 시대적 문제와 경쟁용지 개발 등으로 품질 면에서 최악의 고난기였으며, 그 시절은 두뇌가 처음 만나는 육필 원고지의 허약한 내구성 때문에 당시 문선에서 식자 과정까지 가기도 전에 찌든 원고지를 손에 들고 일하기조차 어려웠고, 인쇄과정에서도 그 불편함뿐 아니라 1년도 안 되어 색상이 변했다.

그 후 사회적 요구에 따라 고급지와 중성지 등 개발이 활발해지고 여러 종류의 종이 선택 기회가 많아지면서 책자의 성격에 따라 보존성 관리도 거론되기 시작한다. 복원화 사업에 있어 열화(劣化), 붕괴 정도가 심각한 기록물들은 원상복원이 극히 어렵고 많은 비용이 소요된다. 황변화, 부스러짐, 닳아해짐, 온도, 습, 곰팡이, 해충, 기타 원인 등으로 훼손된 기록물은 상태별로 분류하여 근본적인 물리, 화학적 처리와 탈 산성화와 수복이 필요하다. 부분수선이나 지력(紙力)만을 고려한 배접(褙接)같은 간접복원이 결국 중복비용이 발생되고 전체적으로 볼 때 원칙은 아니다. 현존 하고 있는 문서(文書)와 도화(圖畵)의 훼손 실태부터 조사하고, 중·장기적인 복원화 사업의 체계화가 필요하다. 여기에 인쇄 전문가들도 활용 되어야 할 것이다.

진정한 복원의 의미는 종이의 물리적 성질을 보존하고 화학공법을 이용하여 산성화된 종이와 잉크를 중성 또는 알칼리성으로 탈산성화하는 기법 그리고 미래 신기술 공법 등 연구개발의 과제가 많아지고 있다. 이를 위한 순서는 국내기록물의 보존실태 현황을 유형별로 정밀조사를 하는 것이 선행되며, 이에 따른 유형별 보존방안이 필요하다.

자연적 환경과 기록물과의 관계에서 보관장소마다 다른 형태의 현실을 추출해야 한다. 기록물은 직접 복원방법과 탈산성화 적용도 사전에 행하는 기록물 상태 분석 체크 기술에 따라 다르다.

앞으로는 종이기록물뿐 아니라, 수없이 많은 종류의 필름, 슬라이드, 사진 제판용 필름, P.V.C의 인쇄기록물 등 각종 포장재의 기록문화도 중요한 대상이며, 100년 이상의 저장능력의 검증이 없는 저장용 하드 디스크, 반도체, 여러 형태의 디지털 보관장치들의 내구성과 보관장소에 따른 환경적 보존 방안에도 기술 대응이 필요하다.

기록물 복원용 3차원프린팅 기술을 포함하여 뜻있는 인쇄업체들을 교육하고 경험적 복원 보존 기술을 갖도록 양성하고 인증제도를 신설하는 것은 중소기업과 개인에게 새로운 기회이며 보존기술에 대한 국력이 될 것이다. 그리고 선정된 모든 보존 기록물에는 'Q, C 인증스티커'를 부착 활용할 시점이 되었다.

1) 새롭게 출현하는 보존기술: 풍(風), 한(寒), 서(署), 습(濕), 조(燥)

풍, 한, 서, 습, 조는 자연환경이다. 고리타분한 옛 이야기가 아니다. 이를 응용한 동양의학에서는 지혜로운 삶과 질병을 치료하는 데 사용하는 의술이기도 하다.

이 지구상에 살아 움직이고 있는 모든 생명체나 정지하고 있는 모든 물질은 보존하기 위해서 위의 다섯 가지 에너지(氣運)의 영향을 받고 있다고 한다.

대표적인 사례의 하나는 '**팔만대장경**'으로 풍한서습조를 슬기롭게 활용하여 보존하고 있다. 또 하나의 사례는 촉박한 일정으로 풍한서습조의 미흡한 활용이 야기한 '광화문 현판 균열'이라는 안타까운 일도 있다.

특수한 기술로 내구성이나 내습성이 강한 인쇄물도 사람의 채취와 열 때문에 자기가 소지하고 있는 주민증이나 면허증 등이 몇 년 안 돼 보호필름층 속의 잉크가 변형되고 글자가 지워지는 일이 발견되기도 한다.

환경 때문에도 인쇄기록이 사라질 수 있다는 것이다. 이러한 이유로 오버레이 필름을 개발하고 활자 위에 방지코팅을 하기 위해 덧인쇄를 하기도 한다. '복원과 보존을 위한 여러 가지 화학요법이나 물리적 적용이 꼭 현명한가'라는 문제도 제기되고 있다.

새로 출현하는 복원기술에 전통의술을 새롭게 적용하려는 의지가 생기고 있다. 인간의 질병이나 치료에 풍(風), 한(寒), 서(署), 습(濕), 조(燥) 원리를 적용해 온 것은 5000년의 역사를 가지고 있다. 5가지 원인 에너지와 태양의 빛 7색을 원천으로 하는 오방색을 아용하여 인체를 치료하는 것처럼 전통의학의 치료원리를 응용하여 문화기록물을 복원과 보존을 하려 하는 새로운 시도가 시작되고 있다.

신문지 등이 일광에 의한 급속한 변색을 막기 위한 방안으로 종이색깔을 변화시키고 보관장소에 해당 방어색을 투과한다고 한다. 경우에 따라서는 기록물을 훼손시키는 풍, 한, 서, 습, 조가 되기도 하고 동시에 기록물을 보존할 수 있는 방안도 되기도 한다. 앞으로 연구할 재미있는 기술과제이다.

2) 진행 중인 문서의 복원, 보존

인류의 손에 의하여 만들어진 기록은 인류의 역사 그 자체다. 돌에 새겨진 법령(rosetta stone), 동굴벽화에 그려진 여러 가지 상징적 그림, 파피루스 양피지 닥종이 근세에 발명된 종이류 PVC 금속 필름 등에 한 장 한 장에 인자된 독립문서, 미술판화, 두루마리 문서, 책자 등을 포함한 모든 기록물질은 언젠가는 소멸하게 되는 것이다.

영원히 존재한다는 것은 불가능한 일이므로 복원의 시점 판단과 보존처리 방법은 의사가 환자를 치료하듯 복원이라는 수술과정을 통해 수명을 연장하고 도저히 불가능할 경우 복제 복사라는 유전자잉크를 이용 전도하고, 증상에 따라 약을 투여하고 섭생을 하듯 보존에 대한 경험과 교육으로 유지해 나갈 프로그램이 필요할 것이다.

문서가 만들어질 당시의 재료를 파악하고, 어떤 공정으로 제조한 것인지, 재료 사용도 시대성, 사용빈도, 사용방법, 사용환경, 보존환경과 사용자직업, 사용자의 교육 정도 등이 기록문화를 복원하는 데 중요한 포인트이고 테크닉일 것이다. 인쇄물의 보존성은 열이 가해지는 환경과 열을 발생하는 대상에 따라 열화(劣化) 상태는 다르다. 모든 기록은 빛에 의한 열화(劣化), 산화에 의한 열화(공기 중의 산소와 융합하면서 변질, 분해), 즉 대기오염물질에 의한 산화, 미생물 등 생물학적 원인에 의한 열화 등으로 변형되고, 물리적인 실수, 관리행정의 미숙, 경험부족 등 여러 가지 원인으로 사라져 간다. 흥미로운 사실은 약 5백 년 이상 보존된 도서와 종이 기록물 등은 모두 중성지이며 내구성이 높다는 것이다.

1400~1900년에 발행된 도서의 pH내절도를 보면 1400~1600년의 책의 pH는 중성이며, 1700~1900년대의 책은 pH4.8의 산성임을 알 수 있다.

현재 진행 중인 복원 절차는 상기와 같은 종이와 잉크의 사용 연대와 대상물의 훼손 상태와 정도를 조사하고 표면의 먼지, 해충의 영향, 곰팡이, 미생물 등을 제거하기 위해 청소과정은 형편에 따라 조치하는 방법이 다양하다.

때로는 pH6.8 정도의 중성수에 담가 산화물을 빼기도 하고, 너덜너덜해진 문서의 가장자리나 미생물, 벌레 등에 의한 천공자리는 해당용지성분과 비슷한 섬유질로 땜질 (leaf-casting)하거나 뜨개질이 필요할 것이다. 동일한 색상을 위해 식물성 염료가 사용되기도 한다. 접착제가 필요할 때는 고려시대에 사용하던 미생물이 먹을 수 없는 한약제 전분 풀을 사용할 수도 있다.

특수정화 진공흡수기나, 적정온습 유지장치, 형태복원의 유압프레스기를 사용하기도 한다. 복원해야 할 문서 종류에 따라 가미할 방법은 여러 가지다.

이제는 선진국의 복원기술이 관련 대학이나 보존복원 관련 연구관들이 많은 경험을 통해 경쟁력이 키워지고 있다. 복원처리의 원칙이 있다면 무조건 원 형태를 최대한 유지해야 한다. 복원에 쓰이는 수리지나 접착제 등은 가역성(可逆性)이 있어야 하고 화공제는 안정성이 검증된 것을 사용한다.

전체 모든 처리과정은 촬영과 녹음 동영상 등 필요한 기록을 통하여 증거자료를 확보 보존해야 한다. 복원재료 처리방법은 급한 결정을 할 수 없다. 활자나 도화는 좋아 보이도록 만들어서도 안 된다.

적정 온·습도의 유지공간은 필수적이다. 작업공간 내 음식물 반입은 절대금지이며 통풍과 빛은 국제규격에 맞춘다. 복원과정은 위에 말한 대로 제일 중요한 것이 원인분석과 조사가 정확해야 한다.

마이크로필름뿐 아니라 전자문서의 전자기록물이 포함될 것이며 기타 모든 기록물이 사전 테스트가 필요한 대상이다.

(1) 디지털로 복원은?

컴퓨터의 보관장치가 100년을 넘지 않았다. 앞으로 잉크가 아닌 전기신호로 활자와 영상을 디스크장치에 수록(인쇄)한 문자, 즉 데이터가 과연 100년을 지나 1000년 이상을 지탱할 지 학자들 의견이 분분하다. 또 다른 사안으로 문화콘텐츠에서 중요한 자리를 잡고 있는 아날로그 영화필름이다. 미국에서부터 시작한 필름영화를 디지털로 복원함은 오래전 일이다.

이것을 다시 3D 영상을 가미하여 효과적인 흥미 있는 디지털 영화를 부활시키고 있다. 우리나라 영화진흥위원회가 한국 최초의 로봇영화 '태권V'를 우연히 원본필름을 찾아내 스크래치된 얼룩진 필름을 깨끗한 디지털로 복원했다. 디지털 복원으로 영화배급과 상영 편이와 보존기간도 늘어날 것 같다. 과거의 영화필름은 다 알다시피 빛과 열, 습도에 약하고 어떤 것은 필름에 코팅된 산화은 물질이 떡이 되어 붙어 버리고 떼어 낼 때 손상되어 쓰지 못한다. 현재 원본 손실이 심각해서 귀중한 자료들이 사라질 위기다.

이 필름들은 디지털을 이용한 광학기술로 원본 네거필름으로 보존하는 것이 디지털 영화복원이다. 디지털화 영화 기록물 보존 장비구축은 흥행영화뿐 아니라, 영화뉴스, 독립 예술영화 등 역사 보존성이 있는 영화자료가 많다.

그뿐 아니라 인쇄업체들이 수십 년간 보관하고 있는 과거 사진제판 자료도 이 시대의 증언이며, 귀중한 자료다. 디지털 아카이빙은 손톱보다 적은 메모리칩에 수백 편이 수록될 수 있기에 필름디지털화도 보존가치 있는 산물이다. 또 새로운 과제이다.

(2) 현존 처리 기술 이대로 좋을까?

모든 문화콘텐츠, 즉 문화기록물이 복원하고 보존 처리하면서 원본을 재생하는 화학적 물리학적 기술 외에 주의할 사항도 있다. 과정에서 일어나는 위작(僞作)과 변형이다.

원본을 복원하면서, 디지털로 전환하면서 고의 또는 실수로 일어나는 변형 사항이다. 컴퓨터 프로그램이나 디지털 영상기술 등을 활용해 위작이나 변형사항을 감별한다. 스페인의 지로나 대학, 독일의 막스플랑크연구소 공동연구팀은 예술품이나 기록물을 보고 어떤 시대 속하는 작품인지를 감별하는 프로그램을 개발 중이다.

분석프로그램도 일부 공개했다. 어떤 색이 얼마나 쓰였는지, 붓질이 얼마나 두껍게 되었는지, 활자의 인압이 어느 정도인지를 디지털 이미지를 통해 측정하고 수치화해 특정 인덱스별로 카테고리를 만든다고 한다.

작품을 디지털로 분석하는 것은 X선이나 시료를 채취해 분석하는 것보다 간편하다고 한다. 미술품을 직·간접으로 훼손할 우려가 적다고 한다. 이제는 모든 문화기록물이 출고되면서 디지털 촬영으로 위작 감별시스템을 담은 Q, C스티커가 동시에 부착돼야 할 것이다.

(3) 천 년을 보존할 것인가?

마지막으로 제언이 있다면 지금까지 인쇄기록물을 복원하고 그것을 보존하는 것은 예방차원이 아닌 사후조치를 할 수밖에 없는 불가피한 사항으로 많은 비용이 소모되는 소극적이고 비경제적인 방법이다. 따라서 이중투자와 비효율을 줄이기 위해 처음 제조부터 몇 백 년 이상을 견딜 수 있고, 보존될 수 있도록 만드는 것이다.

최선의 방안은 경험으로 축적된 복원과 보존에 응용되고 있는 그 기술들을 프로그램으로 접목시키는 것이다. 특수한 기술발전을 위해서는 한시적이라도 국가적 제도의 신설이 필요 하다고 사료된다. 중요한 인쇄기록물은 일반인쇄물과 달리 제작시점에서부터 해당기관의 장이 판단하여 사전에 정한 보존등급을 표시토록 하고 새롭게 선정된 모든 기록보존물에는 'Q, C인증스티커'를 부착 활용하고, 일정한 보존등급에 해당되는 기록물을 제작할 경우는 종이와 잉크, 용재, 첨가제, 접착제, 인쇄공정 등을 달리하고 인쇄제조단가도 할증을 주도록 하는 계약조건이 바람직하다.

　이를 위하여 국가기록원과 같은 관련 기관으로부터 기록물 복원과 보존기술 인증을 받은 인쇄업체들만이 입찰에 참여하게 하는 기술제안 입찰제도는 시기적으로도 적합하다. 이것은 국가백년대계에 낭비요인을 없게 하는 효율적 보존관리로 사료된다.

　이를 위하여 기록물 복원을 위한 3차원 프린팅 기술을 포함하여 뜻있는 인쇄업체들을 교육하고, 경험적 복원 보존 기술을 갖도록 양성하고, 인증제도를 신설하는 것은 중소기업과 개인에게 새로운 기회가 될 것이며 드러나지 않은 좁은 시장이 넓어진 문화시장으로 확대되어 일자리 창출에도 기여하게 될 것이다. 이것이 보존기술에 대한 국력이다.

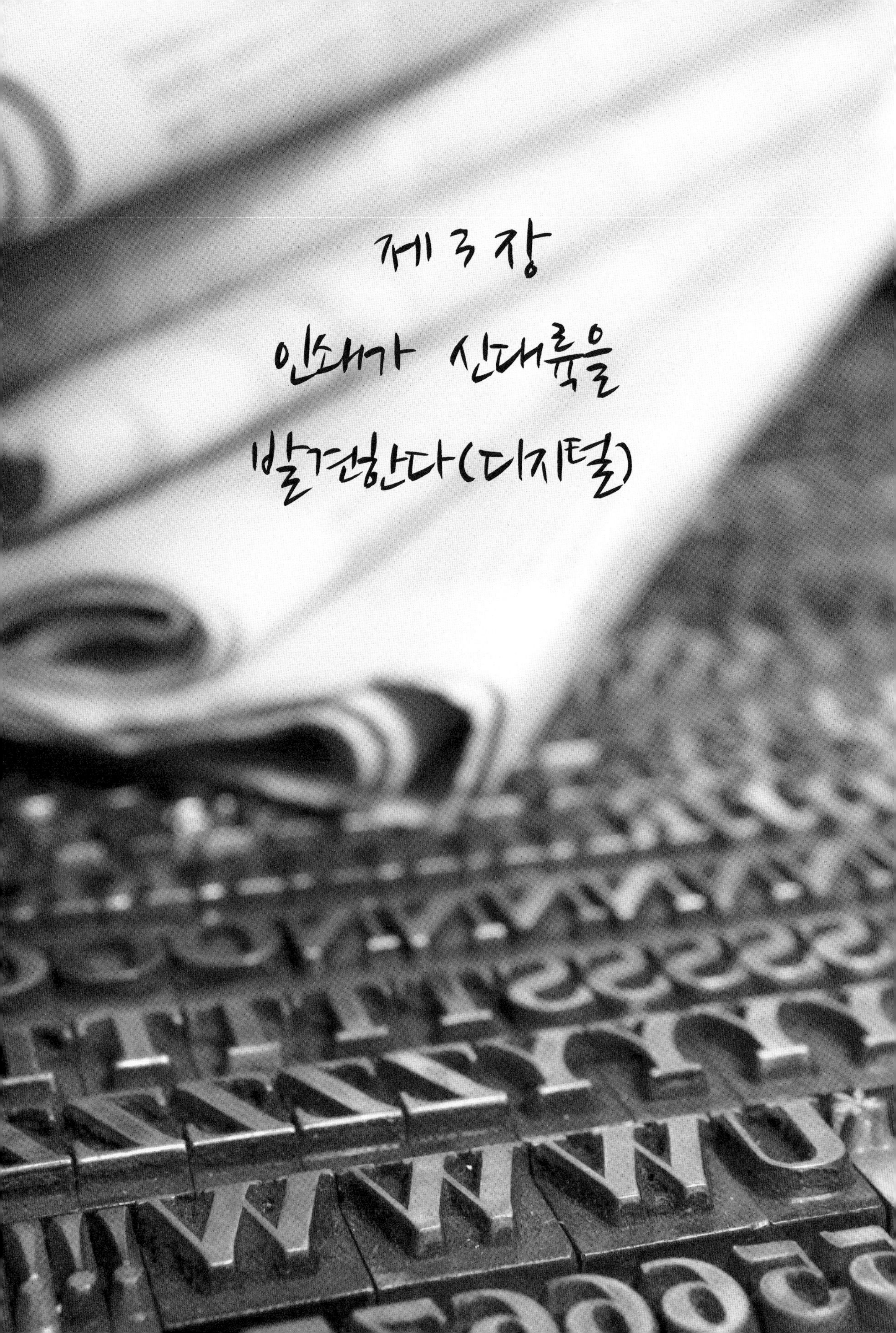
제 3 장
인쇄가 신대륙을
발견한다(디지털)

종이책에서도 동영상이 돌아간다
－인쇄전자(Printed Electronics)는 오프셋인쇄기술이 최선이다－

우리는 훌륭한 문화와 전통을 가지고 있다. 우리 조상들은 물건을 만들기 전에 생각을 만들었다. 비록 시제품일지라도 전자잉크를 종이책 표지나 낱장에 직접인쇄전자 처리 후 리튬전지를 책 속에 내장, 연결시켜 단순한 동영상을 표현할 수 있다.

1) 왜 인쇄전자인가?

요즈음 신문에서 매일 보도되고 있는 것이 온통 3D, 전자 책, 스마트폰 소식이다. 새로운 산업이 태동하고 있는 것이다.

여기서 인쇄와 연관된 몇 가지 상품의 보도내용이 참고가 될 것이다. 2007년 아마존이 '킨들(Kindle)'을 선보인 후 300만 대로 확장되면서 콘텐츠를 직접 생산하고 있는 신문, 잡지, 출판사들이 전자책 단말기(e－리더)가 종이로 만들어진 신문, 잡지, 도서를 대체할 수 있다는 새로운 패러다임에 주목하기 시작했다. 뒤이어 소니 사가 "소니 리더 데일리"를 소개했고, 미국에서도 서점을 800여 개를 보유하고 있는 반스앤노블사도 전자책 "누크"를 내놓았다. 우리나라도 삼성의 e북, 아이리버의 스토리가 선을 보이고 있고, 교보문고와 KT, 인터파크와 LG텔레콤 등이 준비하면서, 일부 신문사와 출판사들도 단말기 제조업체들과 제휴를 시작했다.

일본에서는 "고단샤" 등 70여 개 출판사들이 "출판콘텐츠 컨소시엄"을 결성하고 샤프, 파나소닉 등과도 공동 개발 중이다. e-리더가 6인치 크기에서 9인치 크기의 A4종이 사이즈로 급속히 변하고 있다. 가장 활발했던 2010년 미국 라스베이거스의 CES(Consumer Electronics Show) 전시회에서는 허스트 신문 등 15개 일간지, 38개 주간지, 20개의 잡지의 허스트매거진, 방송, 인터랙티브 미디어를 경영하는 허스트(Hearst)가 지금까지 나온 e-리더 가운데 가장 크고 두께가 얇은 "스키프리더(Skiff Reader)" (228.6×279.4mm)를 선보인 것은 주목할 만하다. 이 제품은 LG디스플레이가 생산한 플렉시블 디스플레이패널 (flexible display)을 탑재했다. 아마존도 "킨들2"에 이어 9.7인치형 "킨들DX"로 신문, 잡지의 e-리더 구독시장을 잡겠다는 것이다. 그런데 27일 애플의 "아이패드"가 무게 680g에 9.7인치형(246.3mm) LCD화면을 가지고 나타나 킨들과 넷북은 "필요 없는 전자기기"라고 공격하고 나왔다. 그때부터 서로 간 e-리더 시장을 장악하기 위한 싸움이 시작된 것이다. 서로 간의 도전과 독설은 새로운 산업 진입에 있어서 재미있는 역사이다. 나는 오늘 전자기기를 설명코자 하는 것은 아니다. 우리의 관심은 e디스플레이 패널과 전자부품에 있다. 왜냐하면 이 두 가지가 인쇄기술로서 생산되기 때문이고 더불어 새로운 시장이 열리기 때문이다. 태양광 박막전지와 통신모듈, LCD필름 부분, e페이퍼, OLED 조명필름 모두가 인쇄기술이 가장 합당하기 때문이다. 얇고 가볍고 잘 깨지지 않는 전자부품을 인쇄기술을 이용하여 고속으로 생산하려고 하는 기술 요구는 선진국 각 곳의 공통된 입장이다. 인쇄방식을 이용하여 다양한 전자부품을 경제성 있게 생산할 수 있는 "인쇄전자(Printed Electronics)"는 새롭게 만들어진 인쇄기술 용어이다. 용어사용도 이제 정립되어 가는 과정이지만 우선 전도성 전자기기 입장에서는 인쇄전자를 사용하지만, 우리 인쇄인들 입장에서는 어디까지나 Printable Electronics(인쇄기술)라 한다. 용어정리는 다음 문제이다. 이러한 인쇄기술의 쓰임이 위에서 언급한 대로 전자종이 관련 상품 외에도 차세대 IT융합 상품에서 요구가 많아지고 있다. 우선 의약품에서도 KAIST(한국과학기술원)는 "스마트파스"를 개발했다. 소염진통파스와 달리 심장건강 상태, 관절의 맥 상태 등을 모니터링할 스마트파스에 안테나와 내장 칩을 인쇄전자 기판에 파스화한 것, 초전도체(저항 없이 전류가 흐르는 물질)를 활용해 오·

폐수를 정화하는 것도 인쇄된 금속그물에 자기장을 이용하는 것이다. 또 한편 컬러를 표현하는 데도 별도의 컬러인쇄를 하지 않고도 나노물질을 인쇄전자로 처리한 나노입자에 전자석으로 자기장만 가해지면 입자가 규칙적인 고리형태로 정열하면서 빛을 반사해 한 가지 물질로 총천연색으로 표현할 수 있는 카멜레온 컬러를 개발, 포장산업, 가전제품, 위조지폐방지에 응용할 수 있는 인쇄기술이『네이처포토닉스』잡지에 게재된 바 있다. 신 인쇄기술이 인쇄기술을 개혁하는 것이다. 이 분야의 기술은 이미 핀란드와 독일, 일본이 경쟁하고 있다. 이와 같이 디스플레이 패널 외에도 많은 분야에 신기술을 적용할 상품이 무궁무진하다. 컬러인쇄와 더불어 IT와 융합하기 위해서는 "인쇄전자" 기술을 인쇄인이 개발해야 함은 당연하다. e페이퍼나 OLED기판을 위해서 우리나라도 대기업 외에 중소기업(인쇄) 3곳 정도가 이미 진입되었거나 준비 중에 있다. 미국의 남성패션잡지『에스콰이어』에서는 창간 75주년을 맞이하여 e잉크를 잡지의 표지와 광고에 e잉크로 인쇄하여 내장한 리튬 전지로 동작시켜 단순한 동영상을 표현한 바 있었다. 유기태양전지를 부착한 각종 상품들은 디자인을 강조하는 저가시장을 개척하는 방향이고, 또 하나는 산업분야의 효율과 수명을 중시하는 고가시장을 노리는 것이다. 2009년 10월에 열린 CEATEC JAPAN에서는 TDK와 일본사진인쇄가 색채뿐만 아니라 염료감응형 태양전지 패턴 디자인을 선보인 바 있다. 스크린 인쇄로 은(Ag) 배선으로 패턴을 만들고 그물모양의 마이크로메시 인쇄기판을 사용하였다고 한다. 유아용 동영상 동화책, 전자잉크 손목시계, 캘린더, 전광판, 교통안내표지판, 광고시장 등에 응용할 Printable Electronics는 인쇄의 방향이고 희망이다. 다음으로 인쇄전자의 인쇄기술과 가장 합리적 인쇄기 활용방안도 연구해 보고자 한다.

2) 인쇄전자(Printed Electronics) 기술의 흐름

Printed Electronics와 Printable Electronics는 사용자 입장과 인쇄하는 입장에서 용어의 차이로 생각하고 싶다. 그러나 프린터블에서 프린티드로 이행 중이다. 현재 유리기판 위에 TFT(트랜지스터)를 구현하는 기술은 여러 가지 단점이 있다. 공정이 어렵고 무겁고 깨지기 쉽다. 작은 사이즈를 재단하기도 만만치 않다. 경제성 가격도 경쟁에 어려움이 있다. LCD필름 중 사출형 도광판의 제조공정을 인쇄기술로 바꾼다면 제조비용을 줄일 수 있고, 후 공정에서도 대단히 효과적이다. 미국의 e잉크(E-ink)의 전자종이는 인쇄기술로 생산되어 가볍고 플렉시블하다. 편지지 크기의 약간 두꺼운 종이 정도로 보일 정도다. GE(General Electric) 사도 Roll to Roll 기법으로 플렉시블 OLED 조명 기판의 시제품 제조에 성공했다. 유연한 플라스틱 기판 위에 수발광 디바이스를 인쇄하여 구현한 것이다. 재료와 인쇄기술의 진화이다. 동일한 기판과 재료를 가지고도 여러가지 인쇄기법에 따라 이동도를 높이는 것이 다르다. 대일본인쇄㈜ 연구소에서도 전자책의 유기 TFT의 고성능화를 이루고 향후 OLED 디스플레이도 개발이 가능하다고 한다. 이제 1차 업체들의 개발 노력의 결과로 우수한 종이형 기판과 잉크의 공급이 종류별로 개발되면서 인쇄기술을 응용하기 쉬워졌고 따라서 시장이 확대되는 것도 확실해졌다. 지금까지 인쇄전자에 사용되는 용재는 가격이 매우 높았다. 비싼 용재에 인쇄속도 역시 고속화하지 못하고 있다. 기판의 재질과 재료의 열처리화이다. 그러나 재료업체가 본격적으로 개발 양산이 되면 재료비가 저렴해지면서 보급도 확대될 것이다. 독일 머크(Merck KGA) 사 이야기로는 미국의 플라스틱 로직(Plastic Logic)의 납품량 증가로 전자종이 관련 재료상담이 급증하고 있다고 한다. 장치에 의존하는 전자산업처럼 인쇄산업도 마찬가지의 장치산업이다. 기술력보다는 영업력과 자금력이었다. 그러나 인쇄전자는 투자보다 기술력으로 승부할 수 있다. 예로 스크린 인쇄에서는 개인의 경험과 기술이 우선이며 판과 잉크만 있으면 사람 손으로도 50μm 두께의 미세한 패턴을 형성할 수 있다. 대규모 설비투자와 새로운 설비가 필요치 않을 수도 있다. 결국 장비는 어떤 것을 사용하더라도 크게 문제될 것이 없고 재료선택과 배합과 판 제작 및 후공정 개선을 통하여 얼마든지 가능하다. 제조공정 도중에 잉크에 함유된 휘발성, 건조성 등 화학적 변화 때문에 제조된 디스플레이는 자사가 개발한 제조기법과 타사 기술을 비교하기는 어렵다. 자체 테스트와 연구시간 반복이다. 모든 공정에서 전 인쇄(whole printing) 공정은 태양전지까지 확대되고 있으며 유기태양전지는 전극과 발전 층만 구성되므로 TFT 같은 복잡한 구동디바이스를 필요로 하지 않으므로 접근이 용이하다. 이 때문에 유럽의 많은 벤처기업들이 실용화에 박차하고 있다. 영국의 G24i(G24innovations)와 미국의 코나카 테크놀로지 등이 양산을 시작했다. 가방과 우산 등에 부착하여 휴대전화 충전 정도는 가능하다고 한다. OLED 조명을 롤투롤 방식으로 생산하기 위해서는 플라스틱 기판이나 유리기판의 유연성이다. 롤 등에서 휘감고 핸들링이 쉽게 해결하려면 기판의 플렉시블한 기판의 출현이다. 이를 위해 일본 전기초자㈜는 아크릴이나 투명한 유리기판을 PET와 같이 조합할 수 있도록 유연성 있는 기판을 개발한다고 한다. 그렇다고 인쇄전자로 TFT를 제작하는 것은 쉬운 일은 아니다. 높은 패턴의 정확도와 높은 수율이 동시에 만족되어야 하므로 어려운 것은 사실이다. 문제점을 해결하기 위해 플라스틱기판, 유리기판 사용되는 유기용제 등이 접근이 용이하도록 1차 생산업체들의 노력이 계속되어야 한다. 용제와 기판재료가 유연성을 해결하게 되면 오프셋인쇄기도 한몫을 하게 될 것이다.

3) 인쇄전자의 인쇄기술 소개

일반 인쇄도 종이와 잉크, 사진제판 기술이다. 인쇄기는 재료와 용제를 선택하여 가공하는 기술이다. 인쇄전자도 마찬가지다. 여러 자체 기업들이 보유한 각 종류의 기기에 맞는 기술을 이용해 목적상품을 제작하면 된다. 몇 가지를 소개하면 BLANKET을 왜 사용하는가? 설명이 필요할 것 같다. 물론 고무재질보다 실리콘을 많이 사용하기도 한다. 극페이스트 인쇄법 및 전극 그린 시트법은 인쇄 및 건조공정이 필요하다. 따라서 시간과 제작공수가 많다. 노광현상 시 인쇄에서 형성된 전극재료를 절반 이상 제거함으로써 재료손실이 너무 크다. 이러한 단점을 보완하기 위해 BLANKET을 사용하는 오프셋인쇄방식을 이용 버스전극과 어드레스 전극의 폭을 정확하게 인쇄할 수 있어 차세대기술로 응용될 기법이다. 따라서 그라비어 오프셋인쇄는 기판표면의 깨짐과 손상을 방지하기 위해 직접인쇄에서 패턴을 전사 받은 블랭킷으로 오프셋인쇄하는 방식이다. 현재까지 이용되고 있는 보편적 기술이다. 이미 건축자재 무늬목 합판인쇄에 오래전부터 적용하고 있었다. 따라서 원칙은 없다. 일본 토판인쇄(Toppan printing)는 전사인쇄인 오프셋인쇄를 이용하여 두께를 최대한 줄이고 표면 거칠기도 수나노미터로 형성하고 소스전극과 드레인 전극과 같은 다른 전극형성에도 다색 오프셋인쇄기술을 적용해 전 공정을 경제성 있게 단순화하였다. 전자잉크는 입자의 전자기적 성질을 이용하여 만든 것으로 이를 통해 인쇄된 글자의 형태를 전기적 성질로 수시로 바꿀 수 있다. 전자잉크는 머리카락보다 수배 더 가는 작은 캡슐의 수백만 개로 이루어져 있다. 캡슐 안에는 흑색과 흰색 분말로 채워져 있는데, 여기에 가해지는 전기가 마이너스일 때는 흰색 분말이, 플러스일 때는 백색 분말이 정렬한다. 그리고 흰색은 빛을 반사하고 흑색은 빛을 흡수한다. 이러한 것이 전자잉크의 속성이다. 유기반도체 재료를 부문별로 잉크젯 인쇄로 도포하여 패턴 층을 형성하고 절연막 형성도 인쇄한다. 패턴은 일반코팅기술로도 가능하다. 전자종이의 투명필름에 라미네이팅하여 패턴층을 보호할 수도 있다. 컬러필터 제조공정도 photolithography 공정으로 과거의 인쇄방식은 기판(필름)을 세척하고 Resist coating한 후 pre-baking을 거쳐 노광하여 UV를 통과하면서 mask 위에 패턴을 형성시킨 후 R.G.B patterning을 세 번 공정을 거쳐 형성시키고, TFTarray 공정도 유리기판세정, 증착(막형성코팅), 노광, 현상, 에칭 등 제작공수가 만만치 않다. 공정 감소와 생산성 증가를 위해 지금은 Direct printing 방법으로 cleaning→printing 공정으로 끝낸다. 결국은 오프셋인쇄가 가장 합리적이다. 간접전사의 섬세함과 패턴을 여러 번 연속 빌드업이 가능하여 가장 정밀한 패턴 형성의 장점이 많다. 물론 잉크롤러의 재설계도 필요하고 기계주변의 클린화도 갖추어야 한다. 인쇄전자를 반도체 공정처럼 어렵게 생각할 필요는 없다. 원래가 반도체 제조공정이 인쇄기술을 응용했기 때문이다. 필자는 이와 같은 모든 공정을 견학한 바 있다. LCD, OLED, 디스플레이, 태양전지박막필름, ITO필름 등이 최첨단 전자기기에 탑재되었다고 해서 두려울 것은 없다. 우리 인쇄인이 매일 보고 있는 인쇄기에서 조금만 관심이 있으면 얼마든지 생산해 낼 수 있다. 경쟁 속에 고생하고 있는 각종의 인쇄기는 인쇄전자 분야에서도 새로운 기회가 오는 것은 분명하다.

4) 기타 인쇄전자에 필요한 인쇄기술

우리가 잊어버리고 있는 인쇄방식의 몇 가지는 차세대에 크게 쓰일 것으로 본다. 아래에 나열한 인쇄방식도 전자부품 생산에 아주 필요한 인쇄기술이다. 명칭에 대한 설명은 필요 없을 것 같다.

① 전사인쇄(reproduction proof printing), 실크스크린(screen printing)

② 튜브인쇄(tube printing), 셀로판인쇄(cellophane printing), 금박인쇄(stamping, blocking, hot stamping), 금분인쇄(bronze printing metallic printing)

③ 스텐실인쇄(stencil printing), 식모인쇄(flock printing), 자기인쇄(magnetic printing): 자성잉크나 마그네틱 필름 사용

④ 카본인쇄(carbonizing, printing carbon), 염료캡슐(그라비어), 그라비어 오프셋인쇄 (gravure offset printing): 인쇄전자 현재 보편적 수단

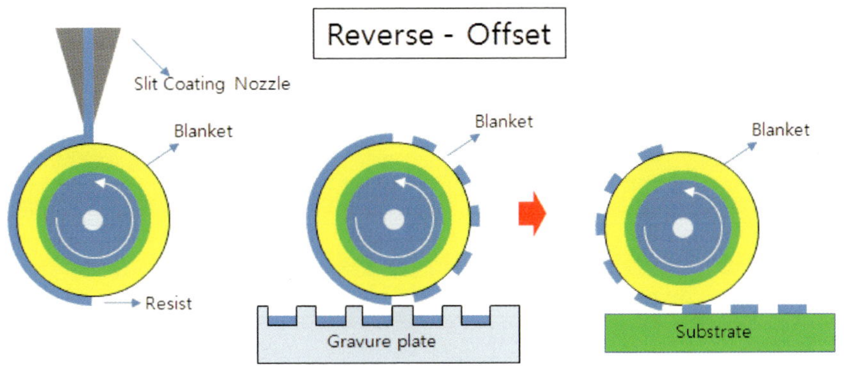

⑤ 오프셋인쇄(offset printing): 인쇄전자의 차세대 적용방법

⑥ 플렉소인쇄(flexographic press): 기판 위에 직접인쇄

⑦ Pohto-lithography(노광현상)

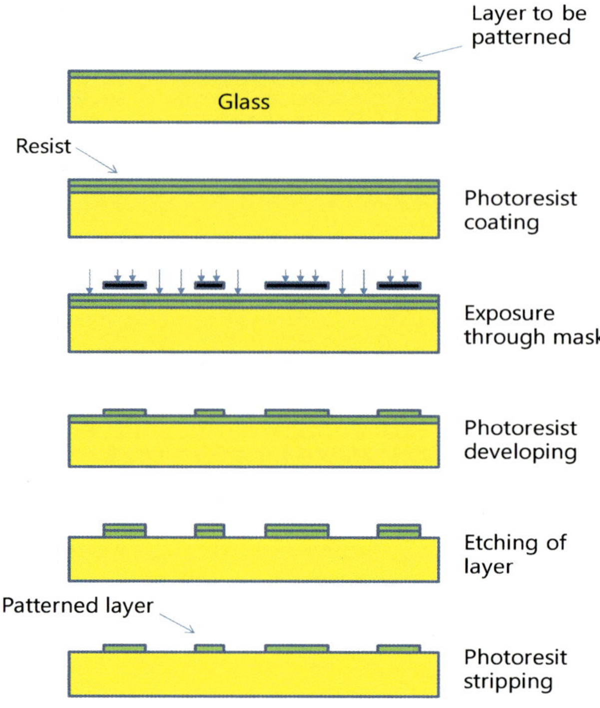

5) 전자종이(E-Paper)의 시장현황

e-페이퍼 하면 떠오르는 곳이 미국의 E-ink사이며 전자종이 필름최초개발회사이다. 여기에 도전하는 곳이 LCD 패널업체인 대만의 AUO(Au optranics)이다. AUO는 2009년 초 미국 사이픽스 이미징(sipix imaging)을 인수하고 E잉크사보다 싸게 공급을 시작했다. 우선 AUO는 RFID용 전자종이와 스마트라벨 용도의 전자종이 그리고 9인치의 e북용 전자종이를 출시했다. 상기 두 회사는 경쟁을 시작하고 있다. 다음 패턴으로 OLED 패널과 태양광전지박막필름까지 동시 경쟁한다. 디지털전광판, 즉 디지털포스터를 출시한다고 한다. 높은 백색도와 높은 명암비와 가격경쟁이다(6인치에 60달러). 남은 것은 컬러화이다. 원가를 줄이기 위해 컬러필터를 채용하지 않고, 마이크로캡슐과 마이크로컵의 듀얼모드의 스위칭(Dual mode Switching) 기술이다. 스위칭을 위해서는 엠보

싱 기술이다. 이제는 전자종이 생산에 인쇄기술 후 후가공 공정까지 가미되어 인쇄산업과 다를 게 뭐가 있겠는가. 시장을 선도하는 2개 업체에서 하나라도 배운다면 전자기기 메이커에 한 가지 필름이라도 납품할 수 있을 것이다. 그들은 우리를 기다리고 있다.

인터넷 흐름과 인쇄의 미래

세상 모든 것이 디지털로 통하고 있다.

10년 전의 인터넷과 오늘의 인터넷은 사방(四方)의 거리와 폭 그리고 속도가 너무 달라 설명이 쉽지 않다. 요즈음 인터넷 흐름을 보면 음성이 텍스트로 대체되면서 음성통화의 종말이 시작되고 이를 메시지가 대신하는 문자통화의 시대로 빠르게 접근하고 있다.

새로운 패러다임인 스마트와 클라우드 시대를 구현하는 콘퍼런스 '2011 스마트 & 클라우드쇼'가 3일간 일정을 마치고 막을 내렸다. 종이 없는 사무실, 사무실 없는 기업, 1인 제조공장, N스크린 미디어, 하나로 연결되는 기기, 미래형 네트워크, 클라우드 시대의 미디어 아트 7개 주제를 선정했다.

세상의 변화는 인쇄에도 적잖은 변화를 예고하고 있다. 특히 기조연설은 『소유의 종말』 저자 제레미 리프킨(Jeremy Rifkin) 경제동향연구재단 이사장이 미국 현지 워싱턴 D.C.에서 원격 '텔레프레전스(첨단영상중계)'를 통해 등장하여 청중을 놀라게 했다. 또 그는 클라우딩을 통해 전 세계 수십억 명이 동시에 네트워크에 접근할 수 있는 시대가 열렸다고 주장한다. 왕권제와 봉건제도를 거쳐 시장자본주의가 탄생 한 것처럼 클라우드 시대 이후에도 새로운 세계가 열릴 것이라고 예언했다. 이어서 새로운 세계의 경제를 네트워크 경제로 표현하고 물건을 소유하기보다는 빌려 쓰는 것이 보편화된다고 하며 '소유하면 할수록 손해다'라는 소유의 종말을 주장한다. 즉, 세상 모든 것은 인터넷을 통해 가져오면 해결될 것이라는 강한 메시지를 주고 있다.

인터넷 흐름이 신생활방식으로 패러다임을 바꾸고 있어 인쇄도 이 흐름을 외면할 수 없게 되었다. 결국, 인터넷 흐름에 따라 모든 분야의 정책이 바뀌고 있다.

2011년은 우리나라가 최초 초조대장경을 만들기 시작한 날로부터 천 년이 되는 해이다. 천 년을 기념하여 '2011 대장경 천 년 세계문화축전'을 팔만대장경이 있는 경남 합천군에서는 9월 23일부터 11월 6일까지 해인사에서 개최했다. 또한, 경복궁 내 국립고궁박물관에서도 '초조대장경 1000년 기념전'이 같이 열렸다.

초조대장경을 만들게 된 동기는 거란의 침입으로 개경이 함락당하는 국가적 위기 속에서 1011년(헌종 2)에 발원하여 선종 4년(1087)에 걸쳐 완성된 고려 최초의 대장경이다. 고려시대 인쇄문화 역량이 총집결된 문화재로서 당대 목판인쇄술에 크게 기여한 바 있다. 2010년 2월 5,200만 자의 대장경 DB를 기초적으로 구축한 바 있으며, 이는 한자(漢字)에 통달한 사람이 하루 8시간씩 읽어도 전체를 다 읽는 데 걸리는 시간이 무려 약 30년이 된다고 한다.

미국 UCLA대 교수 로버트 버스웰은 28일 발표할 논문에서 "13세기에 간행된 팔만대장경은 고려왕조가 이룩한 가장 위대한 문화적 성취"이며 이는 1960년대 미국의 달 탐사 사업에 비교할 만하다고 평가하고 있다. 이 대장경이 인터넷과 연계되기 시작하면 시공을 초월하여 새로운 마켓이 형성될 것이다.

인터넷의 흐름에서 또 놀라운 것은 누구나 공개적인 편집이 가능하도록 한 온라인 백과사전 위키피디아를 보더라도 불과 10년 동안 무려 250개 언어로 된 1,300만여 건의 정보가 축적되었다. 종이인쇄와는 무섭게 다르다.

그렇다면 인터넷이 지난 10년간 우리에게 무엇을 변화시켰고 이로 인하여 우리 주변에서 사라지고 있는 것들은 무엇인가?

우선 인터넷은 사람들이 신기술에 과잉의존하게 하는 기묘한 선동력을 가지고 있다. 따라서 인터넷 정보의 과잉공급은 학술천재와 전문가들을 필요 없게 만들고 젊은 천재들의 탄생도 어렵게 하고 있다.

자생 블로거들은 인터넷을 통해 폭주하는 신기술을 검색 여행객들에게 아주 쉬운 방법으로 설득시키고 있다. 다음으로, 우선 라이프 사이클의 변화이다. 문서와 결재서류를 보는 방식이 간편해지고, 출퇴근 습관이 달라져 상사들의 업무지시도 늦은 밤 새벽 등 시간개념이 없어졌다.

앱(App)은 IT 비즈니스의 근본질서를 흔들고 있다. 소프트웨어의 위계질서를 바꾸어 버렸다. 몇 달러짜리 앱은 수백 페이지 참고 서적이 필요 없이도 각종 전문가의 역할을 톡톡히 해내고 있다. 앱 혁명 시대에 먹이사슬에 먹히지 않으려면 그 나름의 생존법을 찾아야 한다. 인터넷 시대는 성공 뒤의 휴식조차 취할 시간을 허락하지 않는다. 비디오 대여점도 인터넷의 피해자다. 온라인 영화, 출판, 각종 콘텐츠의 불법유통도 신기술이 주는 문제이다. 편지쓰기 역시 구시대적 유물이 되었고, 우표도 수집가들 시장에서만 필요하게 되었다. 온라인으로 전 세계의 실시간 유행음악을 다운받고, 필요한 전화번호는 구글을 통해 찾는다. 휴가 중이라도 손가락 검색을 계속하고 있는 현실이다. 심각한 것은 인쇄로 제작할 학습용 사전(辭典), 책자, 정부문서, 마케팅 인쇄물, 교통카드, 시간표, 앨범, 항공티켓 등이 이미 인터넷에 무섭게 흡수당하고 있어 점점 더 찾아보기 어려워질 것이다. 필름과 폴라로이드 또한 같은 처지이다.

밀레니엄 10년 후 인공지능 분야도 인터넷을 이용한 정보교환 때문에 엄청난 속도로 발전했다.

"스스로 학습하는 컴퓨터가 출현하여 다국어 전달 시스템이 우리의 귀에 장착되고 동시통역을 기계가 대신하기 시작했다. 연구실이나 도서관도 인터넷 공간으로 대체되고 있다. 연구할 데이터가 폭증하여 자료 검색하다 세월 보내는 인터넷 만능시대가 되고 있다. 당분간 이를 대체할 매체가 없는 것 같다. 한편으로는 인간감성에 영향을 주는 부작용도 나타나고 있다. 집중력도 사라지고, 예의 바른 감성태도도 사라지고 존경심, 상대방 배려 등도 사회문제로 이슈화되고 있다. 인간영혼을 기계에 종속시킬 수 있을까? 변화의 물결을 인쇄가 받아들이고 소화해 내야 한다. 디지털은 이용의 대상이지 인쇄의 본질이 될 수 없다. 다만 인쇄산업은 디지털기술을 이용함으로써 새로운 영역으로 넓어지게 될 따름이다."

1) 활자도 사라지고 손글씨도 사라진다

미국의 인디애나 주는 2011년 9월 새 학기부터 일부 시범 초등학교에서 글씨쓰기 교육을 기존의 필기체 교육에서 타자 위주로 전환했다. 두고 볼 일이다. 이메일(e-mail)과 휴대전화 문자메시지가 상식화된 세상에서 학생들이 손으로 직접 글을 쓸 기회가 점점 줄어드는 반면에 자판을 두드리는 기회가 더 많아지고 있어 그것이 더 실용적이고 중요해지기 때문이란다. 실용적인 판단은 미국의 정신적인 산물이기도 하다. 물론 손글씨를 포기하는 것은 인간정신을 디지털에 종속시키는 것이라는 반발도 만만치 않다.

스티브 잡스는 리드 칼리지 시절 서체(書體, calligraphy) 강좌에 푹 빠졌던 시절을 자주 언급한다. 획의 돌림과 삐침, 문자의 조합, 다양한 자간(字間), 행간(行間)의 조판기술과 활자를 극찬하여 과학으로 파악할 수 없고 역사가 담겨 있는 아름다움과 예술적인 미묘함을 자주 이야기했다. 그리고 애플의 매킨토시 컴퓨터에서 다양한 서체와 뛰어난 조판기술로 세상을 놀라게 한 바 있다. 그는 역시 인쇄기술을 가장 많이 활용한 천재이다. 우리 정부는 스마트 교육을 활성화하기 위해 2015년까지 2조 2천억 원을 투입한다.

디지털 교과서로 무거운 책가방을 학생들의 어깨로부터 사라지게 한다는 '스마트교육 추진전략'에 따르면 모든 교과서를 '디지털 교과서'로 개발 교과 내용뿐 아니라 참고서, 문제집, 참고 사진, 학습사전, 디지털공책(전자노트), 멀티미디어 자료 등 다양한 콘텐츠를 담을 계획이다. 무선 인터넷망과 클라우드 컴퓨팅을 활용하도록 인프라가 구축된다. 태블릿PC, 스마트폰, 스마트TV, 전자칠판, 스마트패드 등 각종 디지털 디바이스기에서 N스크린으로 각종 교육정보를 연계시키겠다는 대단한 미래교육의 혁명이다.

책가방 대신 태블릿PC를 들고 등교하고, 교실에서 자유롭지 못하고 피치 못할 학생에게는 원격교육이 가능하여 부족한 모든 학생들에게 교육기회가 보장될 것으로 보인다.

학업성취도평가도 인터넷으로 바뀌고, 클라우드에 탑재할 우수 교육콘텐츠도 제작판매에 있어 오픈마켓을 도입한다고 한다. 새로운 비즈니스는 인쇄업계의 기회이다.

수업을 받는 교실풍경이 확 바뀌지만 인간감성에 맞는 환경과 프로그램이 성공 여부의 숙제이기도 하다.

국어 시간엔 학생들 각 개인의 사진 저장공간에 소설 배경을 덧씌워 주는 가상증강현실 프로그램을 통해 그 소설 속의 주인공의 감정을 세컨드 라이프(Second Life)로 느껴 볼 수도 있을 것이다. 수학공식 풀이의 어려움을 위해 선생이 직접 책장 속에서 실시간으로 동영상 강의가 멀티미디어로 편집되어 있어 살아 움직이는 책자를 보게 될 것이다. 스마트폰은 'LTE(4G)' 탑재로 모든 자료의 다운로드와 전송이 빠르고 자유로워지며 잘리거나 중단되는 일이 없어진다. 명함시장도 형태가 바뀌고 있다. 스마트폰끼리 접촉만으로 명함교환이 되는가 하면 또 검색창에 만들어진 QR코드는 자신의 명함뿐 아니라 신분증 역할도 하고 있다. 이에 더해 스마트코드는 한글과 영어는 물론 17개국 언어가 자동 교차인식이 되기도 한다. 소셜네트워킹(SNS)은 제품 카탈로그를 이용한 홍보, 마케팅은 물론 소비자와 소통창구로도 사용하고 있다. 제품공정의 현장을 직접 원격방문이 가능하고 인쇄공정상에서 빠른 교정과 수정도 가능하다. 이에 따라 소조합용 N스크린 앱도 출현하게 될 것이다.

2) 제3의 물결

앨빈 토플러는 『제3의 물결』이라는 저서에서 개인 시대 도래를 예언했다. 19C 이후 상당기간 대량생산을 위해서 기술이 뛰어나거나 마케팅 능력이 탁월한 사람들이 필요하였고, 또한 이들을 통해 진입 장벽을 높여 놓고 조직화된 시스템이 거의 시장을 지배해 왔다. 그러나 앞으로는 개성을 살릴 수 있는 다양한 문화를 제품에 담아 낼 수 있는, 즉 서양문화와 동양문화를 아우르는 통합형 인간이 필요한 시대로 변할 것이라고 그는 지적하고 있다. 조직의 힘을 상징하는 '머릿수'보다 창조성을 의미하는 '머릿수'가 더욱 중요해진 사회에서 각자의 개성을 인정하는 풍토가 생겨나야 한다고 강조한다. 하지만 우리 사회는 여전히 개성시대를 대비하지 못하고 있다. 평균주의 집착 속에서 개인은 철저히 무시당하고 있다. 그러나 세상은 변하고 있다.

인쇄산업 측면에서도 생각해 볼 필요가 있고 이는 미래의 인쇄경영이라는 측면에서도 대단히 중요하다.

모든 산업의 마케팅은 대중, 즉 불특정 다수인을 상대로 하는 홍보에서 개개인 쪽으로 시야를 좁혀 가고 있다. 1인 시대에 맞추지 못하는 모든 콘텐츠는 무의미해졌다. 또한, 그는 최근의 저서 『부의 미래』에서도 디지털 도구를 이용해 자신만의 영화, TV쇼, 책, 앨범, 방송 등을 개개인이 할 수 있는 개인 디지털 엔터테인먼트의 시대가 왔다고 주장한다. 개개인이 온라인에서 자신의 회사를 갖고 스스로 책자를 발간 배포 서비스하는 1인 정보기술은 1인 비즈니스, 즉 1인 온라인 인쇄 쇼핑몰 같은 미래기업이 핵심을 이루고 있다. 디지털을 이용한 IT 기술은 개인출판, 1인 미디어 시대로 대한민국 모든 사람이 포토샵 전문가가 된다고 한다면 우리 인쇄기술이 영향을 받지 않는다고 누가 장담할 수 있겠는가. 만일 인쇄가 엄청난 인프라를 가지고 고작 정지화된 표현기술의 생산만을 고집한다면 앞으로의 UCC(사용자 제작 콘텐츠)를 이겨 낼 수 있겠는가? 이와 같은 변화의 물결을 인쇄가 받아들이고 소화해 내야 한다. 인쇄는 마케팅과 기술이라는 두 기둥을 가지고 있다. 두 가지가 상호 잘 조화되어야 한다. '인쇄를 디지털화한다' 하는 용어를 나는 개인적으로 반대한다. 디지털은 이용의 대상이지 인쇄가 디지털로 변질될 수는 없다. 디지털도 인쇄의 1개 도구일 따름이다.

3) 기묘한 변화, 그것이 기회다

최근 수년간 혁신이라는 화두로 키워드를 주장하는 피터 드러커는 『위대한 혁신』이라는 저서에서 혁신 사례를 소개한 바 있다. 1950년대 초 TV가 등장하면서 많은 미국인이 점점 더 많은 시간을 TV 앞에서 보내기 시작했다. 그래서 모두 신문이나 도서판매량이 급격히 떨어질 것이라고 예상했다. 이에 당황한 출판사들은 하이테크 미디어, 즉 교육영화 등 컴퓨터 프로그램으로 출판 분야를 다양화하기 시작했으나 모두 실패했고 도리어 도서 판매량은 오히려 많이 증가했다. TV가 세계의 구석구석을 한정된 시간 내에서 소개할 수 없고 방송에서 소개된 내용을 출판물을 통해 확인하려는 심리가 작용했다.

그러나 현재는 어떠한가. 디지털 기술과 인터넷, 이동통신의 발달로 새로운 차원의 네트워크세상이 열리고 있다. 사람들은 집에서, 사무실에서, 차 속에서든 무선인터넷을 통하여 지식 정보은행과 서로 연결할 수 있다. 모든 콘텐츠가 자유롭게 정보를 교환하고, 원하는 서비스를 얻을 수 있는 기술들이 상용화되고 있다. 인쇄가 기록매체산업의 대표자리를 내어주지는 않았지만, 인쇄 관련 디지털 기술들이 상용화되고 있는 것은 사실이다.

고화질의 멀티미디어 콘텐츠가 주목을 받기 시작했고 전자 기록매체의 저장용량, 편이성, 휴대성 등은 과거 TV 방송매체와는 달리 종이인쇄의 존재를 크게 위협하고 있으며 그에 대한 대안 찾기가 어려운 실정이다.

이제 기존 산업들은 구획을 나눌 수 없이 혼성돼 있어 영역구분이 힘들어졌다. 어떤 산업이 중심이 될지는 알 수 없는 상황이고 고객들이 원하고 편하고 저렴한 인터페이스로 변할 것은 자명한다. 여기에 인쇄매체가 끼어 있는 것이다. 이러한 기묘한 변화는 기회일 수 있다. 변화에는 혁신이 필요하다. 수없는 산업이 없어지고 새로 생겨났지만, 오직 인쇄는 5000년의 역사를 이어 오면서 자기 자리를 지키고 전통을 유지해 오고 있다.

4) 인쇄의 과제와 디지털

디지털 흐름의 이야기를 시작하면서 전자교과서 계획을 보았다. 인쇄인들의 적극적 참여가 필요하지만 과연 이겨 낼 수 있는가, 다행히 당분간 종이 교과서를 병행한다고 한다. 그러나 새로운 대안이 시급하다.

인쇄를 지식정보화 산업이라고 정의하기 전에 지식과 정보는 연관된 산업임은 틀림없다. 디지털기술이 출현하면서 지식과 정보가 과거에 없던 새로운 범주로 인식되기 시작했다.

여기에서 인쇄가 본질로 들어가지 않으면 인쇄발전은 기대하기가 어렵다. 인쇄는 기계적인 방법을 초월해서 화학적인 방법으로도 가능하고 지금에 와서는 전기신호를 이용해서도 인쇄할 수 있기 때문이다. 시대에 따라 방식의 변화에 따라 인쇄는 변신해야 살 수 있다. 디지털 기술이 세계를 점령한 것도 전기신호와 화학적 방식인 인쇄를 사용했기 때문이다. Google은 PDF 파일로 변환한 고전문학 서적들을 구글 북서치 도서검색 서비스를 통해 무료로 제공하고 다운로드받은 파일을 자유롭게 프린트하는 것도 허용한다. 구글은 전 세계 주요 도서관의 책들을 디지털화한다는 전자도서관 프로젝트에 따라 하버드, 옥스퍼드, 미시간 대학 등의 공립도서관 서적들을 스캔을 거의 마무리했다. 여기에는 미국, 영국의 많은 인쇄업체가 제작에 참여하고 있다. 콘텐츠 기록사업 역시 새로운 인쇄산업의 한 분야이다.

개인주의 시대에 각 개인에게 필요한 온라인 스크랩 비즈니스도 영역이 확대될 것이다. 또 한편으로는 전자소재로 쓰이는 기능성 필름시장이 춘추전국시대를 맞고 있다. 나노물질의 개발과 편광필름, 반사방지 필름을 인쇄업체가 아닌 유리공정제품 PVC 업체들이 인쇄기술을 이용해 개발하고 있다. 전자소재가 앞으로 계속 박막화될수록 인쇄기술 외에는 대안이 없다. 또한, 식품과 화장품 제조사 등의 각종 기능성 포장지 개발은 어쩌면 인쇄시장에 새바람일 수 있다.

디지털 기술을 이용함으로써 인쇄산업은 상상외로 많은 것을 얻을 수 있다. 전자여권과 유가증권 등 정부문서, 각종 문헌정보물도 디지털기술을 이용하기 위해 새로운 규격을 채택하는 것도 앞으로 인쇄업계의 변화를 예고하는 새 물결이다. 종이에 표현하는 것 외에 디지털기기 이용을 위한 여러 가지 형태가 창출되고 있는 것이다.

3차원 프린트기가 국산화에 성공하여 금형을 제작하고 있다. 인쇄가 디지털을 이용하는 것을 개발하지 못하고 기계적인 방법만 고수한다면 인쇄와 통신 간에 새로운 산업이 생겨날 수밖에 없을 것이다.

우선 시급한 과제 중 하나는 선진국의 디지털 인쇄기의 보급처럼 우리나라도 인쇄기업들이 협동화하여 좀 더 절차가 간소하고 콤팩트한 인쇄기를 직접 개발할 수도 있을 것이다. 3차원 프린터기도 지난날처럼 수입해야 하는 나약함도 버릴 때다. 우리나라 디지털 산업계는 응용기술 면에서 세계 제1위 국가이다. 산학협력은 정부가 권장하고 있다. 또 하나, 개인 휴대통신과 접목할 콘텐츠를 인쇄가 참여하는 것이고 기능성 전자소재는 인쇄인들이 보유하고 있는 기술로 제작하는 것이다.

5) 디지털기술과 국제화

수년 내 나노 기계가 조립하는 꿈의 기계가 출현한다. 분자단위에서 제품을 만드는 날이 오고 있다. 에릭 드렉슬러(Eric Drexler)의 『창조의 엔진』은 13개 국어로 번역되어 많은 관심자들에게 화두가 되고 있다.

우리는 고려시대부터 세계적인 인쇄기 개발의 역사를 가지고 있다. 그러나 근대에 와서 인쇄의 기계적인 방법을 인쇄 선진국에 자리를 내주고 말았다. 현재처럼 외국 인쇄술을 모방하고 언제나 뒤따라가야만 하는 것은 과거로 되돌아가 항상 뒤떨어질 수밖에 없다. 우리에게도 국제화가 필요하다.

우리나라는 IT 기술 응용에는 세계 제일의 국가이다. 이 시점에서 해법을 찾아 국가산업으로서 위상을 세워야 할 것이다. 이러한 목표를 세우지 못하면 우리 인쇄업계는 앞으로 계속 어려울 수밖에 없다.

첫째, 축적돼 있는 인쇄문화를 수출하고 상호 교류해야 하며 인쇄를 통하여 세계화할 수 있다.

둘째, 산학연 합동으로 디지털출판과 멀티미디어 편집장치와 한국형 디지털 인쇄기도 개발하여야 한다.

셋째, 인쇄분야의 연구활동을 적극적으로 지원하기 위해 업계와 정부가 인쇄연구소를 개편·통합 운영하여야 한다.

넷째, 인력과 교육양성에 과학적 시스템 도입이 필요하다.

종이가 없으면 디지털도 없다

일본의 대지진, 최악의 쓰나미 피해를 본 일본 전역의 긴급한 상황 원전폭발의 대혼란 정보 통신할 것 없이 긴박한 상태에서도 트위터 등 소셜네트워크는 세계로 빠르게 소식이 전파되고 있다.

스마트폰은 장소와 관련 없이 가족·친지의 생사를 확인하고 현장의 생생한 장면을 세계의 어느 곳이라도 안부를 주고받고 있다. 귀로 듣기보다는 모든 것을 손가락으로 보고 있다. 분명히 종이의 역할을 대신하고 있는 것이다. 그리고 그 역할이 너무 빠르다.

때아닌 3D TV의 표준전쟁에 불이 붙었다. 모든 정보를 잘 보여 주기 위한 입체보기 싸움이 편광안경 방식이냐, 셔터 안경 방식이냐 빛의 방향성을 가지고 시끄럽다. 결국은 모든 콘텐츠를 TV 등 각종 장치에서 입체현상을 안경 없이 보게 될 것이다. 이것 역시 종이의 역할을 대신하고 있는 것이다. 그러나 종이는 인쇄 없이는 아무 효용가치가 없다. 여기에서 종이는 인쇄를 전제로 한 이야기이다.

- "기록에 대한 인간의 의지는 막을 수 없다."

지식과 지혜, 사상과 종교를 넘어 문명의 길은 종이를 통해 세계 전역으로 전파되고 종이가 출현한 지 2000여 년 동안 수없이 지구를 돌고 있다.

인간정신과 문화기록에 대한 인간의 의지는 막을 수 없다. B.C. 213년 진시황의 분서갱유(焚書坑儒) 등으로 사라진 찬란한 문화, 침략과 재해, 사상의 탄압으로 사라진 문화도 부활 하려고 위기 때마다 종이의 재도전은 계속되고 있다. 종이의 역사를 보면 동서양이 사뭇 다르다.

인류는 오랫동안 종이 없는 시대를 살아왔다. 문자 탄생 이전에는 정보가 비교적 단순해 자연의 지형지물에 기록하든지 또는 새끼줄 등에 매듭을 묶는 방법으로 날짜와 가격을 표시하기도 하여 의사소통과 생활유통으로 사용했다. 문자가 탄생하면서 각종 기록을 위한 재료들이 나타나기 시작했다. 갑골문(甲骨文)과 도기(陶器)상의 상형부호, 동기(銅器)상의 종정문(鐘鼎文) 등이 그것이다. 춘추전국(春秋戰國)시대는 간독(簡牘)이 그 당시는 아주 발전된 중요한 서지(書誌)의 기본재료였다. 글자를 죽편(竹片)에 써진 것을 간(簡)이라 하고, 목편(木片)에 쓰는 것을 독(牘)이라 하여 간독(簡牘)이라 명하였다. 간독이 갑골문이나 종정문에 비해 쓰기는 훨씬 편했으나 대나무나 나뭇조각들의 무게가 만만치 않고 두께 문제와 쓰기에 불편함이 계속되었다.

사서(史書)에 의하면 대학자 시혜(施惠)가 외부 강의(講義)를 위해 5대의 마차(馬車)가 간독(簡牘)을 운반해야 했고 동방삭(東方朔)이 올린 상소도 황소가 끄는 마차로 3개월간을 운반하여야 했다. 공자(孔子)가 역경(易經)을 읽는 데 간독을 묶는 가죽끈이 3번이나 끊어졌다는 유명한 이야기가 있다.

진시황이 조정(朝廷)에서 읽을 문서가 쌀 한 섬의 무게였고 한 광무제(光武帝)가 천도(遷都)할 때에 간독이 무려 마차(馬車)로 2,000대 분량이었다고 한다. 오늘날 종이잡지의 유통문제도 종이의 재도전 중 하나다. 당시는 책을 읽는 일이 정신적 피로를 떠나 육체적 노동도 만만치 않았다. 그 당시의 독자(讀者)들은 간독 이외 더 가볍고 더 좋은 재료를 찾는 것은 당연하다. 비단이 있었으나 너무 비싸서 살 수도 없었지만 여러 가지 실로 짠 견백(絹白)은 가벼우나 생산공정이 많고 글자교정이 거의 불가능했다. 그 때문에 사람들은 가볍고 얇으면서 싼 가격의 소재를 찾았다.

– "위대한 발명품 종이"

종이가 시대를 만든다. 삶을 기록하는 종이, 그 종이의 탄생이 시작된다. 중국의 쓰촨성(四川省) 자장지역과 허난성(河南省)은 물이 풍부하고 맑아 대나무가 많은 고장으로 종이발명자 채륜(蔡倫, A.D. 63~121년)의 고향이면서 제지(製紙)의 고향이기도 하다.

13세에 동한(東漢)의 환관(宦官)으로 들어가 궁중 수공업 작업장의 기록물 관리자가 된 채륜은 제지기술의 혁신으로 글쓰기혁명과 문명의 진보를 가져왔다. 대나무 죽지(竹枝), 섬유질이 많은 사탕수수, 두충(杜沖), 닥나무, 뽕나무, 마(삼), 누에꼬치 등 재료들이 풍부함에 맑은 물에 20여 일 담그고 잿물과 석회석으로 삶고 두드려서 석회와 찌꺼기를 제거, 70회 이상의 손질을 거친다. 발(筌)을 이용해 종이 섬유질을 건지고 자연 건조된 종이는 거울처럼 얼굴이 비치기도 했다. 문자의 글쓰기, 그림, 노래와 이야기가 담아진 원시적인 종이 멀티미디어가 구현하게 된다.

서기 105년 매끄러운 종이 출현은 왕희지(王羲之)와 같은 글씨의 빛남은 글쓰기 혁명으로 이어져 문화와 예술은 물론 문명진보의 촉진제 역할을 해냈다. 종이는 실크로드의 특화상품으로 폭발적인 인기를 누리고 천산산맥(天山山脈)에 옥문관(玉門關)을 지어 통행증을 만들고 계약서 토지매매 우편 행정문서 편지까지 종이를 사용함으로써 정부와 지역 간의 과학적인 데이터파일은 국가통치기구 확립과 역사자료의 저장, 종교의 전파 수단까지 쓰임새는 설명할 필요가 없다.

　종이에서 시작한 지식혁명은 오늘날에도 계속되고 있다. 종이와 인쇄는 눈과 귀 그리고 입이다. 종이의 대량생산은 대량소비로 이어진다. 이미 중국은 12세기에 상품 카탈로그를 사용했다.

－ "종이와 인쇄술은 종교개혁, 인권선언으로"

　서양의 종이 사용도 비슷하다. 기록 보관과 전파(傳播) 방식이 다를 따름이다.

　인간은 물고기처럼 강이 베푸는 은혜에 살고 있다. 습지와 삼각지에서 자생하고 있는 파피루스라는 특수식물을 기원전 9세기 이전부터 종이재료로 사용해 왔다. 자연이 주는 큰 혜택이다. 아랫부분을 잘라서 사용하고 이를 두들기고 압착시켜 누르고 말려서 매끄러운 표면을 만들어 자신들만의 말을 남기기 위해 노력해 왔다. 8세기까지는 동물 뼈, 바위, 나뭇잎 등도 같이 사용하기도 한다.

　파피루스는 무겁고 습기에 약하여 불편하였다. 양피지로 가죽 종이를 만드는 과정은 어렵다. 그러나 장점도 많아 잘못된 글자를 다시 긁어서 고쳐 쓰기가 편하다. 양피지는 그 중심에 유럽의 교회가 있었다. 성경 말씀을 기록 보존하기 위한 노력은 순교자적 정신이다.

　성경 말씀을 육필로 가죽에 기록한다는 것 그 자체가 쉽지 않지만 기록된 후의 내구성과 보존성은 뛰어났다. 특히 양피지는 접을 수 있고 교정도 쉬웠으나 염소 가죽, 송아지 가죽, 양피지는 필사 속도가 나지 않아 성경 필사에 2년 이상이 걸리고 양가죽은 10마리 이상이나 필요하여 경제성에서 취약했다. 습한 곳의 곰팡이의 방해를 피하려고 잉크선택에 비용이 많이 들었다. 따라서 소수 지배계층의 책장 속에 갇혀 있는 경우가 많았다. 반면에 유럽대륙의 반대편인 동양은 식물섬유질로 종이책이 탄생하고 지식혁명의 신속성은 불교와 유교를 전파하는데 오늘날로 치면 IT 혁신이다.

실크로드를 통해 이슬람으로 전해지면서 오른손은 하늘로 향하고 왼손은 땅을 향하게 하여 회전 춤으로 신을 만나게 하는 의식이 종이발견으로 코란의 보급은 엄청나게 확산된다. 요하네스·구텐베르크의 활판인쇄술은 1517년 면죄부에 반기를 든 루터는 인쇄술을 이용하여 반박문을 뿌린다.

괴테의 종이소설도 대중화에 성공한다. 말벌들이 벌통 집 둥지에 나무의 섬유질을 사용한 것을 발견한 곤충과학자들의 이야기에서 섬유질을 뽑아내는 말벌들의 기술을 이용 나무펄프를 개발하면서 종이를 생산하게 된다. 대량생산용 인쇄기의 개발은 유럽에서 시작하고 기록과 지식을 산업화하게 된다. 대중매체의 신문산업도 독자들의 취향에 맞추어 기사의 다양화 최신유행 및 세계소식으로 여성들의 독자층을 확보하여 18세기에 수백만 부를 발행하고, 또한 어린이도서가 컬러화되고 모든 부문에서 종이의 사용량이 동양을 수십 배 앞질렀다. 한 권의 책에는 역사가 들어 있다고 한다.

오늘날은 한해 수백만 권의 책이 쏟아지지만 유통하는 부문에서 종이의 불편한 한계가 노출되고 있다. 출발점은 종이발명이지만 디지털 환경의 기록매체로 변화되더라도 새로운 기록은 계속된다. 읽기와 쓰기가 계속되는 한 앞으로도 종이는 계속될 것인가?

1) 종이가 없으면 디지털도 없다

지난달 국립중앙박물관에서 열리고 있는 세계문명전 "실크로드와 둔황 — 혜초와 함께하는 서역기행"을 많은 분들이 관람했다. 참석한 그분들은 죽을 때까지 말해도 이 감동을 표현할 수 없다고 한다.

실크로드와 막고굴에 동서양의 종이여행이 있었다. 이 감동의 책이 디지털과 비할 바가 있겠는가? 혜초 스님의 『왕오천축국전』과 오늘날 디지털 시대를 다시 생각한다.

종이는 문명의 뿌리이다. 인류의 경험과 지식, 역사와 기록, 과학기술과 탐험, 학습과 상상의 정리를 종이표면에 인쇄로 저장된다.

정보를 천 년 이상 저장할 수 있는 완벽한 장소로 이만큼 검증된 매체는 없다. 읽을 때도 특별히 많은 에너지의 전기력을 필요치 않는다. 복잡한 장치기기가 필요치 않다.

더욱 중요한 것은 종이를 손에 쥐어야 안심할 수 있는 인간의 수천 년 습관이 그만큼 뿌리가 깊기 때문이다. 생체적 손과 종이가 접촉함으로써 인간의 두뇌가 청명해진다고 한다. 이렇게 종이가 기록과 전달매체로서 역할은 그 어떤 것도 비교될 수 없으나 요즈음에 와서 정보화 사회로 넘어가면서 안팎으로 위협받고 있다.

인터넷, 스마트폰, 고속 검색기능과 방대한 저장능력은 연일 종이 역할을 대신하기 위해 기술이 계속 발표되고 있다. 탈종이화의 흐름은 녹색 성장을 앞세워 더욱 가속화되고 있다. 세계의 미래학자들은 종이신문, 종이잡지의 위기를 주장하고 있다. 전 세계 신문업계는 디지털 전환을 고민하고 있다. 광고매출도 인터넷업계 광고매출에 뒤지고 있는 것도 현실이다. 좋은 기사가 인터넷에서 먼저 뜨고 종이를 넘기기보다 손가락으로 보는 것이 훨씬 편하다. 콘텐츠와 세상정보를 전달하는 것은 품질을 떠나 종이보다는 신속하고 편리하여 디지털 기기를 선호하는 것은 어쩔 수 없다.

종이의 한계인 신속성과 편의성 부족을 해결해야 할 새로운 경영방식이 필요하다. 이제는 종이가 바로 콘텐츠이어야 하고, 디지털은 콘텐츠를 담은 종이를 구매하여 사용해야 한다.

콘텐츠가 없는 인쇄매체의 위기는 어떻게 할 것인가? 이것이 본란의 문제이다.

오늘의 인쇄산업은 첫째, 콘텐츠와 디자인능력을 확보하는 방안을 검토해야 한다. 둘째, 디지털유통 업체에 대한 편집과 고해상도 서비스 제작 도구의 납품을 준비해야 한다. 셋째, 저장장치인 종이의 신기술을 찾아야 하고 신기술용지로 신상품을 개발, 판매하여야 한다. 넷째, 주문생산에서 판매생산으로 전환하여 고객으로부터 자유를 가져야 한다.

2) 종이의 재도전

종이의 발전은 아주 빠르게 진화되고 있다. 그러나 과거에 버렸던 전통용지도 신사업으로 개발되고 있다.

디지털만이 능사는 아니다. 종이를 일반용도와 특수용도의 두 가지로 나눌 수 있는 절대 기준은 없으나 특수용지는 독점적인 특성이 있고 소량생산으로 시작하더라도 시간이 지남에 따라 일반용지로 변하는 특성이 있다. 특수용지는 원료와 섬유상에 기능성을 부여하고 천연섬유, 화학 합성 섬유, 기능성 섬유를 사용한다. 후가공에서 특수물질을 코팅하고 금속패턴을 압착할 수도 있다. 특수목적에 따라 설계에 의한 공정이 추가되는 것이 특수지의 관례이다. 일반용도의 용지종류는 여기에서 제외한다.

(1) 열적특수지(도지)

유기소재인 셀룰로오스 섬유를 이용한 종이로 내열성, 내강도 특성이 잇고 도자기가 되는 박막의 도자기재료 역할로 합지 사용이 가능하다. 특히 공예분야, 미술공방에 아이디어 개발용이다.

(2) 난연지와 불연지

벽지와 방화벽지 용도이나 열에 의한 황변이 없으며 단열재, 전기전열제, 전열교환기 부품, 가정용 잡화용품에 적합하다.

(3) 감열지

열에너지를 이용 기록하는 자기 발생형 용지이다. 일명 감열기록지다. 신용카드결재 용지, 승차권, 영수증, 번호표, 로또복표, 계측기용, 의료용, 티켓 등에 사용되며 초기에 수입할 당시는 비밀에 부쳐져 우리나라에서는 어느 특정업체가 독점공급으로 매출 재미를 누렸다.

(4) 자기기록지

두 가지 형태가 있다. 비디오테이프, 오디오테이프, 플로피디스크, 신용카드자기테이프, 항공기 탑승권 등이 있고 이것은 특수 합지장치를 요한다. 티켓이나 통행권 등 자기 층에 드라이 오프셋하여 사용하기도 하며, 이때 기본용지의 탄성계수를 선택이 필요하다. 일본의 전화카드, 고속도로 티켓은 자기용지를 주문 인쇄가공만 할 경우도 있다.

(5) 전기절연지

전력케이블 및 콘덴서의 절연체로 사용한다. 마(삼), 사탕수수줄기 등이 사용되기도 한다. 콘덴서용 금속지와 콘덴서용 플라스틱 필름이 있다.

(6) 프린터기판용지

IC 회로장치, 전자부품, 박막형 배선기판, 저항기, 콘덴서 등 구리판을 부식공정으로 회로를 형성하나 지금은 실크스크린, 그래뷰어, 오프셋 등 기술도 적용한다. 차세대 사업용으로 확대하면 RFID모듈도 미래산업이다. 안테나 사용이 많아지고 있고 이러한 보안장치가 모든 의약품, 고급화장품 라벨에 사용될 예정이다. 프린터기판용지에서 분리할 수 있으나 이왕이면 부식과 인쇄기술, 반도체 엠베딩 장치도 갖추면 부가가치가 높은 희귀산업으로 진입 장벽이 높아 독점사업이 가능하다.

(7) 광학인화지

인화지는 레진코트지(Resin coated paper)로 불린 종이 기지의 양면을 폴리에틸렌 수지층으로 덮은 수지형 피복지이다. 필름산업과 같이 사양화하는 추세로 화장품 상자용 개발이 진행된다.

(8) 워터마크지

백 워터마크지와 흑 워터마크지로 두 타입이 있다. 전자는 빛에 비추어 보면 모양이 들어가 있어 희미하게 보이고, 후자는 양각으로 진하게 보인다. 유가증권, 화폐 등에 위변조방지용으로 종이생산 시 주문상품으로 요구하기도 하고 가변성 기름 용지에 워터마킹 인쇄로도 표시할 수 있다.

(9) 글리신지, 과수봉지

화학펄프를 점상 고해하여 제조한 종이에 수분을 함유케 하여 여러 단계의 캘린더를 통과시켜 만든 반투명 박엽지를 말한다. 밀도가 높고 투명성 내유성 투습성 등이 우수하다. 금박접착, 식품포장용에 쓰며 특히 햇볕과 과일 성장 조절용에 응용 가능성이 있다.

(10) 차광지

차광성을 가진 종이로 은염 감광지필름과 디아조감광지 등의 포장용 사진 필름의 리터 페이퍼로 사용된다.

(11) 항균지 필름

종이보다는 플라스틱에 항균성 물질을 넣고 도공하여 유해미생물의 생육을 억제하는 재료로 은, 동의 금속이온이 미생물에 흡착하므로 항균성을 발휘한다.

(12) 점착지

대부분 아크릴계의 점착제를 사용하고, 내열성과 내후성이 우수하다. 재박리, 재부착 용도로 벗긴 라벨을 몇 번이라도 반복부착이 가능하다. 물류관리용 일시접착라벨, 파일의 타이틀, 캐릭터 등에 사용하나 학생용 암기 보조장치로도 쓰임새가 다양하다.

(13) 기화성 녹 방지지

적당한 기화성을 가진 기화성녹방지제를 종이에 합침 또는 도공시킨 용지로 철강을 포장하는 경우 종이 속에 녹 방지제가 기화하여 서서히 포장 내부에 포만되어 철강표면을 덮는다.

(14) 악취제거지

냄새 종류가 40만 종으로 공간 내에서 악취공해 방지를 위한 종이로 담배연기 등도 티타늄 물질을 도공하여 블랙 라이트투시를 이용, 냄새나 공해를 흡착시킨다.

(15) 코튼지

코튼(cotton)라이스페이퍼와 바이블 종이, 사전용지, 예술지, 고급홍보에 사용된다.

(16) 의약용지

시작단계이지만 약물주사 대용으로 사용하며 붙이는 나노약물질을 경혈 자리에 침투시켜 어린이, 노약자용으로 시도되고 있다. 고가재료는 오프셋 기술이 적합하다.

(17) 종이의 도전 ↔ 미래인쇄

종이의 종류를 중요한 것 외 일반용지는 많이 생략하였다.

종이의 도전은 인터넷과 TV보다 경제적이고 자연 생체적인 인쇄매체는 인간의 관습과 연결되어 **있다. 아직도 종이책의 선호는 변하지 않고 있다. 결론적으로 제1세대 종이는 그래**픽과 인쇄용이고, 2세대는 포장용이며, 3세대는 위생용지이다, 제4세대는 대화용으로 미래는 인터넷을 보는 장치가 가볍고 아주 얇은 종이 섬유층 속으로 들어가 종이가 인터넷을 대신 할 것이다. 미래학자들 주장이다.

인쇄가 신대륙을 발견한다
-도서관은 지식을 모으고, 인쇄는 지식을 생산한다-

辛卯(신묘)년은 밀레니엄 2000년을 시작으로 10년이 지난 첫 2011년이며 檀紀(단기)로 4344년이다. 辛卯(신묘)라는 글자의 상징이 매섭고 빠르다는 의미를 갖고 있어 금년에도 모든 분야에서 빠른 속도 때문에 힘들었으나 다시 10년이 지난 후 첫해는 2021년이며 천간(天干)이 같은 신축(辛丑)년이다. 그 때는 글자가 주는 의미에서 상당히 여유가 있을 것 같다.

지난 10년간은 "혼란의 시대"였음을 여러 매체가 증거하고 있다. 밀레니엄의 시작 2000년의 첫 실수는 '인쇄'부터였다. 당시 채드(chad, 구멍을 뚫을 때 생기는 종잇조각) 라는 정치 단어까지 만들어진 사건은 미 대선의 플로리다 주 선거에 사용한 투표용지의 홀펀처가 후가공 장치에서 구멍을 제대로 뚫지 못해 무효표로 처리돼 크게 논란이 되었던 이야기가 벌써 10년 전 일이다. 그 후 10년간 다양한 기술 변화는 가히 폭발적이다. 가장 대표적인 것이 있다면 전통과 역사성을 무시하고 "통제할 수 없는 기술"이 출현한 것이다. 인터넷의 발달은 연구 검색할 데이터를 폭증시키고, 늘어나는 인터넷인구는 우리에게서 앗아 간 것이 한둘이 아니다, CD와 전화번호부, 편지쓰기가 구시대 유물이 되고 필름, 졸업앨범과 종이백과사전도 점점 버티기 어려워졌다. 넘쳐나는 자료가 세계화 되고 매우 빠른 검색속도는 인류가 경험해 보지 못한 것들이 많아졌다. 정보화 신기술은 인간이 최초로 인터넷을 발명해 놓고도 이해할 수 없는 도구로 自繩自縛(자승자박)이 되어 버렸다. 지난 10년간의 정보의 홍수로 인해 밀레니엄 시대 들어 정보의 증가속도는 가히 폭력적이다. 1초에도 수십 개씩 로그가 생겨나 과잉 공급되고 있는 인터넷 기술은 이제는 통제하기 어려운 무정부주의적 통치기술을 가진 매체로 등극하고 있다. 산업적 측면으로도 정보의 절대 강자인 인쇄매체마저도 미래 설계가 너무 혼란스럽다. 구글과 인터넷 백과사전은 도서관과 학원, 연구실을 대체하기 시작했다. 세계의 수많은 개인 개인들이 投字(투자)하는 제3의 백과사전은 주인 없이도 유비쿼터스 편집과 원고 작성이 온라인으로 생성되어 자본에 관계없이 정보 통합이 자유스럽다. 불과 10년 동안 250개 언어로 된 1,300만여 워드가 축적되고 있다. 몇 백 년 역사를 가진 다국적 매체들과 경쟁이 필요 없이 스스로 인터넷에서 자료를 서로 품앗이하고, 소통하고, 검색한다. 여기는 제작비가 필요 없고 근무인원도, 사용 라이선스도 필요 없다. "통제 불능의 신기술"은 인간의 생사까지도 판단한다고 한다. 인공지능 분야도 지난 10년 동안 빛의 속도로 발전하고 있다. 미국 피츠버그 카네기멜런대학 기계학습연구소에는 스스로 학습하는 컴퓨터가 만들어져 24시간 언어정보를 찾아다니며 언어지식을 확장하고 새로운 단어와 문장을 쉬지 않고 검색 분석 비교를 하는데 사람이나 출판인쇄물 콘텐츠 등의 도움 없이도 알아내고 있는바 정확도는 87%라고 한다.

인쇄매체와 가장 관련 있는 人文(인문)학 분야도 이미 유럽 10개국은 예술과 인문학 자료와 그림 등을 디지털화하는 대형 프로젝트를 시작했다. 미 국립인문학기금(NEH)도 북미국가들과 함께 인문학 디지털화 프로젝트를 시작하고 있다.

클릭 한 번에 고대 로마도시가 3D영상으로 보이고 세컨드 라이프에서 로마 주변을 산책하며 관련정보를 검색하고 "로마의 재탄생"을 보며, 1850~1900년대의 철도상황을 둘러보는 사이버 순례지도 만들고, 또 고전 애호가들에게는 역대 단테 논평가들의 강의 음성과 사진들을 디지털화하고 있다. 과연 종이매체가 시간과 공간을 초월하여 사이버 매체처럼 누구든 원하는 곳에 준비해 줄 수 있을까?

또 한편으로 현재의 문화콘텐츠를 미리 종이 없는 디지털로 제작하고 웹에서 사용하면서 종이정보가 필요한 사람에게 즉시 종이책을 만들어 주고 있다. 시장변화에 인쇄는 어떻게 대응할 것인가, 상생의 기술은 있는가?

산업화 시대의 매체와 IT와 융합에 대해서는 기계만 보지 말고 흐름을 보라고 한다.

"파주 북시티"의 국제 출판포럼의 이야기도 뉴미디어가 출현한 이후 출판 콘텐츠가 다양한 형태로 진화하고 있는 중에 이제는 출판사를 거치지 않고도 누구나 직접 책을 만들 수 있는 시대가 왔다고 한다. 개인 출판가들이 세계의 네티즌들과 자유스럽게 교환이 이루어지고 종이 없는 스마트출판은 새로운 개인 두뇌 매체들이 책자뿐 아니라 광고시장, 개인방송까지 자본이 없이도 강력 경쟁자로 튀어 오르게 될 것이다.

요즈음 인쇄업계에 "마태오 효과"가 나타나고 있다고 한다. 마태오 효과(Mattew Effect)는 미국 사회학자 로버트 머튼이 처음 사용한 용어이다. 경제력 또는 사회적 기득권을 이미 가진 자가 갈수록 더 많은 경제력이나 사업을 확장할 가능성이 크다는 뜻으로 富益富(부익부) 貧益貧(빈익빈) 현상을 말한다. "가진 자는 더 받아 넉넉해지고, 없는 자는 가진 것마저 빼앗길 것이다"라는 성경의 마태복음에서 따온 것이다. 따라서 지금까지 우리는 어쩌면 "따라잡기" 식 혹은 "흉내 내기" 식 경영으로 기계투자, 수주전략, 기술이 업계의 우물정보에 치우친 것들이 많았고 그 결과로 우리 스스로 모두 똑같은 허약한 생태계를 만들어 버렸다. 반면에 IT관련 업종들은 건강하고 남다른 생태계를 만들어 그들은 우선 소비자들과 비전을 공유하고 부품공급 업체와는 역량을 배우고 두뇌개발자들과 이익을 공유하면서 경험을 샀다. 상생과 상쟁은 글자의 한 획 차이밖에 없다. 비록 한 획의 차이가 별자리들 사이만큼이나 멀 수도 있지만 선택하는 방향에 따라 서로 간의 상쟁(相爭)이 상생(相生)이 될 수도 있다. 이제 우리는 과거를 믿어야 한다. 인쇄는 전통을 가진 산업이고, 진화하는 산업이다. 비법은 역사 속에 있다. 과거로부터 배워 미래를 창조할 수 있다.

1) 인쇄의 진화와 넓어진 시장

인쇄는 과거로 회귀하는 산업이 아니다. 오랜 역사를 기록해온 문화의 대표산업이면서 계속 진화 하고 있는 차세대 미래산업이다. 지나친 속도전에 힘을 낭비함으로써 소홀히 한 부분이 없지 않다. 돌이켜 보면 활자조판을 창고로 보냈고, 조판기술은 컴퓨터산업애 넘겨주고, 컬러관리와 사진제판 기술도 몽땅 디자인에 넘겨주고, 기계와 후공정에 충실하다 보니 이제 와서 볼 때 거꾸로 넘겨받은 쪽들의 고속성장을 보면서 맛이 조금 없을 따름이다. 손자병법에도 재집결이란 말이 있다. 인쇄의 훌륭함을 뒤돌아보면 그 옛날 소홀히 했던 사소한 인쇄기술이 오늘에 와서 IT기술에서 첨단 핵심기술이 된 것이 한둘이 아니다. 불과 20여 년 전 인쇄시장에서 주택복권과 유가증권에 향기를 넣기 위해 NCR 페이퍼사의 기술인 마이크로캡슐 잉크로 인쇄했었던 기억이 오늘날 세상을 놀라게 하고 있는 e-페이퍼의 핵심기술 이다. 그뿐이랴. 상품광고용 입체라벨을 만들었던 렌티큘러 렌스필름과 라미네이팅 기술도 당시 사업성이 없어 버렸던 적이 있었다. 그러나 오늘 세계적 전자회사들은 이러한 렌티큘러 필름기술을 이용하여 금년 초에 입체안경 없이도 볼 수 있는 3D TV를 새로이 선보일 것이다. 이렇게 사소한 인쇄기술이 이 업종의 첨단기술에 이용되고 있는 것에 대하여 의외로 우리 인쇄인들이 관심이 없다. 태양전지 필름, 각종 전자센서 등에 부분적으로 코팅인쇄기술을 응용하고 있다. 노즐을 통해 잉크를 뿜어 대는 분사인쇄도 오래전 옛 인쇄기술이다. 한국기계연구원은 활판과 오프셋인쇄기술을 통합하여 각종 전자부품 및 전자소자인쇄기(연속지)를 만들어 세계 각국으로부터 호평을 받고 있다.

또 한편 문화부문에서도 거의 인쇄기술로 기록된 역사적 문화유산이 현대 과학기술과 만나면서 다시 역사가 살아나고 있다. 인터넷 흐름은 세계가 갑자기 과거 인문학들을 도서관에서 市場(시장)으로 옮기기 시작한다. 인간의 회귀성을 찾아가고자 하는 최선의 방법을 개발 하고자 함이다. 사실 디지털화를 위해 많은 첨단기술이 동원되고 있지만 인쇄의 기본원리를 빼고는 완벽한 원상표현은 어렵다. 지금처럼 단순히 보여 주기 위한 디지털 표현은 의미가 없다. 원본대로 출력이 될 수 있어야 한다. 이를 충족 못 하면 이중투자이며 비효율이라는 것을 인쇄인은 알고 있다. 우리는 이것을 각종 DB행정에 알려야 한다. 이 모든 것을 해결할 인쇄로드의 발원이 있고 인쇄발명의 근원이 있다. 디지털화의 진행에 인쇄기술을 보태야 한다.

2) 활자로드의 과거와 현실

중국은 중화인민공화국의 61번째 생일을 맞아 중국의 시안 시 동북쪽에 자리 잡은 당나라 大明宮(대명궁) 유적지를 복원했다. 그리고 컴퓨터 그래픽으로 완벽하게 재현한 역사 다큐멘터리 6부작도 방영했다. 인쇄 진화와 인터넷이 무관하지 않다는 것을 새삼 우리는 알고 있다.

인간사회는 커뮤니케이션으로 소통한다. 문자는 사람의 생각, 생활, 자연환경의 표상을 과학적으로 만든 인간의 표현이며, 부호이고, 신호이다. 일정한 체제를 갖춘 언어활자이면서 의사소통의 수단이다. 문자가 있었기에 역사를 알고 미래를 준비한다. 인류는 문자를 기록하기 이전부터 의사전달을 위해 각종 그림과 기호를 사용하였다. 이러한 그림문자(pictogram)인 상형문자는 세계 각국에서 발견되고 있다. 가장 오래된 것으로 크로마뇽인들이 그린 프랑스 남부의 알타미라 벽화가 유명하며 우리나라의 울산 반구대의 암각화도 뛰어나다. 고대 사람들도 지혜로워 그림문자를 구체화하고 보편성을 갖기 위해 상형문자 등은 表意文字(표의문자)로 진화되고, 설형문자는 더욱 간소화되어 알파벳과 같은 표음문자로 변천되었다. 문자는 이렇게 오랜 세월과 과정을 거치면서 그 민족과 지역환경에 따라 다양한 종류로 탄생 되었다. 本欄(본란)은 인쇄의 역사를 이야기하는 것이 아니므로 많은 부분을 생략한다.

결국 문자는 기록과 전달의 필수적 수단이다. 초기 집권층은 인쇄의 핵심인 書寫材料(서사재료)가 공급되면서 書記(서기)라는 벼슬에게 독점되었다. 인쇄술 발명 이전까지는 문자의 기록은 오로지 筆寫(필사)에 의존할 수밖에 없어 글쓰기는 기술이며 예술이었다. 인쇄기술과 인쇄방법이 나오기까지 여러 근원이 있고 많은 진통도 있었다. 그 유래를 모르고서는 기술의 진실을 알 수 없다. 인쇄기술은 변증적 발전의 산물이다. 어제의 기술이 바탕이 되어 오늘의 신기술이 탄생한다. 복잡한 사회현상과 국가리더들의 관심에 따라 다르긴 하지만 분명한 것은 종교가 인쇄술을 발전시킨 것은 부인할 수 없다. 말씀을 전파하기 위한 최선의 방안으로 종이와 인쇄 이외의 방법을 찾을 수 없었다.

유명한 書誌學者(서지학자)인 D. C. Mc Murtrie는 그의 저서『책과 인쇄역사』에서 다음과 같이 말한다. "인류는 문화사상, 그 중요한 점에서 활판인쇄술의 발명보다 더 큰 사건은 없다. 인류의 여러 분야에서 일과 경험은 인쇄라고 하는 매체물에 의하여 넓게 쓰이고, 인류를 無知(무지)와 邪敎(사교)의 억압으로부터 해방시켰고 인쇄된 말이 인간의 생각과 행동에 미칠 수 있는 위대한 힘"이라고 했다. 헤르만 헤세도 "인류가 자연으로부터 선물로 받지 않고 오로지 인간의 정신으로 창조해 낸 세계의 수많은 것 중에서 가장 위대한 것은 册(책)의 世界(세계)이다"라고 말했다. 그리고 蔡倫(채륜)의 종이가 있었고, 소나무를 태워 그을음, 검댕을 계란과 아교를 섞어 먹(墨)으로 만들 줄 아는 인쇄 조상들의 노력을 우리는 알고 있다. 인쇄가 진화되면서 5000년을 이어 온 전통 인쇄가 불과 몇 십 년 만에 컴퓨터의 편의성과 유통혁명으로 많은 기득권을 잃은 것 같지만 일시적 현상으로 보고 싶다. 진리는 기본이 흔들리지 않는다고 말한다. 인쇄 패러다임의 변화는 제2의 창조이고 금속활자와 같은 발명이다.

3) 신 구텐베르크 혁명과 클라우드 컴퓨팅(cloud computing)

　지식을 생산하는 것이 꼭 인쇄기계로만 찍어야 한다는 것은 아니다. 활자 아닌 전기신호가 활자를 대신하고 있다. 전기신호도 인쇄기술의 진화이다. 현재의 종이책은 납품을 위한 보관장소, 배송의 유통비용, 시·공간의 신속성에서 취약함은 사실이다. 인쇄는 조강지처인 책이 기본이지만 시장경제와 문화보존 사이의 갈등이 있다. 그러나 오늘의 인쇄업계는 분야가 다양하여 시장상황에 따라 기본인 책자분야보다는 의약 및 포장분야에서 고속성장하고 있는 분야도 많다. 다른 업종에 비해 월등한 것도 많지만 무슨 산업이든지 기본이 무너지면 본업도 흔들리는 것이 상식이다. 책은 무너지기보다는 진화할 뿐이다. 미래의 책은 디지털이 종이책장 속으로 흡수될 것이다. 진화에는 고통이 따른다. 유럽의 야심찬 이야기 중에 신 구텐베르크 프로젝트의 대표 마이클 하트는 1백만 권의 디지털 책을 지구의 구석구석 수십억 명에게 전파하는 게 목표라고 말한다. 그는 그 유명한 레오나르도 다빈치의 공책, 셜록 홈즈, 손자병법 등 매달 200권 정도의 책을 무료로 공개하고 있다. 우리나라도 금속활자가 발명된 지 600여 년이 지난 오늘 밀레니엄 10년에 유네스코 세계문화유산인 조선왕조실록을 누구나 검색하고 열람할 수 있도록 인터넷에 공개하였다. 유리상자에 갇혀 있던 구텐베르크 성경도 누구나 열람하고 연구할 수 있도록 모든 페이지를 고화질 사진으로 인터넷에 공개 하고 80달러짜리 e북으로 상품화했다. 5000년 인쇄역사에서 종이의 신이 사라지고 있다. 컴퓨터 한 대와 프린터 한 대로 초미니 디지털 책방이 유행이다. 에스프레소 북 머신은 출판사 도서관 대학 작가들과 함께 만든 e북이 수십만 권의 책을 자동판매기처럼 판매한다. 인터넷이 인간을 문자로부터 멀어지게 하고 “바보상자”라고 말했던 예상도 빗나갔다. 잉크로 읽던 것이 빛으로 읽는 개념으로 바뀐 것에 불과하고 문자 읽기만으로 국한된 것이 동영상과 결합한 단계로 진화하고 있다. 책을 읽으면서 책 속의 키워드를 클릭과 동시에 세계의 관련 정보를 멀티미디어로 책 페이지 안에서 즐길 수 있다. 이제 곧 우리가 지금까지 체험 하지 못했던 방식이 빠르게 유통되고 있고, 밀레니엄 10년차 오늘 이것이 인간의 손끝에서 부활하고 있다. 이제는 엄청난 도서 자료도 개인컴퓨터의 막대한 저장공간을 갖출 필요 없이 “클라우드 컴퓨팅(Cloud Computing)”의 서비스를 이용하면 아주 편

제3장 인쇄가 신대륙을 발견한다(디지털)

리하다. 스마트폰, 아이패드와 태블릿PC 등이 확산하는 이유이다.

4) 인쇄 신대륙과 사소한 것들

스마트카드에 USB를 탑재하기 위해서는 인쇄기술이 가장 경제적이다, 앞으로 유행될 인터넷카드는 인쇄와 인터넷이 만나는 신대륙이다.

인쇄된 QR code에다 스마트폰의 카메라를 대면 해당 상품의 인터넷 주소에 링크시켜 해당정보를 읽도록 도와주고 있는 위치 찾기가 요즈음 대유행이다. 이것도 인쇄가 온·오프라인에서 가교역할을 하는 인쇄의 기능이다. 2D바코드는 3D 컬러 code로 계속 확대될 것이다.

부처의 가르침에 "세상의 소리를 보다"라는 말씀이 있다. 소리를 본다는 것이 가능한가? 인터넷의 발전이다. 온·오프라인에서 6억 이상이 세상 돌아가는 모든 것을 함께 보는 페이스북에 주목해야 한다. 만일 전 세계 모두와 친구가 될 수 있다면 인쇄상품을 보여 주기가 쉬어 인쇄입장에서는 아주 좋은 기회이다. 과거보다 넓은 의미에서 다양한 배경의 사람들과 관계를 맺을 수 있는 기회가 있다면 지금까지 경험하지 못한 새로운 인간관계를 가질 수 있다. 경제적이면서 시간과 공간을 초월한다. 친구관계는 옆으로 위아래로 계속 연결되면서 핵반응처럼 폭발적 파장이다. 연결된 인연들은 즉시 필요한 곳에 비즈니스가 연결될 수 있다. 투자는 자신의 손끝과 시간이다. 현재 自社(자사)가 생산하고 있는 기계와 공장을 스마트폰 하나로 실시간으로 보여 주고 주문받은 상품도 즉시 생산공정을 확인시켜 주며 온라인으로 인쇄교정도 가능한 꿈같은 일이 소셜네트워크에서 가능하다. 인쇄사업은 공장규모보다는 인간관계이며 고객관리이다. 이것이 스마트혁명이고 신대륙이다. 위치정보, 소셜, 개방이란 3대 요소는 소통이다. 강력한 인맥이 아니라도 느슨한 관계(weak tie)의 지인이 때로는 도움을 줄 수 있다는 것이 매력이다. 네트워크에 마케팅을 겸한 강력한 소통도구이다. 인쇄가 이것을 이용하여야 하고 좋은 기회이다.

아주 작은 아이디어도 아주 작은 사소한 것들이 신대륙이다. 스마트폰 덮개도 인쇄에서 할 일이다. 초강력 필름에 디자인하고 스크래칭 코팅 케이스의 후가공 등 코팅된 필름선택도 인쇄인의 노하우이다. 얼마 전 글로벌 학생 기업가 경진대회에서 1등 한 대학생 김낙근 씨가 애플용 액세서리를 만드는 "크리애플"이라는 회사를 창업한 이야기이다. 중고 노트북의 흠집을 가리려고 스티커를 오려 붙이다가 생각이 나 사업을 시작하여 조그만 사무실에서 스티커를 생산한다. 사진, 전화번호, 이름 등을 눈에 띄게 시각화해서 만들어 주는 것이 사업의 전부이고 교보문고, 영풍문고에 입점하고 대만에 수출까지 하게 되었다. 아주 우연한 사소한 사업이 대성공을 한 케이스이다(조선일보). 혼자만의 개인용 캘린더를 맞춤형으로 디자인하여 온라인에서 판매한다. 종이캘린더를 디지털인쇄로 처리하고 세계의 정보창고를 연결한 스마트캘린더는 앞으로 스마트TV의 아이폰 등 디바이스에 자동 표시되도록 해 준다. 학습지와 논술문제집도 고급정보를 학생이 원하는 패턴을 스크랩 책자로 배송해 준다. 고급 콘텐츠 사업으로 경제정보, 국회정보의 다종다양의 스크랩도 기업의 역할을 기다리고 있다. 디지털 프린팅 기술도 연구할 필요가 생기고 있다. 복잡한 생활에서 가정의 문서관리도 연 단위의 묶음책자로 보관하는 개인이 많아진다. 개인출판이 노년층에 확산되면서 수주 폭이 넓어지고 있다. 건강사업에서도 의약품을 먹지 않고 대신 붙이는 테이프, 필름형 태양전지, 즉 특수잉크(액체플라스틱)를 코팅한 필름, 디스플레이의 도광판 분야, 특수잉크로 코팅된 메탈도금, 전자회로, 센서, 소자와 전자부품 생산을 위해 인쇄공정을 활용하는 일 등 인쇄의 신대륙이 많다. 첨단기술이 필요한 특수필름을 생산할 경우도 있지만 투자 없이 차라리 최첨단 필름을 수입하여 재가공해 납품하는 일 등이 아주 적합한 사업이며 신대륙이다. 인쇄는 역사적으로도 재료를 생산할 필요 없이 선택한 재료에 인쇄가공하는 업이다. 물론 재료를 선택하는 노하우도 소셜네트워크의 소통기술에서 찾는다. 도전하지 않으면 기회도 없다는 말은 다 아는 이야기다. 차라리 비싼 기계투자보다 고객들과 가장 가깝고 소통에 편안한 커피숍 같은 분위기의 인쇄사도 어쩌면 방법이 될 수 있을 것이다. 영업과 생산설비를 분리 역할을 분담함으로써 경영을 개선하는 일도 있을 수 있다. 요즈음 은행들은 공간의 개념을 바꾸고 있다. 1997년에는 파산 일보 직전의 은행이었지만 스타벅스 같은 은행으로 재기한 미국의 음푸쿠아 은행(Umpqua Bank)은 커피숍 직원을 은행 직원으로 바꾼 최초 은행으로, 세계 최고 서비스를 자랑하는 은행으로 바뀌었다.

제3장 인쇄가 신대륙을 발견한다(디지털)

인쇄미디어의 새로운 도전
-인쇄미디어는 새로운 전달 매체를 찾아야 한다-

1910~2010년까지의 100년은 인류역사상 가장 중요한 시대이다.

너무나 많은 것을 경험하고 있고 그에 따른 문화의 충격도 매우 크다. 오늘에 와서 모든 산업이 공통적으로 터득한 게 있다면 현실보다는 미래에서 해답을 찾고 있다는 것이다.

미래를 진단하지 않고는 오늘의 문제를 해결할 수가 없다고 한다. 미디어 시장은 지난 100여 년간 쌓였던 콘텐츠를 누가 어떻게 미래와 소통시키고 표현하느냐가 지금 세계의 코드이다. 이 중 가장 중요한 위치에 서 있는 것이 바로 인쇄매체이다. 지구촌 곳곳에 쌓인 콘텐츠는 대부분 활자와 컬러 매체의 기록과 보존이다.

이러한 보존방식 외에는 다른 방안을 찾기도 어려웠고 다만 부분적으로 진화하고 있는 것도 사실이다. 그러나 기록과 보존의 기본은 인쇄미디어이지만 향후 차세대는 인쇄매체가 영상미디어와 융합되는 것을 당연시하고 있다.

미국 라스베이거스 전자쇼(CES 2010)에서 새로운 미디어 환경인 3차원 TV영상을 선보였다. 두 대 이상의 카메라를 통해 동시간대인 다각적 시점에서 촬영된 영상물을 3D로 제작하여 편광필름의 안경을 이용하거나, 디스플레이되는 장치에 직접 렌즈를 부착함으로써 안경 없이도 각 눈으로 들어오는 영상을 기존의 HD급 3D LCD보다 두 배 이상 높아진 고화질을 입체로 볼 수도 있었고, 같은 시간에 초고속으로 다량의 영상을 처리, 보관할 수 있는 3D신기술을 발표했다.

다른 한편으로는 스마트폰이나 아이패드 같은 기능을 가진 스마트TV가 미디어 환경을 급변시킬 것이다. 2010년 G-20정상회의(제5차 서울 정상회의)에서 이를 시연한 바 있다. 새로운 미디어 환경의 진화속도가 너무 빠르다. 이를 위해 프랑스는 국립시청각 연구소(INA)를 출범시켰다.

영화, 방송, 광고 등 영상 관련 산업 종사자들이 제작소를 활용하도록 영상음원자료를 제공하고 있다. 필요할 경우 영상·음원자료를 타임코드를 찾아 구매 주문할 수 있도록 했다. Hyperbase, MediaCorpus라는 소프트웨어를 통해 영화, TV, 라디오, 광고, 연극, 뮤지컬, 행사 등을 테마 또는 장르별로 검색하게 한다.

사회 문화적 차원에서 중요한 보존가치를 판단하고, 보관하여 재활용하도록 영상 아카이브 관리를 국가차원에서 하고 있는 것이다. 지금으로부터 10년 전 세계 최초로 2000년 1월 6일 'MS'사와 '반스앤노블'과 제휴로 e-Book 개발을 발표한 바 있었다.

초기는 e-TEXT BOOK으로 출발 CD와 DVD타이틀을 포함시켰다. PC통신을 이용한 온라인 미디어(출판물)의 시작이었다. 우리나라 교육과학기술부도 2013부터 초·중·고 수업에 디지털 교과서와 아이패드나 삼성 S패드 등 태블릿 컴퓨터로 서비스한다고 한다. 현재 132개 초·중학교에서 시범운영 중인 전자교과서는 무게 때문에 데스크톱으로 고정운영 중이다.

인쇄매체 역시 종이의 한계를 극복하기 위해 고군분투(孤軍奮鬪)한다. 감히 3D영상을 종이잡지에서도 시도해 보고자 기발한 아이디어로 렌즈를 인쇄로 만드는 특수인쇄 기법을 시도하고 있다. 미국의 성인잡지 '플레이보이'가 3D 카메라로 찍은 모델화보를 3D로 볼 수 있도록 편광안경을 독자들에 나누어 주고 종이 위에서 3D영상으로 가장 보고 싶어 하는 부위를 보게 하여 인터넷에 뺏긴 독자들을 다시 찾아보고자 하는 인쇄매체의 몸부림이다.

과거에도 포스터나 상품라벨에 3D영상을 위하여 렌즈를 부착하는 방법으로 렌티큘라 필름을 후가공의 합지하는 시절도 있었으나 두께 문제와 제작비 관계로 성공하지 못했다.

그러나 인쇄기술에서도 디지털 기술을 응용 6.5cm 이상 떨어져 있는 두 눈의 착시현상을 입력하여 입체형 카메라 각도를 6.5cm 차이도를 두고 촬영한 제판 데이터를 인쇄 후 편광필름 안경으로 편차 시각을 이용 3D 정지영상은 볼 수는 있으나 이것이 온라인 미디어를 따를 수는 없을 것이다. 외신을 통해 본 몇 가지 기발한 아이디어 중에는 패션잡지『에스콰이어』가 증강현실을 도입하여 일부 페이지에 마커를 부착, 독자 자신이 소유하고 있는 스마트폰 렌즈 초점으로 비추면 3차원 동영상이 떠오르도록 하고 잡지를 움직이면 그의 각도에 따라 원근감이 조정된다.

증강현실이 구현하는 광고 페이지를 비추면 내부나 외부 모든 부분을 볼 수 있고 위치별로 바뀐 그림들이 보이기도 한다. 최선을 다하는 광고기법이다. 패션브랜드 '베네

통’이 발간하는 『Color Magazine』도 모든 페이지에 마커를 부착해 증강현실을 보여 준다.

인쇄매체의 한계인 2차원 한계를 극복하고 이 기술로 뉴 미디어처럼 동영상을 구현할 수도 있다. 그러나 이 부분도 종이 인쇄로는 한계가 있을 수 있으며 다른 형태의 온라인 디바이스 기기들을 동원해야 하는 단점이 있다.

우리나라도 놀라운 기술이 있다. 종이 반도체를 개발한 NeoLab 컨버전스 회사다. 이 회사에서 개발한 제품은 ‘닷코드’라는 이름을 가진 종이다. 일반 종이 위에 눈에 보이지 않는 탄소나노성분의 작은 점들을 인쇄기술을 응용하여 가로×세로 2mm 크기의 하나의 망점에 48비트의 정보량이 들어갈 수 있도록 한 특수기법이라고 한다. 종이나 다양한 재질에 보이지 않는 점으로 구성된 코드를 인쇄한 후 여기에 하이퍼링크를 이용하는 기술로 응용분야가 다양하다. 기존의 바코드 방식의 한계를 극복한 것이다.

상품의 위조방지뿐 아니라, 생산자 확인, 상품의 동영상 정보 등 모든 잡지에 상품광고의 획기적 방안, 모든 교육용 교재 등 쓰임새가 다양하다. 획기적이고 우수한 기술이다. 이 외에도 인쇄매체의 새로운 창조기술은 여러 가지로 응용되고 있고 새롭게 우리나라 지폐나 시큐리티 인쇄물에서도 특정한 위치의 문자나 그림을 지정하여 그려 넣고, 그 위에 무수히 많은 미세한 투명체 잉크나 투명체 필름을 특수인쇄 기법으로 미세한 볼록렌즈로 만들어 숫자나 그림이 우리 눈에 굴절돼 보이게 하며 눈의 각도에 따라 또는 흔들리는 속도에 따라 그림이 움직이는 것처럼 보일 수 있는 기술이 이미 시연되고 있다.

오늘날 창조적 기법 때문에 인쇄미디어와 온라인 영상 미디어에서 몇 가지 특이한 변화를 보았다. 며칠 전 북한의 전자 ‘조선대백과사전’이 공개되었다는 것을 보도(조선닷컴, 2010.6.5.)를 통해 보았다.

이 사전은 기존에 편찬된 30권의 종이 백과사전을 지난 2005년 북한 삼일포 정보센터가 전산화한 것이라고 한다. 이 사전의 특징은 종이사전이지만 시청각 자료가 풍부하다는 점이다.

동영상 자료와 음악파일 그리고 15,000개 그림 자료가 첨부되어 중요한 것을 동영상으로 표현해 준다는 것이다. 미래를 진단하면 기발간된 사전류와 모든 콘텐츠가 멀티미디어를 응용해야 하는 당위성은 이미 유튜브(youtube)를 통해 확인되고 있다.

모든 콘텐츠가 움직이는 동영상이 아니면 흥미를 느끼지 못하는 시대적 흐름은 미디어산업의 변화를 재촉할 뿐이다. 콘텐츠 산업의 경쟁은 모든 정보가 과거방식으로는 미래의 상품으로 대응을 못 하기 때문일 것이다.

위에서 몇 가지 인쇄매체 잡지들의 몸부림을 보았다. 과연 3D영상과 증강현실만으로 독자층을 잡을 수 있겠는가? 다른 미디어산업이 멀티미디어로 서비스하는 데 종이가 갖고 있는 한계로 시장을 극복할 수 있을까? **오늘날 우리는 구전(口傳), 인쇄, 멀티미디어를 동시에 경험하면서 살고 있다.**

인쇄매체(printed media)는 인쇄된 상태로서의 지속성과 매체자체로의 보존성 그리고 계속적으로 볼 수 있는 반복성이 생체적 기억 효과면에서는 어떤 것도 이를 따를 수 없다는 것을 누구나 알고 있을 따름이다. 인쇄매체가 주는 정보량도 감당하기 어려운 때 새로운 형태의 전달매체가 기본 web 위에서 트위터, 페이스북, 위치정보, e-Book까지 출현하면서 인간의 소통방식이 너무나 다양하다.

각종 전달매체끼리도 전쟁이다. 미디어(매체) 산업에도 적자생존 원칙이 적용되고 있는 것이다. 본란에서 이야기하고 싶은 것이 "인쇄미디어는 새로운 전달매체를 찾아야 한다"라는 것이다.

문제를 해결하기 위해 산업융합과 기술융합을 주장하는 바이다. NeoLab의 닷코드 개발도 나노 인쇄기술과 영상인식 기술의 융합이다. 인쇄는 몇 가지 인쇄방법만 가지고는 안 된다는 것이다.

융합기술 4대 핵심은 나노기술(N), 생명공학기술(B), 정보기술(I), 인지과학(C)의 상호의존적으로 결합되어야 할 것으로 이해한다. 너무 거창한 이야기는 아니며 기술융합은 전통산업과 첨단산업, 전통기술과 신기술, 문화콘텐츠와 과학기술이며 이것은 전통산업을 고도화하기 위한 지름길이다. 지식(경험)융합, 기술융합, 산업융합의 단계에서 아주 쉬운 방법으로 **이 업종 분야 사람들과 소통하는 마음이다.**

1) e-Book의 변화

한국공학한림원이 지난해 개발된 각종 중요연구기술 23가지 중에서 사회적으로 파급효과가 가장 큰 것으로 e-Book을 선정했다. 인쇄산업에 컴퓨터가 도입된 것은 금속활자 발명 후 최대의 사건이다. 컴퓨터와 인쇄업의 접목은 인쇄기술의 발달과 인쇄업의 개념 자체를 바꾸는 것이었다. 인쇄물의 생산 유통 이용자적 측면에서 지금과는 다른 새로운 형태의 인쇄산업의 태동을 보여 준다.

특히 문자정보 처리시스템의 변화는 국한문 글자의 디지털화 기술, DTP의 라인업, 디자인 레이아웃의 자동화, 화상 정보처리에 있어 수정, 합성, 변형, 색 변환, 매치 등 컴퓨터 그래픽의 디지털화는 제판이라는 작업형태가 거의 사라졌다.

또한, 데이터베이스와 네트워크 시스템은 문자, 화상, DB화는 물론 인쇄할 편집의 DTP는 Web에서 주고받으면서 인쇄파일을 저장, 활용이 쉬워졌다. 디지털화된 제작과정은 e-Book에 연결은 이미 기술이 아니다. 독서전용 전자기기로 수천 권의 책을 저장해 읽거나 매일 잡지와 신문을 내려 받아 구독할 수도 있다.

미국을 비롯한 중요국가는 이미 콘텐츠를 디지털로 저장 변환을 준비해 온바, 2007년부터 아마존이 킨들을 시작으로 선보인 후 500만 대 돌파를 눈앞에 두고 있다. 무선랜(wifi) 접속도 가능하고 A4용지까지 크기가 확대되고 무게 또한 가벼워진다.

TEXT 위주인 e-Book 단말기 한계를 격파하듯, 애플이 아이패드(iPad)를 공개하면서 기존 전자책과 넷북이 고민이다. 아마존과 전쟁이며 e-Book과 넷북 시장을 한꺼번에 장악하겠다는 것이다. 그러나 문제는 운영체계와 인터넷 접속 프로그램이다. 다운로드, 저장 능력, 충전 장치 등이 초고속이다. 스마트기기 활보로 결국 콘텐츠 기업들의 대표인 인쇄미디어의 잡지, 신문, 출판사, 인쇄사 등은 콘텐츠 확보와 확장 능력의 유무에 따라 미디어 기업이 평가받고 있다.

콘텐츠는 모든 전자매체 시장의 황제라 할 수 있다. 아무리 훌륭한 각종 모바일 장비도 콘텐츠다운 콘텐츠가 없으면 빈 수레일 뿐이다. 또한 콘텐츠의 표현과 설계 능력이 이제부터는 경쟁력이다. 단순한 PDF 형태로 독자들이 공감을 할 것인가.

e-Book에서도 동영상 등 멀티미디어가 송출되고 있는 콘텐츠가 보이기 시작하고 있

기 때문이다. 이제는 e-Book 단말기뿐만 아니라 스마트폰 모든 디바이스와 TV까지 적용시켜 지식을 습득하게 한다.

우리나라에서 출시되고 있는 전자책 단말기 종류는 스토리(아이리버 6인치), SNE-60/60k(삼성 6인치), 북큐브(서진미디어택 6인치), 비스킷(LG이노텍 6인치), 누트 3(네오럭스 6인치), 페이지원(넥스트파피루스 6인치) 등이 출시되고 있으며, 미국의 아이패드(애플 9.7인치), 킨들DX(아마존 9.7인치), 스키프 리더(허스트 11.5인치), 누크(반스앤노블 9.7인치), 기타 일본의 소니, 샤프, 파나소닉도 내놓고 있다. 결론은 콘텐츠 확보와 편집기술이 승패를 좌우할 것이다.

2) U-paper 시작

교육과학부가 EBS를 수능에 연계하겠다고 발표한 후 수많은 수험생들이 EBS 교재와 인터넷 강의를 찾는다. 따라서 인터넷 동영상 강의 서비스가 인기다. 학생들이 강의 영상을 내려 받는 시간도 느리고 한꺼번에 몰리는 시간대의 서버능력도 문제가 있을 수 있지만, 이와 같이 유사한 일은 어느 곳이나 인기 있는 콘텐츠 사용자들에게 불편이 있을 수 있다.

여기에서 인쇄미디어의 새로운 사업을 발견할 수 있다. 국내 잡지사와 신문, 출판사가 제공하고 있는 다양한 콘텐츠를 각종 디지털 기기로 무한 경쟁 서비스를 하고 있는 현장에서 새로운 SNS를 통한 고객 간의 소통이나 새로운 형태의 서비스가 필요하게 되고 진화하고 있는 고객들의 요구는 점점 새로워진다. 새로운 요구는 새로운 시장이다.

여기에 전달매체 방안이 급성장할 수 있는 모바일 사업이 있다. 국가의 공공정보를 활용하여 만들 수 있는 애플리케이션도 무궁무진하다. 스마트폰을 통해서 활용할 수 있는 프로그램도 앱스토어를 통해 거래가 이루어진다. 작년 9월 인터넷 진흥원의 인터넷 이용실태 조사에 따르면 우리나라 6세 이상 인구만 3,574만 명이 인터넷을 이용하고 있고 전체 인구의 77%이다.

50대 인구에서도 52.3%가 인터넷을 사용한고 한다. 미국에서는 디지털 유언장을 유산으로 하는 사이트가 생기고 있다고 한다. 개인이나 기업이 보관하고 있는 종이문서,

종이콘텐츠는 엄청난 양이다. 바로 u-paper 사업의 태동이다. 신문산업은 종이를 파는 것이 아니고 정보를 판매하는 것이라고 말한다. 인터넷이나 스마트폰을 유통기구로 활용해야 한다.

두뇌정보와 업계소식을 가장 빠르고 심층적으로 독자들에게 전달하는 것이 인쇄미디어의 임무다. 인쇄 후 납품만으로 모든 것이 끝난 것이 아니고 인쇄자료를 web을 통해서도 서비스되도록 조달규격이 바뀌어야 한다. 개인출판, 기업, 가문 문중의 역사창고가 기다리고 있다.

3) 인쇄미디어와 기술융합

요즈음 'MS'사를 두고 고개 숙인 공룡이라고 말들 한다. 구글, 트위터가 뜰 때 '윈도'에만 안주해 비대화된 조직은 의사결정이 늦어 새로운 것을 시도하기보다 기존상품이나 틀에 묻혀 **"해야 할 일을 안 하는 실수"**를 했다고들 한다. 일본의 대일본 인쇄주식회사(JNP)는 일본 내 공립 도서관과 대학도서관에 전자도서관을 구축할 예정이라고 한다.

모든 대형출판사들은 기존 출판물(도서)에 온라인 기능을 탑제한 Multimedia-Book 개발을 시도하고 있다. 전자책 기능과 동영상을 활용한 새로운 형태의 방식이다. 잡지사나 전문 교육전문출판사들도 책자와 멀티미디어를 통합한 시사영상 및 교육용콘텐츠를 목표로 관련기술업체와 개발이 시작되고 있다. 이러한 모든 것이 인쇄미디어의 변화이고 기술융합이다

꼭 콘텐츠가 아니라도 이업종 간의 기술융합은 앞서 말한 대로, 소재, 잉크의 개발, 빛의 융합 등으로 새로운 산업을 만들고 있다. MIT가 발행하는 과학저널 '테크놀로지 리뷰'는 세상을 바꾸는 10대 신기술에 T-ray를 선정했다 한다. 고주파 이용 투과력을 높여 주면 물체의 성분이나 내부구조를 손쉽게 검사할 수 있는 기술을 응용, 16세기 지어진 교회벽화의 원화를 T-ray로 판독해 덧칠을 완성했다고 한다.

광주 과학기술원 소식은 T-ray를 주고받을 때 필수적인 T-ray 안테나를 만드는 데 성공했다고 한다. 이 안테나는 반도체 위에 은나노 입자잉크로 머리카락 굵기(0.01mm)의 도선을 인쇄했다고 한다. 우리나라는 디지털 프린팅 장비를 활용하는 마케팅이 다른

나라보다 훨씬 앞서 있어 성장속도가 100% 이상이라고 주장한다.

찍어내는 인쇄내용을 각각 다르게 인쇄하는 요령이 있어 고객들에게 개인별로 다른 내용을 보내도록 콘텐츠 관리의 응용능력이 뛰어나다고 한다.

기업홍보에 효율적인 고객 맞춤형 마케팅이 가능하도록 한 응용 능력이 책자 생산까지도 디지털 인쇄분야로 시장을 업그레이드시켜 놓았다. 아주 기발한 기술 융합이 또 있다. IT전문업체 인가젯(engadget)은 축구공 속에 GPS칩과 RFID칩을 집어넣고 경기장 내에서 움직이는 공의 위치를 추적할 수 있다.

카메라를 정착하면 여러 가지 경기장면과 승부의 결정적인 순간도 판단할 수 있도록 촬영도 가능할 것으로 본다. 잉크젯 프린터 또한 활용도는 상상을 초월한다. 영국의 글락소 제약회사는 잉크젯 프린터로 약효가 있는 성분을 알약 바깥쪽에 인쇄하는 방법을 고안하여 프린터에 잉크대신 약물을 넣고 이를 알약 표면에 촘촘히 쌓는 인쇄를 한다고 한다.

요즘 한창 유행인 터치스크린도 앞으로는 손가락 열을 이용한 무 터치스크린 기술을 개발한다 한다. 세계에서 나노 인쇄는 우리나라가 가장 활발히 진행되고 있다.

결론적으로 디지털북, 3D 영상기술, 멀티미디어 편집, e-Book들의 인쇄미디어가 아니라 차세대 잉크와 소재 그리고 전통인쇄기술이 미래를 위한 최첨단산업이다. 각 산업 간의 벽이 허물어졌다.

디지로그와 새로운 인쇄방향

수천 년 동안 동양사상의 극치인 주역은 우주만물은 모두 상대적으로 되어 있다고 설명하고 있다. 하늘과 땅, 밤과 낮, 남과 여, 홀수와 짝수 등 그 어느 것이든 홀로 인정되는 것은 하나도 없다. 하나라는 숫자가 있기 때문에 둘을 인정하게 되고 남자가 있기 때문에 여자를 인정하게 되며 작은 것이 있기 때문에 큰 것을 인정할 수가 있는 것이다. 공동체, 즉 지구촌에서도 가진 자와 못 가진 자의 경제적 양극화 현상도 주역의 원리인가?

정보 미디어에서도 사고파는 물건과 살아가는 방식까지도 아날로그적인 것과 디지털적인 것으로 상대적으로 분할되어 간다. 사람 자체도 아날로그 인간과 디지털 인간으로 분열되어 있다. 그 분단과 양극화가 혹시 사회 전체에 어떤 갈등을 일으키고 있는지 외통수만 찾고 있는 사람들에게는 중용이나 화합이 보이지 않을지도 모른다.

우리에게는 아날로그 문화와 디지털 문화를 읽는 학습과 훈련이 필요하다. 인쇄산업도 아날로그 기술과 디지털 기술이 상호 통합해야 한다. 얼마 전 동국대학교 산업대학원 이의수 교수가 나에게 이런 이야기를 한 적이 있다. "아날로그와 디지털을 통합하는 것을 인쇄산업으로 보자"라는 키워드에 나 역시 동감한 바 있다. 말의 정의나 개념을 떠나서 '디지로그(Digilog)'라는 신조어를 보면서 인쇄산업도 Digilog라는 뉘앙스에서 살길이 찾아지지 않을까 생각한다.

아무리 속도가 빠른 세상이라 해도 주전자의 물이 끓기 위해서는 시간이 필요하다. 물은 마지막 1℃를 넘는 순간 갑자기 끓어오른다. 지금은 잠잠하더라도 Digilog 현상도 어느 때인가는 폭발적으로 퍼질 때가 올 것이다. Digilog 시대에 인쇄산업은 분명히 새로운 방향으로 갈 것이다. 여기에 다각적으로 비전을 찾아보아야 한다.

우리는 어쩌면 지금까지 경영이나 기술관리에 있어서 아날로그적 사고방식에서 벗어나지 못하고 있는지도 모른다.

1) 인쇄업계의 공통현실

한국의 총 사업체 수는 300만 개이고 이 중 290만 개가 중소기업이다. 1,100만 명이 종사하고 있으며 인쇄기업은 정확한 통계 수치에 보는 관점이 있을 수 있지만 17,000여 개에 8만 명이 종사하고 있다는 것이 정부가 발표한 통계이다.

산업이 다종화하면서 인쇄산업이 연결되지 않은 곳이 없다. 따라서 인쇄산업을 통계적으로 독립시켜 계수화하기는 어려움도 많고 중복 삭제된 것도 많아 실질적으로 인쇄업계 스스로 인쇄센서스를 하지 않는 한 국가 기간산업으로 자리매김이 어려울 것 같다.

1970년대부터 1990년대까지 인쇄 호황기에는 물량증가나 인쇄비율 증가도 연간 10% 이상씩 증가하기도 했다. 인쇄업체 창업은 토지, 자본, 노동만 갖추면 기업발전이 가능했으며 아날로그 시스템처럼 노력만큼의 결과도 뚜렷했다. 진취적이고 도전적인 사장의 탱크주의도 있었고 한국형 근면주의가 경영의 자리를 상당기간 지속시켰다.

결과만을 중요시하여 과정을 무시하는 기회주의 영업 전략이 보편화되고 규모의 경제가 경영 열쇠로 작용하면서 과잉투자를 유발했고 복잡한 관리요구를 수반하는 비효율적인 면이 발견되고 있다. 이제 디지털경제가 진입하면서 여러 가지 변화가 시작되고 있다. 투자대상이 하드웨어 중심에서 기술력, 창의력, 효율성 등의 소프트웨어 중심으로 바뀌고 전문지식을 가진 그룹이 선두자리를 지키는 지식산업 시대가 일어나고 있다.

금년 4월 중에 대한인쇄연구소에서 인쇄 센서스 기초 설문조사를 한 바 있다. 상당한 수가 인쇄를 위기산업 또는 사양산업으로 걱정하는 분들이 많았다. 그러나 분명한 것은 인쇄산업은 호황이지만 인쇄업계가 불황인 것이다. 인쇄업계 공통 현실의 문제로 업계가 경영관리나 경영혁신보다는 설비투자에 더 관심을 갖는다는 사실이다. 이제는 Digilog에 걸맞게 인재의 능력향상과 적절한 경영자원의 배분 등 종합적인 관리가 절실해졌다.

2) 기존 인쇄물의 변화

디지털 기술 발전으로 제조설비의 변화와 생산 및 유통 경로가 엄청나게 변화되었다.

각종 문헌정보의 형태는 정보통신 환경의 변화로 지식이나 정보거래방법이 인쇄물을 이용하지 않아도 되는 시대로서 정보자본주의는 인쇄출판의 패턴을 완전히 바꿔 놓고 있다. DTP를 통한 CD 등 기록매체를 뛰어넘어 음성 동영상을 접목하여 인터넷으로 웨이브로 통신으로 뛰어넘어 미래를 예측하기 힘들어졌다.

햇볕만 쳐다보는 기득권 기업들은 지금 인쇄 전 공정에서 어느 부분이 빠져 나갔는지 또는 무엇이 변화되었는지를 알기가 힘들게 됐다. 전체 인쇄공정 중에 대다수가 프레스분야 쪽에 너무 치중하지 않는가 하는 안타까움이 있다. 프리프레스 분야에서 전자출판은 인터넷 카탈로그와 DB구축사업으로 디지털 색채 연구기업들에 새로운 사업영역을 많이 빼앗기고 있다. 우리나라 DB구축분야도 인쇄기술을 이용한 사업원가만 2,000억 원이 넘고 있지만 이 분야에 하도급을 받는 인쇄기업은 몇 군데가 안 되는 실정이다.

미국의 인터넷업체 Google은 디지털도서관 프로젝트로 서적 검색을 서비스하고 있다. 통신 Google 프린트 검색엔진에 원하는 단어를 입력하면 수만 권의 스캐닝한 원본 이미지를 그대로 프린터도 하고 검색도 하도록 인쇄업체들이 참여하고 있다. 마이크로소프트사도 대영도서관과 전략적 제휴를 맺어 희귀도서 100만 권, 지도, 필사본까지 인쇄업체들이 제작에 참여하고 있다. 유럽 디지털도서관도 EU 주요 도서관 서적, 사진, 문서 등 600만 건을 이미 끝냈다. 그런데 우리 인쇄업계는 프레스분야에 너무 매달려 있는 것 같다. 우리 인쇄업계도 관심을 갖고 사업을 다각화해야 한다.

미국의 데이터궤스트 잡지사 통계는 "문헌정보 인터넷 증가속도는 35% 이상이지만 인쇄물 증가속도는 5% 이하"라고 발표한 바 있다. 물론 정보전달의 신속성은 인쇄물이 이를 따를 수 없다. 인쇄업계가 포기한 분야도 재도전이 필요하다고 생각한다. 기존 인쇄물의 프레스분야는 변화가 없겠는가? 필름과 인쇄판재가 필요 없는 시스템이 출현하면서 앞으로 지불해야 할 인쇄업계의 재정부담은 어느 방향이 현명한지 업계 공동의 컨설팅이 필요하다고 본다.

앞으로 주민등록 등·초본 등 각종 민원서류가 새로운 형태 카드로 전환될 것이고 심지어 특허청의 특허증도 소형 카드화로 검토되고 있다. 어쩔 수 없이 소량 다품종으로 가면서 디지털 인쇄기 수량은 증가할 것이다. 인쇄 다색화 및 초극세·컬러화 요구와 특수인쇄 증가, 코팅기술의 발달 등은 덩치가 큰 기업보다 작은 기업들에게 더 적합하지 않을까 생각한다. 인쇄 세계시장 네트워크화에 대한 대비는 인쇄기업들마다 새로운 인력을 교육시켜야 하고 어쩌면 과거 분업화되어 담당했던 인쇄산업을 종합적으로 디자인, 출판기획까지 겸하는 아주 효율적인 인쇄기업이 출현할 것을 Digilog 시대는 기다리고 있는지도 모른다.

3) 새로운 인쇄기술의 출현

나노기술이 발전하면서 인쇄업계는 새로운 길이 열리는 것 같다. 전자 및 자동차산업 관련부품의 소형화 고정도 박막하는 미립자 패턴 프린팅을 요구받게 될 것이다. 이미 RFID용 안테나는 인쇄로 생산하고 있으며 고강도 필름 개발은 컬러 냉장고, 주택 내장재, 발열성 벽지, CTP 판재 등에 상용화되기 시작했다.

차세대 LCD 디스플레이 패널의 원가구조는 현재의 생산방식으로는 경쟁의 한계가 있으며 여기에 인쇄기술을 응용하는 것은 필수적인 것이다. 정보통신산업 및 기술의 급격한 성장과 발전은 유비쿼터스 시대의 출현을 예고하고 있고 여기에 필요한 PEMS(Printed Electro－Mechanical System)는 나노급의 저가 전자부품이 가능하며 기존의 두꺼운 실리콘기판이 아닌 종이나 박막필름에 프린트 공정을 이용할 수 있는 것이다.

초극세·컬러기술로 3D 입체영상을 생성하는 필름 등이나 레이저 투시인쇄로서 전자 여권이나 신분증 대체산업으로 잉크젯 기술이 실크를 통합하면서 안테나 및 전자부품을 생산하는 인쇄기술이 계속 개발 사용될 것이다. 의료, 의학용 테스트용지나 침투성 패드, 각종 센서용 키트도 인쇄기술이 앞으로 담당해야 할 영역이다.

물론 자기 위치에서 생산성과 경제성을 검토하고 시장과 부가가치 등을 고려하여 신기술 인쇄를 지금 준비하지 않으면 다른 산업으로 이 분야를 빼앗길 것이 분명하다. 이 점을 우리 함께 적극적으로 검토했으면 하는 것이 필자의 바람이다.

활자와 종이의 종말?
-닌텐도 · e페이퍼 · 디지털교과서 · 전자문서 이야기-

우리나라는 세계최초로 금속활자를 발명했고, 지금은 인터넷 강국으로 세계를 놀라게 하고 있다. 그 신비는 무엇인가? 그것은 문화를 사랑하는 근원이 있기 때문이다.

오늘의 경제현실을 보면 산업현장에 문화가 깊숙이 들어와 있으며, 문화와 산업 간의 경계가 허물어지고 있으며 융합이 시작되고 있다. 문화를 모르고서는 산업의 발전을 기대하기 어렵다. 인간도 남과 여, 노와 소의 경계가 소멸되는 것도 문화의 속도이다. 국가와 국가, 산업과 산업, 학문과 학문이 업종 간에 고유영역을 지키기보다는 벽을 허물고 새로운 융합을 시작하고 있다.

인간의 두뇌를 표현해 온 활자는 수많은 문화를 창조했고 축적된 콘텐츠는 새로운 기술을 만나 순발력을 발휘하여 인터넷을 발전시키고 더불어 파생되는 숱한 새 복합어와 융합물들은 충격적인 새로운 신호이다. 글과 그림이 따로 가지 않고, 종이와 잉크 혹은 액정화면 등이 서로 마주 보고 경쟁할 필요가 없어졌다. 이미 새롭게 등장한 그래픽 등과 대치되는 전통적 장르들도 유통과 생산성으로 융합되고 있다. 이 융합의 소득은 문화와 산업이 더욱 맛을 내고 있다. 융합은 서로의 입장을 존중하고, 근본을 흔들지 않는다. 활자는 문화의 주인이다.

어떠한 문명의 기술도 그 주인을 대신할 수 없다. 단지 활자가 목활자냐, 금속활자냐, 또는 전자활자냐, 빛활자냐일 따름이다.

인쇄는 활자를 표현하고 기록 보존하는 기술이며 산업이다. 이러한 인쇄기술이 종이를 대신하는 반도체뿐 아니라 전자종이 태양광 전지용 박막필름까지도 생산하고 있다. 그 이외에도 인쇄기술은 오래된 역사를 가진 종이와 할 일이 너무 많이 남아 있다. 결론은 활자와 종이가 죽거나 종말이 아니라 인류와 함께할 영원한 기술이고 산업이란 점이다.

인쇄기술은 과거와 현재가 다르지 않다. 기술의 원리는 동일하다. 다만 인쇄를 위한 보조적 수단으로 발전된 과학이 도움을 줄 뿐이다. 따라서 활자를 새롭게 활용하기 위해 유통시키고 있는 첨단기기들과 새로운 S/W를 알아보고자 한다. 또한 시장에서 활용되고 있는 디지털 기기들이 인쇄산업에 어떤 영향을 줄 것인지도 생각해 볼 필요가 있다. 결국은 훌륭한 기기와 상품을 개발한 회사도 창업 당시는 인쇄와 관련 있는 업체들인 것을!

1) 닌텐도

현재 닌텐도는 약간 슬럼프에 있지만 1889년에 창업, 120년의 연륜을 자랑하는 회사이다.

인터넷 경쟁사들이 많아져 힘들 수 있지만 그동안 많은 소비자에게 즐거움을 선사하는 기업이었다. 닌텐도를 세계적인 게임 기업체로 만든 창업자는 야마우치 후사로라는 손재주가 좋은 화가였다. 자신이 그린 그림으로 오락용 카드인 화투나 트럼프를 생산하기 위해 일본 교토에서 조그마한 인쇄사를 경영했다. 인쇄도 하고 화투도 파는 일종의 구멍가게 인쇄사였다. 창업자는 단순히 인쇄된 화투나 트럼프 판매보다 1년 열두 달을 상징하는 그림을 달마다 자연현상과 스토리를 카드에 그려 넣고 게임과 규칙을 만들어 S/W(게임규칙)와 H/W(화투)를 한 세트로 팔다 보니, 일본 전역에 폭발적으로 퍼져 나갔다. 이렇게 화투 인쇄로 시작한 닌텐도는 또 다른 오락산업으로 변화를 계속했다.

1980년 영업부 직원인 요코이라는 직원은 샤프전자의 휴대용 계산기를 보고 샤프전자와 협력하여 '게임&워치'를 개발, 세계적인 기업으로 발전시켰다.

창업자 아들을 뒤이은 현재 사장인 이와타 사토루 사장도 일등공신이다. 2008년도에는 20조 원 매출에 8조 원의 이익을 냈다. 중요한 것은 닌텐도는 게임과 동의어로 쓸 정도이고 스카치테이프나 제록스처럼 상품명이 대표명사화된 것이다.

구멍가게 인쇄회사에서 출발, 거듭 혁신한 결과이다.

2) e페이퍼

책은 죽지 않는다. 다만 디지털화할 뿐이다.

온라인 서적업계 세계 최고 회사인 아마존이 새로운 전자책 리더기인 '킨들2'를 여전히 359달러에 팔려고 한다. 2007년 11월에 출시한 '킨들'보다 메모리가 7배나 커졌고 페이지 넘기는 속도도 빨라졌으며, 우선 디스플레이 화면의 선명도가 낮아졌다. 무선입력이 가능하며 1,500권을 저장하고 한번 다운받은 책은 삭제되어도 재다운이 가능하다. 또한 오디오북이 추가되어 음성 인식 기술을 활용했다.

아마존은 신간을 중심으로 23만 권이나 디지털 책자를 보유하고 있다. 미작가 조합이나 출판사업자협화와도 분쟁을 종결했다. 시장에 선보이고 있는 e북 단말기는 고해상도(1200×1600)의 세이코 엡슨, 네덜란드의 '일라이드 8.1인치'는 밑줄을 긋거나 메모도 가능하다. 폴리머 비전의 '리디어스'는 접는 것이 가능하다. 리더기는 삼성에서도 출시할 예정이어서 이외에도 새로운 제품이 쏟아질 예정이다.

또한 구글은 700만 권을 스캔해 도서관을 통째로 디지털화하겠다고 선언했다. 몇 년 전 구글의 3G 아이폰, 애플의 아이팟 등이 과연 성공할 수 있을까 하는 것이 잡지와 출판계 종사자들의 큰 화젯거리였다. 그러나 그들은 신화를 창조했다.

인터넷 강국을 자랑하는 우리나라의 전자책 개발은 어떻게 극복할 수 있을지 아쉬움이 있다. 좁은 방에 수많은 책을 보관하는 것이 어려운 사람, 한 번 읽고 버릴 책을 위해 나무를 자르는 것에 분개하는 환경보호주의자, 언제 어디서나 책을 휴대하고 싶은 디지털 독서광 등 세상의 요구는 많다. 생체적 촉감이 두뇌에 미치는 학습효과와 책에서 터져 나오는 냄새, 5000년간 길들여진 종이 DNA 등의 전통적 보수의 입장에서 보면 부정적인 면도 있으나, 미국, 영국 등의 대형출판사들과 신문사들이 인터넷보다 훨씬 효과적으로 판단하고 있고 구독료와 광고수입만 해결되면 급속 진행될 것 같다.

선명한 화면에 종이 인쇄물을 읽는 것과 같은 유사한 경험을 주는 기기로 변신되어 있고, 종이 값과 인쇄비 유통비도 들지 않기 때문에 절감된 돈으로 투자한 돈을 보전할 수도 있다.

발로 밟아도 깨지지 않고 플렉시블하여 어떤 형태로도 접을 수 있는 디스플레이 생산도 머지않았다.

HP, LG디스플레이, 플리머 비전, e잉크 등은 칩 공장에서 반도체 공정인 식각을 하기보다는 인쇄로 처리하든지, 마이크로캡슐에 컬러 필터를 추가하여 인쇄하므로 이러한 디스플레이 가격은 상당히 하락하게 되고 리더기 값도 저렴해지는 것은 당연하다.

특히, e잉크의 윌콕스 사장은 "인쇄기는 물러가라" 하면서 세상 사람들이 소설뿐 아니라 두꺼운 서적, 장문형태의 신문기사들을 계속 편하게 탐독하려면 e리더가 최선이라고 강조한다.

그리고 "우리는 출판업계를 구제하는 것에 그치지 않고 문명도 구제할 작정이다"라고 말한다.

3) 디지털 교과서

교육과학기술부는 오는 2013년까지 600억 원을 투입하는 전자교과서 사업을 시작했다.

전자수업 등 교육환경 개선을 위해 인프라부터 구축한다. 시범적 연구학교에 학습용 단말기, 콘텐츠 서버 구축, 전자칠판, 무선네트워크를 구축한다. 그리고 전자 교과서 관련 표준 플랫폼 공개 S/W 기반의 OS 등도 개발된다. 기존 서책형 교과서도 디지털 교과서로 대체한다. 그리고 창작형 교육콘텐츠 지원을 위한 표준 모델 제작도구 개발이 완료되어 디지털 교과서 시장이 만들어진다.

여기에는 인쇄업체들이 과거에 인쇄했던 수많은 콘텐츠(PDF)들이 과거 전화번호부와 달리 디지털 교과서 시장에서 사용하게 될 날이 머지않았다.

e북과 더불어 보완발전이 예상되는 콘텐츠 가공이 인쇄업계의 무시 못 할 새로운 산업이고 패러다임이다.

4) 전자문서와 오디오북

곰팡이가 끼고 너덜너덜해진 고문서를 왜 복원해야 하는가? 또한 현재의 문헌정보, 소리, 영상 등을 왜 디지털화해야 하는가? 해답은 간단하다. 모든 물질과 문서는 자연으로 돌아가 사라지기 때문에 인류의 문화를 보존하고 활용하고 소통하기 위함은 어쩌면 신의 가르침인지도 모른다. 이를 위한 최선의 방법이 디지털화이다.

국가기록원이 대한민국 전체를 공공 DB화함도 이 때문이다. 국가와 개인이 소장하고 있는 모든 문화 기록을 자연 소장하는 것보다는 이를 디지털화하여 누구나 문화를 공유하고 시간, 공간, 방법을 초월하여 언제나 편리하게 공유할 수 있는 것은 엄청난 경제적이다.

세계 문화유산도 해당 국가의 것이라기보다는 이제는 인류 공통의 것이 되었다. 정부는 전자정부 구현이라는 명제 아래 20년 전부터 체계적으로 예산을 확충하여 DB구축을 진행하고 있다. 갈수록 정보량은 계속 늘어나 할 일은 더 많아질 것이다. 디지털화된 문서는 전자도서관, e북, 인터넷, 모바일, 데이터베이스 뱅크 등을 통해 모든 개인이 편하게 검색할 것이다.

전문회사인 오디언이나 디지털 교보문고도 벌써 40만 명 이상의 회원을 확보하고 있다. 또한 음성으로 남겨진 소리를 활자화하는 연구도 계속되고 있다. 이것은 한국어로 말해도 외국어로 척척 전달되어 언어 장벽이 사라지고 음성인식, 자동번역의 새로운 비즈니스가 생길 것이다. 앞으로 모든 문화콘텐츠는 3D 영상의 융합형 콘텐츠로 만들어질 것이다.

그리고 모든 현장사무실에서 폭증하고 있는 모든 문서들로 창고를 넓혀야 하는 불편함도 전자문서화로 해결될 것이다. 이것은 저탄소 녹색성장의 일환이다.

또한, 우리의 전통용지 '한지'도 공예용지를 떠나 '한지'의 전기적 특성과 보존성 때문에 문화보존의 저장디스크 역할을 할 날도 머지않았다. 인쇄업계의 할 일이 하나 더 추가될 것이다.

印刷의 生老病死
－디지털로 부활한다－

모든 인쇄는 다른 상품과 달리 태어나서 죽을 때까지 많은 애환을 가지고 있다. 인쇄물을 수주할 때 자기 인생을 동원했고, 피와 땀으로 만든 후에는 세상 곳곳으로 흩어진다. 그리고 늙고 병들어서 사라진다. 박물관으로, 문화상품으로, 교육콘텐츠로, 그리고 쓰레기통으로 버려진 후 재활용되고 그리고 영원히 사라진다.

인간은 귀소본능 때문에 세계 곳곳에서 옛것의 세상을 보고 싶어 한다. 역사 속에 감추어지고 사라졌던 옛 인쇄물이 지금 다시 디지털로 부활한다. 우리의 가슴을 뿌듯하게 하는 소식이 계속 늘어나고 있다.

몇 년 전 유네스코의 세계기록문화유산(Memory of the World, 世界記錄遺産)에 '『동의보감』'이 등재되었다. 유네스코 세계기록유산으로 등재되려면 희귀성, 유일성, 인류역사에 기여함 등이 주요한 관문이다. 우리 민족이 갖고 있는 훌륭한 문화유산 중 유네스코에 등재된 한국의 기록문화유산은 훈민정음 해례본, 조선왕조실록, 승정원일기, 직지심체요절, 팔만대장경판, 조선왕조의궤 등 동의보감까지 합쳐 7개로서 아·태지역 국가 중 최고다.

『동의보감』은 1596년 선조가 당시 어의(御醫)인 허준(1539~1615) 명의를 편찬팀장으로 명했다. 임진왜란 직후여서 전쟁의 상처와 질병에 신음하던 때이다. 편찬을 시작한 지 17년 만에 1613년 초간본 25권이 완성되었다. 전란으로 인한 기간을 빼더라도 편집만 7년 이상 판각과 인쇄에 3년 이상이 걸렸다. 목판으로 30권을 만들어 조선8도로 보내져 일반 백성을 위해 약재들의 한자이름 밑에는 한글을 표기했다.

이렇게 우리는 자랑스러운 민족문화유산을 가지고 있으며 이 외에도 수많은 기록문화유산을 갖고 있다. 결국 이것은 뛰어난 인쇄기술의 도움이다. 그로부터 400여 년이 지난 지금 기록인쇄기술이 디지털화하면서 새로운 패러다임이 시작되고 있다. 클릭 한 번으로 안방에서 세계최고 정보 집결지인 미의회 도서관 자료도 볼 수 있다. 그곳은 1000km에 달하는 책꽂이에 1억 권이 넘는 책, 매일 8,000권 이상의 책이 수집되고, 인터넷 팩스 등 웹문서 등이 매월 8억 페이지에 이른다고 한다.

이뿐이랴! 각종 행정서류, 금융전표, 국세자료 등 모든 인쇄물에 관련한 통계는 천문학적 숫자로 계산이 불가능하다. 쌓이는 문서보관 창고가 늘고 있는 것은 과거 속도와 전혀 다르다. 지금 인류가 쏟아 내고 있는 지식과 정보 및 국가의 행위가 지금처럼 폭발하는 상황에서는 과거와 같은 문명의 구조와 방식으로는 모든 부문에서 혈관이 막힐 수밖에 없다. 바로 그 해결책이 디지털화이다.

'동의보감'도 세계 어느 곳에서든 클릭 한 번으로 원하는 지식자료들을 모든 이들의 안방에서 순간적으로 검색되도록 해야 한다.

시공성, 신속성, 편이성을 떠나서 디지털화가 가속되고 있는 또 다른 이유 하나가 있다.

종이에 대한 심판이다.

지난 2006년 '앨 고어' 부통령의 다큐멘터리 영화 '불편한 진실(An Inconvenient Truth)'은 지구촌 곳곳의 환경문제 해결의 첫 번째 화두가 나무와 종이이다.

현재 세계적으로 연간 약 3억 톤이라는 종이가 생산되고 있다.

숲의 감소, 벌채 후 수반되는 염소처리로 소모되는 물의 량은 엄청나게 증가되고, 나무섬유를 분쇄하기 위한 에너지 또한 배출되는 탄소량 증가 등 모든 것들이 종이와 인쇄 속에 감춰진 '불편한 진실'이다.

요즘 새로 인기가 있는 소설 『화씨451』은 1953년에 미국의 브랜드 버리가 쓴 것이다.

종이가 불타기 시작하는 온도를 제목으로 하여 세상의 모든 책을 불태워 버리고 영상매체만 허용하자는 문명비판 소설이다.

이러한 소설들은 지구의 심각한 사정을 알리는 메시지이지 인류의 찬란한 유산을 부정하자는 것은 아니다.

"인쇄 종이가 생로병사한다." 그리고 디지털로 부활한다.

분명 새로운 패러다임이다. 이 시점에서 새롭게 시작되고 있는 그 무엇을 찾지 않을 수 없다. 황금 같은 기록유산이 지구환경, 빛, 열, 습도, 건물구조 등의 영향으로 원본보존이 위태해지고 있다. 귀중한 자료들이 곰팡이 공격과 허술한 보관으로 훼손되고 있는 것이 의외로 많다. 복원기술은 자연의 법칙에서 배워야 한다.

첫째는 종이 부활사업이다. 국가기록, 개인기록, 사회기록물들이 얼마나 많은가? 세월이 지나 기억 속에 잊히고 있는 얼룩진 영화필름까지, 그 옛날의 소리 모든 것이 복원대상이다.

이 모든 것을 해결해야 할 가장 현명한 첩경은 인쇄기술이다.

다음으로는 또 다른 현실 문제다. 날로 쌓이고 있는 종이문서는 금융, 의료, 기업, 정부, B2C, 개인, 법률분야에서 보관해야 할 필요문서가 여기저기 쌓을 곳 없을 정도로 폭발하고 있다. 각국 정부는 공인전자문서화 구축을 위해 전자거래 관련법, 공증인법 들을 개정시키고 있다. 문서를 전자화하기 위해서는 고도의 사진제판기술인 스캔인쇄가 한몫을 하고 있다. 다른 한편에서는 처음부터 종이를 없애고 U-PAPERLESS로 출발을 준비하고 있다. PDF, DTP 등 조판인쇄기술이 한몫을 단단히 하고 계속 업그레이드되고 있다. 조판인쇄기술에 위변조 방지기술, 보안, 데이터 보호, 인증 스탬프, 소프트웨어 등이 아울러 협력이 필요하다. 차세대 조판인쇄기술 개발이 시작되고 있다. 다음으로는 모든 DB화된 데이터를 어떻게 보고 활용하느냐이다.

연이어 해상도 높은 출력과 자료교환 등 유통사업이 생겨났다. 모든 콘텐츠가 이동통신, IPTV, e-Book 또는 전자교과서로 검색 서비스가 시작됐고, 이제 남은 것은 순간 검색 자료를 고해상도로 프린트하는 서비스이다.

또한, 사용자 폭이 넓어지면서 우체국에서 우표를 사지 않고 '온라인 우표'를 인터넷에서 구입, 프린트해 사용하므로 자원절약에 기여하고, 개인 크로스미디어가 국가 간 교류가 활성화되고, 문화콘텐츠를 고급화하기 위해서 3D기술이 개발되면서 3차원 지도까지 새로운 사업으로 등장했다.

디지털화는 시공간을 떠나 세계와 유통하기 때문에 너무나 많고 놀라운 것들을 앞으로 계속 경험하게 될 것이다.

1) 고문서, 미술복원 그리고 보존

국가기록원은 박목월 시인이 1960년대에 썼던 '구름에 달 가듯이' 등의 원고를 포함하여 곰팡이에 썩고 너덜너덜해진 육필원고 100여 장을 복원해 주는 경주에 있는 동리목월 박물관에 전달했다고 한다.

기초적인 복원을 위해서는 당시 경제와 사회형편을 참고해야 한다.

1960~1980년대 사용했던 인쇄용지가 품질이 좋지 않은 산성 용지가 대부분이었다.

복원의 이론과 방법은 많지만 필드경험으로 보아 먼저 훼손상태와 정도를 파악하는 것이 기본이고, 표면에 문제된 부분을 단층 촬영 등 여러 가지 분석기술을 응용 검판한 후 중성수 등을 이용 정화하여 산화물질을 제거한다.

물리적으로 파손된 부문, 미생물 등으로 손상된 부문은 목피와 한지 제지과정의 처리기술을 이용 섬유질을 세공 투입하고, 천연잉크를 수기화하고, 라미네이팅으로 합착한 후 바람과 일월건조는 어쩌면 인쇄공정의 역순일 수 있다.

유럽의 고미술 복원사업은 국가사업으로 그 규모가 상당하다. 우리나라의 고서화의 재생기술과 손재주는 세계시장을 향한 새로운 사업이 될 수 있다. 천 년 이상 영구보존할 책자를 만들기 위해서는 기본적으로 종이, 잉크 등이 천연재료이어야 하고, 인쇄공정도 인압과 직접인쇄 등 경험과 제책의 접착제도 미생물의 먹이가 되지 않을 천연재료를 사용해야 하고, 자연습도를 방어할 수 있는 코팅기술도 가미되어야 한다.

2) 전자문서사업

2009년 3월 서울 코엑스에서 u-paperless Korea 포럼에 참석한 바 있었다. 많은 관계자들이 인쇄인들의 참석을 기대하고 있었다. 인쇄된 문서를 전자화하는 것도 기초가 인쇄기술이다. 고해상도 촬영기술과 경제성 있는 속도이다. 디지털화될 문서는 정보자료로 출력하고 교환을 위해서 고해상도의 프린트가 가능하도록 사전 설계되어야 한다. 가상공간에서 검색되고 수집되는 자료들이 1,024DPI 수준에서 처리되어야 한다는 것이 중론이다.

전자문서 추진을 녹색경영의 일환으로 강화시키고 있다. 종이 1톤을 생산하려면 30년생 나무 172그루와 물 25만 리터가 필요하다고 한다. 우리나라는 매년 800만 톤 이상의 종이를 소비하여 펄프를 매년 240만 톤을 수입한다고 나와 있다. 정부나 기업의 저탄소 정책대안은 우선적으로 종이가 절약될 수 있는 IT기술 적용이 필수적이라고 주장한다. 기인쇄된 문서를 디지털화도 중요하지만, 앞으로는 아예 종이 없이 생성된 데이터를 관리하자는 의견이다.

종이를 줄일 수 있는 법적 기반도 마련되었다. 전자거래기본법(제4조, 제5조, 제31조) 전자 서명법, 공증인법 등이 일부가 개정이 되었고 전자화를 위해 남은 조항도 개정될 것이다. 종이 없는 문서 생성 역시 인쇄의 프리프레스 공정의 일부이다. 다만 다양한 프로세스에서 다양한 장비가 필요할 것이다. 그러나 조판형태의 인쇄포맷은 예나 지금이나 다름이 없다. 내년부터 시행되는 전자세금계산서는 종이 없는 시스템이다.

따라서 종이가 대신해 오던 정본 확인 방법이 사라짐으로써 문서생성 단계에서부터 진본성 확보는 필수적이다. 자필 서명이나 인감의 위변조 문제, 신뢰 기반의 문서유통 등 새로운 보안 사업이 생겨나고 이로 인한 인쇄물에 미치는 영향이 적지 않을 것으로 본다. 모든 유가증권, 상품라벨, 우편물, 카드 등에까지 시큐리티 기능이 첨부될 것이다. 인쇄 공정상 PDF 파일 전송이나 서버관리에도 시각 인증을 받아야 할 세상이 된 것이다.

매일 제작되고 있는 모든 인쇄물이 문화콘텐츠나 기록 보존물로서의 역사적 가치를 갖고 있다는 점을 알게 됨으로써 이제부터는 버릴 수가 없게 되었다. 따라서 전자문서 보관시스템이 필요하게 되어 공인전자문서보관소 5곳이 정부로부터 인가를 받았다.

모든 영수증 청구서, 특히 카드사의 모든 청구서 등도 개인전자 사서함의 모니터에서 확인하는 시대로 가면서 종이 인쇄시장도 변할 것이 예고되고 있다. 언젠가는 전자종이라는 공책같이 얇고 부드러운 플라스틱 조각을 들고 다니면서 그것으로 신문을 읽게 될지도 모른다. 그런데 이것은 생각보다 훨씬 가까이 와 있다. 이제 앞으로 한 세상을 PDF가 얼마만큼 행세할 것인가? 모든 인쇄물이 서버 속으로 갈 것인가?

3) 새로운 것은 불안하다

1980년대 초 은행에 현금출금기(ATM)가 설치되었을 당시는 생소한 시스템에 불안하기도 하고, 돈을 대신 찾아 달라는 부탁하는 분들도 있었다. 통장을 가지고 직접 손으로만 입출금을 받아 오다가 낯선 자동화기기에 대해 생소한 불안감이 있었던 것은 당연하다.

한편으로는 현금입출금기 시행 때문에 사업이 크게 확장한 인쇄업체도 있다. 현금영수증 인쇄다. 당시로서는 새로운 것이다. 기술발달과 시장원리는 새로운 상품, 서비스,

제3장 인쇄가 신대륙을 발견한다(디지털)

기술을 만들어 내지만 익숙하지 않는 것에 대한 불편함, 불안함 때문에 굳은 생각을 바꾸고 싶지는 않다.

새로운 인쇄기술도 마찬가지다. 얼마 전 일본의 인쇄회사 중 대표회사 DNP에서 발광하는 포스터, 말하는 포스터를 발표했다. OLED 뒷면에 그라비어인쇄를 접목한 기술이다. 이러한 기술은 앞으로 모든 책의 활자 혁명을 유도할 수 있는 것이다. 왜냐하면 아주 컴컴한 곳에서도 발광문자 또는 말하는 문자는 보는 이로 하여금 시공을 초월하기 때문이다.

좋은 상상력은 새로운 창업이다. 서로 다른 분야의 기술이 합쳐져 새로운 영역을 창조하거나 서로의 장점을 확대할 수 있는 상상력이 필요하다. 종이도 디지털과 전쟁을 시작했다. 섬유층 공간에 자성 또는 특수 나노물질로 구성된 자성 나노튜브를 투입한 종이는 출입문에서 자기센서를 울리게 하고 활자를 A4 용지크기에 수백만 자를 입출력 시키기도 한다. 위·변조 방지기능도 가진 나노금속문자는 무선통신에 이용될 수도 있다. 또한 자동번역과 음성신호를 해독하여 텍스트화할 수 있는 연구도 완성되고 있다. 종이가 디지털과 화해할 경우 문자의 새로운 세계도 볼 수 있을 것이다.

이렇게 만들어진 종이 한 장이 수천 권의 책을 담을 수만 있다면 "불편한 진실"의 걱정도 해결될 수 있을 것이다.

새로운 것이 이것뿐이겠는가? 3차원 프린팅은 이미 상품화되어 의료분야로 급속히 이동하고 있다. 3D(3차원 공간표현)기술은 방송뿐 아니라 U-시티 등의 입체지도와 연계되고, 입체 안경 없이도 3D를 볼 수 있고 종이 인쇄물도 3D 현상을 선보이고 있다.

금년 7월 한 달 동안 미국 내의 종이 문서 우편물 양은 무려 8억 달러 비용이 소비되었다고 한다. 산더미같이 쌓인 우편물을 서비스 신청자들에게 겉봉투를 전자스캔하여 이메일로 보내 본인이 우편물 수령을 자동 선택하게 하는 신종 사업이 생겨났다고 한다.

디지털 기술은 세상 구석구석에 많은 미래 산업을 창출하고 있다. 세상의 기록물들을 PDF화하여 음성과 연계하고 자신에게만 필요한 정보를 자동스크랩하는 것부터 개인의 자료를 세계시장에 내놓고 안방에서 거래하는 시대가 되었다. 결국 인쇄는 부활하는 것이다.

디지털의 편리함과 인쇄의 끈기

2010년은 한일강제병합으로 인한 "경술국치"라는 부끄러운 날로부터 100년이 되는 해이다.

100년 전 오늘을 우리는 주목한다. 오늘의 도서관이나 신문열람실 같은 신문종람소(新聞縱覽所)가 있었다. 당시에 계몽과 학문진흥을 위한 한 방편으로 종람소를 설치하여 많은 사람들이 신문과 잡지 등을 읽을 수 있도록 했다.

사람들이 많이 모이는 저잣거리에서 신문을 크게 읽으면 사람들이 둘러서서 듣는 광경을 흔히 볼 수 있었고, 이러한 "거리의 신문낭독"을 통해 항일정신을 고취하고 한일병합을 막기 위해 의병의 봉기를 널리 호소하는 조상들의 지혜와 문화가 있었다. 1909년 출간된 『조선만화』와 당시 통감부 기관지인 『경성일보』의 "구한말의 신문사풍경"이라는 글에서 확인할 수 있다. 어쩌면 이것이 오늘날의 인터넷이고 온라인 미디어이다. 30만 년 전의 호모사피언스가 호모디지털인간으로 진화되고 있다. 중요한 것은 디지털화되어 가는 인간들이 어떠한 비즈니스 모델을 가질 것인가. 비즈니스 순환속도가 빨라졌다.

2002년 월드컵 당시 엔론부정사건으로 6 · 13 장거리통신과 인터넷의 원조 월드컴(w.com) 회사가 사라졌다. 130년이나 된 AT&T사도 2006년에 망했다. 조그마한 SBC라는 중소기업에 합병되었다. AT&T사 기본은 미국정부가 알렉산더 그레이엄 벨(Alexander Graham Bell)에게 미국정부가 통신에 관한 특허권리증을 주고 통신회사를 경영하면서 노벨상을 13개나 가진 Bell연구소와 1,200,000명의 직원을 가진 거대한 회사가 사라졌다. 우리가 잘 알고 있는 제록스(Xerox)도 1906년에 창업하여 1960년에는 문명을 바꿔놓는 혁신적 제품 복사기를 판매하여 "제록스=복사"라는 신화를 만들고 세계시장을 독점하던 회사도 디지털이라는 복병에 면역력을 키우지 못해 경쟁사에 이름을 넘겼다. 이 모든 것이 디지털의 편리함이라는 새로운 패러다임의 결과인지 모른다.

모든 산업들이 계속 진화한다. 캐나다의 ICI라는 회사는 다이너마이트조제에서 세계 최고 지질탐사회사를 만들고 지하세계를 크리스털처럼 보는 회사가 되었다. 자원이 없는 나라 이스라엘은 1960년대만 하더라도 덴마크로부터 농업기술을 배우던 농업국가였다. 농업의 한계를 느낀 이스라엘은 부총리 산하에 최고과학자오피스(CSO)를 만들어 150명의 과학자들로 하여금 싱크탱크 역할을 하도록 하였다.

70년대에는 바닷물을 민물로 만드는, 즉 강물처럼 민물이 쏟아지도록 하는 역삼투압 기술은 이스라엘 특허다. 90년대 들어오면서 벤처육성을 통하여 15개 국가와 공동펀드를 만들어 실리콘밸리에 연계하고, 콘텐츠를 실어 보내고 받아 보고 해야 하는 네트워크 시큐리티를 개발한 세계 최고의 보안회사인 NDS도 출현했다. 노키아도 1865년에 종이, 고무로 창업하고 100년 후 단말기를 만드는 회사가 되었고, 앞으로는 세계 최고 시큐리티회사로 간다고 한다. 지금은 경쟁사로 넘겼지만 "인디고"의 디지털인쇄 시스템은 인쇄기술을 떠나서 컴퓨팅 파워다. 역시 자원이 없는 나라는 다르다. 즉, 키워드가 다르다.

지난 100년간 정보전달 방법은 거의 사람과 사람의 목소리 그리고 손이 운반 수단이었다. 1998년 이후 비로소 인터넷이 월드와이드 웹화한 것도 불과 10년이다. 그 후 오늘날 정보유통은 음성이 15%이고 인터넷이 무려 85%다. 이제부터는 컴퓨팅 파워이다. 모든 콘텐츠가 네트워크 위에 올려 있어 내 책상 위에 전화국을 설치하는 것과 같다.

빛을 이용한 광케이블은 빛으로 보낼 RGB컬러를 프리즘을 이용하여 256배로 확장시킬 수 있다. 즉, 엄청난 양을 순간 전송할 수 있다는 것이다. 1900년대에 6억이었던 인구가, 100년 후 60억 이상이 되어 정보를 만들어 이용하고 송수신한다. 이제는 사람뿐 아니라 사물도 정보를 만들어 보낸다. 온·습도, 바람, 태양, 환경 등 정보가 세계 모든 곳에 수억 테라급 정보가 흐르고 이것을 또다시 이용한다.

아마도 5년 이내 광케이블 등이 가정집 또는 의복 속으로 들어갈 수도 있다. 인터넷에 음성을 실은 후 전화요금 혁명이 일어났다. 더나가 방송, 음반, 출판, 콘텐츠 등 각종 개인의 미디어 등을 인터넷에 실어 1인 방송들이 생길 수도 있고, 전문서버에 저장된 정보는 언제든지 어느 장소에서도 꺼내 볼 수 있고 어느 곳에서든 인쇄할 수 있다. 인터넷 온디멘드는 인터넷의 혁명적 사업이고 새로운 미디어이다.

즉, 네트워크 위에 S/W를 올려놓고 누구나 가져갈 수 있도록 하는 웹스토어가 이미 설치되었다. 세계의 유명한 2100.org에서는 20년 후에 없어질 것들을 영국황실, 정당, 처방전, 진단방문, 전쟁하는 사람(사이버 워게임으로 끝난다) 등을 말하고 있다. 이제는 물리적 영토가 아닌 사이버 영토가 필요하다. 경제도 전자적 거래를 하지 않으면 안 된다. 사이버를 이용하지 않고는 경제가 어렵다. 만일 사이버가 없다면 현재 은행도 100배 이상의 인원이 필요할 것이다.

따라서 앞으로 10년 후도 인터넷이 더 필요할 것이다. "사이버공간에서 영토를 넓히는 자가 성공한다." 왜 인터넷경제에 인쇄산업을 연관시키는가에는 오해가 있을 수도 있다. 지금까지 인쇄는 정보를 가공, 표현, 보급, 생산하면서 사업을 영위해 왔다. 만일 디지털이 출현하지 않았다면 인쇄는 지금보다 수백 배 이상의 생산능력을 갖추어야 할 것이다. 디지털을 위한 사이버처리기술도 결국은 인쇄기술원칙을 응용했기 때문이다. 많은 인쇄영역을 디지털 편리함이 대신하고 있다.

그러나 복잡한 두뇌정보의 다양한 표현요구 때문에 디지털이 도저히 해결하지 못할 사안들이 생기고 있고, 디지털과 상호 공존해야 하는 공간도 존재한다. 이것이 인쇄가 살아 있는 끈기다. 본인은 80년대 중반부터 수차례 국어정보처리기술연구를 위해 모인 국책연구기관, 대학, 외국 S/W회사 등 사이에서 해야 할 많은 것을 보았다.

언어정보처리기술력은 국력을 재는 "잣대"라고 느낀 바 있다. 그 당시 그들은 많은 인쇄인들의 벤처참여를 요구했다. 오늘날의 디지털도서관, 데이터뱅크, 통신기술, 디지털문화 등이 항시 화두가 되었던 것을 기억한다. 그리고 오늘 현재 그 당시 소홀히 했던 기술개발이 현재는 외국업체들의 독과점상품이 되고 말았다. 사이버 영토에서 인쇄와 연관되는 새로운 흐름이 몇 가지가 또 있다. OA용 프린터가 건축, 대형도면, 그래픽 등을 고해상도 인쇄도 할 수 있는 복합인쇄기로 개발되었다.

대학강의를 모바일기기로 듣고 연결된 서버가 프린트를 해낸다. 앞으로 디지털인쇄 기능을 가진 프린터가 개인용 컴퓨터 옆에 놓일 것 같다. 디지털 인쇄기의 성능은 설명할 필요가 없을 것 같다. 오프셋(off-set)의 무서운 속도와 수천 년 된 다양한 자연잉크까지 따라올지는 예측이 어렵다.

그러나 기능면에서는 무서운 경제성 있는 기술이다. 트랜스프로모(Transpromo)는 고객정보와 거래명세의 합성어이다. 청구서에 고객별정보와 광고를 제공하는 새로운 DM마케팅이라고 한다. 트랜스프로모를 인쇄하면서 복권까지 첨가한다.

디지털도서관과 연동되어 PDF파일의 고해상도 책자를 가까운 문방구에서도 손쉽게 책을 만들 수 있게 되었다. 3차원 지도까지도 잉크젯 프린터가 도전장을 냈다. 편의점 내에 전자도서관의 플랫폼을 설치하고 원하는 정보 스크랩을 주문받아 디지털 인쇄기를 이용, 책 형태로 배달된다.

OA프린트 통합 솔루션은 여러 가지 파생된 사업을 창출할 것이다. 만일 TIFF파일로 인쇄된 자료가 있다면 이것을 PDF파일로 변환하는 데 아마존의 웹 서비스를 이용하면 별도의 비용 없이 빠른 시간 내 가능하다. 국내 진입한 애플 아이폰의 앱스토어에는 수천 개의 콘텐츠가 있고 또한 S/W가 있다. e북과는 별도로 스마트폰까지 전자출판물을 연계하면서 많은 소설과 잡지, 여행가이드북, 만화, 기업에 필요한 전자 카탈로그 등을 검색하는 것은 물론 가까운 OA점에서 책자로 프린트도 가능해졌다. 그뿐이랴. 개인 1인 출판을 쉽게 해결해 준다.

인터넷 책자가 쉽게 파일화되고 이것을 인터넷으로 책을 만들어 누구든지 원하는 이메일 주소로 보내고 받은 사람 역시 1부라도 종이책이 필요하다면 인터넷으로 파일을 보내고 등록된 site에서 책을 만들어 보내 준다. 옛날 DP점에서 사진인화를 해 오는 스타일이다.

개인이 그린 그림이나 소장해 온 그림을 인터넷으로 전문업체에 보내 판화공방처럼 미술품을 제작하고 저자인증하면 된다. 모두가 가상공간을 이용하는 모바일뉴미디어이다. 이제 남은 것이 있다면 디지털 기술이 오프셋, 그라비어, 실크 등을 어떻게 기술통합을 이루어 많은 공정을 단축하여 아주 저렴한 인쇄기기로서 고품질 생산을 하고, 인쇄원가를 대폭절감시키고자 하는 것이 바로 디지털 편리함을 이용하는 인쇄의 끈기다. 결론적으로 인쇄는 인쇄공정만으로 해결되는 것은 아니라고 본다. 데이터를 처리하는 공정도 중요하다. 몇 가지 참고할 수 있는 연관된 용어를 생각해 본다.

1) 전자출판

전자출판(electronic publishing)이라는 용어의 시작은 1975년경부터 문자를 플로피디스크에 저장하게 되었고, 컴퓨터의 보급과 함께 1980년 국제전자출판협회에서 저자출판위원회를 설치하면서 전자출판이라는 용어를 쓰기 시작했다.

1985년에 애플컴퓨터사가 레이저 프린터를 개발하면서 DTP(Desk Top Publishing)라는 용어를 사용했다. 여기에 영국에서 1965년에 사용한 사진식자기와 사전이나 도서관 정보를 검색하기 위해 서지정보나 색인지를 컴퓨터용 타공형 테이프로 키펀칭했던 테이프나 라인프린터 등은 전자출판과 구별된다고 본다. 전자출판체계는 편집, 제판, 인쇄, 제본 등 공정별로 전산화가 이루어져야 한다.

엄밀한 의미로는 편집의 전산화이다. 원고의 입력, 조판, 이미지, 교정, 편집된 데이터를 고해상도의 프린터를 사용해야 하고, OA출판은 교정을 모니터를 이용한다. 전자출판물은 과거에는 저장종류에 따라 CD-ROM, DVD, 칩카드 등을 사용했으나 오늘날은 디지털파일로 기록 저장하고 통신송고에 편리하여야 한다. 그리고 필름과 CTP 등의 공정을 포함한다.

2) 디지털 이미지 용어

픽셀(pixel)은 그림(picture)과 구성(element)이라는 두 단어의 합성어다. 디지털 이미지에서 그림을 이루는 구성요소이다. 보통 비트맵(bitmap)이라 하며 픽셀은 명도를 가지고 있으며 컬러데이터의 기초가 된다.

이미지 해상도는 각 단위의 픽셀의 수로 표시한다. 픽셀의 분포량에 따라 선명도와 품질을 평가하며 따라서 비트맵 이미지는 해상도라고 한다. 톤(tone)은 형태를 나타낸다. 컬러가 없어도 톤은 이미지와 형태를 보여 줄 수 있지만 톤이 없이 컬러만으로 완전한 이미지를 나타낼 수 없다. 모든 톤은 빛을 흡수시키거나 차단할 수 있는 농도를 가진다.

컬러는 RGB 가색 혼합의 3원색을 갖는 빛의 3원색이다. 인쇄물이나 프린터에서는 망점에 의한 CMYBk 컬러로 색을 표현한다. 따라서 RGB 모드와 CMYBk 모드 기기들의 컬러를 일치시켜야 한다. 스캐닝은 시각적인 정보를 디지털데이터로 변환시킬 때 사용하는 용어다.

모든 컴퓨터 그래픽이미지는 비트맵과 벡터(vector) 2가지가 있다. 비트맵이미지는 그림요소와 픽셀들을 사용하고 벡터데이터는 점들을 이용하여 형상과 선들을 만드는 하나의 방법이다.

제3장 인쇄가 신대륙을 발견한다(디지털)

RIP(Raster Image Processing)는 디지털 파일들을 프린트할 때 사용된다. 디지털 정보를 실제적인 출력으로 변환시키는 데 사용된다.

3) 디지털 파일의 처리와 저장

생산공정에서 디지털파일들은 3가지 목적을 갖고 있다.

첫째, 이미지와 그래픽 정보를 보고 작업한다. 둘째, 파일을 전달하는 것, 이동디스크나 유·무선통신으로 보낸다. 셋째, 디지털 파일을 저장하는 것이다. 모든 데이터는 픽셀정보로 저장된다. 그래픽이나 이미지의 원래 상태를 존속시키면서 가능한 파일을 적게 만든다.

파일압축의 종류는 손실형, 무손실형, LZW 압축, RLE(Rum-Length Encoding), JPEG(Joint Photographic Group) 등이 있고 데이터를 처리하는 파일포맷은 EPSF(Encapsulated Postscript File), DCS(Desktop Color Separation), TIFF(Tagged Image File) 등 여러 가지가 있다.

저장매체로는 하드디스크, RAID(Redundant Array of Devices) 다중저장장치, CD-ROM, 광 디스크(Optical Disk), DAT(Digital Audio Tape), USB, 칩카드 등이 있다.

4) 농도계의 표준화와 품질관리

인쇄물은 우선 민판농도, 그리고 도트게인이 중요한 감지지표이고, 망점에 의한 색 재현의 기본적 원리에 바탕을 두고 인쇄의 품질관리를 한다. 효과적인 한 방법으로 반사농도계를 사용하는 것이 중요하다. 농도계는 인쇄표면에서 반사되어 눈까지 이르는 빛의 양을 측정하기 위한 계측장치이다.

색 분해를 한 다음 인쇄판을 사용하더라도 조건이 다른 망점계조에서 인쇄를 하면 원고대로 색 재현이 되지 않는다. 인쇄조건이 일관되고 일정하다면 도트게인커브를 구성함으로써 그도트게인 특성에 맞추어 색 분해 때 망점계조망을 조정하는 것이 가능하다.

인쇄표준화의 목적은 각각의 지질마다 표준으로 하는 망점계조의 도트게인 값을 규정하고 색 분해를 하는 과정에서 이 표준의 톤 커브에 적합한 조건으로 인쇄판을 제작할 수 있도록 해야 한다. 물론 용지, 인압, 속도, 환경 등의 표준화가 고려되어야 한다.

CTP시스템에서도 플레이트세터로부터 출력한 인쇄판에서도 중간계조의 망점의 가늘기나 굵기가 발생한다. 결국 민판농도와 도트게인을 감시하는 것이 지름길이다. 잊지 말아야 할 것은 오퍼레이팅 과정에서 모든 공정을 빼지 않고 기록하는 것이다.

5) 기타

출력장치는 최소한 1,024DPI 이상의 고해상도로 출력해야 한다. 포스트스크립트(Post Script)는 강력한 도형처리능력을 갖춘 프로그래밍언어인 동시에 페이지를 기술하는 언어이다. 이 언어는 한 페이지 안에 편집된 문자, 도형, 화상 등의 요소를 기록하고 프린트할 수 있다.

A사에서 개발된 포스트스크립트는 하드웨어에 의존하지 않고 어떤 출력장치에서도 출력이 가능하고 파일호환성을 갖고 있다. Font(글자꼴)나 RIP의 운용에 관한 것은 다음에 기회를 갖겠다. 위에 몇 가지 소개한 인쇄기술은 우리 인쇄업계보다는 다른 업종 S/W업체들이 재미를 보고 있는 상황이며, 결론적으로 사이버 산업의 기본인 것이다.

제3장 인쇄가 신대륙을 발견한다(디지털)

인쇄기술이 종합된 전자여권
─시큐리티시장과 인쇄산업의 기회─

세계는 변하고 있다. 존재하고 있는 모든 분야에서 정지된 것은 하나도 없다. 마케팅, 통신, 유통, 생산기술까지 계속 변하고 있다. 이와 함께 인쇄산업도 당연히 변하고 있다.

기업경영은 오케스트라와 비슷하다. 전체를 꿰뚫지 못하는 지휘자는 완벽한 선율을 창출할 수 없다. 지금 경영의 초점이 매출증대보다는 수익성 위주로 전환되고 있다. 회사를 실질적으로 향상시키는 볼륨 중심에서 질과·창의수익 등 밸류 중심으로 이동되고 있는 것이다. 오늘의 성공이 내일의 생존을 보장해 주지 못하는 시장환경 속에서 지속적인 도전과 창의를 통해 새로운 가치를 창출해 내는 미래지향적으로 단계적인 혁신이 필요하다. 국내 인쇄기업 중에서도 창의와 도전으로 단시간에 덩치가 큰 기업을 제치고 무섭게 발전하는 인쇄기업들이 태어나고 있다.

이번에는 지금까지 인쇄업계가 전혀 관심을 두지 않고 있는 여권제조에 관하여 소개하고자 한다. 여권제조는 업계가 지금까지 무관심해 온 분야로 판매대상에서 고려하지 않고 있는 상품이다. 그러다 보니 이에 따른 정보도 없고 앞으로 전망도 해 볼 수 없는 품목으로 소홀히 할 수밖에 없었던 것도 사실이다. 그러나 이제는 때가 되고 기회가 오기 시작했다. 지금 업계가 보유하고 있는 인쇄기자재 인프라라면 여권 제조 정도는 문제될 것이 없고, 또한 축적된 유사한 기술 경험을 가지고 있다. 여권은 책자나 통장의 유사품목이다.

또한 여권 제조는 독과점 품목도 아니다. 때문에 인쇄인들의 몫이 되어야 한다. '세계가 변하고 있다'라는 말이 실감 날 정도로 세계 여러 국가들은 여권을 국제입찰에 부치기 시작했다. 1권에 5달러 이상인 여권이 전자여권으로 변하면서 몇 개 국가의 생산 가능한 업체들은 바쁘게 준비하고 있다. 물론 미국도 일부 여권을 수입하는 국가 중 하나다. 특히 RFID칩을 내장한 새로운 전자여권을 도입하면서 우리나라도 새로운 기회를 만들어야 한다고 생각한다. 국내시장보다 세계시장이 더 넓게 열려 있기 때문이다.

세계 항공기구인 ICAO에 따르면 세계 인구 중 10억 명 정도가 여권을 소지하고 있으며 매년 3억 명이 여권을 새로 만들어야 하거나 갱신하여야 한다. 특히 미국 정부가 금년도 10월부터 전자여권 발행을 시작하게 되면서 우리나라도 2007년 하반기부터 시행하기 위하여 기초 기획안이 조달청에 의뢰된 상태다. 전자여권은 미국, 영국, 독일, 노르웨이, 스웨덴, 네덜란드 등 많은 국가가 생산 준비 중에 있다. 우리나라도 동남아 시장 개척을 위해서 준비해야 할 시점이 왔다. 따라서 여권제도에 대한 몇 가지 참고사항을 소개코자 한다.

1) 인쇄용 전자여권의 특성

- 책자형 여권
- 여권규격: 가로 125mm, 세로 87mm
- 인쇄범위: 가로 125mm, 세로 87mm
- 인쇄용지: 여권규격
- 보안기능: 발주 국가별 규격과 ICAO 권고사항 참조
- 사진전사 충족: 염료승화 및 안료융착 재전사와 보안용 필름사용 조건 충족, 고품질의 천연색 사진이나 서명을 Digital화하여 인쇄하므로 ICAO규격에 맞는 기계처리가 가능토록 한 제조 여권
- OCR−B: ICAO9303규격 OCR−B를 포함하는 1차원 바코드 충족
- 2차원(2−D) 바코드: 보안수준극대화 충족 여권
- 홀로그래프: Combined 홀로그래픽과 Complex 홀로그램 라미네이트된 필름제거가

불가능해야 함

- Phantom 이미지(Ghos Image): 인쇄된 phantom 이미지 변조 불가능
- 자외선 영상 강화 및 보안잉크 강화
- 내광성: 사진 전사 시 자외선 차단물질을 혼합 빛으로 인한 인쇄내용 소실 방지
- 내구성: 10년 이상 수명(표지, 본문 및 제책기술) 보유
- 전자태그(RFID): 인쇄면 여권 속에 내장된 전자태그가 위변조시 자동파기
- 인쇄: UV, 레인보우, 마이크로 충족

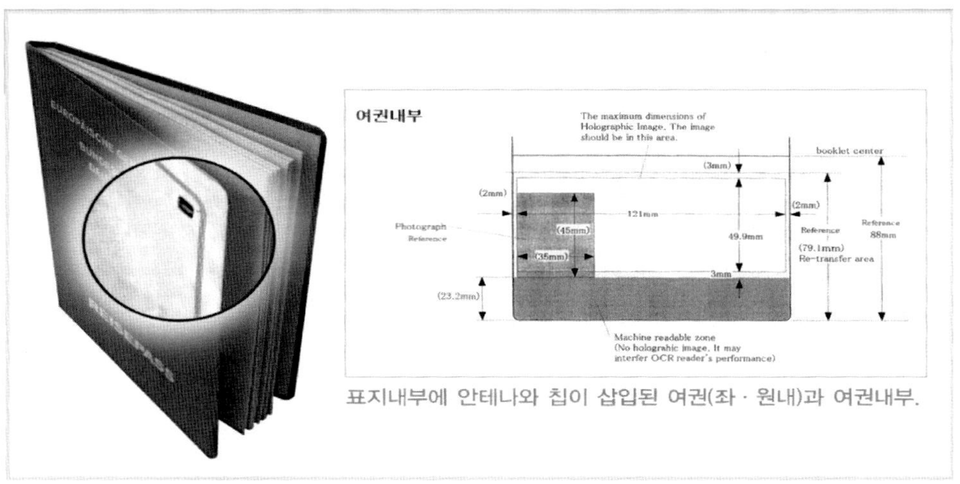

표지내부에 안테나와 칩이 삽입된 여권(좌 · 원내)과 여권내부.

2) 전자여권의 제조 가능성 진단

전 세계적으로 여권을 프린팅 제본하는 곳은 대외비로 되어 있으나 유럽의 여권용 용지 및 필름, 잉크 등을 공급하는 대표회사 OVD 등을 통하여 보면 약 20개 회사 정도가 세계 각국에 납품 공급하고 있고 전자여권용 RFID를 함께 생산하는 곳은 거의 없는 것으로 조사되었다. 결국 프린트 여권업체에 RFID업체들이 별도 협력하든지 여권 표지에 직접 안테나를 인쇄하여 동시 생산하는 방향도 각국 업체별로 검토되고 있다.

이제 시작이다. 그렇다면 우리나라 인쇄업체들이 제조할 수 있는가? 물론 100% 가능하다. 우리나라는 금융권 통장 수천만 권을 제조한 경험이 있고 레인보우인쇄를 이해하

고 실크인쇄와 잉크소재와 라미네이트 속성을 이해한다면 충분히 제조가 가능하다.

사실 기능성과 고난도 고급책자를 생산해 본 곳이 한두 곳이 아니다. 사실 여권을 소지하다 보면 몇 가지 문제가 발생한다. 여행사가 일방적으로 덮개 비닐을 씌운 관계로 출입국 관리소에서 바코드 리딩이 어려워 벗기고 씌우는 반복행위와 여권표지와 본문이 일방적으로 일탈되어 여권의 진위 여부 때문에 말썽이 있을 수 있다.

이러한 제본의 주의점 등이 이미 모든 책자나 통장에서 경험한 바 있기 때문에 여권 제본이라는 것도 얼마든지 우수한 제품을 만들 수 있으며 지금 현재보다 내구성 있고 강한 여권이 출현할 수도 있다.

지금 현재는 국내시장은 K사가 독점생산하고 있지만 인쇄업계의 준비가 시작되면 정부도 구매형태를 바꿀 것이다. 그러나 국내보다는 동남아 국가로의 진입이 더욱 시급하다. 경제성 있는 세계시장이 상당히 많다. 본인에게도 상담을 해 온 업체들이 있다. 충분히 제조할 수 있고 판매대상이 있다면 지금 시작하는 것이 적기라고 본다. 그리고 우리나라 인쇄상들도 영업장소를 싱가포르로 옮기고 적극적으로 홍보해야 한다.

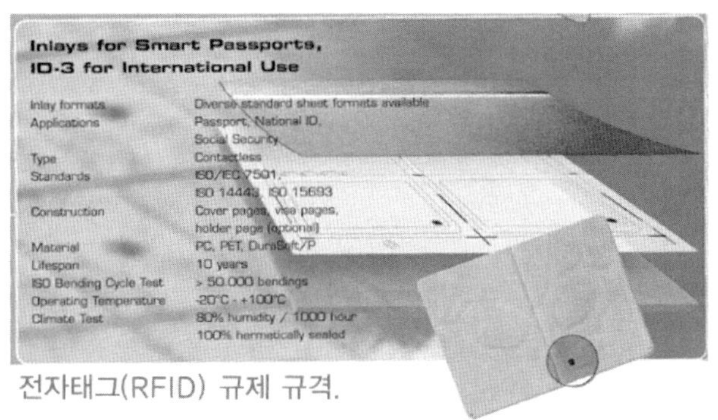

전자태그(RFID) 규제 규격.

3) 전자여권의 준비

또한 세계의 여권관련 업체를 방문하여 기본을 파악해야 한다. 그리고 회사는 TF팀을 구성하고 일부 시설을 과감히 트레이닝해야 한다. 전자여권 외에 또 선원수첩 시장이 기다리고 있다. 일부에서는 여권주머니 속에 스마트카드를 집어넣는 카드여권을 건의하는 곳도 있으나 책자여권의 전통성을 허물지는 못할 것으로 본다.

전자여권의 준비는 새로운 비전이고 혁신이다. 우리나라 시큐리티시장이 이제 시작이다. 보안시장의 종류가 무궁무진하다. 계속 새로운 시장이 창출되고 있다. 여기에 인쇄가 담당해야 할 분야가 너무 많다. 전자여권을 검토하면서 두 가지 사업이 동시에 타깃이 생길 수 있다. 특수여권 제조는 정부문서를 보안처리하는 데 새로운 일이 생성되며 RFID분야는 전산업계 폭발적으로 시작하는 데 기여할 것으로 본다. 우리나라도 전자여권을 준비 개발하는 데 기존 시설을 응용한다면 별 부담 없이 가능하며 발전적인 기업혁신이 일어날 것이다. 혁신은 어렵지만 기회가 와 있다. 몇 개 업체의 협동화 사업으로도 충분히 길이 생길 것이다. 업계의 좋은 소식을 기대해 본다.

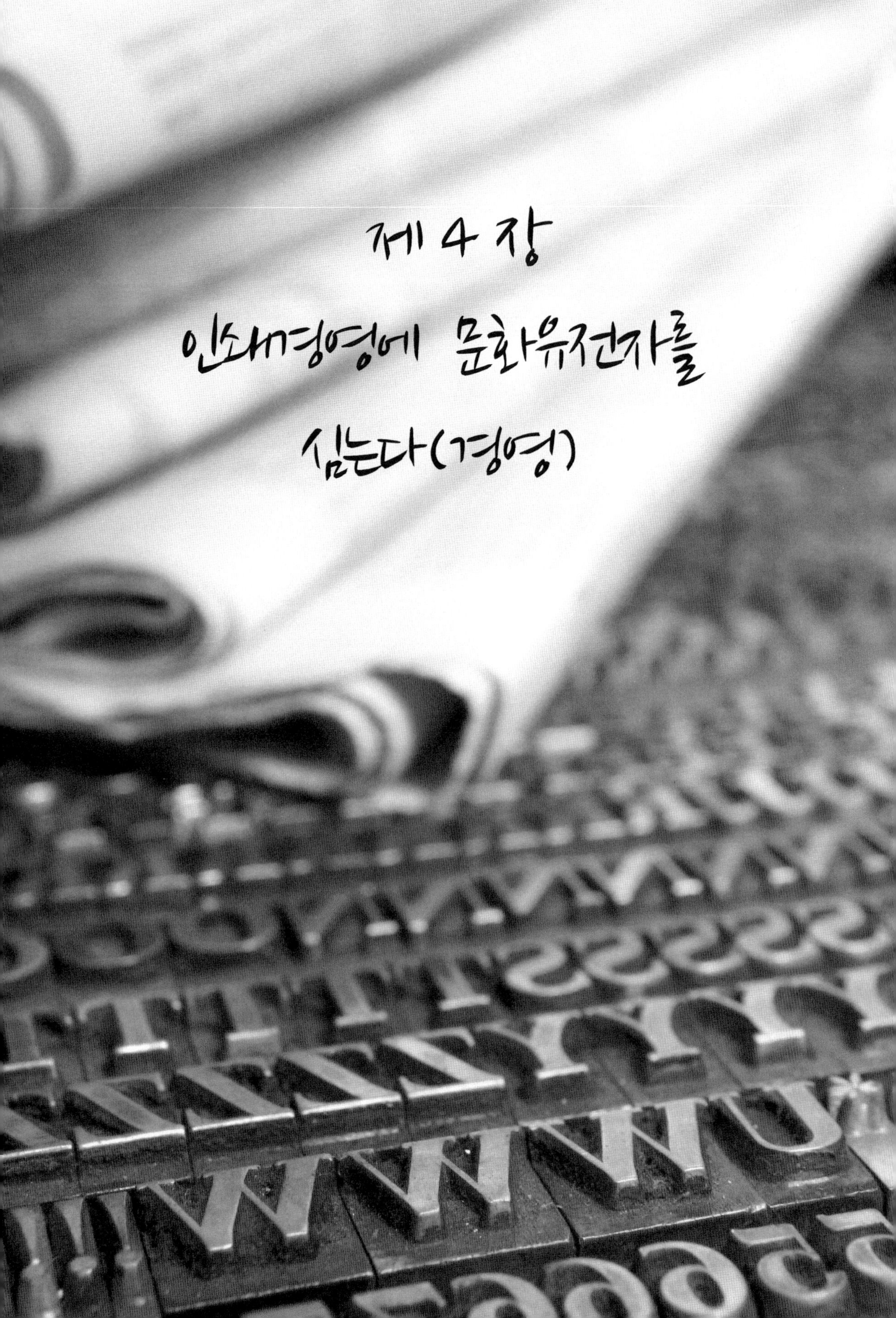

제 4 장
인쇄경영에 문화유전자를
심는다 (경영)

'드루파 2008' 그 위대한 변화

1) 개막일, 드루파 표정

제4장 인쇄경영에 문화유전자를 심는다(경영)

2008년 5월 29일, 아침 9시. 독일 뒤셀도르프 시 메세의 표정은 세계에서 몰려든 인쇄 관련인들의 폭발적인 인파로 활기차다. 지하철에서 전시장 내부까지 접근이 가능하고 자동차와 버스로도 접근이 용이하다. 주차장은 동서남북에 충분히 배치되어 어느 주차장이라도 접근이 용이하고 편리하다. 상상하기 힘들 정도의 수많은 세계인들이 출입 게이트마다 복잡하게 얽혀 줄 서 있다. 하지만 입장권에 인쇄된 마그네틱 스트라이프는 그 많은 사람들을 피곤하지 않고 편리하게 입장시키고 있다. 전광판에서는 벌써 "DRUPA에는 모두에게 필요한 것이 다 있습니다"라고 자신 있게 쏘아대고 있다.

이 국제적인 행사에 53개국의 지구촌 곳곳에서 1,950개 사가 참가 신청했고 1,820개 사가 부스에 출품했다. 175,000㎡의 넓은 공간에 17개 전문 전시장에 교육홍보 전시장 10개를 합쳐 무려 27개 전시장이 설치되어 있다. 전시장이 너무 넓고 많아서 사전에 치밀한 계획을 잡지 않으면 핵심 정보를 얻기가 힘들다.

한국에서 온 패키지 여행사들의 일정은 대개 드루파 일정을 2일이나 3일로 판매하고 있으나 각자 자신이 찾고자 하는 품목 중 한 종류의 품목이라 하더라도 일주일 이상은 정밀 계획 관람이 필요하다. 짧은 기간이라 수박 겉핥기 식 관람이 너무 아쉽다. 1,800여 개 사가 출품한 품목 및 기계를 모두 다 보기는 불가능하다. 필자는 이번이 드루파 4번째 방문이지만 매회 독특한 전시방향이 있다. 매번 느끼는 바이지만 사실 출품 H/W를 관람하는 것보다 더 중요한 것이 많다.

2) 드루파를 빛낸 부대행사

Compass Session에서는 각국의 비즈니스 관계자들이 매일 9시부터 2시간의 특별한 워크숍을 가졌고, 5월 30일부터 6월 11일까지는 여러 가지 소식을 담은 세미나가 진행됐다. 이 세미나를 통하여 각국의 유수한 멤버들과의 교류는 우리 한국 인쇄산업의 발전의 계기도 될 수 있을 것 같았다. 물론 이 세미나에서는 아침식사도 제공되고 30분씩 각 출품회사의 전문가들이 나와서 잉크젯으로부터 오프셋, Web to print, 포장관계의 기술정보뿐 아니라 기기구매 후에 인쇄수주처도 소개해 준다. 2008년은 신청자만 9개 테마에 500명이 참가신청을 했다고 한다.

전시장을 관람하는 데 한 개의 시스템에 포커스를 맞추는 사람들을 위해 하이라이트 투어시스템은 필요한 곳을 집중적으로 관람할 수 있도록 한 안내시스템을 조치, 준비해 놓고 있었다. 3시간짜리 가이드 투어를 마련하여 12명 1개 조로 다닐 수 있게 하기도 하고 영어, 중국어, 독어, 불어, 스페인어 제공은 기본이고 한국어도 특별 신청할 수 있게 하고 있었다. 가이드들은 하이라이트 투어를 위해서 수개월간 연수를 마친 사람들이다. 또한 드루파 Cube 내에 Print buyers 티켓도 처음 시도됐다.

3) 디지털 프린트의 약진, 그리고 오프셋기의 포장시장 전환

공통적으로 특기할 만한 것은 디지털 프린트가 출판시장으로의 약진과 더불어 오프셋기 분야의 포장시장으로의 전환 개척이 두드러졌다. 이제부터 양대산맥의 경쟁이 시작된 것 아닌가 싶다.

PDF엔진버전II를 다시 만든 Adobe는 Rip OEM 파트너들 EFI, Kodak, Oce, Screen, Xerox 등과 새로운 Rip으로 해상도와 디자인문제를 획기적으로 개선하고 drop-shadow도 없애고, 시간도 단축되고, 변환 DATA도 좋아졌다. 디지털 프린트기와 CTP판재 등에 중국 업체가 20개 사나 출품했다. 우리나라도 좁은 국내시장만 탓할 일은 아니라고 보인다.

2008년도 인쇄기계들의 특징은 사람이 손을 대지 않고 기계가 모든 것을 처리할 수 있도록 하는 데 개발목표가 설정된 것 같다. 잉크롤러의 온도조절이라든가, 매엽사이즈의 다양한 프리세팅, 잉크롤의 자동세척 등 시험인쇄와 기본인쇄를 구분하는 넘버링 체크 시스템과 후가공 장치의 변환기마다 센서를 부착하여 사람이 보는 것을 기계가 대체하여 인쇄물 상태를 검색해 주고 있어 기계가 사람을 대신하도록 변하고 있다.

특히 입구에 들어서자마자 7번 홀을 지나게 만들면서 DIP(drupa innovation parc) 현장을 보도록 구성했다. DIP는 PDF+XML, 창의적 생산, JDF경험, Print+Publishing, Digital picher, 온라인 커뮤니케이션 등을 체험하고 도움을 받도록 소개하고 있다. 또한 하이델베르크 사는 전시 홀 중에서 가장 넓은 2번 홀을 통째로 빌려 자기제품을 종합 전시하여 제일 많은 관객이 보는 위력을 과시하고 있었다.

4) 욕심나는 기술, 기술들

Bioink(영국)도 다양해지고 있었다. 대두유가 아닌 채소를 원료로 한 잉크가 개발되었고 무알코올과 건조시간이 빠르고 색상 및 망점재현 등 잉크와 물의 밸런스를 충족시킨 잉크가 소개되고 있다. 일간 무가지 신문이나 주간지 및 잡지 인쇄에 적절한 디지털인쇄에 후가공까지 시스템화하여 A4지 240페이지까지 고속으로 처리하는 인쇄기를 선보였다. 또한 각 인쇄사에서 잉크를 즉석에서 테스트하여 물과 잉크 함량 등 종이습도 측정장치를 인쇄 중에 측정할 수 있는 장치가 선보이고 있다. 전자정부를 위한 DB구축을 위한 고속 스캔 입력장비, 카드나 여권을 검사하는 장비, 3D 홀로그램 필름업체, 친환경 용지업체들과 특수 표지제작을 할 수 있는 S/W, 각종 제약용 CASE의 제작S/W 등 상상할 수 없을 정도로 변화된 너무 많은 인쇄기술들은 욕심나는 게 한두 개가 아니었다. 놀랍고 특이할 것은 터키나 인도가 수천 년간의 전통을 가진 향료와 염색 기술을 응용, 고품질 인쇄잉크를 생산해서 비즈니스를 시작했다는 점이다.

디지털인쇄는 부족한 부분을 보완하기 위해 부단히 노력하여 새로운 UV보완장치를 선보이고 있다. 후가공 분야에는 한국의 업체들도 당당하게 출품하여 자리를 지키고 있었다. 특히 GMP(주)의 경우는 넓은 전시공간을 마련하였고, 많은 외국방문객들 때문에 발 디딜 틈이 없을 정도로 바쁘고 인기가 높았다.

5) 디지털 프레스의 변화

인쇄 타깃을 종이는 물론 PE나 PVC 등 포장지에 적용하기 시작했고 라벨인쇄, 실크인쇄, 플렉소, 그라비어인쇄까지 디지털 프린트기술이 적용되고 있다. 각종 포장케이스에도 적용하는 S/W가 있었다. 출품회사들도 선진국 메이커 외에도 중국, 인도 업체들이 새롭게 출품을 하고 있으나 중국의 어느 업체는 데모를 하다 실패했다. 필자가 3일간 연속 방문했으나 테스트에 성공하지 못해 관람객의 입장에서도 매우 안타까웠다. 전시가 끝나기 전까지는 성공해야 할 텐데 매우 아쉬웠다.

디지털 프린터의 도전은 끝이 없는 것 같다. Web프린팅에 적용하여 고속생산을 선보였고, 후가공 장치 등 인쇄자체의 내구성을 보완하기 위해 UV장치를 인쇄기 내부에 설치하기도 했다. 잉크젯으로 색재현을 상당히 높여서 기본 디지털 프린터 아성에 도전하기 시작했다. 어떤 곳은 전자잉크를 이용하여 인화 현상방법으로 디지털 프린트를 테스

제4상 인쇄경영에 문화유전자를 심는다(경영)

트하여 HD화상 재현을 실현시켰다. 어떤 개발회사는 오프셋처럼 인쇄판에 전이시키는 간접 인쇄방식을 개발하여 디지털 프린트의 확장성을 선보였다. 디지털 프린터의 잉크 값의 약점을 보완하여 A4 한 장에 15원 이하로 맞추기 위해 노력 중이라고도 했다. 4년 후 2012년 드루파는 디지털 프린터가 오프셋과 경쟁에서 결코 뒤지지 않을 것이란 의욕 이 넘치고 있었다.

6) 오프셋기의 변화

우선 오프셋기 내에서 판형의 선택이 자유로웠고, 패키징산업으로의 도전이 뚜렷했 다. 외관의 디자인은 점보 항공기를 보는 것 같았다. 해상도와 속도 및 후가공과의 자동 연계 편이성, 컬러의 다변성에 대한 차별화, 새로운 코팅시스템, UV, 바니스, Web실크 와 통합으로 새로운 인쇄의 창조 등이 돋보인다. 또한 무습수 인쇄유행에 따른 분진 흡 수장치도 개발하여 환경에도 접근하고 있다. 역시 사람 손을 필요 없게 하는 주변장치 를 옵션이 아닌 기본장치로 채택, 경쟁력을 높이고 있다. JDF 등의 편집→교정→자동제 판→인쇄→후가공→납품→발송 등 원시스템으로 세팅되는 생산성을 출판과 모든 산업 에 연동되는 자동화 기계가 탄생하고 있다.

7) 프리프레스와 CTP

기술의 다양화가 눈부시다. CTP와 디지털 프레스 간의 한계가 언제까지 갈 것인가. 기본기술 이외의 잉크젯기술로 제작된 판재가 CTP와 경쟁하겠다고 출품한 업체가 있었다. 특수한 잉크와 페이스트를 이용하여 모든 판재에 잉크젯을 처리하여 새로운 혁신적 CTP라고 주장한다. 제조의 편이성인가 아니면 새로운 기술인가는 모르겠다. 사진제판의 디지털화는 각종 소개된 S/W는 물론 인쇄기계와 통합하는 S/W 등 다양한 기술이 선보이고 있다. 따라서 필름 제판시스템은 거의 찾아볼 수가 없었다.

기존 메이커들의 기술은 우리나라에 적용되고 있으므로 특별한 것은 발견할 수 없으나 품질과 속도경쟁 그리고 가격경쟁인 것 같다.

8) 후가공 장치의 변화

후가공 장치는 종류를 셀 수 없을 정도로 다양해졌다. 그만큼 인쇄가 취급해야 될 분야가 많아진 것 같다. 각종 제책, 접지, 재단 등도 자동화가 계속 업그레이드되었고 사람의 실수를 줄일 수 있도록 인공지능 센서가 등장했다. 접착제의 농도, 품질의 정도, 두께, 접착도, 방향, 종이재질의 변화 등을 감지하는 시스템은 많은 부분에서 원가절감시키고 따라서 속도 또한 계속 향상되고 있다. 또한 공정마다 분진 흡수장치라든가, 실내습도와 관계없이 기계내부의 친환경 습수장치는 특기할 만했다. 정부 조달물자 중 저장품이나 문구시장, 교육용 실습자료, 어린이용 종이 놀이기구 등에 전문 S/W를 DIP에서 취급하고 있었다. 인쇄기술로 불가능한 접착용 필름은 코팅기술을 응용한 후가공 장치에서 채택된 것은 획기적인 것이었다. 인쇄기의 옵션장치 부분을 후가공에서 인수됨으로써 투자비와 경제성이 고려되고 있다.

디지털 프린터용 후가공 장치, 패키지용 장치, 의료용 제품에 대한 전문적 장치의 S/W 등 제책S/W도 후가공업체들의 새로운 산업인 것 같다. 여기에 홀로그램, 3D필름, 친환경을 위한 세균 제거장치 등 고속 무인화 자동화는 생산성 향상뿐 아니라 작업 중 분진이나 종이로 조각날림 등을 장치 속에서 흡수, 공장환경을 쾌적하게 한다.

후가공 장치산업의 미래는 밝고 또한 이 분야의 비즈니스 영역이 넓어질 것으로 기대된다.

9) RFID 관련 출품사 증가

안테나를 형성하는 잉크와 장비 inlay를 여러 인쇄층과 합지하는 자동 레이어 장치 등 RFID 수요에 따라 출품사가 5개사로 늘었다. 전자잉크사도 각종 특수기계용, 특히 잉크젯을 이용한 전자인쇄 시스템과 Web실크에 사용되는 금속 및 전도성 잉크 등 신개발품이 많아 RFID수요에 따라 인쇄기술로 생산하는 것에 부담이 적어졌다. 한국 업체도 이 분야에 전시 출품한 곳이 있었다.

10) 특수인쇄 흐름

필름 라미네이팅과 경쟁할 수 있는 특수 코팅 인쇄기는 필름과 열이 필요 없이 모든 형태를 제작하고 금속코팅 및 각종 벽지, 나무무늬, 전기코일, 특수 방수천, 용지 등을 무한정 생산할 수 있는 코팅기는 획기적이다.

미국 특허인 랜티큘러 입체 필름에 새로 개발된 값싼 3D필름이 도전장을 내어 모든 종이, 천 등에 동영상 같은 물체의 3D가 시연되었다. UV잉크젯 코팅을 이용해 각종 특수 가공품을 쉽게 생산할 수 있게 되었다. 실크인쇄는 Web실크로 변하고 있고, 각 넘버링 번호가 컬러화, 폰트가 가능하고, 여권과 카드를 생산하는 기자재도 소개되었다. 잉크, 코팅, 접착제 등 각종 용재는 친환경 제품만 생산하기 시작, 시제품을 선보였다.

영국업체의 기능성 잉크는 비즈니스적 관계유지가 필요하다고 생각된다. '드루파 2008'에서 접한 수많은 특수한 정보는 인쇄산업의 방향과 비전을 담고 있다.

인쇄산업의 새로운 패러다임
－정보화 사회에서의 인쇄영역 확대방안을 생각한다－

　대량생산 체제를 갖추고 대량판매하려는 경영기법은 업체 간 출혈경쟁을 빚는다. 이제는 인쇄산업도 지식 경영방식의 도입이 필요하다. 자기기업의 인쇄기술이 지식정보다. 새로운 패러다임이 필요하다. 새로운 패러다임은 새로운 영역확대를 목표로 해야 한다.

　오늘의 현시대를 통틀어 지식정보화 시대라 한다. 사회환경이 급속히 변화되고 있어 수세기동안 물질이 재화였던 시절의 산업사회가 변화되면서 새로운 기반구조가 등장했다. 네트워크, 통신, 커뮤니케이션 출현 등으로 산업사회가 정보화사회구조로 달라지고 있는 것이다. 인간 간의 사회적, 심리적 상호 관계는 분권화, 분산화, 탈대중화, 전문화 등으로 방향이 진화되고 있다.

　소비자층이 분산되어 다양화되면서 대량생산, 대량보급 같은 강압식 판매는 이미 사라지고, 소비자가 선택하기 전에 소비자 요구를 따라야 하는 시대가 되어 버렸다. 마케팅구조도 1종에 100만 부를 파는 것보다는 1,000종에 1,000부를 판매하는 것이 훨씬 부가가치가 높고 소비자 요구에도 부응하는 것이다. 무엇이 이렇게 변화시켰는가. 그것은 정보화된 사회구조다.

　오늘날 인쇄산업도 모든 면에서 크게 변화하고 있다. 경영환경은 하루가 다르게 발전하고 있다. 새로운 장비출현으로 생산성과 품질은 세계적 수준이다. 특히 디지털화되는 인쇄시스템은 인쇄업을 크게 변화시켜 종래의 인쇄개념을 바꾸려 하고 있다. 이러한 인쇄환경 변화는 기술적 측면만 강조하게 되어 새로운 인쇄장비를 남보다 먼저 도입하는 것이 경쟁력을 갖추는 것으로 간주되어 유행하고 있다.

　그러나 인쇄는 단순하지가 않다. 기술설비만 변하는 것이 아니고, 사회적 환경도 바뀌고 경영방식도 바뀌고 있다. 즉, 기술설비만이 모든 것을 해결해 줄 수 없다는 것이다. 지금은 지식 정보화 사회에서 변화 요구된 인쇄환경을 생각해 볼 필요가 있다. 인쇄업을 단순히 인쇄물을 생산하는 제조업으로만 생각해서는 안 된다는 것이다. 인쇄공정을 거쳐서 최종적으로 생산되는 인쇄상품에는 지식과 정보가 담겨 있다. 또한 인쇄상품

제4장 인쇄경영에 문화유전자를 심는다(경영)

을 생산하는 제조기술도 경험, 개인지식, 숙련도, 회사의 전통, 지켜온 습관 등에 따라 장비와 S/W가 동일하다고 하더라도 최종적인 제조상품인 결과물은 판이한 것이 인쇄상품이다. 따라서 인쇄는 지식기반의 제조업이다. 곧 기능이 지식이며 더 나아가 지식산업인 것이다. 설계대로 똑같이 만들어도 똑같은 제품이 나오지 않는다. 인쇄업체의 지식기반이 다르고 회사마다 정보화 축적능력이 다르기 때문이다.

결국 기본적 설비와 개인의 지식정보화 능력과 통합된 제조능력의 싸움이다. 오늘날 세계적인 경쟁력을 얻은 기업은 종업원 수가 10인 이내 회사에서 나오고 있다. 과거 선망의 대상이 되었던 규모의 경제인 대형회사를 부러워하는 시대도 이미 지나갔다. 영업을 하지 않아도 고객이 찾아오는 회사가 되어야 한다. 이제는 회사가 보유하고 있는 지식정보를 파는 시대가 되고 있다.

대량생산 체제를 갖추고 대량판매하려는 경영기법은 업체 간 출혈경쟁을 빚는다. 이제는 인쇄산업도 지식 경영방식의 도입이 필요하다. 자기기업의 인쇄기술이 지식정보다. 새로운 패러다임이 필요하다. 새로운 패러다임은 새로운 영역확대를 목표로 해야한다.

1) 판매방식의 전환

인쇄물 종류는 상상할 수 없을 정도로 다양해졌다. 인쇄물에 따라 인쇄기술과 생산방법도 종류가 너무 많다. 또한 사용하는 소재의 종류도 다양하다. 인간과 인쇄라는 사회적 관계 속에서 계속 새로운 종류의 형태가 생겨나고 있고, 경제사회의 팽창에 따라 삶의 질도 향상되고 인쇄물량도 계속 팽창하고 있는 것이 사실이다.

그러나 이 시점에서 과잉 생산시설의 추월적 경쟁은 경험하지 못한 문제다. 원인을 논하기 전에 몇 가지 대안이 필요하다고 본다. 우선 국내 인쇄물 총 구매량 실태파악이 중요하지만 현실적으로 불가능하다.

따라서 과학적 대안은 만들 수 없다고 사료되나 돌파구는 있다고 본다. 인쇄기업마다 주문기업에서 판매기업으로 전환을 위한 준비도 하나의 방안이다. 개인이 어려울 경우 주변 몇 개 업체들의 협동화로 역할 분담이 가능할 것으로 본다. 여기서 기획디자인, 출판, 문구 등 직접생산사업이 검토대상이 될 수 있다. 문화산업진흥기본법이나 산업관계 법령에서도 지원받을 수 있는 근거도 가능하게 되어 있다.

대량시설 경쟁, 현행 입찰관계법령 등 문제점과 더더욱 유관기관의 인쇄발주 총 물량으로는 너무 부족하여 주문생산의 업종유지는 갈수록 어려울 수밖에 없다. 과감히 인쇄상품을 자기 상품으로 하여 직접판매생산체제로의 전환도 새로운 패러다임이다.

2) 서비스산업으로의 전환

고객의 무리한 요구는 계속 증가될 것이다. 단납기, 고품질, 저코스트의 요구사항은 수용하기에 한계에 이르고 있다. 고객의 요구를 보다 좋은 방향으로 유도하고 고부가가치를 높이고 고객과 동반자 관계를 구축할 수 있는 좋은 기회를 만들기 위해 수주산업인 제조업을 일부 서비스산업으로 전환할 필요가 있다. 요즈음 인쇄산업은 서비스업이라는 해석이 많아지고 있다.

지금까지 상업인쇄가 발전해온 과정을 보더라도 단순히 인쇄하고 판매한 것보다 고객이 원하는 바에 따라 정보를 가공정리하여 제작해 주고 있다.

다른 산업처럼 완성된 상품을 고객에게 단순히 판매하는 것이 아니고 고객이 생각하고 있는 지식정보와 사고를 인쇄인은 전달받고 이를 고객과 함께 목적한 바대로 표현하기 위한 사전지식과 정보교환 서비스가 전반적으로 이루어지고 있다. 따라서 인쇄는 제조 이전에 서비스산업이며 서비스를 위한 제조산업으로 새로운 정의가 필요하다. 이를 위해 새로운 이론정립을 위한 학술적 논리도 필요할 것이며 인쇄단체의 지원도 필요할 것이다. 정립이 되면 제조업 체계의 법령을 서비스체계 법령으로 개정이 가능할 것이며 어쩌면 용역사업의 범주로서 역할과 해석이 가능하고 인쇄산업의 일부가 지식 정보화 산업 또는 서비스산업으로서 수의계약 대상품목으로의 접근이 가능하게 될 것이다.

3) PREPRESS로부터 전환

사진제판과정에서 CTF→CTP→디지털 프린트로 발전해 가는 프로세스를 이야기하는 것은 아니다.

우리 인쇄업계가 사업영역 중 잃어버린 것을 다시 찾아볼 필요가 있지 않은가 한다. 지식과 문헌정보가 전자파일화되고 있고 웹을 이용한 인쇄가 폭발적으로 늘어나고 있다. 과거에 인쇄체계는 필수적으로 활자 조판시설을 갖추고 있었고 이것이 인쇄의 기본이었다. 그 후 간이 타자방식 공타→청타→사진식자→전자조판→CTS 등의 설비를 경영합리화 방안으로 포기 아닌 폐기해 버린 곳이 많이 있었다.

동시에 수많은 사진제판장비도 창고 안으로 사라졌다. 15년이 지난 오늘 현재 문헌정보의 데이터화는 새로운 정보거래방식이라는 새로운 산업을 생성했고 그 시장은 연간 2,000억 원 시장으로 확대되었다.

기회를 포착한 대기업들이 시장을 점유하고 있지만 인쇄를 모르는 DB 구축으로 새로운 문제점도 생겨나고 있다. 저효율 DPI로 생성된 이미지는 인쇄기술을 따를 수 있겠는가. 정보전달의 신속성은 종이인쇄물이 이를 따를 수 없다고는 하지만, 중요한 것은 데이터의 해상도, 즉 품질이다. 구글의 디지털도서관이나 영국 대영도서관의 M/S 북서치사업도 인쇄업체들의 참여로 진행되고 있다.

문화콘텐츠도 외국과의 경쟁이다. 지금처럼 일부 저해상도 작업으로서는 국제경쟁력에 문제가 있을 수 있다. 이 분야도 전문업종인 인쇄인들의 의견이 필요하며, 인쇄기술이 정부 고문서나 정부문헌 DB에 적극 참여하여야 한다. 이미 경험이 축적된 인쇄산업이 이 큰 시장을 외면할 수는 없는 것이다. 정부문서 전산화사업에 효율적이고 경제적인 새로운 구축방안을 인쇄업계 전체의 정책건의안 마련도 필요하다.

4) 디지털시대의 종이와 인쇄의 통합이라는 새로운 패러다임

환경이슈는 전 세계적인 관심사다. 생산공정의 환경화, 공장주변의 쾌적화 이야기는 본란에서는 생략하고 다음 기회를 기다리자.

전자교과서 등 학습도구의 디지털화로 종이인쇄물의 증가속도는 디지털파일과 경쟁이 될 것인가, Cross Media출판, 문화콘텐츠산업이 종이를 필요로 하는가 하는 새로운 과제가 생기고 있다. 종이와 인쇄는 밀접하다.

그리고 증가속도는 정비례한다. 여기에 친환경인쇄를 새로운 패러다임으로 새로운 영역을 개발할 필요가 있다. 인쇄산업과 제지산업, 잉크산업 등 각 영역에서 환경문제에 대응하여 종이나 잉크는 재료적 차원의 환경재이지만 공급은 인쇄산업이 대표이다.

종이와 친환경인쇄는 차세대 경쟁력에도 중요하다고 본다. 이미 환경인증이 마련되었고 친환경 제품 구매요구가 증가되고 있다. 미래 인쇄기술로 성장에 대비한다면 부가적으로 새로운 기술이 파생되고 신기술용지가 출현될 것이다. 이것은 디지털기기의 전파공해부터 친생체적으로 종이인쇄를 따를 수 없을 것이다. 포장지, 유아용집기, 어린이 동화, 문구 등의 시장에 인쇄영역을 넓힐 것이다.

마지막으로 초강도용지, 즉 금속종이가 개발되어 여러 산업에 쓰이고 RFID용지를 생산하고 레이저 투시 인쇄용 종이는 인쇄혁명으로 갈 것이다. 3차원 프린터기술은 워싱턴대학 가버 포각 교수가 시제품을 생산하여 잉크젯 원리를 이용, 혈관과 피부조직도 층층이 쌓아 올리는 프린터기술로 생성해 냈다. 종이도 3차원 프린터를 사용하여 펄프재료를 이용, 종이도 개인이 생산하고 프린트도 하는 기술을 선보이고 있다. 이렇게 새로운 디지털시대의 종이와 인쇄역할을 인쇄산업이 무시할 수 없는 것이다. 이것도 디지털시대의 새로운 영역 확보이다.

한미 FTA와 인쇄산업

―기회와 도전이 오고 있다―

2012년은 임진년(壬辰年) 흑룡(黑龍)의 해이다. 바다와 관계가 깊어 모든 기업들이 무역에 관심을 두어야 하는 해이다. FTA(Free Trade Agreement)는 자유무역협정이란 말로 간단히 말해 국가 간에 상품이나 서비스 교역이 자유롭게 이루어질 수 있도록 하는 특혜협정이다.

참고로 FTA의 인쇄 관련(인쇄서적, 소책자, 리플릿, 신문, 수제문서, 타이프문서, 도면, 이와 유사한 인쇄물) 코드는 HSCODE―49이다. 원래 FTA란 관세인하 및 철폐에 중점을 두는 경우가 많으나 최근에는 상품 이외에도 서비스 및 투자까지 포함하는 것이 일반적인 추세이다. 더 나아가 지적재산권, 정부조달, 경쟁정책, 무역구제제도까지 범위가 확대되고 있다.

앞으로 두 국가 간이 아닌 셋 이상의 국가들이 공동협약하는 지역무역협정(RTA)도 시작되고 있다. 앞으로 경제통합 형태는 통합 정도에 따라 4단계로 구분할 수 있는데, 단계적으로 1단계 관세철폐를 시작으로 관세동맹 그리고 공동시장으로 이어져 마지막 4단계는 공동정책을 수행하는 완전 경제통합이 이루어지게 될 것이다. 이러한 것은 도저히 각 국가의 내수시장으로는 경제적 한계를 느낀 나라들의 피할 수 없는 자구책이기도 하다. 마찬가지로 우리나라 인쇄산업도 공급과 규모가 커져 포화상태인 내수시장으로는 한계에 부딪혀 도저히 돌파구가 없다.

국내 인쇄산업은 세계에서도 희귀한 따라 하기 식 과잉투자는 우리 스스로 자승자박이다. 국내시장이 작다 보니 정부의 미약한 지원책이 있다 하더라도 현실문제를 감당하기는 거의 불가능하다. 해외로 진출하는 것 외에 달리 길이 없다. 이제 거리와 관계없이 글로벌시장이 만들어지고 있는 이때, 새로운 기회가 생기고 있는 것이다. 이미 우리나라는 무역 1조 달러 국가로 진입했다. 1964년 1억 달러 돌파 이후 1977년 100억 달러, 1995년 1,000억 달러를 넘어섰다. 47년 만에 무려 5천 배 이상 성장이다. 1986년 처음으로 무역 흑자를 기록했고, IMF금융위기가 닥친 2008년(133억 달러 적자)을 제외하고는 줄곧 무역 흑자를 내고 있다. 수출액 세계 순위도 1960년 88위, 1970년 43위에 그쳤지

만, 지금은 세계 9번째 국가이다. FTA를 통한 무역개방의 폭은 지속적으로 확대될 전망
이다.

무역자유화에 힘을 받아 경제성장은 반가운 일이지만 양극화 문제로 그늘 속에 있는
인쇄인들에 대한 걱정이 앞서는 것도 사실이다. 제조업 발전을 위해 중소기업을 지원하
는 정책적 배려로 작지만 강한 강소기업(强小企業)의 육성이 필요한 시점이다.

그렇다면 대한민국의 수출 효자들은 누구일까? 대한민국을 대표하는 품목별 수출실
적을 차례로 살펴보면 무선통신기기는 13.7%, 일반기계는 37.3% 증가했다. 석유화학도
예년보다 무려 31.5%나 늘어났으며 철강제품 증가율도 24.3%라는 높은 증가율을 보여
주었다. 석유제품은 37.5%, 액정디바이스는 30.8%, 섬유류는 19.6%, 가전은 30.1% 증가
했다. 컴퓨터는 선박류, 섬유류와 함께 20%에 못 미치는 증가율을 나타냈다. 대한민국
은 13대 품목 가운데 12개 품목에서 모두 두 자릿수 증가율이라는 놀라운 기록을 세웠
다. 물론 수출품목 가운데는 인쇄품목은 끼어들 수 없지만 수출상품에는 인쇄가 서비스
한 부분이 적지 않다. 인쇄 없이 상품을 포장할 수 있겠는가? 여기서 충분히 기회가 생
기고 있다.

FTA는 속도의 경제가 지배하는 영역으로 이행이 빠를수록 효과가 극대화된다고 한
다. 국가 간 경쟁은 상호 비교우위(comparative advantage)가 있는 상품을 특화함으로써
두 국가 모두가 이익을 얻을 수 있다. FTA 원리는 기술 수준이나 자원의 보유 규모 등
모든 면에서 상대적 우위에 있는 나라와 그렇지 않은 나라들 사이에 교역이 이루어지게
되는 묘미가 있어 상호 간 발전이 될 수 있다는 이론이다. 국민의 생활 구석구석까지
영향을 미치게 될 한미 FTA는 특정품목만이 아닌 모든 제조상품이 고르게 발전해야 한
다. 한미 FTA 비준에 따라 세계에서 가장 크고 발달한 시장과 벽을 허물어야 하고 경험
하지 못한 새로운 방식의 경제전쟁도 시작해야 할 것이다. 이것이 우리에게 위기가 될
것인가, 큰 기회가 될 것인가는 지금부터 우리 인쇄산업인들이 하기 나름이다.

경제 대국 틈바구니 속 한국은 미국·EU 등 세계최대 경제권을 포함해 45개국과
FTA를 맺었고 협상이 진행 중인 국가만도 12개국에 이른다. 한·중·일 사활 건 체력
전쟁이 시작이다. 지역별 수출 동향을 살펴보면 단일국가로는 중국이 우리나라 제품을
가장 많이 수입하고 있는 것으로 나타나고 있다. 중국은 증가율이 37.7%로 33.3%인 미

국을 제치고 수출 1등 국가로 떠올랐다. 지역별 수출은 중국이 24.9%로 1위이고, EU가 2위, 아세안이 3위, 미국이 4위이다.

한미 자유무역협정 타결 이후 우리 산업과 시장에 미치는 영향을 분석하는 기사와 분석자료가 연일 쏟아지고 있다. 또한, 협정을 위한 관련 법령제도 정비 및 이론도 함께 제기되고 각종 단체는 자기 입장에서 미래 검증을 위한 분석에 열을 올리고 있다. 선진화를 달성한 세계 제2위의 경제 대국 일본과 선진화를 향하여 질주하는 중국 사이에 끼어 '샌드위치'가 되어 가는 한국경제가 한미 FTA를 통해 새로운 도약의 기회를 맞은 것은 사실이다. 그러나 가격경쟁력에서 중국에 밀리고 있는 것도 문제다.

결국 FTA가 발효되어 관세부담이 없어지면 역전의 계기도 생길 수 있다. 물론 FTA 반대와 협상 시한 등으로 미국과 덜 주고 덜 받는 식의 작은 거래(small deal)를 한 것으로서 장기적으로 단계적인 협상은 계속되겠지만 분명한 것은 기회와 도전이 생겨난 것이다. 그러나 기회는 좋지만, 도전은 힘든 법이다. 물론 한미 FTA에는 '그늘'도 있을 수 있다.

특허기간과 저작권 보호기간이 늘어난 문화산업분야의 출판과 디자인의 로열티 등 저작권료도 부담이 커질 수 있다. 지금까지 경험하지 못한 대변화 속에서 우리나라 인쇄산업은 과연 FTA와 무슨 관계가 있는가. 신중히 생각해 보지 않을 수 없다.

한미 FTA 분야별 합의 내용 중 업종과 산업종류 속에서도 '인쇄'라는 두 글자를 찾아볼 수 없다고 해서 방심할 수 없는 이유가 분명하게 있다. 인쇄는 특성상 모든 산업과 상품 속에 이미 자리 잡고 있고 인쇄 없이는 모든 산업의 상품을 표시할 수 없다. 상행위 자체가 불가능하다. 그렇다면 보편적 인쇄는 인쇄라는 상품이면서도 모든 산업의 요체로 볼 때 신 개방 시대의 FTA는 모든 대상 업종과 똑같이 인쇄에도 영향을 미칠 것은 분명하다. 20년 가까이 지속해 온 세계 경제는 WTO 중심에서 FTA 쪽으로 급속히 옮겨가고 있다. 우리나라의 경제전략도 FTA 중심으로, 즉 개방형 통상국가로 전략이 짜일 수밖에 없다. 2000년대에 FTA를 통한 '경제 짝짓기'는 110건에 이르고 있다.

즉, 전 세계 교역의 50%는 FTA를 갖고 있는 나라들과 교역해야 하고 인쇄산업 역시 내수기업과 수출기업의 구분은 더 이상 무의미해질 것이다. 국내 시장에서의 경쟁력이 곧 외국시장에서의 경쟁력이 되기 때문이다. 따라서 국내에서 제품을 비싸게 팔고 외국에서 싸게 파는 등 국내외를 분리한 마케팅 및 경영전략은 더 이상 통하지 않는다. 관세 철폐로 저렴한 가격으로 쏟아져 들어오는 재화 및 서비스와 경쟁하기 위해서는 연구개발 투자와 품질경쟁력을 확보하는 것은 필수다. 이제 인쇄산업은 아마추어선수로서 프로 무대에 오르게 됐다. 한미 FTA는 경제게임의 룰이 완전히 바뀔 수밖에 없다. 두 나라 시장이 하나로 통합되고 미국의 5대 산업인 인쇄산업과 한국의 인쇄산업이 하나의 시장으로 될 수 있다. 헤비급인 미국과 무한 경쟁은 무척 힘들겠지만 14조 달러짜리 시장이 새롭게 열리는 등 엄청난 기회도 맛볼 수도 있을 것이다. 어쩌면 인쇄 공급이 포화상태인 우리로서는 탈출할 수 있는 제2의 성장동력이 될 수 있을 것이다.

그러나 세계 1등이라는 전문성으로 무장하지 않는 한 더 이상 살아남기는 어려울 것이다. 결국, 무한 경쟁시대를 필연적으로 맞이할 수밖에 없다.

1) 인쇄산업의 새로운 패러다임

낡은 관행으로는 글로벌 경쟁에서는 버틸 수가 없다. 그리 머지않은 옛날에 우리는 참기름이나 국수, 떡을 뽑기 위해 자기 집에서 수확한 곡식(재료)을 들고 마을 방앗간에서 줄을 서서 차례대로 가공(주문생산)하여 사용했었다. 그러나 지금은 일부를 제외하고는 슈퍼나 마트에서 소비자의 요구와 관계없이 표준규격으로 포장된 상품이 판매된 지 오래고, 주문생산은 없어졌다.

왜 이런 이야기가 필요한가? 모든 산업의 패러다임이 변한 것이다. 연탄공장이 도시가스산업으로, 얼음창고가 냉장고로, 주문생산의 극치인 인쇄산업이 앞으로 어떻게 변할 것인가. 주문생산으로 계속 남을 것인가, 새로운 패러다임은 없는가. 이러한 새로운 방향은 인쇄산업에 있어서의 의미가 깊다.

오늘날 FTA는 더 이상의 전통적 사고방식을 용납하지 않을 것이다. FTA는 냄새, 소리도 상표로 인정하고 이를 출판 상품화화고 있다. 증명표장 제도가 도입되어 상표의 품질보증 기능이 내실화되고 소비자들은 올바른 상품선택의 기준과 정보를 받게 된다. 증명표장제도는 소비자들에게 상품에 대한 정확한 정보를 제공하여 신뢰성을 제고하는 효과도 있다. 여기에는 인쇄기술의 경륜이 필요하게 될 것이다.

무한히 개발되고 있는 신기술 상품과 충분히 투자되고 있는 자본력, 그리고 기업 간 협동화 경험 등은 우리 인쇄업계에 새로운 충격이 될 것이고 이를 극복하기 위한 새로운 경영방법의 패러다임을 창출하지 않을 수 없다.

출판인쇄나 광고상품에서도 미국적인 것이 더 많이 쏟아져 들어올 것이다. 새로운 패러다임을 위해서 기술력, 인력, 자금, 마케팅 능력 확보를 위해 업계는 인쇄산업의 미래 및 경쟁력을 위한 연구조사 등을 통하여 분석하고 체계적인 보완대책을 마련, 법과 제도 개선작업을 추진해야 할 것이다.

2) 미국조달시장의 진출

현재 인쇄업계의 수출전략은 극소수의 인쇄업체들의 피나는 자구적 노력뿐이었다. 종합적인 외국조사시스템이 너무 열악하다. 한미 FTA 타결로 정부가 미국 정부 조달시장에 참여할 기회가 확대됐다고 주장하는 가운데 한편에서는 이 같은 내용은 과장된 것이라고 주장하는 쪽도 있다.

이만큼 어려운 것이다. 정부 주장을 떠나서 필자의 경험으로도 현실적으로는 미국 내 법인설립 혹은 중앙계약등록(CCR) 등 절차 때문에 중소기업이 연방조달시장에 참여하기는 매우 어렵다. 그러나 미연방조달청(GSA)에 대한 접근은 훨씬 용이해질 것이며 기회도 생길 것으로 본다. 중소기업청도 4월 8일 한미 FTA 체결에 따른 중소기업 부문 대응방안을 발표했다. 우수 중소기업에게 시장조사부터 사후관리까지 종합적 지원을 한다는 것이다.

작년 7월부터 미국연방조달청(GSA)에 시장조사단을 파견, 진출 희망기업에 컨설팅을 지원하고 GSA 직원과 면담도 주선도 약속한 바 있다. 그러나 인쇄산업은 수출증대산업 30개 중에 포함되지 못하고 정부의 우수제품에도 등록되어 있지도 않다. 인쇄산업의 자구적 노력이 부족한 것은 사실이다. 인쇄산업이 FTA를 포기할 수 없는 것이다. 미국 연방정부의 조달금액은 300조 원 이상이다. 그러나 인쇄물 시장이 어느 정도인지 파악도 못 하고 있다. 이제는 외국시장도 다각적으로 조사할 필요가 있다고 본다. 또한, 사상 최초로 한국인 반기문 전 외교통상부 장관이 유엔사무총장직에 재선임된 지도 몇 달째이다. UN 사무처 사용 인쇄물이 간접 조달까지 합쳐 1억 달러 가까이 집행하고 있다 한다.

3) FTA는 도전을 기다리고 있다(우리의 준비)

한미 FTA 체결을 기다리면서 매우 착잡하다. 우리의 준비가 너무 미흡하기 때문이다. 한국 인쇄산업의 입장에서 FTA가 주는 의미가 무엇이며 그리고 필요한 정보는 무엇이고, 검토할 사안은 무엇인지 심사숙고해야 한다. 그러나 FTA 내용을 분석하여 '대책이 필요한가, 필요하지 않는가?'라는 질문에 현시점에서는 아무것도 대답할 자료도 없다. 그 많은 산업 중에서 인쇄품목은 보이지 않고 약간의 출판시장만 역광으로 비칠 뿐이다. 한 가지 의견이 있다면 인쇄산업의 취약한 부문이 있으면 협동화로 경쟁력을 보강해야 한다. 개방과 함께 국내 선수들끼리 겨뤄 보게 하는 경쟁 판을 키우는 것이다.

내부 경쟁체제를 만들지 않고는 세계적 기업과 싸우기가 어려울 수 있기 때문이다. 국내 경쟁자끼리 싸움이 심한 분야일수록 글로벌 경쟁체제에서 생존 확률이 높다는 증거는 얼마든지 있다. 정부는 내부적으로 경쟁할 수 있도록 선수들에게 모든 것을 지원해야 한다. 그러나 선수들이 싸울 수 있는 경쟁능력이 전혀 없다면 정부는 또다시 일정 기간 보호육성을 해야 한다. 이러한 진단은 업계 스스로 해야 하고 진단된 자료는 정부에서 사심 없이 반영해야 한다. 삼성경제연구소에서도 "세계 최고가 되지 않으면 살아남을 수 없는 현실이 다가오고 있다"며 기업들은 이번 FTA를 계기로 전면 개방을 염두에 둔 미래전략을 짜야 할 것이라고 말하고 있다. 세계 인쇄시장은 한국 인쇄산업의 도전을 기다리고 있다.

이를 위하여 인쇄업계 단체장님들의 헌신적인 노력이 요구되고 있다. 정부의 도움도 필요하지만, 업계 스스로 노력도 필요하다. 각자의 몫이다.

창의적인 인재 양성, 산학연의 협력, 업계의 네트워크 재정비, 외국시장과 국내 인쇄산업의 조사분석, 그리고 미국의 동종 업계와 협업화 등이 준비되어야 한다. 다음의 표는 인쇄산업이 진출할 기회의 대상국들로, 참고할 필요가 있다. 희비가 있을 수 있지만 극복해야 한다.

발효, 타결국가

진행단계	상대국	추진현황	의의
발효 (7건, 44개국)	칠레	99.12월 협상 개시, 03.2월 서명, 04.4월 발효	최초의 FTA 중남미 시장의 교두보
	싱가포르	04. 1월 협상 개시, 05.8월 서명, 06.9월 발효	ASEAN 시장의 교두보
	EFTA (4개국)	05.1월 협상 개시, 05.12월 서명, 06.9월 발효	유럽시장 교두보
	ASEAN (10개국)	05.2월 협상개시, 06.8월 상품무역협정 서명, 07.6월 발효, 07.11월 서비스 협정 서명, 09.5월 발효, 09.6월 투자 협정서명, 09.9월 발효	우리의 제2위 교역대상 (2010년 기준)
	인도	06.3월 협상 개시, 09.8월 서명, 10.1월 발효	BRICs 국가, 거대시장
	EU	07.5월 협상 출범, 09.7월 협상 실질 타결, 09.10.15. 가서명, 10.10.6. 서명, 11.7.1. 잠정발효	세계 최대 경제권(GDP기준)
	페루	09.3월 협상 개시, 10.8월 협상 타결, 10.11.15. 가서명, 11.3.21. 서명, 11.8.1. 발효	자원부국, 중남미 진출 교두보
타결 (1건, 1개국)	미국	06.6월 협상 개시, 07.6월 협정 서명, 10.12월 추가 협상 타결, 11.2.10. 추가 협상 합의문서 서명, 11.11월 국회통과	거대 선진경제권

협상진행국가

진행단계	상대국	추진현황	의의
협상 진행 (7건, 12개국)	캐나다	05.7월 협상 개시 08.3월 제13차 협상 개최	북미 선진 시장
	GCC (6개국)	07.11월 사전협상 개최 총 3차례 협상 개최(08.7월, 09.3월, 7월)	자원부국, 아중동 국가와의 최초 FTA
	멕시코	07.12월 기존의 SECA를 FTA로 격상하여 협상 재개 08.6월 제2차 협상 개최	북중미 시장 교두보

	호주	07.5월~08.4월 민간공동연구, 정부 간 예비협의 2차례 개최(08.10월, 12월) 총 5차례 공식협상 개최(09.5월, 9월, 12월 10.3월, 5월) 및 4차례 회기 간 회의 개최(10.8월, 10월, 11.1월)	자원부국 및 오세아니아 주요 시장
	뉴질랜드	07.2월~08.3월 민간공동연구 정부 간 예비협의 2차례 개최(08.9, 11월) 총 4차례 협상 개최(09.6월, 9월, 12월, 10.5월) 10.7월 정상회담, 10.8월 및 11.2월 통상장관 회담	오세아니아 주요 시장
	콜롬비아	09.3월~9월 민간공동연구 총 4차례 협상 개최(09.12월, 10.3월, 6월, 10월)	자원부국, 중남미 신흥시장
	터키	08.6월~09.5월 공동연구, 10.1월 국장급협의 개최, 10.4월 제1차 협상 개최, 10.7월 제2차 협상 개최, 11.3월 제3차 협상 개최	유럽·중앙아 진출 교두보

스마트 시대, 인쇄경영과 기업가 정신

'1경의 시대' 얼마 전 한국은행은 우리나라 정부, 기업, 가계가 보유하고 있는 총 금융 자산이 올해 2분기 기점으로 총액 1경 3조 6,000억 원을 돌파했다고 발표한 바 있다. 이에 앞서 인터넷뱅킹을 통한 거래금액도 1경(京) 원을 돌파한 지 오래다.

이만큼 경제규모가 커지고 금융자산 증가율이 GDP 성장률보다 높은 것은 다방면에서 모든 산업이 급성장하고 있는 영향도 있지만 각종 금융기법과 산업기술을 스마트한 디지털 기술이 받쳐 주기 때문일 것이다.

경(京)이라는 단위숫자는 "1"에 0이 16개가 붙은 숫자(10,000,000,000,000,000)로 너무 많은 숫자는 컴퓨터에서조차 두드리기가 힘들어졌다. 경(京)보다 높은 다음 단위는 해(垓)이며 계속 '양(壤), 구(溝), 간(澗), 정(正)……'으로 계속 1단계마다 1만 개씩 단위가 커진다. 커져 가는 숫자와 함께 자연스럽게 출현하고 있는 것이, 즉 '스마트 시대'이다. 온통 스마트한 것들이 첨단 IT를 둘러싸고 있다.

스마트북, 스마트폰, 스마트TV, 스마트패드, 스마트자동차 등 스마트기기들이 앞으로 얼마나 더 많은 이름을 붙여 쓰게 될지 모른다. 우리나라에서 처음 스마트라는 용어를 붙여 사용한 것도 이미 15년 전의 이야기이다. 1995년 지금의 RF교통카드를 개발할 당시 이름을 무엇으로 하나 고민했었던 그때 단호하게 지금의 은행칩 카드를 스마트카드, 그리고 지금의 RFID는 스마트라벨이라는 용어를 대표 명칭으로 정하고 스마트 시스템을 구축한 바 있다.

그리고 그 당시 필자를 포함한 주역들은 사라졌다. 그리고 그 후 15년! 스마트화되고 있는 사회간접자본(SOC)에까지 스마트시티(City), 스마트스페이스(Space), 스마트그리드(Grid 지능형 전력망) 등의 용어가 세상을 변화시키는 기술로 대표하고 있다. 편이성과 효율성을 위하여 사람, 자동차, 가전, 도로, 문화콘텐츠, 기후, 행정서비스 등을 연동시켜 '거미줄도시'처럼 구축되어 각종 인프라의 정보가 서로 융합되고 있다. 이와 같이 스마트시티에서는 모든 정보를 누구에게나 필요시 제때에 제공될 수 있는 유비쿼터스 사회를 만들려는 의지가 계속 확산되어 가고 있다.

'스마트워크(work)' 역시 시간과 장소에 구애받지 않고 업무를 처리할 수 있는 환경을 위해 커피숍 같은 '거리사무실'이 생겨나고 똑똑한 기계가 할 수 없는 인간화를 의식해 소통과 공감의 대화 프로그램이 개발되고 있다. 사이버공간에서는 소셜네트워크(SNS) 등이 보완되고 대중적 공간에서는 지하철, 백화점, 병원, 대형건물 등에 스마트 공간이 생기고 있다. '스마트'라는 말을 붙이지 않으면 모든 것을 할 수 없는 폭발적 대유행이다. 신조어(新造語)인 말 한 마디 붙였다고 해서 이것이 스마트 시대로 가는 것일까?

1) 스마트 시대, 인쇄와 디지털의 흐름에 몇 가지 유감

해마다 5만 종이 넘는 책이 쏟아져 나온다. 그러나 이중 대부분이 독자들 눈에 보이기도 전에 사라지고 있다. 더욱 안타까운 것은 서점에서도 이런저런 책이 사라지기도 전에 그 서점이 먼저 사라지고 있다는 것이 현실이다.

전자책이 출현하면서 '종이책 죽음'이라는 얘기들을 한다. 그러나 사람들이 살아 있는 한 종이책은 죽지 않고 살아 있을 것이고, 결국은 종이책의 운명에 따라 전자책의 미래도 좌우될 것이다. 그러나 중요한 것은 시대흐름에 따라 업종의 상대적 규모에 대한 억울함이다. 지금까지 인류에 공헌해 온 문화적 기술이 디지털의 상대적 발전에 대해 생존보다는 서운함이 없는 것은 아니다. 몇 가지 상황을 보자.

- 많은 사람들이 인쇄보다 모바일을 떠올린다. 콘테나스트 퍼브리케이션스(Conde Nast Publications, Inc)는 미국, 프랑스, 한국, 중국 등 24개국에서 125종의 잡지를 출간하는 세계적인 최고 잡지사로 우리나라에서는 『보그』와 『지큐』로 유명하다. 라이프스타일 잡지의 대표주자로서 '패션'에 강하다. 세계 독자들에게 컬러와 디자인으로 공략해 오던 정책과 전략을 바꾸어 잡지를 읽고 싶어 하는 독자들에게 언제 어디에서든지 읽을 수 있도록 아이패드(iPad)와 디지털 디바이스 등에 잡지를 공급하겠다고 한다. 많은 신문, 잡지와 같은 인쇄매체에 영향을 미치기 시작한 것이다.

- 인쇄 서비스도 변화하고 있다. 백화점, 은행, 마트 등이 모든 각 고객들 개개인에게

똑같은 카탈로그를 보내지 않고 고객들의 구매성향에 맞게 맞춤형 쿠폰집을 발행, 고객의 실적에 따라 상품내용, 주차권, 할인권 등을 다르게 보내고 있다. 모든 상품의 포장지도 소비자의 선택과 취향에 따라 즉시 제작할 수 있도록 판매장소에 설치된 즉석인쇄 시스템을 보게 될 것이다.

어떤 아이가 사고 싶은 동화책 속에 그 아이가 직접 그린 그림을 그 동화책의 그림 위치에 인쇄하여 그 아이에게 제작 발송될 것이다. 증업된 사양에 제작비는 내려가고 납기는 단축되는 현실이 새로운 변화이다. 어떻든 살아남아야 한다.

－세계는 매일매일 새로운 것을 해야 할 일이 너무 많아 새로운 기회로 가득 차 있다. 또 새로운 것을 해야 하는 일이 생길 수 있는 만큼 또 다른 수많은 기회도 놓칠 수도 있다. 현재 전 세계에서 경인쇄되는 종이의 양은 수천억 장 이상이 되는데 모든 인쇄를 디지털 기기를 통해 해야 한다는 의욕이 시작되고 있다. 미국의 작가 레이 브래드버리(Ray Bradbury)가 『화씨451(Fahrenheit 451)』이라는 문명비판 소설을 발표한 바 있다. 종이가 불타기 시작하는 온도를 제목으로 내건 이 소설은 책이란 책은 모조리 불태워 버리고 오로지 그림과 영상 매체만 허용하자는 미래사회에 대한 이야기이다. 그러나 불태울 수 없는 이유가 너무 많다.

활자 매체인 문자로 쓰인 글은 우리에게 최소한의 정보만 주지만 읽으면서 두뇌의 한 부분은 각자마다 여러 가지 상상력을 갖도록 자극한다. 학자들의 테스트는 똑같은 책을 열 사람이 보면 각각 다른 상상을 하지만 같은 내용을 영상으로 볼 때는 각자 똑같은 상상, 즉 하나의 결정된 상상만 고정화되어 남게 된다는 것이다. 무엇이 인간에게 필요할까?

그러나 현실은 편한 것을 선호한다. 인터넷으로 미술작품을 감상할 수 있는 온라인 미술관 출현은 누구든지 언제 어디서나 쉽게 감상할 수 있는 접근성과 여러 전시를 동시에 볼 수 있는 편리함 때문에 디지털 갤러리가 스마트시티 안에 설계되고 있다.

2) 스마트 시대, 종이 없는 사이버 페이퍼

미국의 캘리포니아 주는 최근 중학생 400명에게 아이패드를 가지고 종이교과서가 없는 수업을 실험하고 있다고 한다. 우리나라도 서울의 어느 중학교 교실에 수업이 시작되자 70인치나 되는 전자칠판이 구동되고 분필, 지우개가 없이 손가락으로 모니터 화면을 툭툭 두드리자 음악과 함께 영어전용 교실이 펼쳐지고 있다. 종이 없는 미래교실을 보이고 있는 것이다. 전자칠판 안에는 교과서 내용이 들어 있고 학습보조 프로그램이 멀티미디어로 구현됨으로써 대다수 학생들 입장에서는 책상 위의 교과서보다 훨씬 흥미 있는 화면에 집중하고 있다.

준비된 콘텐츠는 학생들의 분위기를 다르게 만들고 학습효과를 배가하기 위한 음성과 애니메이션 등은 교육적인 미션 실험이다. 물론 콘텐츠와 프로그램이 생명이기도 하지만 쌍방향 학습으로 다운로드와 프린터까지도 가능할 수 있다. 서울시 교육연구정보원 조사는 초·중학생에게 상당히 긍정적이라고 한다. 다만 문제는 S/W의 확보이다. 또 한편으로 증강현실(AR: Augmented Reality) 이야기이다. 현실(인쇄매체) 위에 가상의 정보를 덧입혀 보여 주거나, 디지털 편집(앨범 등)에서 사진 이미지 위에 수백 컷의 다른 사진을 올리거나, 휴대전화 카메라로 상점을 비추면 상품정보가 화면에 나타난다. 의료, 군사, 교육, 박물관 등에서도 가상체험, 훈련이 가능하다.

모니터상의 화면을 보면서 가상 옷 입기, 가상 화장, 가상 액세서리를 이용하여 원격에서도 방문하지 않고도 원격지에서도 가상체험으로 상품을 고를 수 있다. 이 과정에서 많은 상품 카탈로그는 e-카탈로그로 전환되어 가상기술이 인쇄매체를 흡수해 버린 불편한 진실을 생각해야 한다. 의학용으로도 가상의 시체를 해부하고 치료하는 세컨드 라이프 기술이 앞당겨진다. 증강현실 관련 서비스의 일부 테스트가 시작되고 있어 앞으로 미래 현상에 대비하여 인쇄매체는 할 일을 찾아야 한다.

2004년에 개국한 강남의 한 K구청의 수능방송이나 4~5개의 사교육 업체들도 종이 없는 새로운 교육방식을 도입하고, 온라인과 디지털 기기에서 부족한 인간화 부분을 커피 전문점이 문화공간으로 보완되었듯이 학원도 단순히 공부하는 곳 이상의 디지털 갤러리 공간을 보완적으로 설치할 것이다.

제4장 인쇄경영에 문화유전자를 심는다(경영)

정부의 '한국 과학기술의 미래 30년' 시나리오에 특기할 만한 것이 있다. 2019년이면 세계 만국어 통번역기가 개발된다고 한다. 상대편 외국인의 만국어 통번역기에서 그 나라 말로 바뀌어 이어폰을 통해 상대방 말을 자국어 말로 듣게 된다. 또 하나 홍채나 망막 등 생체정보를 몸속에 인식된 칩으로 개인 신상을 파악하고 각종 결제도 하게 되며, 신분증, 스마트카드 등의 형태가 바뀌게 될 것이라고 한다. 아무튼 스마트 시대는 인쇄뿐 아니라 모든 산업에게 변화시키려는 키워드를 주고 있는 것이 사실이다.

3) 뉴미디어 시대의 인쇄매체

인쇄는 지구상에서 5000여 년을 버텨 온 유일한 기술이다.

오늘날 인쇄매체는 천연컬러와 활자가 통합하여 인쇄매체를 대량생산할 수 있게 되었고 이용자는 폭발적으로 증가하였다. 지식과 정보의 대량생산의 유일한 수단으로 근대에 이르기까지 서적과 잡지와 신문 등 대중매체와 산업생산의 요체로서 확고한 위치를 유지하고 있다. 그러나 영상매체와 디지털 출현으로 독점적 지위를 점차 상실하기 시작한다. 오늘날의 다매체시대가 전개되면서 매체 간 경쟁에서 속보성, 시각효과, 기록성, 보급성 등에서 정체되기 시작하고 전자 매체가 출현하면서부터는 정보와 뉴스를 제공하는 주된 매체가 인쇄매체라는 관념도 변하기 시작하고 이탈현상도 나타나게 되었다. 인쇄의 역사적 발전과정이나 인쇄업계의 현실을 진단하고 정보화 사회에 대응방안 등이 시급한 실정이다. 스마트 시대에 새로운 경영모델이 필요하게 된 것이다.

인쇄산업의 활동으로 생산되는 모든 결과물은 곧 인쇄매체에 기록된 정보이고 역사성 있는 문화콘텐츠이다. 이 기록정보는 학술 연구와 산업개발 및 교육 등 일상생활에 이용되지 않는 영역이 없다.

특히 정보화 시대, 멀티미디어 사회에서 상호정보 전달은 기(氣)와 혈(血)의 맥이다. 오늘날 정보기술의 급속한 발달도 인쇄기술이 촉매작용을 해 온 것도 사실이다.

커뮤니케이션 통신기술의 급속한 발전은 끊임없이 새로운 미디어를 출현시키면서 기존의 미디어 환경을 급격히 변화시키고 있다.

디지털 기술이 정보통신 네트워크에 통합되면서 기존의 출판, 방송, 신문, 영화 같은 전통적 아날로그 매체들은 확실히 생산방식과 전달방법에서 취약하다.

IT기술이 등장하면서 방송, 출판, 신문, 정보통신간의 경계선이 무너지고 이들 매체의 콘텐츠와 서비스가 융합이 아닌 디지털 기술로 통합되면서 가장 큰 문제는 종이를 근본으로 하는 인쇄매체가 흔들리고 있다.

더군다나 디지털이 일부인쇄를 대신하면서 기존 전통적 인쇄 인프라에 대한 투자회수가 되지 않는 시점에서 재투자 어려움 등 이중고 시련은 대안 찾기가 쉽지 않다. 멀티미디어 시대를 대비하기 위한 사전준비와 교육, 인재양성이 미흡하지만 새로운 진화를 계속할 수 있도록 국가지원책 제도도 마련되어야 한다.

어떠한 경우라도 어떤 형식이 바뀌더라도 인쇄매체는 존속할 수밖에 없고 인류가 있는 한 필요한 것이다. 인류가 눈이 있는 한 활자는 필수적인 문화의 근간이다. 어떠한 디지털 디바이스에서도 활자는 없앨 수는 없다. 이것을 아는 것이 뉴미디어 시대에서의 인쇄매체의 해결책이다.

4) 스마트 시대, 진화가 필요한 종이와 활자

스마트 시대에 인쇄경영의 대안으로 우리의 기본인쇄인 오프셋, 실크, 그라비어 등은 어떤 기술도 따를 수 없는 컬러의 독특한 기술경험 때문에 인쇄기획과 콘텐츠에서 아이디어가 나올 수 있다.

회사마다 전통과 문화가 다르고 연속성 있는 시장이 있기 때문에 현실에 맞는 창의력이 절대적으로 필요하다. 결론적으로 연구와 교육 그리고 자문의 역할이다.

경기도 안양에 있는 N홀딩스 공장의 연구소는 10평 정도의 조그마한 방에서 정부가 추진하는 20대 핵심부품소재 육성사업 중 전자종이 분야의 연구가 진행되고 있다. LCD나 LED는 화소마다 소자가 패널에 빛을 발사해 형상을 표시하지만, 전자 종이는 색을 내는 잉크를 담은 마이크로캡슐을 판에 부드럽게 인쇄한 뒤판에 전기신호를 보내면 캡슐에 담긴 특정 전자적인 색이 전파되면서 원하는 형상이 나타나는 원리다. 캡슐잉크를 바르는 기판에 따라 종이처럼 휠 수도 있고 접을 수 있어 전자종이라 한다. 핵심인 잉크가 담긴 캡슐은 미국의 E잉크에 전량 수입하고 있다. 이것을 만들어 내는 것이 연구실의 과제다.

과거 25년 전 주택복권의 향기 인쇄 때문에 미국의 NCR 용지에 사용하는 잉크제조사를 방문하여 마이크로캡슐에 담긴 향료 잉크를 사용한 바 있다. 당시 특허기술은 캡슐 속에 카본잉크 물질을 넣는 것이다. 이 기술이 오늘날 e잉크의 제조기술로 사용되고 있으니 본인도 감회가 새롭다. 잉크를 담기 위한 캡슐은 그 소재 때문에 약 50㎛ 정도되어 약간의 두께 층이 필요하다. 우리나라는 이것을 20㎛ 수준으로 줄인다 하니 대단히 존경스럽다.

그다음이 전기성 캡슐에 전자적 반응 속도다. 현재 개발된 미국의 E잉크는 반응속도가 0.3초 정도여서 흑백활자 영상은 선명히 볼 수 있으나, 동영상을 구현하려면 0.05초까지 낮춰야 4원색 컬러영상을 동영상으로 구현할 수 있다. 우리의 60년대 오프셋인쇄기가 흑백 인쇄만 하다가 70년대부터 컬러인쇄를 구현하는 것처럼 개발경로가 인쇄기술 발전과 동일하다.

만일 4원색이 구동되면 지금의 e-Book의 단점을 개선하고 날개를 다는 것은 당연하다. 시장은 무궁무진하다. 2015년에는 50억 달러이며 이 기술을 만일 우리 인쇄업계가 적극적으로 진입한다면 딱딱한 패널, LCD나 LED(발광다이모드)까지 원가절감형 패널 중 일부를 생산할 수 있다. 이것은 포기할 수 없는 우리 인쇄업계의 블루오션이다. 일부 필름코팅 업무를 맡는다 하더라도 수십 개 업체가 생산해야 할 물량이다. 많은 관심을 가져야 한다. 결론은 인쇄가 진화해야 한다는 것이다.

5) 스마트 시대, 기업가 정신

스마트 시대에 변화되는 디지털 기술을 두려울 것이 없다.

인쇄기기처럼 정밀하고 최첨단 기술이 탑재된 장비는 그 어떤 산업에서도 찾기가 힘들다. 앞서 디지털에 치우친 내용이 많았으나 그것은 현실일 뿐이다. 이 현실을 이용하여 사업화하는 것이 인쇄경영이고 기업가 정신이다. 앞날이 빤히 내다보이는데 어쩔 수 없이 상황의 힘에 끌려갈 수밖에 없는 경우가 있을 수 있다.

미래가 어떻게 될 것이라고 아는 것만으로 무슨 소용이 있겠는가. 행동이 필요한 것도 기업가의 몫이다. 혼자 못하면 둘이서, 셋이서 할 수 있을 것으로 본다. 요즈음은 이업종 간의 협력이 유행이다.

우리나라에도 '이업종협회'도 창립되어 있다. 모든 중소기업들이 발버둥 치기 위해서일 것이다. 어쩌면 회사 내부에 사람이 있지만 그들의 역량을 파악을 못 하고 썩힐 수도 있고, 그 밖에 우연히 알았던 인연 맺은 사람도 도움이 될 수 있다.

현재 잘 운영되고 있는 기업이 내일도 잘 운영되리라는 보장은 없다. 인류역사 자체가 집단이나 국가의 흥망성쇠처럼 오늘 잘 운영되고 있는 조직이라도 내일 쇠퇴해 가는 모습을 볼 수 있을 때가 있다. 그 시대 그 사회에서 요구하는 것을, 필요로 하는 것을, 그 조직이 공급할 수 있느냐 없느냐에 따라 조직의 존폐가 결정되는 것이 관례다. 결국 변화의 감지능력이다.

정보의 전달에 있어서도 변화된 정보를 해당부서에 의미 있는 형태로 제공되어야 한다. 정보에 따른 변화를 구조적으로 실천에 옮겨져야 한다. 변화에 수반하여 일어나는 또 다른 부작용을 축소할 수 있어야 한다. 변화에 대한 결과의 feedback이 있어야 한다.

안정(安定)과 안전(安全)을 구분하여야 한다. 훌륭한 기업가 정신은 목적이 뚜렷하여 돈을 좀 벌지 못한다 해도 방황하지 않는다. 또한 남이 알아주지 않는다 해서 섭섭하지도 않다. 사업도 인연이 중요하다고 한다.

기업가 정신은 어려운 것이 아니고 자기 자신을 아는 것이다. 사마천의 사기(史記) 이광열전(李廣列傳)에 나오는 **'사석위호(射石爲虎)'** 이야기다. 이광(李廣)이 사냥하러 갔다가 풀 속의 돌을 호랑이로 보고 화살을 쏘았더니 명중하여 화살이 깊숙이 박혔는데 자세히 보니 돌이었다. 즉, **'일념을 가지고 하면 어떤 일이든 간에 성취할 수 있음'**을 뜻한다.

스마트 시대의 인쇄 표준가격

1977년부터 33년간 정부(조달청)가 직접 정부인쇄기준요금을 책정하여 시행하여 왔다. 제조업종 중에서 유일하게 인쇄품목만 장기간 법률가격의 권위를 지켜 온 것이다. 그만큼 중소기업 육성이라는 명분도 있었지만, 인쇄의 특성이 문화와 산업이 혼합된 중요성과 복합성 그리고 업계의 계속된 요구에 오랜 세월 폐지를 미루어 오다 인쇄표준가격이 없어졌다.

1960년대 초부터 인쇄업계의 인쇄기준요금은 인쇄공업협동조합요금을 기준으로 정하였고 정부는 협동조합요금표를 준용하여 왔다. 그러나 당시 '물가안정 및 공정거래에 관한 법률'의 시행으로 1977년부터 인쇄단체 기준요금을 폐지시키고 바로 해당연도부터 정부가 정부인쇄기준요금을 책정 정부 및 관련기관의 모든 인쇄물 납품계약에 적용해 왔다.

1977년도 이전에는 정부가 인쇄법률가격 도입 전으로 업계 자체가격과 인협인쇄요금을 정부에서 참고하여 연간 20~30% 이상의 가격인상 계약이 이루어진 경우가 많았다. 따라서 60~70년대의 인쇄업계는 산업발전과 더불어 전국의 인쇄물량 증가를 인쇄시설이 충분히 소화를 못 할 정도로 중소업종으로는 비교적 안정된 시기이었던 것 같다. 그 당시는 업계의 조합 자체요금을 매 신년 초에 공포하고, 또 일부 인쇄업체들도 자체적으로 정한 인쇄가격표를 정부를 비롯한 각 수요기관에 배포하는 관행도 있었다.

그 후 정부(조달청)가 정한 인쇄기준요금과 너무 차이가 있으며 공신력 때문에 민수기준요금은 유명무실해지고 만다. 차선책으로 인쇄단체는 매년 정부와 힘겨운 협상으로 정부요금제도를 지키면서 매년 가격 인상을 유도해 왔다. 결국은 그나마 유일하게 남은 법률가격은 사라졌다.

어쩌면 인쇄업계로서는 새로운 기회일 수 있다고 본다. 너무 늦은 감도 없지 않다. 기술개발, IMF금융위기 이후 고가의 인쇄장비로 교체할 수밖에 없는 시대변화, 시장의 변화, 새로운 패러다임의 요구 등을 전혀 외면해 온 정부인쇄단가를 업계 자율에 맡긴 것은 스마트 시대에 당연하고 새로운 발전이다.

국가를 당사자로 하는 계약에 관한 법률과 원가 계산에 의한 예정가격 작성준칙은

"}

그대로 존재하고 있다. 따라서 업계 자율가격도 정부의 제도에 의해야 함은 당연하다. 그러나 새로운 과제가 있다. 여기에 오늘날의 사회문화와 경제규모는 30여 년 전과는 엄청나게 다르다. 과거의 예정가격작성준칙은 대폭으로 수정되어야 한다.

변화된 업계실정과 새로운 기술 투자와 디지털화의 부담, 삶의 질 향상에 따른 여러 가지 간접비용, 모든 산업의 문화 콘텐츠화에 따른 새로운 구축, 환경부담 등 새로운 항목이 추가됨은 한둘이 아니다.

1) 스마트 시대와 인쇄발전

인류문명의 발전은 인쇄를 이용한 정보전달에 근거한다. 산업사회에서 정보사회로 거듭나면서 인쇄의 가치는 상승하고 있으나 다변화된 사회구조는 인쇄가 여러 가지 기술로 쪼개지고 있고 새로운 인쇄상품의 출현도 많아지고 있다. 통합이 분산되고 있다. 인류문화의 DNA인 활자 매체가 비단 정보의 전달도구에 그치지 않고, 기록의 도구, 지식의 도구로서 활용되어 전승과 보존에 필요한 기술도 인쇄의 힘을 빌리지 않고는 안 되게 되었다.

인쇄발명이 진화하면서 단순히 "Press"는 기계적 의미의 "누른다"인데, 이제는 누르지 않고도 인쇄가 가능해졌다. 화학적인 인쇄가 적용되고 있고, 활자와 그림을 인터넷 가상공간에서 인쇄의 기본 조판기술을 응용 이를 다시 통신기술로 모든 정보를 전달시키고 있다. 이어서 디지털기술은 필름을 없애기 시작했고, 인쇄공정을 단순화시키고, 원고 관련 등 의사전달에 필요한 생체적 전달의 불편이 사라지고, 경영관리의 필요한 기술과 서류도 클라우드 공간으로 옮겨 가고 있으며, 제작에 따른 공정과 검사검수도 디지털화되고 있다. 모든 기록을 보존할 문서 서지사항 등 중요한 자료도 u-Paper화되고 있다. 그리고 자원절약과 그린화라는 새로운 질서가 디지털과 접목하고 있다. 모든 산업이 동일하겠지만, 인쇄가 단순한 간행물의 제작행위를 떠나 인쇄가 모든 산업과 소통(疏通)을 하고 정보사회의 전문적 대표업종으로 변화되고 있는 것이다.

디지털 시대의 특징은 모든 산업이 영역별 경계가 무너지고 있고 요구하는 인쇄의 기술규격도 다양해졌다는 것이다. 과거에 인쇄되었던 서지(書誌), 도화(圖畵), 문서(文書)

등이 여러 형태로 재가공되고 PDF 활용과 디지털인쇄 및 편이한 출력장치, 고해상도 이미지 처리와 제판기술도 간단한 스캔에 의해 제작공정이 단축되는 경우도 있다. On-demand 시장의 확대, 주문과 납품이 사이버공간에서 거래되면서 새로운 인쇄영업이 확대됨은 세계 인쇄시장의 새로운 변화이다. 물론 많은 인쇄기업이 고전적 인쇄시스템에서 진화되어 원고 제작부터 DTP로 전환 CROSS-Media 체계로 가고 있고, C1P4 등 인쇄통합은 디지털화의 시작이다. 이 시점에서부터 현재의 인쇄 원가 계산이 이대로 좋은가? 이것이 본란의 화두이다.

전통적인 인쇄방식인 원고작성-필름형성-판제작-인쇄-후가공이라는 인쇄 공정은 시장의 디지털화로 새로운 투자를 요구받고 있다. 영업환경 즉 수요기관의 향상된 문화 업그레이드와 다양한 특수인쇄 요구, 미학적 특성 및 예술성 요구 등은 디지털화의 부담뿐만 아니라 그 외에도 인쇄규격서에 표시할 수 없는 새로운 사이버 요구 등 새로운 공정이 발생하고 있다. 인쇄가 예술품이냐, 공산품이냐 또는 예술적 공산품이냐는 등 신품종 생성의 품질과 규격이 새로운 기준으로 만들어져야 한다. 인쇄는 문화인 동시에 정보자료이면서 보존성 기록이고 예술품이다. 이렇게 다양화되어 있는 인쇄산업에 지금까지 정부는 단순한 공산품 원가 계산 방식을 적용시킬 수밖에 없었던 모순이 우리 인쇄산업을 어렵게 하고 있다. 따라서 오늘 이러한 모든 것을 여러 관점에서 검토할 필요가 있다고 본다.

전통적으로 기본인 공산품제조 형태에서 디지털화로 생기는 당연한 인프라와 소프트웨어 또는 시대적인 문화요구 및 녹색환경 등은 제작공수를 엄청나게 증가시켰다. 그러나 인쇄는 전통적 기술을 빼놓을 수도 없다. 인쇄는 특성상 일방적으로 만들어진 상품을 소비자에 직접 판매하는 것이 아니다. 발주자의 요구에 따라 납품 직전까지도 수시 변할 수밖에 없는 대화형 주문생산이다. 이렇게 변화되고 있는 인쇄는 기계공학, 전기공학, 화학공학, 컴퓨터공학, 재료공학, 사진, 디자인과 두뇌, 경험을 무시 못 하는 종합예술이며 응용산업이다. 사용되는 종이, 잉크, 판, 기계 등은 제조사별로 차이도 있지만, 수요기관 또는 발주자 요구에 따라 균일하고 표준화된 제품을 만들기는 쉽지 않다. 그러나 현실은 거의 공정관리 자체가 눈에 의한 주관평가로 판단되고 있어 쌍방 간의 환경과 시각특성에 따라 분쟁도 생긴다. 국가가 수요기관과 제조업체 간 공동으로 사용하는 기술표준규격을 강제 적용하기 전에는 어느 한쪽은 불이익을 당할 수밖에 없다. 오래전부터 정부가 정한 인쇄표준가격은 공산품 규격방식으로 정해져 있어 무형의 미적(美的)이나 예술적 요구 등의 특수한 기술 공수는 거의 무시되고 오로지 제작사 부담으로만 남게 된 것이 현실이다. 디지털화되면서 원고인수부터 제조공정마다 새로운 S/W가 필요하게 되고 그에 따라 보이지 않는 비용도 만만치가 않다. 고전적인 인쇄공정은 S/W보다 사람과 경험이 대신했었다. 지금의 인쇄 디지털화는 사람과 경험 위에 디지로그(digilog)가 만들어져야 한다.

그러나 인쇄는 전통산업으로 분류됨이 관행으로 돼 있다. 타 산업은 공산품 가격을 책정할 때 기본적 제조공정 비용에 S/W, 홍보, 복지, 녹색환경 등 새로운 디지털 개발비용이 포함되어 있고, 판매가격도 정부 승인 없는 자사가 결정한 가격이다. 그러나 인쇄는 주문자의 많은 무형적 요구 등은 경쟁이라는 틀 때문에 업계 희생은 계속되고 있지만, 인쇄표준가격에 낙찰결과의 가격을 참고하는 바람에 업계는 이중고를 겪고 있다.

이러한 잘못된 현실을 수요기관은 알아야 한다. 당연히 디지털화에 따른 새로운 표준가격의 탄생이 필요하다. 업계의 불황으로 나타나는 저단가 입찰가격을 시장의 실례(實例) 가격으로 보는 잘못은 고쳐져야 한다. 이러한 이유 등으로 인쇄업계의 디지털화와 재투자가 지극히 어려워지고 있다. 새로운 입찰제도에서 입찰이행능력심사기준 요령에 맞는 인쇄물 규격서 작성에도 개선할 점이 있다. 대한인쇄연구소에서도 이 제도 시행 전에 관계기관에 업계 건의문을 발송한 바도 있었다.

2) 인쇄 원가 계산 시 고려사항(경험, 환경, 창조성, 신기술 등)

회사가 현 구조와 체계를 유지할 경우와 새로운 투자를 할 경우의 인쇄 원가계산방식이 달라져야 할 것이다. 우선 현 시스템을 운영하면서 기존인원과 기존장소에서 제조공정이 계속되더라도 외부요인에 의해서 회사원가는 영향을 무수히 받고 있다. 가장 중요한 것은 수주된 인쇄물의 종류이며 계약처의 변경이다. 새로운 계약처와 거래함으로써 생기는 새로운 환경은 계산하기 어려운 무형의 부담률이 다르다. 또한, 인쇄물 종류와 물량, 납기와 수주가격의 분석은 인쇄사 CEO인 경우 계산하지 않고도 거의 머릿속에서 경험적 계산이 되어 있다. 현재까지 공통된 원가계산방식은 시간 관리의 통계적 방법이다. 시간당 생산능력과 공장가동시간이며 수요자의 요구로 집중되는 부담과 적정한 물량확보와 작업 평준화의 계수가 회사의 견적서에 반영된다. 견적서와 정부의 표준원가표와 일치할 때 기업은 현상 유지되고 있는 것이다. 현재 회사의 수주금액과 수주량이 작업 평준화에 적정한지 또는 어떠한 형편 인지를 경영자는 이미 판단하고 있다. 디지털화가 시작되고 있는 이 시점부터 고려할 사항 등이 여러 가지가 첨가되어야 한다. 변화되고 있는 인쇄기술 요구뿐 아니라, 디자인 창조성 및 예술성 요구의 증가는 모든 책자나 상품포장에서 나타나고 있다. 책자는 디지털 보존기능과 특수인쇄 및 저탄소 녹색기술의 요구가 증가될 것이다. 어쩌면 이것이 인쇄산업의 변화이고 미래이다, 이러한 변화는 회사 직원 한 사람 한 사람의 시간이 원가로 계산되어야 하고, 회사마다 인쇄원가를 감리하고 적용하는 새로운 룰은 회계 담장자보다 전 직원의 몫이 될 것이다. 모든 인쇄물이 공통으로 표준견적으로 제출되는 것이 아니고 당해 인쇄물의 특성에 따라 달라지는 견적이 되어야 한다. 따라서 고전적 인쇄방식의 공산품식 표준원가는 업계자율 요구가격으로 변경되어야 하고 인쇄물마다 인쇄기업 각자의 고유한 기술에 의해서 수주 선택될 수 있을 것이다. 모든 인쇄물은 기술제한품목이다. 영업부는 수요자가 인쇄물 규격의 작성 시부터 창조성, 예술성, 신기술 등이 반영되도록 사전에 충분한 프레젠테이션과 기술사양을 설명하여 기술제한입찰로 유도해야 적정예가를 확보할 수 있다.

3) 인쇄 원가 계산에 포함되는 공정품질보증

행정 간소화에 따라 정부나 일반기업의 인쇄물납품에 인쇄물검사를 생략한 경우가 많았다. 그러나 수요기관의 인쇄규격도 디지털화를 지향하게 되면서 인쇄공정도 디지털화되고 모든 결과 계수는 자동기록화가 가능해졌다. 즉, 품질결과 계수가 시스템화되고 결국 품질보증에 대한 품질관리는 당연하게 될 것이다. 어느 대기업의 홍보실이나 관리실은 벌써 CMS(컬러관리), C1P3, 4를 생산품에 도입시키기 위해 사내교육과 품질의 검사를 과학화하기 시작했다. 이제는 인쇄 원가 계산의 중요항목 하나하나가 인쇄품질의 계수화다. 같은 인쇄물을 놓고도 지역별, 인종별, 관습과 개인학습에 따라 선호하는 색, 모양 등의 차이와 느낌이 다르다. 업체는 이것을 표준화로 돌리기 전에 수요기관의 환경을 계수 품질화해야 한다. 인쇄품질의 계수화는 인쇄 원가 계산을 하는 데 필수적 기본이 되고 있다. 물론 사내 ERP 시스템도 업그레이드되어 경영진단이 쉬워질 것이다. 세계의 흐름에 따라 유수한 발주기관들은 계수화된 품질관리를 위해 해당 인쇄업체들의 평가항목에 추가하기 시작했다. 자기들 생산품질과 인쇄공정을 연계하겠다는 것이다. 앞으로 납품서에 품질과 녹색기술의 의무표시가 시행될 것이다. 인쇄기업이 공장을 갖추든, 못 갖추든 관계없이 인쇄 품질관리는 정확한 인쇄원가 계산이 진단되기 때문이다. 디지털 시대의 장점은 회사의 경영진단까지 한꺼번에 해결될 수 있는 새로운 인쇄 원가 계산을 검토시키고 있다.

4) 예정가격작성준칙의 기본(정부 회계예규 2200. 04-105-9, 06.17)

원가 계산의 비목은 기본적으로 재료비, 노무비, 경비, 일반관리비, 이윤으로 구분, 작성한다.

비목별 가격결정의 기본원칙은 다음과 같다.

① 재료비=재료량×단위당 가격

② 노무비=노무량×단위당 가격

③ 경비=소요(소비)량×단위당 가격

재료비, 노무비, 경비의 세 비목별 단위당 가격은 시행규칙의 규정에 의한다. 재료량, 노무량, 소요량 산출은 계약 목적물의 규격서, 설계서 등을 참고하고 세 비목 및 물량 산출은 계약 목적물의 내용 및 특성을 고려, 합리적인 방법이어야 한다. 스마트 시대의 특성도 포장재료, 직·간접의 노무량, 재료의 특성을 감안하고, 특별감가상각의 경우를 고려하고, 수리수선 발생, 특허권 사용료, 기술료, 연구개발비, 시험검사비, 유통운반비용, 보험(산재, 고용, 국민건강, 국민연금, 법령과 계약조건의 의무적 보험 등), 폐기물처리, 참고 서적 및 각종 자료검색, 기타 등등이 범위에 든다. 일반관리비는 기업의 유지를 위한 제비용이다. 스마트 시대는 일반관리비의 종류도 증가한다. 이윤도 영업이익을 말하며 제조원가 중 노무비, 경비와 일반관리비 합계액의 25%까지이다.

인쇄경영에 발명과 특허를 더한다

기업 간의 전쟁은 상품전쟁이 아니라 두뇌싸움이다. 물론 뒤에서는 협상이고 지적재산권을 이용해 최대한 홍보를 극대화한다. 2011년 삼성전자는 애플의 기습적이고 과감한 특허공습을 받았다. 애플은 삼성전자의 스마트폰과 태블릿PC가 자사의 아이디어를 모방했다고 주장, 미국 법원에 제소한 바 있다. 또다시 애플은 소송을 개시한 지 4개월 만에 기술이 아닌 디자인에서 허점을 잡아 가처분소송으로 집중 공격을 한다. 인정사정 볼 것 없이 냉혹하다.

삼성전자가 출시한 새로운 태블릿PC(갤럭시 10.1)가 '아이패드'의 모양을 베꼈다 하여 삼성전자의 관련 상품에 대해 판매 및 마케팅중지 가처분신청을 독일 뒤셀도르프 법원에 신청하고 독일법원은 이를 받아들였다. 솔직히 한 방 먹은 셈이다.

틈을 주지 않는 애플의 공격전략은 우리 중소기업이 배워야 할 교훈이다. 현재 삼성과 애플은 8개국에서 20여 건의 소송이 진행 중이다. 세계 곳곳에 특허경쟁이 끊이질 않고 있다. 기업이 크건 작건 상관없이 특허싸움은 계속되고 있다. 물론 소송기업들 뒤뜰에서는 협상이고 경영이다.

구글이 모토로라를 인수하겠다는 것도 시스템보다는 2만 4천 건이 넘는 특허재산에 초점을 맞추고 있다.

호황산업일수록 기업 간, 개인 간의 특허싸움은 치열하다. 특히 전자산업에 대한 글로벌 특허 공세는 요구 로열티가 가히 천문학적 숫자이다. 중요한 것은 과거와 달리 기업경영에 특허가 중요한 위치가 되고 있다는 점이다. 세계 업계로 부터 집중공격과 주목을 받고 있는 IT강자 삼성전자는 미국 특허만 2만 7천여 건을 보유하고 있으며 특허조직 면으로도 전담인력만 450명을 확보하고 있다. 그러면서도 한 해 지불할 특허료만 1조 원에 달한다고 한다. 신기술 발명과 특허의 확보는 기업의 자산이기 전에 재테크이다.

21세기는 지식정보화사회로 지식과 기술이 기업과 국가의 경쟁력을 좌우하기 때문에 발명과 특허의 중요성이 강조되고 있는바 특허에 대한 혜택도 많아지지만 특허권에 대한 분쟁도 거세질 것으로 보인다. 기업발전이 지금까지는 자본과 규모, 배경과 연고, 기득권과 실적이 지배하는 시대였다면 이제는 지식, 즉 아이디어가 모든 것을 해결하는 시대에 살고 있다.

인터넷이 세계를 하나의 시장으로 통합시켜 세계의 모든 기술이 실시간으로 검색되고 있어 차세대 인쇄 관련 기술뿐만 아니라 분야별로 많은 연구자료도 공개되고 있다. 기업의 아이디어도 신속히 글로벌 특허코드에 등록되어야 한다. 특허기술을 사업화하는 데는 노동과 자본이 전혀 문제가 되지 않는다.

1) 발명의 출발

인간의 기본 욕구에는 자기 주변에서 얻어지는 갖가지 자연 속의 생활 자료를 좀 더 개선하고 편리하게 만들어 쓰려는 욕망과 자신의 감정 및 생각을 주변에 편하게 전달하고 싶은 욕망이 있다.

인간이 창조된 후 석기·청동기시대를 살면서 각종 토기·석기 등을 지식에 이용한 것이 인류 발명의 시작인지도 모르겠다. 또 한편으로 의사소통을 위해 구석기인들이 바위나 갑골 등을 이용하여 문자를 발명해 낸다.

기원전 3천 년경에는 고대 이집트의 상형문자가 나타나고, 이것은 당시 세계를 변화시키는 위대한 발명이다. 국가권력의 최고의 통치수단으로 문자가 진화하고 혁신하면서 문자를 새긴 큰 바위나 돌덩이들이 국가 정책의 홍보도구로 이용되기도 했다. 당시로서는 새기고 기록하던 원시인쇄가 최고의 산업이었다.

인간이 사는 그곳, 지구촌 환경의 특산물에 따라 문자기록용 파피루스가 개발되기도 하고, 또한 습기에 약한 파피루스를 대체할 재료로 양피지를 발명하여 서지혁명의 전기를 창조 했다. 그 시절 또 다른 그곳, 동방에서는 목판, 대나무판 등이 다양하게 쓰이다가 명주 천을 사용하면서 운반문제를 개선 유통과 보관 등의 불편을 해소하기도 했다.

오늘날 종이의 전신인 채륜의 종이가 발명되어 서적 간행이 더욱 활기를 띠기 시작했고 운반 유통 보관 등 많은 문제가 해결되어 결국 종이발명은 동방이 판정승이다. 동시에 인장기술, 목판인쇄술, 금속활자인쇄술 등 동서양에서 인쇄기술 혁명이 일어남과 동시에 인류문명은 발전되었고 엄청난 문화를 바꾸어 놓는 전환점이 되었다. 이 모든 것이 계속된 발명된 인쇄기술인 것이다.

제4장 인쇄경영에 문화유전자를 심는다(경영)

인쇄 발명가들은 5천 년간 실사구시적 개선을 계속하여 왔고 앞으로도 계속 진화시킬 것이다. 그러나 인쇄 발명가들의 노력은 일부 기록에서나 볼 따름이다. 목판인쇄에서 금속활자로 개발되는 과정은 인쇄잉크의 힘겨운 혁신 없이는 불가능하다. 우리나라는 이를 극복한 발명의 의지로 세계최초 금속활자를 탄생시키고 인쇄 종주국으로 자랑스러운 역사를 창조했다.

신라의 종이기술, 고려의 먹 제조기술, 활자의 주형 제조기술을 위한 밀랍과 소나무 수지 배합비율 등은 당시 세계 최고 기술이고 최고 발명품이었다. 그러나 이러한 발명 전통을 이어 오지 못함은 아쉽다.

인류역사는 인쇄역사이다. 그리고 인쇄역사의 핵심은 인쇄발명이다. 물론 18세기 인쇄기술은 역사상 피크타임이었으며 근대인쇄의 효시이기도 하다. 그 당시 활자, 종이, 잉크, 판, 기계, 후가공 등 모든 공정들이 발명특허 기술이다. 물론 권리기간이 지나 공지의 사실로 묻혀 귀중한 기술의 존재를 잊어버리고 있다. 현재 인쇄특허에서 선진국 분석통계로는 권리 중에 있는 것만도 2만 건이 넘는다고 한다.

디지털은 인쇄를 변화시키고 있다. 새로운 발명이 필요하다. 지식프레스로 변화되면서 지금부터는 종이에 찍힌 활자 하나하나가 보여 주기(vision)뿐만 아니라 새로운 기능(function)을 발하는 발명이 곧 인쇄산업이 될 것이다.

2) 인쇄기술 발명

오늘날은 세상의 모든 정보가 공개되고 있다. 모르는 것이 웃음거리이다. 오랜 세월을 통하여 축적된 인간의 지식이 이제 무서운 속도로 팽창하고 있기 때문이다. 지금은 지식의 수명이 5년도 채 되지 못하는 세상에서 살고 있다. 과학적 지식의 양은 5년마다 두 배로 늘어나고 있다. 인쇄기술 역시 마찬가지이다. 게다가 지구의 발명가들이 약 4천 개의 과학 잡지에 새로운 발명들을 발표하고 있기 때문이다.

지식의 급격한 성장은 시간이 갈수록 심화하는 것이 아니라 폭발이다.

갤럽조사에 의하면 "대중이 가장 중요하게 여기는 주제요구가 점점 다양해지고 있으며 또 요구도 더욱 짧은 기간 내에 사라진다"라고 한다.

우리 인쇄환경도 마찬가지다. 다품종 요구와 수요층의 다양성은 정보 홍수와 더불어 정신없이 변하고 있다. 정보의 수집, 저장 그리고 사용하는 커뮤니케이션은 눈부시게 발전하고 이에 따른 유사 발명 정보 등을 세계 속에서 초를 다투어 검색할 수 있다. 여기에서 살아남는 길은 발명 특허에 대한 관심이다. "네트워크화는 미국을 포함한 전 세계를 이제 전혀 다른 세계로 진입시키고 있다"고 『TIME』지는 소개하고 있다. 이 변화에 필수적 산업이 인쇄산업이며 혁명적 진화에 역사적 소명이 있다고 본인은 주장하고 싶다.

S. H. Steinberg는 "인쇄술 500년에서 인쇄의 역사는 인류역사를 구성하는 가장 높은 자리에서 결코 빠질 수 없는 제일 큰 요소"라고 말하고 "인쇄술의 도움을 빌리지 않고 산업이 진보가 되겠는가"라고 강조한 바 있다.

활판인쇄기 발명 이후 1796년 독일의 'Alois Senefelder'의 석판인쇄 발명으로 오늘날 평판 오프셋인쇄의 시조가 되었다. 석회석의 탄산칼슘이나 산화철 등에서 힌트를 얻어 석판인쇄를 발명하게 된 것이다. 또 하나의 발명은 1862년 프랑스의 듀오롱이 「사진의 색재현과 물리적 해결」이라는 논문을 발표하여 근대 컬러인쇄의 시조가 된다.

이들의 영향으로 사진, 카메라를 비롯한 인쇄 관련 산업들이 얼마나 많이 팽창하게 되었는가? 그 결과 디지털인쇄기, 포토마킹, 레저인쇄, 나노인쇄, 화학인쇄, 잉크젯등으로 인쇄기술을 변화시킨 것이다. 미래산업으로 인쇄 S/W는 단위별 검사시스템, e-인쇄공정, 인쇄 교정용 스마트폰, 발광문자기술 등 IT기술과 연계될 인쇄기술은 차세대 산업일 것이다.

항상 발명은 생활 속에 있고 가까운 곳에 있다. 앞으로도 새로운 인쇄술 개발은 무한하며 새로운 발명이 향후 100년 인류문명을 지배할 기술이 될지도 모른다. 이제 우리가 그 기술을 받아야 할 차례가 아닌가.

3) 발명의 단순한 테크닉

인쇄공정에서 고객관리, 디자인, 편집, 원고송달, 인쇄공정, 검사검수, 납품 등 과정에서 분명히 아이디어가 존재한다. 현 위치에서 즉 자신이 하는 업무 또는 만들어진 생산품에서 시각을 정리해 보자. 그리고 기록을 한다.

▷ 발명고안을 하고 싶을 때 간단한 비법은?
 - 더해(+)보자 → 남이 생각할 수 없는 것을 더해 본다.
 - 빼(-)보자 → 발명은 무언가를 빼는 데서 발생한다. 구성요소를 빼고서도 종전과 동
   일하다면 성공이다. → 기업경영도 플러스(+)가 안 되면 마이너스(-)로 하라는 경영
   전략이 있다.
 - 아이디어를 빌려 쓰자. → 즉 다른 상품의 기술을 그대로 사용해 본다.
 - 크게 해 보고, 작게 해 보라.
 - 모양을 바꾸어 본다.
 - 용도를 바꿔 보자 → 3M 포스트잇은 실패라는 것에서 핀 꽃이다.
 - 재료를 바꿔 보자 → 도저히 상상할 수 없는 재료로 바꿔 보자.
 - 반대로 해 보자.
 - 전혀 불가능한 발명은 피한다. → 중세의 연금술

4) 원리를 알면 발명이 보인다

우리나라 인쇄 관련 특허를 검색해 보았다. 많은 발명가들이 기술적으로 우수하고 좋은 기술을 발명하고 제품화하였다 하더라도 실패하는 경우가 많이 있다. 기술적이라는 문제보다는 상품성에 문제가 있는 경우가 많다. 특히 인쇄기술은 공장 내에서 사용하는 기술, 상품을 생산하기 위한 기술이 주로 많은 것 같다.

발명기술은 밖으로 표시가 나야 하고 시장성이 있어야 한다. 그리고 기술이 일시적으로 몇 세대를 뛰어넘을 수도 없다. 단계적으로 거듭나야 하기 때문에 단계마다 새로운 아이디어는 행정적으로 선 출원을 하여야 한다. "구슬이 서 말이라도 꿰어야 보배다"라는 말이 있다. 여기에 중요한 것은 우선 구슬 서 말을 만드는 것이 우선이다.

출원된 발명이 많아야 활용할 수 있는 것 아닌가? 중소기업 간 입찰경쟁에도 특허권자에게 가산점을 주고 있다. 더욱 중요한 것은 인쇄현장에서 생각하고 있는 것이 이미

다른 업종의 누군가에 의해 출원되고 있다. 발명을 전문가만의 폐쇄적 공간으로 생각해 선 안 된다.

인쇄현장에서 근무자체가 발명의 대상이며 인쇄공정에서 부족한 부분, 개선해야 될 부분 등이 발명의 대상이 된다. 쉴 새 없이 인쇄생활의 모든 것을 기록하다 보면 기록 속에서 발명이 발견된다. 인쇄기술은 변증법적으로 변천한다. 어제의 기술이 오늘의 기술을 생겨나게 하고, 내일의 기술을 탄생시킬 것이다. 내일의 기술이 현재 기술과 단절되는 것이 아니고 거듭 태어나는 것이다.

인쇄시장을 보고 원리를 알면 발명이 보인다.

인쇄경영에 문화유전자를 심는다

차세대 시장의 하나인 사회적 기업 "잡 팩토리(Job factory)"가 있다. "잡 팩토리"가 위치한 스위스의 바젤은 세계 최대의 아트와 디자인 도시이다. 수많은 카페테리아, 가구, 인테리어용품전, 옷 가게, 레스토랑 등 다양한 업종이 이 파란 건물 안에 있다.

또한 인턴들이 다양한 직업과 기술을 체험할 수 있도록 공간을 다양화하여, 고객과 바로 맞닿은 현장에서 매일 일하며 손님을 대하는 태도와 서비스정신을 스스로 배울 기회를 준다. 브로슈어와 포스터 등을 디자인하고 제작하는 "잡 팩토리 프린트(Job Factory Print)" 회사와 웹개발 및 디자인 등을 담당하는 "잡 팩토리 인포매틱(Job Factory Informatik)" 등이 있어 많은 방문객들과 인턴들이 대화하면서 자기상업 분야에서 경험을 쌓고 고객중요성, 컬러의 효과, 약속, 책임감, 품질, 유행과 미래를 경험하고 비즈니스를 배우고 있다. 모든 기업들이 사회적 기업으로 가는 방향이고 모델이다. 이 파란 건물 공간 내에서 협력과 공존을 나누는 것이다. 앞으로 우리나라 에서도 집합건물이나 인쇄단지의 인쇄경영도 이 파란 건물을 주목할 필요가 있다. 시장 경제에서 기업은 경쟁을 빼놓을 수 없다. 라이벌이라는 것은 라틴어의 강이라는 말에서 생겨났다. 평화로울 때는 강물을 나눠 먹고 이용하다가 강물이 부족해지면 살기 위한 싸움을 한다. 생존을 위한 경쟁자가 생겨나면서부터 "이웃이 망해야 내가 흥한다"는 사고의 지배가 한때 유행하여 전쟁을 하기도 하였다. 레오나르도 다빈치(Leonardo da vinci)가 나는 날틀을 설계한 시기가 14세기 말이지만 18세기의 산업혁명이 없이는 비행기를 만들 수 없었다. 산업혁명이라는 큰 강은 자본과 기업을 양산시켰다. 그 후 "흥한 이웃이 있어야 나도 흥할 수 있다"고 하는 유행 때문에 성공한 기업을 따라 하려는 변화가 오늘날 모방 발전의 근원이 되었다. 예를 들어 자전거를 생산하는 기업이 오로지 자전거 생산만 계속 고집하는 것이 옳을지 모르나 이 자전거 생산기업이 변화하여 자동차를 생산할 때 그다음은 비행기도 생산할 수 있는 것이다. 불과 30년 전 구공탄을 찍던 공장이 에너지산업으로 변화하지 못했다면 지금도 계속 구공탄만 생산하고 있을 수밖에 없다. 오늘날 경영은 발전 성공한 이웃기업에서 배운다. 인간의 세포가 60조가 넘지만 세포 하나하나로는 생명이 만들어지지 않는다. 세포가 서로서로 만남에서 소통이 되며 힘이 만들어지고 진화하고 변화하여 생명이 만들어진다. 세포가 만났을 때에 시너지 효과가 생기는 것, 이것이 시너지 원리이다. 개인 간, 국가 간, 기업 간의 발전 친화적인 유전자는 만남을 통하여 무단 복제를 하고 생성도 하는 속성이 있다. 내가 남을 따라 배우는 동기부여가 전혀 다른 발전 모델을 만들어 내고 기업이 조직화된다. 사람과 사람, 이웃과 이웃, 기업과 기업을 만나게 하고 통하게 하는 것, 이것이 "문화유전자"이다. 흥하는 기업, 즉 일류기업이 생겨날수록 무임승차할 후발업체들은 계속 늘어난다. 여기서 인간세포 속성을 인체에서 배울 수 있다. 70년대의 한국의 기적에서 일류기업이 어렵게 탄생하면서 기묘한 유전자는 많은 기업을 계속 생겨나게 했다. 특히 인쇄는 많은 이업종 산업들에 가까이 가야 하고 배워야 한다. 한때는 1등을 하지 않고서는 국가로부터 대접을 못 받았던 시절이 있었다. 잘하는 기업, 잘사는 사람이 인정을 받았다. 특히 인쇄산업은 사회로부터 인정유무에 관계없이 국가 기간산업으로 충분하다. 인쇄경영 기본이 사람을 재산으로 하는 것과 신기술 그리고 창의성을 모두 갖추고 있는 종합예술적 경영이다. 따라서 인쇄경영은 많은 업종과 만남을 통하여 문화유전자를 심어야 일류기업으로 거듭날 수 있다. 인쇄는 모든 산업 중에서 유일하게 기술 인프라보다 먼저 사람을 낳는 기술이 없이는 어렵다. 인쇄 발전이란 문화유전자를 심는 전파 과정이며, 성장의 비밀 그것도 사람을 낳는 마음경영이다.

1) 인쇄산업의 현 위치

인쇄매체 흐름이 심상치 않다. 5월 초에 세계적인 잡지『뉴스위크』지가 매물로 나왔다고 한다. 그리고 우리나라를 포함하여 전 세계의 가판대에서 인쇄매체 판매수율이 43%가 하락 하였다. 인쇄산업의 현 위치를 경영차원에서 돌아볼 필요가 있다.

전국적인 종합 인쇄센서스의 통계가 부족하여 통계청이나 국세청 자료를 참고하더라도 서로 업종이 중복된 경우가 있어 정확히는 알 수가 없다. 그러나 인쇄업체 수는 약 17,000개와 종사자 수는 70,000여 명(±10%)으로 조사자료에서 발견할 수 있다. 인쇄산업 진흥을 위한 법률도 갖추고 있지만 정책의 한계 때문에 너무 준비가 취약하다. 인쇄산업은 국책 전문기관으로부터 컨설팅을 받아야 하고 이를 근거로 종합적인 대정부 정책건의가 시급하다. 인쇄매체 흐름을 보더라도 인쇄산업은 새로운 시대를 맞고 있다. 너무나 많은 지식과 정보가 넘쳐나 인쇄매체의 종류에 따라 수용력 한계원점의 점검을 해 봐야 하는 난제가 있다.

종이의 한계와 신소재 출현에 대한 정보가 공유되지 못하여 기회 포착이 늦어지고 있다. 또한 다양화된 산업과 대화할 수 있는 인재육성이 소극적이기도 하지만 여력도 없다. 인터넷이 가져오는 새로운 세대의 문화를 이용하는 모델개발이 늦어지고 있다. 유비쿼터스가 인쇄산업과 연계되고 있는 현실과 경험도 극히 제한적이다. 종이 소비량이 증가하고 있는 시점에서 종이 인쇄 가동시간이 줄고 있는 현실을 감으로나 느낄 뿐이지 업계에 미치는 영향평가지수에 대한 통계도 잡지 못하고 있다. 이런 와중에서 인쇄산업이 한 대 맞은 것처럼 멍하다. 신문과 잡지 그리고 교과서의 디지털화는 물론 멀티미디어로 진행되면서 상대적 생산의 가동률도 예측을 못하고 있다. 세계 출판 흐름이 온라인으로 쏠리면서 기록물과 출판물에 대하여 차세대 인쇄의 중장기대안이 필요하다. 물론 종이를 이용한 인쇄기록은 인류가 없어질 때까지 소멸되지 않을 것은 분명하다. 단지 물량의 문제이긴 하나 한쪽이 줄어들면 또 다른 새로운 쪽이 늘어나는 생태적 현상을 업계는 알아야 한다. 따라서 인쇄산업도 보는 위치에 따라 적자생존의 원리이지만 항상 새로운 쪽이 문제이다. 전통인쇄와 디지털이 부딪치는 부분이 신문과 잡지 그리고 책자와 상업인쇄 및 홍보물까지로 확대되고 있다. 만일에 인쇄 데이터가 온라인으로 서비스 또는 판매가 불가능한 것이라면 전통방식의 대량 생산과 대량 배포는 계속되었을 것이고, 앞으로도 염려할 사항은 아니다. 그러나 불행히도 대형 출판그룹들이 이미 모바일과 온라인시장에 진입한 후 만만치 않게 인쇄매체 규모는 축소되고 있고 새로운 디지털산업의 규모는 더욱 늘어나고 더욱 빨라지고 있다. 이미 막대한 자금을 투입한 인쇄장치 산업의 어려움을 누가 알겠는가! 새로운 시대를 이해하여야 하는 고민이 있다. 인쇄기기가 오로지 한 가지 스타일의 시스템뿐이라면 좋겠으나, 현실은 새롭고 콤팩트하게 종류별로 책자를 쉽게 만드는 디지털시스템이 패키지화하여 출현하고 있어, 메이커들조차 홍보매장에서 사진, 명함, 단행본, 카드, 제안서, 학위논문, 카탈로그 등을 디지털 출력으로 서비스를 하며 인쇄, 출판의 대기업들까지 날로 폭발적으로 증가하고 있는 온 디맨드(On-Demand) 인쇄사업에 직판투자하고 나서 다품종 소수량 인쇄물 시장이 그야말로 라이벌 경쟁이다. 인쇄산업이 정보산업적 성격과 제조업적 성격의 양면성을 가지고 있다 보니 두 가지 업을 동시에 추구하기에는 장치산업의 괴로움이 생긴다. 콘텐츠 구축에도 종이 역할이 끝난 것은 옛 이야기이다. 전자거래진흥법령에서도 이미 전자문서가 공인인증될 수 있는 법령으로 개정된 지 오래다. 그러면 인쇄의 트렌드는 디자인과 고급 및 명품인쇄만으로 납품량 확보가 가능할 것인가. A라는 기업이 인쇄공정의 자동화와 표준화 더 나아가 CMS를 구현했다고 하여 거래선으로부터의 납품량 확보와 원하는 인쇄단가를 보장받을 수 있는 것은 아니다. 날로 증가되고 있는 포장인쇄시장에서도 다색화, 다양화, 다기능 등 새로운 요구가 많아져 경영부담이 가중되고 있으며 단납기, 고품질, 저단가는 이미 기본조건이다. 온라인 출판의 e-book 출현은 소량 다품종 인쇄시장을 확대시켜 인쇄경영의 부담이 더욱 가중되고 있다. 규모의 경제시스템을 갖춘 많은 업체들의 대안 찾기는 상당히 혼란스러운 현실이다. 인쇄경영에 있어서 마케팅이 필수이며 마케팅 능력과 인쇄 설비는 비례했었다. 변화에 따른 시장 확보와 인쇄경영 점검이 필요한 시점이다. 방향과 범위를 어떻게 정할 것인가. 영업방안을 신사고해야 한다. 자동화와 기술우위를 요구하는 고객들의 새로운 요구와 차별화된 서비스 요구, 그리고 경쟁적 고품질을 보증할 수 있도록 투자가 계속되어야 하는 악순환은 동업종 간의 만남을 통하여 해결하여야 할 것이다. 환경변화에 대한 공동구상이 필요하고 지식산업의 인재양성도 공동으로 구성해야 한다. 세포와 세포가 만나는 시너지원리를 이용해야 한다.

2) 변화에 대한 인쇄경영과 교육

인쇄경영은 영업과 인쇄기술을 분리할 수 없는 이기일원론(理氣一元論)적이다. 특성상 화학, 물리, 전기, 전자, 디자인, 문헌정보, 컴퓨터 등의 포괄적인 학문을 기초로 한 문화와 과학을 동반한 종합학문이다. 화상을 해석하고 계측 처리하는 것, 인쇄화상의 화질을 위한 재판기술, 문자의 선택, 기록, 표현기술, 박막패턴인쇄, 데이터의 통신기술, 인쇄의 대량생산, 공장의 자동화, 환경공해문제 등 첨단과학 분야까지 포함, 동원될 이론이 많다. 그만큼 인쇄경영의 복합성이다. 이와 같이 인쇄경영은 체계적으로 준비되어

제4장 인쇄경영에 문화유전자를 심는다(경영)

야 할 것은 많으나, 국가산업에서 소외당함으로써 인쇄산업과 함께하는 분들의 부담이 타 산업에 비하여 너무 높다. 국가기간산업의 역할을 다하기 위해 경영자들과 함께하는 모든 분들은 막대한 자금을 쏟아붓고도 많은 산업에 기여한 만큼의 혜택을 갖지를 못했다 문화산업의 긍지를 갖지 않고서는 가능한 일인가. 지금은 종이에만 표현 전달하는 종전방식만이 인쇄라는 사고를 인쇄인들 스스로가 바꾸고 있다. 인쇄문화의 성장과 인쇄기술의 발전이 그 나라의 문화의 깊이를 파악할 수 있는 척도라는 것을 교육을 통해 알려야 한다. 인쇄의 고도화, 고품질을 위한 전문기술의 축적, 인쇄기자재 및 재료의 국산화, 다양한 인쇄방식의 적용방법, 정보화 시대의 뉴미디어의 응용제작, 3차원 프린팅 개발, 미래인쇄분야, 출판과 미디어 매체를 융합할 신기술 개발과 교육, 국가보유기록물에 대한 기록, 보존, 보급 기술, 레이저와 인쇄공학, 생체공학, 그래픽디자인, 시큐리티 인쇄특성 등 새로운 시대의 변화에 대해 준비해야 한다. 현실적으로 일부 편집기술과 재판장비 응용 등 기자재 교육만으로 인쇄산업을 발전시키기에는 요원하다. 정보화 시대의 생활 주변에는 모든 분야에 인쇄가 관련되어 있으며, 반도체 집적회로의 원판인 Photo Mask, RFID 종류별 안테나, 지문의 스캐너 또는 지문감지 시큐리티 기술 등 특수 인쇄가 시작되고 있는 시점에서 관련된 교육을 인쇄업계도 타 산업과의 연계를 시작해야 한다. 차세대 인쇄산업유치를 위해서 시급히 체계적인 교육과 통신교육은 필수적이다. 편집기술에서도 단순히 문자와 사진만 조합하는 DTP로서는 멀티미디어에 대응할 수 없고 편집 속에 동영상과 음성 등 멀티미디어가 표현되어야 상업화할 수 있다. 현실적으로 당장 비즈니스화할 수 있는 기술을 교육해야 한다. 프리프레스 분야에서도 디자인 분야의 교육으로는 현실적으로 인쇄산업의 새로운 시장에 대한 대응보다는 포기이며 인재가 모이지 않는다. 앞서 가는 신기술을 교육해야 하고 디지털에 따라 파생되는 여러 가지 요인을 인쇄원가 계산에 반영하기 위해 교육뿐만 아니라 정부의 인쇄표준가격 기준을 전면 수정해야 한다. 그리고 교육받는 즉시 신상품을 생산할 수 있는 신소재 교육을 발굴해 내야 하고 인쇄업체 스스로 미래를 보장받으려면 차세대 인력을 별도로 확보하여 준비해야 한다. 정부는 단체보다는 기업 중심으로 유도하고 있다. 정부는 업계의 흐름을 조사해야 하고 장비를 지원하고 협조해야 한다. 미국과 유럽의 창조적인 연구와 외국에서 개발한 기술을 소화해야 한다. 인쇄경영은 사장 혼자 하는 것은 아니다. 교육으로 준비된 직원과 함께하는 것이다.

3) 늘 하던 대로 하는 기업은 망한다?

　세계 최대 생활용품 제조회사인 P&G 맥도널드 회장이 항상 하는 이야기이다. 이 회사는 1837년에 설립된 173년 된 회사로 인쇄회사도 관여하고 있다. 그는 한국기업들에 혁신이 필요하다고 강조하며 창의적 인재로 키우고 창의적인 생각을 갖도록 훈련시켜야 한다고 한다. 창의적인 핵심은 항상 기존의 규칙을 깨야 된다. 그리고 흐름을 알고 아이디어를 적시에 상업화하는 것이 핵심이다. 모든 산업의 기업들이 변화하면서 새로운 혁신을 계속해야 하는데 전통방식의 인쇄기술로 기업의 목표에 도움이 될 수 없다. 모든 기업들의 창의성에 합당한 새로운 인쇄기술을 제안하고 접목해야 한다. 그러나 현실은 늘 하던 대로 하는 주문량 확보가 최우선인데 창의와 혁신이 과연 인쇄산업에 맞는 이야기인가, 무시당할 수도 있다.

　혁신을 잘못 이야기하면 현 경영자들에게 문제아 취급받을 수도 있다. 학교 때 암기 위주의 교육에 배 있는 사람은 모든 마케팅에서도 항상 지난번에 했던 방식을 계속 고집한다. 실패하면 지난 번 했던 대로 했는데 자신은 책임이 없다는 것이다. 그리고 성공하면 현상 유지로서 만족하면 된다. 그리고 혁신적 마케팅이 실패하면 무조건 책임질 수밖에 없는 것이 우리의 현실이다. 그러나 점점 인쇄기술에서 모험을 해야 할 혁신사업이 생겨나고 있다. 나노물질이 신소재로 개발되면서 전자패턴 형성에 인쇄기술을 응용할 것이 많아졌다. 기존 인쇄기업이 기피하는 사이 패키징 업체가 겁 없이 진입하여 크게 성공한 기업도 있고 크게 패한 회사도 있다. 그러나 분명한 것은 전자산업 쪽에서 인쇄기술이 필요하다는 것이다. 따라서 우리나라도 산업 간 융합이 필요해지고 있다. 문화융합, 지식융합, 기술융합, 산업융합 등 새로운 바람을 이용해야 한다. 더 나아가 인문학과 자연과학 융합은 문화산업의 극대화를 이룰 것이며 신기술 간의 융합은 새로운 산업을 창조하고 전통산업을 고도화하는 데 기여할 것으로 생각한다. 산업 간 융합기술로 신산업을 창출하거나 인쇄와 같은 전통산업을 고도화하는 데 필연적으로 융합시너지를 만들어야 할 것이다. 인쇄기술이 전자산업과 융합되고 있으나 막상 인쇄인이 외면하고 있는 현실을 어떻게 할 것인가, 미디어도 인쇄와 융합될 수밖에 없는데 늘 하던 대로 할 수는 없다.

4) 인쇄환경변화에 따른 경영전략 - 산업 간 융합

지금까지 인쇄산업의 경영전략은 새로운 고가장비의 도입으로 생산성과 품질향상에 목표를 두었다. 그러나 급진전되고 있는 디지털화는 종래의 인쇄용어까지 크게 바꾸어 놓으려고 하고 있으며 환경변화에 낙오되지 않으려는 몸부림도 있다. 인쇄산업은 설비 분야만 변하는 것이 아니고 기업환경과 경영방식도 바뀌고 있다. 도심의 소규모 인쇄사들이 담당했던 다종의 긴급인쇄물들이 사무자동화나 문구점 등에서 납품이 증가되고 있으며 수도권 외각의 인쇄단지들은 들쭉날쭉한 출판물량 때문에 적정가격 유지가 심각하다. 지금까지 인쇄업을 단순히 인쇄물만 납품하는 제조업으로 생각하는 것이 관례다. 그러나 납품된 인쇄물은 지식과 정보가 포함되어 있고 사용 후 일부는 쓰레기통으로 사라지고 일부는 문화상품이 되어 영원히 남는다. 종래의 인쇄업체를 보면 고가의 설비를 도입하고 단순기능인력을 이용 대량생산으로 수익을 창출했던 경영방식이 계속되고 있는 것이 현실이다. 대형출판사 및 유수의 그룹회사와 수년간 연고관계를 유지하고 있는 인쇄기업으로서는 경영합리화가 연속될 것이지만, 이것은 극히 제한적인 숫자이고 다수의 경우는 장비와 기술투자가 도리어 역작용을 받는 경우가 너무 많다. 그러다보니 과거방식의 경영전략으로는 미래가 불안하다. 프리프레스 분야의 디지털화는 인쇄공정의 단순화로 업체마다 표현기술이 업체 간 차이를 좁혀 버렸다. 인쇄장인들이 없어져 간다. 네트워크 기술이 발전하여 컴퓨터의 사용환경이 급속 변하고 있다. 원고 인수를 인쇄시작으로 했었던 인쇄공정이 지금에 와서는 고객이 직접 만든 PDF 파일을 받아 CTP와 인쇄로 공정이 단순화되면서 가격경쟁만 치열해졌다. 원고를 편집했던 조판분야를 디자인에 내어주고 기계공정에만 의존하는 반쪽짜리 인쇄공정을 담당하게 되는 경우가 많아졌다. 인쇄미디어라고 하는 종합기술은 주인이 누구인지 모를 지경이다. 또한 인쇄공정상의 컬러관리나 품질관리도 기계와 패키지화되어 인쇄업체마다 독특한 생명이 없어지고 있다. 프리프레스의 제작공수를 내어주고 나서 단순 제작공수는 가격만 줄어 버리는 현실로서 이러한 공정구도를 인쇄업계 스스로가 자초한 일이지만 영양가 있는 공정을 떼어 주고 현재로서는 너무나 억울한 일이 많다. 고액설비투자를 안 할 수도 없으며 투자를 한다 하더라도 한쪽이 수익 면에서 너무 불리하다. 법률제도가 개선되지 않으면 인쇄공정에서 업계가 부담해야 할 부문이 너무 많다. 이는 문화산업의 발전에 큰 저해 요인이다. 모든 인쇄물이 원칙적으로 프리프레스, 프레스, 후공정, 배송까지를 인쇄업체가 계약하여야 하는 원칙인 토털방식으로 개선되지 않으면 누가 기술투자를 하겠는가? 각종 시큐리티 기술, 3D 표현기술 등 기능인들의 손재주를 응용해야 하는데 기계 S/W가 가로막고 있다. 출판환경이 변하여 대량발주를 지양하고, 다품종 소수량으로 가면서 온라인 서비스를 준비하는 발주자들의 다급함이 인쇄산업을 어렵게 하고 있다. 이제는 책을 파는 시대가 아니고 데이터를 판매하는 시대로 바뀌었다. 모든 것을 모바일에서 모니터에서 전달하고자 하는 변화에 준비 안 된 인쇄산업으로서는 답답하다. 환경변화에 대비한 인력양성도 장비훈련용이 거의고 차세대 인쇄분야는 관심이 없다. 세계는 정보화로 가면서 인쇄매체가 디지털로 급속 이동하면서 선진국은 신문과 잡지를 온라인 구매로 늘려가기 시작되었다. 이미 멀티미디어를 구현할 수 있는 스마트출판을 제작하는 기술을 전 인쇄업체들은 보유하고 있었지만 대다수 중소업체들은 이것을 대량생산 체제하에서 점유율이 적은 프리프레스 분야를 정리해 버리는 소홀함이 있었다. 인쇄는 기록, 저장, 전달의 3요소를 갖고 있어야 한다. 디지털에 대응하는 전략으로 인쇄산업의 체계를 변화할 필요가 있다. 멀티미디어를 구현할 수 있는 시스템 신설과 인력 양성이다. 이것이 종이인쇄 납품보다 판매비중이 높아질 것이기 때문이다. 인쇄업체들 간 역할분담이 필요하다. 협동화된 소조합은 영상, 음성, 데이터를 통합할 수 있는 멀티미디어 조판시스템의 부활이다. 인쇄기계를 담당하는 회사와 디지털미디어를 담당하는 그룹으로 역할을 분담시킬 수 있다. 또 다른 협동화 소조합은 산업 간 융합으로 신소재 산업을 준비해야 한다. 출판책자의 환경변화에 따라 남는 여력을 특수인쇄 분야에 활용해야 한다. 신소재가 개발되어 OLED, 디스플레이, 태양전지, 차세대 전자부품 생산에 오프셋인쇄기술은 물론 그라비어, 실크스크린, 플렉소인쇄 등 모두 가능해졌다. 대형전자업체들도 경비절감을 위해서 인쇄기술을 이용해야 하는 것은 미국, 일본, 독일을 비롯한 공개된 사실이다. 인쇄에 대해 외부환경이 변화되었다. 늦은 감은 있지만 보다 나은 미래는 과거의 반성과 현대 정보를 현명하게 받아들이는 데 있다. 우리는 특히 새로운 것을 빨리 받아들이는 데 타고난 재주가 있다. 다만 이것을 모험이라고 생각하기 때문에 어려울 뿐이다.

인쇄DNA와 세계 인쇄 대사전

오늘날 우리나라는 인쇄종주국이라는 자부심은 갖고 있지만 그것은 정신적인 면이고 독일이나 영국 미국 등에서 인쇄기술은 더 발전되어 왔다. 일본에서 기술을 도입하다 보니 인쇄용어 대부분이 변질된 외국어이고 여기에다 만들어진 한자어와 정립되지 못한 우리말까지 혼용되고 있어 혼란스럽다. 세계 문자혁명의 대표인 훈민정음을 생각해 본다.

모든 산업은 문화와 혁신 속에서 발전한다. 핵심은 소통이고 이를 위해 생성되고 변증되면서 용어가 출현한다. 용어는 모든 산업의 DNA이고 문화코드이다. 세계 최고로 30억 쌍의 인간 DNA염기서열을 해독한 미국의 인간 유전체 프로젝트는 2,800명의 과학자가 동원되어 무려 13년간 2조 7천억 원의 경비를 들여 연구한 결과 발견된 유전지 수는 2만 5천 개 정도라고 한다.

가장 많이 회자되었던 셰익스피어의 리어왕이나 맥베스의 작품에서 시용된 단어의 수도 약 3만 개 정도이다. 물론 단어의 숫자가 중요한 것이 아니고 비슷한 단어들이지만 전혀 다른 감흥을 주는 것은 사용된 단어들의 조합과 배열이 다르기 때문이다 인간의 DNA나 희곡에서 사용되는 단어들이 유사한 점이 많다.

5천여 년간 인류에 공헌해 온 인쇄 용어도 마찬가지다. 인쇄기술이 급속 발전하면서 각종 서적이나 잡지와 신문 같은 종이 인쇄는 물론 PVC, 칠판, 섬유, 편광 및 도광 필름, 안테나, 회로기판 등 반도체까지도 인쇄기술을 용용하고 있고, 신재생에너지인 태양전지용 박막필름까지도 생산하게 되는 인쇄는 확실하게 변화된 새로운 용어의 출현이다. 그 외 레이저를 이용한 인쇄는 모든 소재 속(inside)까지 인쇄가 가능해졌다. 모든 산업도 인쇄기술의 필요성을 알게 되었다.

또한 인쇄기술이 컴퓨터를 만나면서 종이 없이도 온라인에서 의사소통이 이루어지고 있어 새로운 유통질서는 경험해 보지 못한 많은 부분을 생성, 변화시키고 있다. 아날로그와 디지털의 융합으로 새로운 용어 디지로그는 새로운 미래 인쇄의 도전을 기다리고 있다. 인쇄산업이 모든 산업의 요체임을 누구도 부인을 못 한다.

세계의 모든 산업과 소통하기 위해 '세계 인쇄 대사전'은 시대적 필수이다. 물론 어렵고 부족하지만 1970년대부터 특정 출판사, 인쇄사, 인쇄단체가 당시 인쇄현장에서 다양하게 사용되고 있던 용어들을 집대성하고 체계적으로 정리하고 나름대로 노력하여 널리 보급시켰다는 긍정적인 역사도 가지고 있다.

이러한 경험을 토대로 가장 중요하고 필요한 전통인쇄의 역사성, 업계공통의 단체표준 최첨단 신기술 인쇄와 IT의 융합 미래인쇄기술 등 다양한 의견을 집합시켜 '대사전' 출간을 감히 청원하면서 몇 가지 참고사항을 정리해 본다.

저의 경험으로도 사전간행은 쉽지 않고 무척 어렵다. 비즈니스 차원에서도 비경제적이다. 따라서 많은 분들이 협조해야 한다. 정부와 단체가 지원한다 하더라도 업계 관계자들의 협력과 많은 성원이 필요하다.

1) 인쇄용어표준화

1996.12.23. 국립기술품질원 고시 (제96−180호), 한국공업규격(KSA0804)으로 인쇄용어 중 기본용어를 제정한 바 있다. 프리프레스에서는 활자 폰트 등 32개 제판 등에서 19개, 프레스에서는 활판, 오프셋 그라비어 등 20개 후가공에서 13개 용어로 총 84개 용어밖에 규정되어 있지 않다. 당시는 한국산업표준심의에 심사위원들 자신이 인쇄와는 무관한 인사들로 인쇄 현장과도 거리가 있었다.

인쇄용어가 구미문화권을 통해 일본으로 건너와 임의 선택한 한자어와 발음 등이 우리말로 옮겨 오면서 인쇄용어가 웃지 못 할 이야기가 많다. 아직도 인쇄물 입찰 시 인쇄규격서도 수요기관마다 용어가 표준화되어 있지 않다. 표준화하기 전에 인쇄현장, 영업현장, 출판편집, 디자인에서 시용되고 있는 용어를 수집해야 하고 용어를 정리 선택하는 작업이 많은 비용을 필요로 하고 있어 쉽지 않은 일이다.

ISO에서 규정한 컴퓨터용어도 사실은 과거 문선 식자에서 사용하던 용어와 유사한 점이 많이 발견된다. 그 이유는 인쇄조판규격을 컴퓨터 규격으로 대응 개발되었기 때문이다. 인쇄용어의 뿌리를 찾으면 하나의 원칙을 발견할 수 있다(물론 사전은 인쇄표준용어뿐 아니라 일반 인쇄용어도 포함되어야 한다). 국가마다 인쇄용어를 채택하기 이전에 국제적으로 통용되는 용어를 자국어와 언어 순화원칙에 따라 표준화하고 있다는 것이다. 인쇄용어 또한 자국어 보호정책에서 인정된 용어만 통용되도록 하는 제도도 겸용하고 있다. 우리나라도 인쇄용어만은 ISO를 기본으로 업계공통의 단체표준을 제정하고 이를 다시 국가표준으로 가기 위해 사전을 시작하기 전이라도 인쇄단체 표준화 위원회 설립이 필요하다.

우리나라 헌법에는 "국가는 국가표준 제도를 확립한다"(제127조 제2항)고 규정해 놓았다. 따라서 법률적으로도 지원을 받게 되어 있다.

2) 문화기술로의 역할

문화기술은 결국 사람이 중심이지만 기업에서도 인간의 본질적 행복을 위한 제품이어야 하는 명제 때문에 단순한 속도나 성능 경쟁보다는 디자인이나 편리한 사용자 인터페이스 등에 차별성을 두는 것이 중요한 요소로 부상되고 있다. 삶의 질 향상 때문에 모든 상품도 문화콘텐츠를 곁들이지 않으면 판매를 보장할 수 없게 되었다. 인쇄기술을 응용한 게임, 애니메이션, 미디어 아트 등 다양한 문화기술이 역할을 못하면 그만큼 뒤떨어진 제품이 되고 만다. 콘텐츠 산업은 고부가가치 산업이고 녹색성장 산업으로 미래 산업을 이끌 성장 동력이다.

콘텐츠는 인쇄결과물의 응용이다. 따라서 인쇄사전에도 콘텐츠를 기획, 개발, 제작, 그리고 서비스하고 사용하는 분야까지 포함시켜야 할 사안이다. 미디어나 콘텐츠의 파이프라인은 소통의 DNA인 인쇄가 있기 때문이다.

3) 디지털 북과 통신

문화산업도 하이브리드다. 이제는 섞어야 산다. 워싱턴에 있는 미의회 도서관은 책장 길이만 1,000km가 넘는다고 한다. 490개 언어로 된 책 2만 권과 인쇄물 1,150만 점에 지도, 사진, 그림, 영상 자료까지 1억 4,000만 점에 이른다고 한다. 엄청난 인쇄자료가 매년 7%씩 늘어나 기존 건물로는 감당하기가 힘들다. 1994년부터 모든 인쇄자료를 디지털화하고 있다. 디지털화한 인쇄자료를 무선 e북 단말기로 검색을 하고 있다.

디지털 입장에서는 성공적일지 모른다. 그러나 디지털이 도저히 따라올 수 없는 게 있으며 흉내 내지 못할 것들도 많다. 쿨쿨한 책 냄새, 넘기는 책장의 소리, 생체적 감각으로 느끼는 손맛, 세월에 바랜 색깔의 흔적 등의 인간화는 어느 무엇이 따르겠는가?

"책은 죽지 않는다. 다만 디지털화할 뿐이다." 아마존의 CEO 베조로의 말이다. 인쇄와 디지털 그리고 통신에 관련한 용어는 인쇄의 기본적인 용어가 된 지 오래다.

4) 전통과 신기술

종이가 귀하던 시절 삼국시대에 물건이나 짐에 꼬리표 또는 메모지 및 라벨 역할을 하던 목간(木簡)은 한편으로는 나뭇조각에 먹글씨로 써서 비밀 연락문서나, 암호역할을 했던 것을 요즈음 TV연속극을 통해 실감할 수 있다. 그 시대의 첨단장치는 전통 속으로 사라졌고, 대신 인터넷에서 수많은 목간이 수초 만에 전달되고 사이버상 거래 행위도 편리하게 진행된다. 이와 같이 보존해야 할 전통과 혁신적인 신기술이 서로 공존하고 있는 것이다.

언어의 의사소통을 대신하던 문자가 전통으로 사라지고 있고, 사람의 음성신호를 컴퓨터가 인지하면서 디지털화된 음성인식은 새로운 패러다임이다. 한국어로 말해도 외국어로 척척 변환되어 언어장벽이 사라지고, 언어를 즉시 텍스트화하여 다국어 웹 검색을 할 수 있는 기술과 자동번역 기술 등이 상용화되기 시작했다.

이뿐이겠는가? 제책기술도 하드커버 책들이 첫 장이건 마지막 장이건 펼치는 그대로 모양을 유지하는 신기술의 제책술도 이미 오래전 일이다. 모두에서 설명했듯 첨단기술을 포함한 신기술은 전통인쇄 방식과 영원히 같이할 동반자이고, 새로운 '인쇄사전'은 이를 포함시켜야 한다.

5) 기타

전자상거래법 개정으로 전자문서의 활성화이다. 전자문서는 종이와 인쇄 없이 디지털 문서화로서 인쇄산업으로서는 달갑지 않지만 상당량의 영역이 없어지고 있는 것이다. 지금은 종이 없는 전자 세금계산서의 의무화이다. S/W 없이는 인쇄도 살 수가 없기 때문이다. 우편물로 받던 각종 고지서, 청구서 등을 전자사서함을 통해 온라인 서비스를 시작했다. 은행, 기업, 단체의 모든 문서가 디지털로 시행되면, 보관창고도 필요 없어진다. 이것이 현시대의 변화이다.

시큐리티시장도 새롭게 증가하고 있다. 금전인 화폐를 제외하고라도 이제는 모든 상품의 라벨이나 의약, 화장품, 식품, 주류, 출판물, 모든 선전 광고물도 보안표시를 시작하고 있다.

이것 또한 인쇄시장의 새로운 변화이다. 인쇄시장이 급변하고 있다. 수많은 데이터 항목들을 종이에 담을지 사이버 창고에 담을지도 고민해야 한다. 이 모든 정보를 현시점에서 필요한 곳에 반영하여야 된다. 그리고 기록해야 한다.

인쇄영업과 상대성 이론

-뿌리 깊은 70년대식 인쇄영업-

전통적 방식으로 상식화된 인쇄영업을 계속할 수는 없다. 인쇄계약 행위의 잘못된 제도와 법령 및 관행에서 탈피하여야 한다. 인쇄시장에서 수요자와 공급자 간의 자유선택 의지에 맞길 수 있도록 인쇄영업이 나서서 새로운 질서를 만들어야 한다.

몇 해 전 초겨울 충남 아산의 어느 배추밭을 뒤엎는 사건 이야기다. 배추밭 경력 31년의 K씨와 '밭떼기' 유통업자 J씨는 1평당 3,500원에 계약을 했다. 1평의 밭에서 나는 배추는 평균 10포기란다. 그러면 포기당 350원인 셈이다. 이것이 서울의 모든 시장에서 포기당 1,000원에서 1,800원 이상으로 거래되었다. 물론 소비자는 산지농민이 받는 배추 값에 살 수는 없다. 농민-산지유통인-중도매인-소매상을 거치며 출하시기까지 겹쳐서 배추 값은 더욱 혼란스럽다. 생산자와 최종소비자 간의 거리가 너무 멀다. 즉, 경매, 유통 등 금융위주의 제도가 가미되어 손해를 입게 된 생산자만 괴롭다.

인쇄 또한 비슷한 환경에서 어려움을 안고 있다. 최초 생산자를 떠난 인쇄물은 산업적으로 모든 상품의 디자인 충족, 브랜드효과, 홍보, 구매욕구 등을 위해 헌신적으로 도움을 주고 문화적으로는 기록과 인류문화 유산을 보존하는 기술로, 국가를 홍보하는 가장 효과적인 수단으로 활용되고 있다. 그러나 인쇄물 활용도와 홍보효과에 비하여 가격이 너무 싸다.

마이크로소프트의 창업주인 빌 게이츠는 레오나르도 다빈치의 『레스터사본(Codex Leicester)』이라는 책을 1994년 11월 경매장에서 무려 3,080만 달러(300억 원)에 구입했다. 세계에서 가장 비싸게 팔린 책이다. 이 모든 것이 인쇄기술이 만들어 낸 기초 생산품이다. 그렇다면 당시 인쇄비는 얼마나 되었을까 궁금하다.

인쇄물 없이는 모든 산업의 상행위는 정지되고 혼란스러울 것이다. 유통에 따른 비용부담은 상상할 수 없을 정도로 배가될 것이다. 이렇게 중요한 기초 재화인 인쇄에 대해 경쟁을 유도하고 제도적으로 얽혀 창의성을 잃어버리게 하고 있다. 인쇄물 때문에 이익을 누리고 있는 모든 상품에서 상호 나눌 수 있는 제도적 시스템은 없을까?

필자는 디지털화되어 가는 시점에서 인쇄영업방법도 새로운 방향으로 전환되기를 기대한다. 인터넷시장에서 수요자와 공급자 간의 자유선택의지에 맡겨져야지 전통적으로 낡은 틀에 계속 묶여 국제경쟁력을 약화시키고 있는 것은 아닌지 심히 걱정스럽다.

인쇄산업의 경쟁력은 영업에서 나온다. 훌륭한 인쇄기술을 파는 것도, 잘못된 제도와 관행을 바꾸는 것도 인쇄영업이다. 인쇄경영의 핵심이고 소프트웨어인 영업을 소홀히 할 수는 없다. 지금은 사라진 수많은 영업선배들의 전통적 유산을 바탕으로 디지털 환경과 계속 바뀌는 시장에서 변화된 영업활동 방법을 개발해야 한다.

아인슈타인의 '상대성 이론'을 생각해 본다. 물리학도나 과학자가 아니더라도 '상대성 이론'을 많이 들었지만 역시 난해하고 어렵다. $E=mc^2$(E: 에너지, m: 질량, c: 속도)이라는 방정식 정도로 알려진 이 이론이 인류역사의 진로를 간단하게 틀어 버린 원자폭탄 생산의 이론적 배경이 되었다는 것쯤은 다 아는 사실이다.

그러나 상대성 이론의 깊은 뜻은 우주 또는 세계 시공간, 에너지, 물질 등이 모두 밀접하게 연결되어 있어서 그 전체가 자연의 본질을 이룬다. 자연의 본질은 따로 따로 존재하는 것이 아니고 모두 얽혀 살고 서로 영향을 주고받는다는 사실이다. 따라서 어느 물질 하나라도 계속 스트레스로 집중 공격하게 되면 폭발하는 것이다.

인쇄는 홀로가 아니다. 모든 산업과 연계되어 있고 연계된 산업 속에서 상대성을 가지고 있기 때문에 발생되는 가치를 공동으로 나눠 가질 수 있는 것이다. 이러한 이론을 바탕으로 원가계산제도라든가 계약제도 등도 상대적 인쇄영업으로 전환하기를 기대한다.

1) 70년대식 인쇄영업

우리나라 유망산업을 시대적으로 살펴보면 1960년대는 면방산업과 합판산업, 1970년대 봉제, 가발, 신발 산업, 1980년대에는 전자, 자전거 산업, 1990년대의 반도체, 자동차 산업, 2000년대 인터넷, 금융, 휴대통신사업 등 산업계의 유망분야는 계속 바뀌어왔다. 인류 발전과정은 진화와 변혁이 반복되면서 이루어져 왔다.

1970년 당시 인쇄는 거의 인쇄사 직원들의 손에 의해 만들어지고 인쇄기 인프라는 아주 열악했다. 인쇄물 종류도 책자류가 전체시장을 주도하였고 정부기관이 발주하는 관수물과 민수물은 80:20 정도로 대부분 정부 인쇄물이었다. 그 당시 4색도 이상 오프셋기를 보유한 업체도 3개사 정도였다. 거의 흑백 단색인쇄물이 주종이었으며 컬러 인쇄물도 단색 인쇄기로 생산하다 보니 컬러핀이 맞지 않아 이중으로 보이는 경우가 허다했다.

산업구조상 모든 재화가 부족하다 보니 생산설비만 갖추면 판매는 걱정이 없었고 카탈로그나 광고 없이도 매출은 매년 평균 30%씩 성장하고 있었다. 인쇄영업도 당연히 정부기관에 의존할 수밖에 없었다. 정부 인쇄물은 계약제도에 따라 수많은 방법을 동원했지만 결국 대량인쇄물은 정책라인그룹에 들어가지 않으면 수주는 거의 불가능하였다. 가장 쉬운 방법으로는 시설제한 조건입찰로 사전에 정한 특수시설 보유업체에 한정 입찰자격을 준다든지, 계속하여 실적업체만 누릴 수 있는 판 보유, 필름 보유업체와 당연한 수의계약을 한다. 유수한 몇 개 업체를 지명하여 담합을 묵인하여 처리하든지, 각종 공법인·특수법인과 연계하여 특혜를 받든지 또는 정부 부처 내에 인쇄실을 설치하여 편이한 장소를 내세워 계약을 체결했다.

국가의 행위를 비밀에 부친다는 조건으로 비밀취급 인가자들만이 수의계약을 하거나 또는 긴급한 국가행사를 위하여 부득이 특정업체에서 인쇄하거나, 교과서의 학습지도안 사업제안서를 활용하여 특정업체가 납품을 하고, 번각발행이라는 명분으로 정부발간을 대행해 주는 형태의 인쇄물도 상당한 양의 특혜 방법이었다. 그리고 나머지 소량인쇄물 정도가 일반경쟁에 부해 많은 희비를 역사 속에 남기고 있다. 물론 1980년대부터 중소기업을 위한 단체수의계약이 출현하여 많이 정화된 바 있지만 아무튼, 1960~1970년대의 인쇄영업방법은 정부계약제도를 잘 이용하는 것이 최선이었다. 공개입찰 중 입찰장소에서 인쇄업체들 간의 인간관계를 이용한 설득과 대화의 달인도 곳곳에서 발견할 수 있었다. 이것이 인쇄영업의 과거 역사이다. 그러나 지금은 민수시장이 80% 이상을 점유하면서 정부 인쇄물에 의존하는 업체는 점점 줄어들었다.

2) 인쇄영업 상식을 틀의 깨라

고정관념에서 탈피해야 한다. 그러나 우리의 세포는 관성의 법칙에 따라 일단 형성된 관념은 결코 바꿔지지 않는다. 산업구조가 급변하여 생산규모가 엄청나게 늘어나 인쇄물량이 과거에 비해 폭발적으로 늘어났고 오늘의 민수시장이 과거 정부 인쇄물처럼 정책시장으로 변했지만 수주만을 위한 인쇄영업 방법은 변하지 않고 그대로 관성의 법칙이 작용되고 있다. 단순히 계약목적을 달성했다고 하더라도 그것은 계약만을 위한 계약이다. 결국은 계약의 품질이 문제이다.

인쇄기업이 막대한 투자를 하고 경험축적을 통하여 노력한 개발이익을 송두리째 발주자에게 넘겨 버린 시스템은 고쳐져야 하고, 이를 위해 인쇄영업이 앞장서서 상식의 틀을 깨도록 해야 한다. 즉, 전통적 인쇄영업을 A/S하여야 한다.

인쇄기술 장비 중 오프셋인쇄기 1대 값은 최첨단의 반도체 생산장비 1대보다 몇 배 이상 비싸다. 모든 산업 중 인프라 구축비용과 기술이 상위그룹에 속하지만 산업 간 공임가격을 분석하면 인쇄가격은 지나친 싸구려 가격으로 상당한 불이익을 당하고 있는 게 사실이다. 상식을 뛰어넘은 디자인은 인쇄에게 많은 것을 요구하고 있고 광고효과를 위한 기능성 있는 코팅과 진화된 제책라인을 넘어, 컬러의 다색화와 초해상도 표현 요구는 인쇄견적의 새로운 차원의 시작이다. 모든 금속과 소재가 나노화되고, 전자부품, 회로(안테나), 건축자재뿐만 아니라 태양광 집열판까지도 박막화하지 않으면 경쟁력이 없다. 이를 위해 인쇄기술은 필수적이고 해결책이다.

우리가 버릴 오래된 오프셋기도 드라이오프셋이나 그라비어오프셋기로 손쉽게 개조할 수 있고, 코팅기술 개발도 가능하다. 이 경우 인쇄가격은 기술개발에 따른 새로운 방식의 비용이 계상될 것이다. 시중 모든 상품의 가격에는 우리가 상상하지 못한 항목이 포함되어 있다. 인쇄처럼 단순히 용지, 잉크, 공임, 일반관리비 등이 전통적 방식으로 상식화된 인쇄영업을 계속할 수는 없다.

인쇄가 통신과 만나게 되면서 인쇄기술에 사전 보전준비가 개발되어야 한다. 이제는 상식이 절대 진리가 아니라는 사실이다. 인쇄계약 행위의 잘못된 제도와 법령 및 관행에서 탈피하여야 한다. 인쇄시장에서 수요자와 공급자 간의 자유선택의지에 맞길 수 있도록 인쇄영업이 나서서 새로운 질서를 만들어야 한다. 아인슈타인의 상대성 이론도 한 번 생각해 볼 필요가 있지 않은가?

국가 기술자격의 민간 자격제도 도입
- 인쇄기술사 신설을 기대하며 -

우리나라 전 산업의 국가 기술자격 취득자 총수는 2005년까지 총 9,506,583명이었다. 이 중 국가 인쇄산업 기술자격 취득자 수는 1979년부터 2010년까지 실기부문 합격자로 총18,277명이다. 여기는 인쇄기능사(3,416명), 인쇄기사(461명), 인쇄산업기사(723명), 사진제판기능사(5,417명), 전자출판기능사(8,162명), 지도제작기사(98명)가 포함되어 있고, 필기부문 합격자는 11,477명이며 합격률은 37.8%이다. 이러한 국가기능인들이 과연 몇 명이나 인쇄산업체에서 계속 종사하고 있고 적정한 대우를 받고 있는가의 통계는 있는가? 그만큼 이론과 인문에 취약하다. 우리는 인쇄문화에 있어 말보다는 준비가 너무 미약한 것 같다. 따라서 지식과 교육을 통하지 않고는 현재의 불황을 타개하기는 어렵다. 그동안 기술자격 통계로 볼 때 우리 인쇄인들이 인쇄를 문화와 지식산업이라고 주장해 온 바에 비하면 너무나 초라하다.

인류문명이 인쇄를 통한 정보전달로 인하여 발전하였다는 것은 이미 모든 산업이 인정한 바다. 우리나라도 대부분의 인쇄기를 수입에 의존하고 있지만 장치산업의 틀을 벗어나 지식 정보화의 산업으로서 자리를 잡아 가고 있는 것도 사실이다. 세계에서 유일하게 인쇄종주국이라는 문화전통을 주장하는 나라는 오직 우리나라뿐이다. 태권도는 용어를 우리나라 말로 세계화했지만 인쇄는 종주국으로 가는 길이 첩첩산중으로 너무 멀다.

산업사회에서 지식정보화 사회로 발전하면서 전통적 기득권 유지와 인연에 따른 거래선 유지에서도 생로병사의 순환이 빨라졌다. 첨단의 새로운 기술 및 장비를 도입하여 인력과 비용을 절감하는 것이 좋은지, 현 설비를 이용하여 고유한 특성을 살려 경쟁하는 것이 옳은지 결론내기도 쉽지 않다. 이제까지 산업은 동일 공정에서 비교우위를 평가하여 왔으나 앞으로의 경쟁은 업종별 구분이 없는 무한경쟁시대로 갈 수밖에 없다.

필름과 디지털 간의 컬러경쟁은 이미 별 의미가 없어졌다. 그러면 경쟁에서의 비교우위는 누가 지키고 판단할 것인가. 남이 한다고 따라간 후 그로 인한 경제적 부담은 누가 진단할 것인가? 경쟁의 주체로 남은 것은 결국 사람이다. 사람은 교육에서 재창조되고 있어 회사 스스로 임직원이 해결하여야 할 사안이다. 또한 인쇄업계가 과연 기술식견이 있는 전문가 또는 인쇄기술자격 획득자들을 얼마나 키웠는가 생각해 볼 필요가 있다.

스마트 시대 인쇄는 고유영역 지키기보다는 넓어져 가는 영역을 개척해야 한다. 이제는 고객과 주고받는 자신의 명함도 자기 자신을 상품으로 표시하는 브랜드로 교환하여야 한다. 여기에 통상적인 직함보다는 마케팅의 필수적인 자신의 기술자격과 라이선스를 표시하여 기술적 신분으로서의 전문성을 명함에 표시해야 한다.

타 산업과 비교한 우리 인쇄산업의 국가 기술자격 현황을 보면 놀라움이 앞선다. 2010년을 지나면서 우리나라 전 산업 국가기술자격 취득자 총수는 약 천만 명 돌파를 내다보고 있다. 이 중에 협의의 인쇄산업 기술자격 취득자 수는 약 4천 명이다. 우리 인쇄인들이 항시 인쇄는 문화와 지식산업이라 주장해 온 바에 비하면 너무나 초라하다. 회사별 기술과 관리의 가치는 덩치가 큰 기업이든 작고 빠른 기업이든 간에 과학적 설득과 마케팅이 필요하고 이를 뒷받침해 줄 수 있는 것이 인적 자산이며 개인의 직무능력을 보증하는 자격 소지자들의 확보이다. 한국산업인력공단은 확대되는 인쇄기술에 대응 하기위해 나노금속인쇄, 색채관리, 인쇄재현 및 품질관리, 인쇄재료학, 인쇄색채학 등을 다양하게 준비해 놓고 있다.

디지털시대의 기업의 평가는 설비규모나 기술로 평가하는 것은 거의 불가능하다. 업계 발전을 위해 인적 자산 확보가 중요하다. 인쇄인들의 개인 능력향상은 곧 인쇄산업의 중흥으로 이어질 것이고 21세기로 이어지는 하나의 대안이 될 것이다. 이를 위해 정부는 기술 자격제도에 대해 여러 가지 길을 열어 놓고 있다. 국가 기술자격 외에 업계 스스로 민간 자격제도의 도입을 적극 권장하고 있다. 이에 인쇄기술사 출현을 기대하면서 새로운 민간 자격제도 도입을 적극 검토할 필요가 있다고 본다.

1) 인쇄기술자격 현황

지금까지 인쇄업계는 보다 나은 시장 확보를 위해서 규모의 경제를 이루는 것을 목표로 삼아 왔다. 고비용 저효율인 현재의 인쇄공정을 저비용 고효율로 전환시키기 위해서는 여러 방법이 있으나 첨단의 새로운 기술 및 장비를 도입, 인력과 비용을 절감하는 방안을 대부분 선호하는 것 같다. 인쇄물량의 증가속도가 인쇄업계 공급능력을 충족시키지 못하는 현실에 인적 자산을 개발하기란 쉽지 않았다. 또한 자격 소지자들에 대한 배려와 재훈련이 미흡한 점도 사실이다.

2) 업계의 현실과 문제점

인적 자원을 개발하여 다른 산업과 비슷한 수준의 비율로 양적 확대와 개인 능력자원을 확보하는 것은 필수적이다.

우리나라 인쇄에 대한 국가 기술자격의 종류는 인쇄기사, 인쇄산업기사, 인쇄기능사 등 3가지로 되어 있으나 내용은 1급, 2급, 일반의 등급 분류이지 자격은 1개로 봐야 할 것 같다. 인쇄는 특수한 지식산업을 담당하는 관계로 인쇄산업의 기술분야도 서론에 소개한 대로 다양해졌다.

현재의 자격기준으로는 모든 인쇄산업을 충족할 수 없으며 고객에게 인쇄의 중요성을 알리기에는 너무 부족하다. 기술에 필요한 많은 과목과 지식은 민간 자격제도를 활용해서 확보할 수 있고 확대할 수 있다. 우리 업계에서 자격 소지자들에 대한 배려와 예우 등 근로조건을 향상시키고 직무수행에 필요한 작업환경도 제공돼야 될 것으로 사료된다. 물품구매 입찰시 계약 이행능력 심사에도 기술인력의 보유와 실적을 필요로 하고 활용할 수 있기 때문에 인적 자산에 대한 직무향상이 필요하다.

3) 인쇄 교육훈련과 민간 자격제도의 신설

자격에 대한 개념은 나라마다 문화와 사회적 배경에 따른 차이를 보이고 있다. OECD(1996.3.)에서도 개인의 자격 인정을 교육훈련이나 공식적 확인절차를 통하여 획득하는 것을 공식화하고 있다. 인쇄도 다른 산업과 달리 문화와 산업의 복합성 등 사회적 배경이 다르다.

자격은 학력과 마찬가지로 근로자가 보유하고 있는 인적 자산의 가치를 알려 주는 신호이며 능력을 증명하는 역할을 하는 것이다. 또한 자격은 기업의 채용비용과 직업

훈련비용을 절감시키며 직업 능력개발을 촉진시킨다. 또한 노동시장에서 정보의 불완전성을 보충한다. 앞으로 산업사회도 학력보다는 능력 중심의 사회로 가야 한다. 따라서 개인의 직무능력을 입증할 수 있는 자격의 중요성을 국가가 법률적으로 보호하고 있는 것이다.

우리나라는 1973년 국가기술자격법을 제정하여 국가 주도적으로 운영한 결과 직업세계에서 요구하는 자격에 대한 양적, 질적 수요에 미흡한 실정이고 급변하고 있는 현대사회에서 인적 자산으로 그 기능을 충분히 발휘하지 못했다. 이에 정부에서는 다양한 수요에 부응하여 자격을 국가 자격과 민간 자격으로 구분하여 관리주체를 다양화하는 내용을 핵심으로 하는 "자격기본법(법률 제5314호)"과 "자격기본법 시행령(대통령령 15453호)"을 1997년에 제정, 공포하였다. 학력이 학교 등 교육 공급자가 주도적으로 만드는 신호기재라면 자격은 기업 등 인적 자산의 소비자가 주도적으로 만드는 신호기재라고 할 수 있다.

이제는 인쇄업계 스스로 민간 자격을 활용하여 다양하게 자격을 인증하여 업계의 필요한 수요에 적응시켜야 할 것으로 본다. 현재의 인쇄기업 내에 필요한 기술과 관리는 과거와 달리 많이 생성 확대되고 있다. 인쇄기업 등 인적자산의 소비자가 자격제도에 적극 참여하여 개별 기업마다의 요구사항을 자격의 내용에 반영할 수 있다. 국가 법률은 자격을 국가자격과 민간 자격으로 구분하여 관리주체를 다양하게 하고 직업 훈련과정과 연계하고 산업계 수요에 충족하며 평생학습과 능력중심의 사회정착을 유도하고 민간 자격에 대해 국가가 품질을 인증하는 것이다.

인쇄산업도 이제 민간 자격제도를 도입할 필요가 있다고 본다. 일본, 미국 등도 민간 제도에 의하여 교육하고 있고 국제간에도 서로 연계할 수 있다. 민간 자격제도를 신설한 후 일정기간과 실적을 거친 후 필요 시 국가공인자격을 신청하여 시행할 수도 있다. 우리 인쇄업계도 대한인쇄연구소를 통해 직업 능력개발교육을 통하여 민간 자격제도 도입을 전제로 준비되어야 할 것이다.

인쇄 국가 기술자격 취득자 현황

(단위: 명)

품목별	연 도	필 기			실 기		
		응 시	합 격	합격률 (%)	응 시	합 격	합격률 (%)
인쇄기능사	1979~2010	6,812	2,447	35.9	3,920	3,416	87.1
인쇄기사	1992~2010	2,138	579	27.1	669	461	68.9
인쇄산업기사	1984~2010	3,623	919	25.4	960	723	75.3
사진제판기능사	1982~2010	3,730	954	25.6	5,725	5,417	94.6
전자출판기능사	2002~2010	8,272	6,418	77.6	9,996	8,162	81.7
지도제작산업기사	1979~1991	458	160	34.9	196	98	50.0
색채디자인	2010	0	–	–	0	–	–
색채관리	2010	0	–	–	0	–	–
인쇄재료학	2010	0	–	–	0	–	–
인쇄재현 및 품질관리	2010	0	–	–	0	–	–
인쇄색채학	2010	0	–	–	0	–	–
계		25,033	11,477	45.8	21,466	18,277	85.1

자료: 한국산업인력공단

인쇄인의 여섯 가지 상식

인쇄는 세상 곳곳에 많은 메시지를 주고 있다. 이미 수천 년 전부터 인쇄물이 없이는 문화와 산업 그 모든 것이 운행될 수 없었을 것이다.

그러나 시대는 급속한 속도로 변하고 있다. 인쇄는 두뇌가 생각한 대로 문자나 화상을 종이 위에 자유로이 올리고 컬러를 최고 해상도로 고급화시키고 있다. 그러나 빠른 기계속도와 품질화 노력은 오늘날 과잉투자라는 멍에를 메고 있을 뿐만 아니라 다른 이 업종 산업보다 투자의 단위가 높아져 버렸다. 열매를 따기도 전에 축적해 온 그 다양한 지식정보를 정보통신에 넘겨줄 것 같아 예감이 좋지 않다. "재주는 인쇄가 부리고, 돈은 정보업체들이 가져간다." 셀 수 없이 많이 출판된 책자나 신문들이 재료가 이하로 헐값에 재활용으로 쏟아 내고 있다. 살처분에 대한 보상도 없다.

쓰레기 종합처리 시설, 새벽부터 들어오는 종량제 봉투 속의 2차 포장재를 전 세계적으로 우리나라가 가장 많이 사용한다고 한다. 언론에서는 컬러가 많이 들어가 있어 재활용도 어렵고, 환경에 영향을 주는 2차 포장재가 더 많이 버려지고 있어 쓰레기 한국을 만들고 있다고 지적하고 있다. 이것은 확실히 심각한 새로운 과제이다.

인쇄 입장에서는 투자회수를 하기도 전에 또다시 녹색의 재투자를 해야 하는 부담이 기다리고 있다. 정보통신의 빠른 변화를 선도하는 미국에서는 주로 스마트폰에 사용되는 앱(응용 프로그램)이 혁명적 변화를 가져오고 있어 손가락으로 세상을 보고 있다.

배우기도 쉽지 않은 앱(APP)은 기존 소프트웨어의 장벽을 허물고 원고에서 책을 만드는 것까지 아주 손쉽게 처리되어 전문성과는 상관없이 아주 편리한 책의 도구가 되어 버렸다. 도서관에 가지 않더라도 세계의 희귀 자료와 수많은 고전 등 모든 정보를 손쉽게 읽고 있다. 분명히 문화산업의 기득권과 위계질서를 바꾸고 있는 것이다. 이러한 생활의 변화는 인쇄산업에 있어 휴식마저 할 수 없는 처지다.

책과 잡지의 발행 방법이 변화하고, 모바일 광고가 증가하고, 전단지, 명함, 매뉴얼까지 웹(Web) 시장으로 패턴이 바뀌어 가는데 2차 포장재마저 생산방식도 친환경화로 요구받고 있다. 더 빨리 변하지 않으면 잡아먹히는 먹이사슬 때문에 더욱 견디기 어렵다.

수요와 공급의 새로운 패턴으로 지금까지 경험하지 못했던 경쟁 방식은 남의 시장

(타 업종)을 빼앗아야만 내가 사는 치열한 제로섬게임(zero sum game)으로 변했다. 5천 년을 견디어온 인쇄이기에 작고 강한 어떤 인쇄인은 이 시점에서 참고할 최소한 6가지 는 알고 있다고 한다.

1) 문화시대는 기술영업이 길이다

문화는 정신적 산물로서 휴머니즘의 매개체이고 이를 표현하는 인쇄는 순수한 산업 기술이기 때문에 인쇄문화라는 말 속에는 두 단어가 복합되면서 묘한 뉘앙스가 포함되 어 있는 것 같다.

인쇄는 모든 정보전달에서 가장 으뜸이지만 단순한 간행물의 제작행위로만 생각해 온 것이 사실이다. 인쇄의 수준은 그 나라 일반적 문화수준의 얼굴로 인쇄물 하나라도 결코 소홀히 해서 될 일이 아니다. 우리는 인쇄문화의 종주국이라는 자부심을 품고 있 다. 고려시대에는 인접 국가들이 스스로 찾아와 예를 갖추고 종이와 먹, 그리고 아교풀 도 귀한 보물처럼 모셔갔다.

그동안 인쇄는 문화 비즈니스이지만 그 자리를 찾지 못하여 수주산업의 범주 속에서 벗어나지 못하고 있다. 문화산업의 특수성이 무시되고 일반산업의 관행을 따르다 보니 훌륭한 전통을 잊어버리고 인쇄산업이 여러 가지 측면에서 잃은 것이 너무 많다. 인쇄 가격 면에서도 기계와 재료 등을 단순노동 산법에 의한 수치적 판단으로 가장 중요한 무형의 재산이 무시당한 결과의 현실이다.

이렇게 오랜 기간 쌓인 잘못은 우리나라 문화산업 발전에 커다란 장애요인으로 작용 하고 있다. 그동안 인쇄는 주로 인연(因緣) 영업에 의존해 왔으나, 수출상품의 다품종 확 대 등 세계화는 기득권과 연고를 탈피시켜 기술영업으로 전환돼 가고 있다. 이것은 인 쇄 미래 입장에서 긍정적임은 물론 인쇄문화의 특성을 다시 찾게 될 것이다.

인쇄인들이 소홀히 해 온 많은 전통기술을 다시 찾아 신기술로 재창조되는 여러 가 지 사업들을 발굴 시장을 변화시켜야 할 것이다. 이 새로운 마케팅은 모든 산업의 책임 자들 에게 전달될 것이다. 이것이 인쇄산업의 기회이다.

고속 생산기술의 인쇄기업도 있지만, 인쇄의 핵심인 강·소 인쇄사들이 전통의 신기술을 찾아 응용 발전하고 시장을 개척 사업화하는 곳이 한둘이 아니다.

2) 인쇄물 품질관리

조선시대는 서책 발간의 정확도를 엄격하게 다스리기 위하여 제도적으로 많은 규칙을 제정하여 시행한 바 있다. 경국대전(經國大典) 후속록(後續錄) 권지삼(卷之三) 예전(禮典) '잡령(雜令)' 편에 이르기를 "서책을 인출할 때 감인관(監印官), 감교관(監校官), 창준(唱准), 수장(守藏), 균자장(均字匠)은 매권 속에서 한자(一字)의 오자가 나오면 볼기 30대씩을 맞고, 인출장(印出匠)은 매권 속에서 먹(墨)이 지나치게 진하거나 희미한 글자가 있으면 1자당 볼기 30대씩을 맞고, 5자 이상이면 관원은 파면, 창준인(唱准人) 이하의 장인은 벼슬을 삭탈한다"는 엄격함이 있었다.

인쇄물의 정확도에 대해서 이처럼 엄격했던 우리 조상의 정신을 얼마나 이어받고 있는지 생각해 볼 일이다. 지식이나 정보의 전달이 인쇄과정의 작은 소홀 때문에 엄청난 일이 발생할 수 있다.

오늘날에도 인쇄의 착오가 없도록 중소기업협동조합의 정관에는 품질관리의 의무적 규정을 두어 시행토록 하고 있다. 인쇄의 품질관리는 품질표준화와 공장관리를 통합하고 있다.

자재관리, 공장환경관리, 인쇄장비의 정비, 인쇄물의 평가가 기본이다. 세부적으로 색상관리의 체크는 핵심이다. 가늠표(Register Mark), 민면 잉크농도, 도트게인, 인쇄 Contrast, Trapping, 컬러 색상 오차의 통계, Grayness 등이 포함되지만 사실 너무 복잡하다.

차라리 모든 인쇄의 오퍼레이터들이 자신이 하는 일 즉 매일매일 사용하는 용지상태, 공장환경, 기계속도, 인압(인쇄압력), 인쇄판, 인쇄손지, 제책손지, 잉크상태, 용재, 인쇄검사, 팀원들의 건강상태 및 질병 종류 등을 습관적으로 자세히 기록한다면 그 지난 1년의 기록을 보는 순간 그 일기는 훌륭한 품질관리로 표준화보다 더 강력함이 보일 것이다.

3) 교육과 인연

인쇄는 인연과 사람이 재산이다. 따라서 사람과 인연을 얻는다면 사람이 모여 회(會)가 되고, 인연이 모여 사(社)를 이룬다. 會社는 흔히 들어 왔던 이야기 수적천석(水滴穿石)이라는 의미를 실천한다.

"물방울이 돌을 뚫는다"는 말이 작은 노력이라도 끈기 있게 계속하면 큰일을 해낼 수 있다는 비유의 말이다. 모든 사업은 분명히 목표를 가지고 꾸준히 추진한다면 성과를 낼 수 있다. 성과를 만드는 것은 든든한 자본 지원도 아니고 설계의 치밀함도 아니다. 예를 들어 오로지 한 가지 전문성을 가진 장지방(張紙房)처럼 4대째 음양지를 만들어 100년을 이어 온 '종이家門'으로 종이에 살고 종이에 죽는 종이를 운명으로 버티고 있다.

값싼 기계 종이의 공격에 밀리기도 하지만 디지털 유행의 덕에 음양지가 세계화하고 있다. 모든 성공은 특별한 교육보다 수적천석이다. 기술이든 사업이든 성공하기 위해선 되는 사람과 인연을 맺어야 한다. 정보화 시대에 살면서 소비자의 마음을 사로잡아 대박을 터뜨려 성공하는 비법도 고속과 다색장비가 아닌 지극히 사소한 일에서 시작되며 순간 포착된 반짝이는 아이디어 덕분이다. 첨단기술보다 전통기술의 아이디어가 성공한 것도 사람과의 인연이다.

춘추전국시대 월왕(越王) 구천(句踐)은 수레에서 청개구리를 향해 예를 다하여 군사들의 사기를 고무시키고 치욕을 잊지 않아 결국 패업을 성취했다고 한다. 작은 일에 충성하라는 말씀이 있다.

4) 디지털과 소통

수차례 디지털화의 흐름은 본란을 통해 많은 것을 소개했으나 하루가 멀게 신기술이 튀어나온다. 20여 년 전으로 돌아가 보면 미래의 할 일이 보인다. 1990년 중국 베이징대학 4명의 교수가 직접 설립한 북대방정(北大方正)은 당시 세계 최초로 컬러레이저 사식 시스템과 중국문자 화상통합신문을 만들어 세계인쇄업계를 놀라게 한 적이 있다.

당시 우리나라도 인쇄기술이 컴퓨터와 접목하여 국한문 글자의 디지털화 기술이 거의 유럽 수준과 대등한 단계까지 발전한 바 있다. DB화를 통한 서책정보를 재이용하는 계획이 큰 사업이 되었고 이를 이용하기 위한 네트워크기술이 극히 초보적 상태로 오늘날의 인터넷 소통은 상상을 못 했었다. 인쇄업체들이 활판시설을 처분하고 전산조판기로 옮기며 기초적인 CTS만 치중한 나머지 고해상도의 사진제판기술까지 DB화 사업도 공략하지 못하고 기록 스캔기술까지 타 업종에 넘겨주어 결국 모든 것이 인쇄산업에서 빠져나갔다.

그러나 콘텐츠 고급화 때문에 고해상도 DB 사업은 다시 전통적 인쇄기술을 필요로 하고 있다.

1992년에 시작한 CMS(컬러매니지먼트)도 프리프레스보다는 프레스 분야에만 치중하여 한쪽 날개만으로는 완전성이 없어 관련사업 개발이 답보되고 있다. 세계의 콘텐츠 디지털화 사업은 고해상도(HD영상) 싸움이 시작되어 다시 인쇄전통기술을 찾기 시작한다. 인쇄가 디지털과 소통하는 데 있어서는 그래도 전통기술이 필수적이다. CTP는 인쇄공정상 장비이지만 CMS, DTP, HDP는 디지털과 소통시키는 새로운 웹(Web) 시장의 사업이다.

5) 디지털인쇄기의 주목할 점

우리나라는 원천기술의 뿌리는 없으나 응용기술면 에서는 세계 최고이다. 이미 많은 디지털인쇄기가 가동되고 있으며 그 쓰임새는 이미 3억 장을 넘어섰고 다양한 콘텐츠를 만들기 쉬워 적용분야가 상상을 초월하여 보급하는 메이커들은 한국의 창의적 이용 사례를 세계의 모델화로 쓰기도 한다. 개인 요구별 맞춤형 출판이 가능하여 독자가 요구한 내용을 원하는 만큼 세계의 희귀자료라도 DTP로 생성하여 자판기에서 커피를 뽑듯 만들어 지정한 사람들에게 보내 주는 등 편리한 세상에 이바지하고 있다. 맞춤형 광고, 가변데이터, 선별된 앨범, 복표에 이르기까지 다양하다. 물론 디지털인쇄가 갖고 있는 인쇄 내구성 등은 한계적 영역이 있을 것이다.

사실 우리는 사이버공간의 혁신기술보다는 손으로 움직이는 오프라인 장비를 빨리 받아들이는 정서가 있으나, 어떠한 장비라도 창조적 응용은 세계가 따라올 수 없을 정도로 혁신적이다. 특히, 디지털인쇄는 작은 공간에서 고객과 대화하는 편이성이 있고 이것은 다시 새로운 기회를 만들 수 있는 장점을 가지고 있다. 인쇄수량 증가는 잉크용 재 등 비용이 합리화되고 있다.

6) 인쇄의 미래: 특수인쇄방향

인쇄도 책자, 사무용품, 광고시장, 포장기술, 섬유인쇄, 전자부품 등 갈수록 사업영역 이 계속 확대되고 있다. 아마 끝없이 진화될 것으로 보인다. 그러나 당분간 호황은 정보 통신에 있고 그 대표는 인쇄 콘텐츠이다. 그 콘텐츠의 모바일 사업규모가 천문학적으로 폭발하고 있어 인쇄도 죽기 전에 해 볼 것의 하나로 포기할 수 없는 것이다.

DNA 잉크로 시큐리티를 인쇄하고, 반도체회로보다 몇 배 미세한 선과 점을 표현할 수 있는 오프셋인쇄 기술은 미세한 점을 찍어 다양한 정보를 입력할 수 있는 자체 정보 저장용지를 개발하는 데 유일한 기술이다. 바코드보다 몇몇 십 배의 정보를 종이에 인 쇄할 수 있어 미래의 종이 반도체를 예고하고 있다. 또한, 3차원 프린팅은 모든 물건을 내부재료부터 겉의 포장지까지도 인쇄로 만들 수 있어 인터넷에 올라와 있는 '물건파 일'을 내려 받아 입체제작을 해 주는 것은 이미 신기술이 아니다. 제약회사의 알약을 인 쇄사가 캘린더를 찍어 주듯 기본 알약에 소화되는 순서대로 여러 성분들을 차례로 코팅 해 준다.

태양전지가 코팅필름으로 만들어져 유리 속에 합지하여 쓰지만, 머지않아 오프셋 인 쇄로 전자 창호지가 만들어지면 계절에 따라 색깔이 바뀌어 전기 발생량을 조절하기도 하고, 필요한 곳에 값이 저렴한 전자 창호지를 붙여 사용하게 될 것이다. 또 놀라운 것 은 물과 공기는 인쇄가 불가능하다고 하는 상식을 깨고 물방울에 미세구슬로 코팅할 수 있는 기술이 개발된 것을 국제학술지『네이처 나노테크놀로지(Nature Nanotechnology)』 에서는 주목해야 할 연구로 선정했다. 노트북이나 휴대전화기를 둘둘 말아서 다니는 것 도 이미 샘플을 선보이고 있다. 이것 또한 인쇄기술 없이는 불가능한 것들이다.

인쇄기업 발전, 컨설팅에 있다

1) 환경의 변화

이미 인쇄는 Press(누른다)라는 의미를 떠나 기계적 방법이 아닌 화학적 방법으로도 인쇄할 수 있게 되었다. 호황을 누리고 있는 통신분야, 화학분야, 전자분야 등에 인쇄기술이 이용되고 있다. 쓰임새가 많은 인쇄산업이 호황이고 성장산업이어야 마땅하다. 그런데 인쇄업계는 불황이라고 모두들 말한다. 여기에 가치관의 혼란이 있지 않을까? 전통기술의 한계인지 원인이 무엇인지, 환경변화에 대한 타개책은 무엇인지, 우리 인쇄인들은 속이 편치 않다.

한편으로는 작고 빠른 기업으로서 급속 팽창하는 즐거운 인쇄기업도 있다. 인쇄업계에 희비가 계속되고, 양극화되는 바람직하지 않은 현상이 속출한다. 사람은 자기 몸에 이상이 오면 의사로부터 건강진단을 받아 질병을 예방하고 병을 고침으로써 행복한 삶을 추구하듯이 기업이나 조직도 문제해결과 예방을 위해서 치료방법을 찾는 것은 당연하다.

지금 인쇄기업은 그 어느 때보다 '자기경영혁신'을 요구받고 있다. 빌 게이츠는 자신의 저서에서 '생각의 속도와 같이 행동과 변화를 해야 한다'고 강조하고 있다. '과연 인쇄는 변화와 혁신이 필요한가?'라는 질문에 모든 사람이 찬성하고 있다. 그렇다면 어떻게 할 것인가? 해결방안 중 하나로 컨설팅이 있다. 이것은 최우선적으로 고려되어야 할 경영전략이다. 산업 간의 벽이 허물어지고 있고 산업별 구조조정에 인쇄도 직면해 있다. 인쇄 경영인은 경직되고 폐쇄적인 경영방식에서 벗어나 새로운 환경변화에 대응해야 하며 이것은 시대적 조류이다. 이미 선진국이 겪어 왔던 경험을 인쇄업계도 교훈으로 삼아야 한다. 지금 우리 사회에 화두로 떠오르고 있는 컨설팅에 대해 관심을 가질 필요가 있다.

컨설팅이라는 용어는 사람을 치료하는 진료행위에서 유래되었으며 비즈니스 컨설팅 출발은 산업혁명 이후 산업사회 태동기부터 시작되었다. 1776년 『국부론』을 쓴 애덤 스미스가 최초다. 당시 급진적인 철학자이자 경제학자인 애덤 스미스가 핀을 제조하는 공장에서 분업의 원칙을 적용하여 획기적으로 생산성을 높이도록 컨설팅한 것이 시작이라고 한다. 현재 우리나라 인쇄기업도 규모의 경제를 갖추고 있는 곳이 많다. 발전과 퇴보의 선택은 기업가들에게 달려 있다. 우리는 혁신하는 방법을 알고 있음에도 실행하지 못하고 있다. 변화하는 환경에 적응하여야 한다.

2) 컨설팅이 필요한 이유

　무조건 선진국에서 보편화되어 있으니 우리나라도 따라야 한다는 논리는 아니다. 컨설팅을 받으면 무조건 기업에 이익이 되고 조직이 활성화되며 경쟁력이 강화된다고 장담할 수는 없다. 컨설팅 결과를 수용하여 실행에 옮겨야 하는 등 기업에 부과되는 여러 가지 부담이 있을 수 있다. 따라서 기업이 컨설팅을 받고자 한다면 그에 상응하는 이유와 동기가 있어야 한다. 컨설팅을 통하여 이러한 상황을 재평가하고 새로운 방향의 기업경영을 시도하려면 다음에 제시한 항목 중에서 한 가지 이상의 현상이나 목표가 있어야 한다. 이것은 선진국들이 통계적으로 고려해 왔던 항목들이다.

· 심각한 자금난	· 새로운 기술이나 제품의 개발요구
· 수출계획이나 확대	· 매출 감소
· 기업 내 새로운 시스템 구축	· 불량률의 증가
· 고객으로부터 인증요구	· 공장 이전계획
· 경쟁 입찰체제로 전환	· 부서 간의 불화
· 전업계획	· 임금 인상 체계개선
· 생산성 저하	· 노후설비 교체
· 새로운 경쟁자 부각	· 고객의 불만 증가
· 다른 기업의 인수합병	· 법률 위반에 불이익 염려
· 노사문제	· 새로운 시장개척
· 새로운 경영기법의 필요	· 기업 내부의 부정
· 장기 발전 전략의 수립	· 새로운 투자계획
· 기업경영 효율화방안 수립	· 미래의 불확실성에 대비
· 급변하는 시장 상황에 대비	

　이와 같이 한두 가지 합당한 동기에서 컨설팅은 추진되어야 한다. 27개 중 1개 이상은 모든 기업에 해당될 것이다. 물론 소기업, 중기업, 대기업, 벤처기술기업의 경우가 각

각 다르겠지만 어째든 컨설팅을 받은 기업이 우량기업으로 변신하는 것은 사실이다. 대부분의 기업이 자사 자원의 어느 부분이 사장되고 있는지 또는 무엇이 제 기능을 발휘하지 못하는지를 알기란 쉽지 않다.

그리고 컨설팅 시기를 결정하는 문제에 앞서 기업의 경영여건 등 여러 가지 고려할 사항도 있다. 기업의 전략과 상황에 따라 다르겠지만 다음과 같은 질문도 던져볼 필요가 있다. 경쟁자보다 먼저 받을 것인가, 나중에 받을 것인가, 기다리면 상황이 악화될 것인가, 호전될 것인가? 공장이전 단계인가? 설비투자 전단계인가, 설비투자 후단계인가? 내부 구조조정 후인가, 먼저인가 등 여러 가지 고려할 수 있지만 컨설팅은 여러 문제를 과학적인 해결방안을 제시할 것이다. 물론 외부용역이냐 내부 컨설팅 전문가를 키워서 활용할 것인가는 오로지 기업의 몫이다.

3) 자기혁신 방안

인쇄기업은 기술과 판매를 겸하고 있는 힘든 업종이지만 그동안 중소기업 육성책이라는 우산 아래 연고와 기득권에 의존하여 발전해 왔다. 그러나 변화된 사회는 모든 것을 용납하지 않는다. 업체 스스로의 몫인 것이다. 정부도 시장이다. 이제부터는 모든 시장에서 복합적 경쟁을 해야 한다. 그러나 경영자들은 '내 기업은 누구보다 더 내가 제일 잘 알지'라는 생각에 사로잡혀 있을 수 있고 '중이 제 머리 못 깎는다'라는 말도 있다. 극한 상황에 처한 후에야 자기혁신 방안을 찾으면 이미 때는 늦을 것이다. 자기혁신을 이룩하는 데는 경영자 인식 부족이나 중견간부의 저항도 만만치 않을 것이다. 중소 기업인들의 공통된 특징이 통계적으로 나와 있는 것을 참고할 필요가 있다.

· 진취적이고 도전적인 사장님의 탱크주의는 독단적으로 흐르기 쉽다.
· 부지런하고 열성적인 것이 근시안적 경영으로 빠지기 쉽다.
· 감성적이고 의사결정이 쉬울 경우 전략적 경영 마인드 부족으로 되기 쉽다.
· 자기희생적인 것이 생산 중심경영으로 한계에 부딪친다.
· 강한 책임감이 전체적 리더십 부족으로 기업의 대표는 있어도 리더가 없다.
· 뛰어난 현장 장악력은 경험에 지나치게 의존한다.
· 눈앞의 이익을 위주로 하면 장기적인 안목이 부족해진다.
· 조직 내에서 막강한 영향력 행사는 경영자 독단으로 흐른다.
· 관료화 조직은 조직 내부 기득권 강화로 외부 정보유입을 차단하고 방해한다.
· 아웃소싱도 기업경영에 필요하지만 혼자 해내려는 부담감은 손실이다.
· 자기회사 기술에 자만하여 업계 최고라고 오판한다.
· ERP 및 ISO 인증을 경영관리에 생활화하지 못하여 낭비하고 있다.
· 고질적 연고주의(지연, 혈연, 학연)에 의존하는 경우 새로운 시장을 어떻게 할 것인가?
· 일사불란한 위계질서를 선호하다 현장의 소리가 없어진다.
· 인터넷을 이용 시장개척을 준비하지 못한 후회는 없는지 살펴본다.
· 공동체적 집단주의는 조직의 화합을 파괴한다.

4) 인쇄기업도 경영 컨설팅이 필요하다.

최근 미국통신화사 AT&T는 단독으로 3억 4천7백만 달러라는 거액을 컨설팅 비용으로 쏟아부었다. 불가리아 정부는 컨설팅업체와 계약을 하여 추가 에너지 산업발전 전략을 수립하고 있다. 전 세계 컨설팅 시장 규모는 1천2백억 달러로 추정되고 이중 미국시장이 50%이다. 미국의 다국적 기업의 컨설팅 회사들이 한국에 착륙하여 한국기업들을 컨설팅하기 시작하였고 우리나라의 컨설팅 시장규모도 2조 원대를 돌파했다.

그러면 왜 이러한 시장이 커지고 있는가?

기업 발전을 위해 컨설팅이 유행하고 있기 때문이다. 인쇄산업보다 훨씬 규모가 큰 산업들이 먼저 컨설팅을 받고 있는 것이다. 여기에 유의해야 한다. 인쇄산업 진흥을 우리 업계 스스로 해결하기 힘들다고 정부에 계속 의존할 수도 없는 것이다. 인쇄기업 스스로 길을 찾아야 한다. 분명히 길은 있다. 컨설팅을 받는 것도 어쩌면 문제해결의 방안이 될지 모를 일이다.

정부도 인쇄기업에 경영컨설팅 도움을 주기 위해 기다리고 있다. 문을 열자.

디지털 시대의 인쇄원가 계산, 고전적 틀에서 벗어나야 한다

인류문명의 발전은 인쇄를 이용한 정보전달에 근거한다. 발전의 DNA인 인쇄는 산업사회에서 정보화 사회로 거듭 발전하면서 더욱 진가를 발휘하고 있다. 인류문화의 대표적인 활자매체가 비단 정보 전달 도구에 그치지 않고 수신의 도구, 지식의 도구로서 사용되고 있고 전승과 보존까지 인쇄의 힘을 빌리지 않고는 매우 어렵게 되었다.

인쇄발명 이후 기술이 진화하면서 인쇄를 단순히 'Press'라고 할 수 없게 됐다. 'Press'의 기계적 의미는 '누른다'는 것인데 이제는 누르지 않고도 인쇄가 가능해졌다. 화학적인 인쇄가 사용되고 있고, 활자와 그림을 인터넷 가상공간에서 인쇄의 기본인 조판 기술을 응용, 이를 다시 통신기술로 모든 정보를 전달시키고 있는 것이다. 개발된 디지털 기술은 필름을 없애기 시작했고, 인쇄공정을 단순화시키고 있다. 원고 관련 등 의사전달에 필요한 생체적 왕복 불편이 사라지고, 경영관리의 필요한 서류도 사이버 공간으로 옮겨가고 있으며 제작에 따른 공정과 검사검수가 디지털화되고 있다. 모든 기록을 보존할 문서 서지사항 등 중요한 자료도 u-Paper되고 있다. 그리고 자원절약과 그린화라는 새로운 질서가 디지털과 접목되고 있다.

모든 산업이 마찬가지이겠지만 인쇄는 단순한 간행물의 제작행위를 떠나 모든 산업과 커뮤니케이션을 하고 정보화 사회의 전문적 대표업종으로 변화되는 것을 많은 사람이 인정하기 시작했다. 디지털 시대의 특징은 모든 산업이 영역별 경계가 무너지고 있다는 점이다. 과거에 인쇄되었던 서지사항, 도화, 문서 등이 여러 형태로 재가공되고, PDF 파일 생성과 디지털 인쇄 및 편이한 출력장치, 고해상도 이미지 처리도 간단한 스캔에 의해 제작공정이 단축되고 있다.

On-Demand 시장, 주문과 납품이 사이버 공간에서 거래되면서 새로운 인쇄영업이 확대되고 있는 추세는 인쇄산업의 새로운 변화이다. 물론 많은 인쇄기업들이 고전적 인쇄시스템에서 벗어나 원고 제작부터 DTP로 전환, 크로스 미디어 체계로 진화해 가고 있고, CIP4 등 인쇄통합은 디지털화의 시작이다. 이 시점에서 현재의 인쇄 원가 계산 이대로 좋은가? 생각해 보자.

고전적인 인쇄방식인 '원고 작성 — 필름 제작 — 판 제작 — 인쇄 — 후가공'이라는 인쇄공정에서 디지털화는 새로운 투자뿐 아니라 영업환경, 즉 수요기관의 향상된 문화 업그레이드에 따라 다양한 특수인쇄의 요구, 미학적 특성 및 예술성 요구 등은 디지털화의 부담이다.

그 외에도 인쇄규격서에 표시할 수 없는 새로운 사이버 요구 등의 어려움이 발생하고 있다. 인쇄가 예술품이냐, 공산품이냐, 또는 예술적 공산품이냐 등 판단상태에 따라 신품종 생성의 품질과 규격도 새로운 기준으로 만들어져야 한다. 인쇄는 문화인 동시에 정보자료이면서, 보전적 기록이고, 때로는 예술품이다. 이렇게 다양성이 있는 산업에 지금까지 정부는 단순한 공산품 원가 계산 방식을 적용시킬 수밖에 없었던 모순이 우리 인쇄산업을 어렵게 하고 있다.

따라서 오늘날 이러한 모든 것을 여러 관점에서 검토할 필요가 있다고 본다. 전통적으로 인쇄의 기본인 공산품 제조형태에서 디지털화로 생기는 당연한 인프라와 소프트웨어 또는 시대적인 문화요구 및 녹색환경 등은 제작공수를 엄청나게 증가시켰다. 그렇다고 인쇄의 전통적 기술을 빼놓을 수도 없다.

인쇄는 특성상 상품을 소비자에 직접 판매하는 것이 아니고 발주자의 정한 요구에 의존하는 경우가 대부분이다. 이렇게 변화되고 있는 인쇄는 기계공학, 전기공학, 화학공학, 컴퓨터공학, 재료공학, 사진, 디자인과 두뇌, 경험을 무시 못 하는 종합예술이며 응용산업이다. 사용되는 종이, 잉크, 판, 기계 등은 제조업체별로 차이도 있지만, 수요기관 또는 발주자 요구에 따라 균일하고 표준화된 제품을 만들기도 쉽지 않다.

그러나 현실은 거의 공정관리 자체가 사람의 눈에 의한 주관적 평가로 판단되고 있어, 쌍방 간의 환경과 시각적 특성에 따라 분쟁도 생긴다. 국가가 수요기관과 제조업체 간 공동으로 사용하는 기술 표준규격을 강제 적용하기 전에는 어느 한쪽은 불이익을 볼 수밖에 없다. 오래전부터 정부가 정한 인쇄 표준가격은 공산품 규격방식으로 무형의 미적 예술적 요구 등 특수한 기술공수는 거의 무시된 채 오로지 제작사 부담으로만 남게 된 것이 현실이다.

디지털화되면서 원고 인수부터 제조공정마다 새로운 S/W가 필요하게 되고 그에 따라 보이지 않는 비용이 만만치가 않다. 고전적인 인쇄공정은 S/W보다 사람과 경험이 대신했다. 지금의 인쇄 디지털화는 사람과 경험 위에 특수 소프트의 조화로 만들어져야

함에도 불구하고 인쇄는 전통산업으로 인정되고 있다. 타 산업의 경우 공산품 가격은 제조비용에 S/W, 홍보, 복지, 녹색환경 등 새로운 디지털 이용비용이 포함되어 있다. 그러면서 자사의 상품 판매가격은 자사가 결정한다.

그러나 인쇄의 경우 주문자의 여러 무형적 요구 등은 경쟁이라는 틀 때문에 응분의 대가 보전도 없이 업계 희생으로 되고 있다. 인쇄 표준가격 기준에 낙찰결과 참고는 현실적으로 맞지 않다. 디지털화에 따른 새로운 표준가격의 탄생이 필요하지만 인쇄업체들의 의견이 전달될 길이 없다. 이러한 이유 등으로 인쇄업계의 디지털화와 재투자가 지극히 어려워지고 있다. 새로운 입찰제도에서 입찰 이행능력 심사기준 요령에 맞는 인쇄물 규격서 작성에도 개선할 점이 많다. 대한인쇄연구소에서는 이 제도 시행 전에 관계 기관에 업계 건의문을 발송한 바 있었다.

1) 인쇄 원가 계산 시 고려사항

회사가 현재의 구조와 체계를 유지할 경우와 새로운 투자를 할 경우에 인쇄 원가 계산 방식은 달라져야 할 것이다. 우선 현 시스템을 운영하면서 기존 인원과 기존장소에서 제조공정이 계속되더라도 외부 요인에 의해서 회사 원가는 영향을 무수히 받고 있다. 가장 중요한 것은 수주된 인쇄물의 종류이며 계약처의 변경이다. 새로운 계약처와 거래함으로써 생기는 새로운 환경은 계산하기 어려운 무형의 부담률이 따른다. 인쇄물의 종류와 물량, 납기에 따른 수주가격의 분석은 인쇄사 CEO인 경우 계산하지 않고도 거의 머릿속에서 경험적으로 계산된다.

현재까지 공통된 원가 계산 방식은 시간관리였다. 시간당 생산 능력과 가동시간, 집중되는 부담과 작업평준화의 계수가 회사의 견적서에 반영된다. 견적서와 정부의 표준원가표와 일치할 때 기업은 현상 유지되는 것이다. 수주금액과 수주량이 회사의 작업평준화율이 어떤가를 경영자는 이미 판단하고 있다.

그러나 디지털화가 시작되고 있는 오늘날에는 고려할 사항들이 몇 가지가 첨가되고 있다. 변하고 있는 인쇄기술과 디자인의 창조성 및 예술성에 대한 고객의 요구증가는 모든 책자나 상품 포장에서 나타나고 있고, 책자는 디지털 보존기능과 특수인쇄 및 저탄소 녹색기술의 요구가 증가되고 있다. 어쩌면 이것이 인쇄산업의 변화이고 이에 따라 회사마다 인쇄 원가감리를 새롭게 적용시킬 수 있는 기회가 될 수 있다.

모든 인쇄물이 공통적으로 표준견적으로 제출되는 것이 아니고 당해 인쇄물마다 특성에 따라 달라지는 견적이 되어야 한다. 따라서 고전적 인쇄방식의 공산품식 표준원가는 업계 자율요구 가격으로 변경되어야 하고 인쇄물마다 인쇄기업 각자의 고유한 기술에 의해서 생산되고 그에 따라 수주는 선택될 수 있을 것이다.

2) 인쇄 원가 계산과 인쇄 품질 보증

행정 간소화에 따라 정부나 일반기업의 인쇄물 납품에 인쇄물 검사를 생략한 경우가 많았다. 그러나 수요기관의 인쇄규격도 디지털화되고 모든 결과계수는 자동기록화가 가능해졌다. 즉, 품질 결과 계수가 시스템화되고 결국 품질보증에 대한 품질관리는 당연하게 이루어질 것이다.

어느 대기업의 홍보실이나 관리실은 벌써 CMS(컬러관리) CIP3/4를 생산품에 도입시키기 위해 사내교육과 품질검사를 과학화하기 시작했다. 이제는 인쇄 원가 계산의 중요 항목 하나하나가 인쇄품질의 계수화이다. 동일한 인쇄물을 놓고도 지역별, 인종별, 관습과 개인학습에 따라 선호하는 색, 모양의 차이와 느낌은 다르다.

업체는 이것을 표준화로 돌리기 전에 수요기관의 환경 계수 품질화해야 한다. 인쇄품질의 계수화는 인쇄 원가 계산을 하는 데 필요적 기본이 되고 있다. 세계의 흐름에 따라 유수한 발주기관들을 계수화된 품질관리를 위해 해당 인쇄업체들의 평가항목에 추가하기 시작했다.

자기들 생산품질과 인쇄공정을 연계하겠다는 것이다. 앞으로 납품서에 품질과 녹색기술의 의무표시가 시행될 것이다. 인쇄기업이 공장을 갖추든, 못 갖추든 관계없이 인쇄품질관리는 정확한 인쇄 원가 계산이 도출되기 때문이다.

디지털시대의 장점은 회사의 경영진단까지 한꺼번에 해결될 수 있는 새로운 인쇄 원가 계산을 검토할 수 있다는 점이다.

전환기 인쇄산업의 새로운 기회
-변화에의 대응과 혁신방향-

산업 간 벽이 허물어지고 있고 인쇄산업은 변화와 혁신을 요구받고 있다. 변화의 흐름에 재빠르게 대응하여 준비한다면 인쇄는 유리한 위치에서 유망산업의 기회를 확실하게 잡을 수 있을 것이다. 전환기 인쇄산업이 실감이 나지 않지만 종이인쇄물도 복원 보존할 것이 생겨나고 있다.

문화재청이 국가지정 국보 70건, 보물 874건, 중요민속자료 93건, 시도유형문화재 204건을 비롯한 중요 전적(典籍=책) 문화재 원문 데이터베이스화 구축사업을 완료했다고 한다.

전적(典籍)문화재란 '문자나 기호로 전달되는 문화재보호법상 동산문화재로 분류되고 있는 모든 기록정보'를 말한다. 이 중 전적은 책(冊)을 의미하는데 직접 붓으로 써서 엮은 사본(寫本)과 목판 및 활자로 찍어서 만든 인쇄본(印刷本) 두 가지 유형이 있다. 인쇄본은 목판본(木版本)과 활자본(活字本)으로 구분된다.

삼국시대 이후 역사적 가치가 있는 전적(典籍), 고문서(古文書), 서적(書籍) 등이 있으며, 사본은 고본(稿本)과 전사본(傳寫本) 사경(寫經) 일기 등으로 나누어지며, 문화재로 지정된 1,811건의 옛 책이나 문헌에 대한 거의 백만 쪽에 달하는 방대한 지식정보를 누구나 쉽게 볼 수 있도록 개방하고 있다. 여기에 원문을 촬영한 사진화면(PDF) 등 실제로 책을 보는 것과 똑같은 느낌뿐 아니라 서체 등 어려운 한자를 정자체로 입력한 원문 정보도 빼놓지 않았다.

옛 책들이 가지고 있는 정신과 시대적 배경을 콘텐츠화하고 키워드 및 QR코드로도 검색이 가능토록 하고 있다. 중요한 것은 전자 정부사업으로 수천억 원 예산을 지원하면서 국정관리시스템뿐 아니라 정부 기록문헌까지 DB화되면서 세상이 온통 온라인화 되고 있다.

문화재청은 선조들이 남긴 주요 기록유산을 DB구축, 온라인화해 개방했다.

인쇄출판산업도 마찬가지다. 모든 책이 다 컴퓨터 안에 들어가 있고 그것을 모니터를 통해 읽는다. 최근 인터넷은 일반 사용자가 생산하는 콘텐츠가 넘쳐나고 있다. UCC 열풍이 일본에서도 거세지고 있다. 휴대전화 소설로부터 애니메이션 등 학생들이 직접 만든 동영상을 방송가에서 소개하는 코너가 마련되고 있다. 특히 블로그를 통해 상품개발, 작품제작용 전자카탈로그 등은 상품이 완성되기도 전에 거래가 일어나고 있다. 최근 일본에서 무료로 모바일 홈페이지 제작서비스를 하고 있는 "마후노아이란드(마법i랜드)"는 자사 사이트에 투고된 일반 이용자들, 즉 개미군단들끼리 자신의 소설을 출간한 '휴대전화소설'을 8개월 동안에 250만 부 발행했다. 작가와 독자가 사이트상에서 교류하면서 홍보가 되고 네티즌끼리 입소문을 하면서 베스트셀러가 되고 있는 것이다. UCC의 인기는 소설뿐 아니라 걸어 다니는 입시학원이 생겨날 수 있을 것이다.

이렇게 빠르게 변하는 시대와 환경에 대해 우리 인쇄산업은 무엇을 고민할 것인가, 무엇을 혁신할 것인가, 지난 수천 년간 인류의 문화를 종이가 지배해 왔다면 앞으로는 무엇이 대신할 것인가 생각해 봐야 할 것이다.

작년 KINTEX에서 열린 한국전자출판산업전이 있었지만 인쇄출판산업전이기 전에 컴퓨터산업전처럼 보였다. 종이책이 있어야 할 곳에 모든 책이 컴퓨터 속에 들어가 버린 것이다. 이처럼 산업간 벽이 허물어졌다. 오늘 현재 인쇄 전선은 분명히 변화와 혁신을 요구받고 있다. 출판과 UCC, 포장의 선진화는 새로운 시장이다. 재래시장의 떡장사도 새로운 포장지 출현 없이는 판매가 어려운 시대가 오고 있다. 모든 시장에서 팔려고 하는 모든 상품은 디자인과 포장에 의해 결정된다. 이에 따라 인쇄산업도 회사마다 토털 서비스 개념의 두뇌집단이 필요하다. 또한 웰빙과 의약분야에도 인쇄기술이 협력하지 않으면 안 되게 된 것이다. 전자카탈로그, 전자여권, 전자항공권, 전자신분증, 전자광고전단, 전자상품권, 전자우표 등은 IT인쇄의 새 시대를 열고 있다. 인쇄가 시야를 넓히면 너무나 많은 일들이 기다리고 있다.

1) 세계화되는 인쇄시장

작은 상인은 재물을 탐하고 큰 상인은 인재를 탐한다는 말을 수없이 들어왔다. 중소기업의 공통적 문제점 중의 하나는 사장은 있어도 경영자는 없다는 것이다. 훌륭한 CEO는 인재를 탐한다고 한다. 우리는 3시간 거리에 20억 인구를 가지고 있다. 얼마나 행운인가? 오늘 우리나라 인쇄인프라는 세계 어느 나라에도 뒤지지 않는 고급장비를 갖추고 있다. 그러나 우리는 S/W와 마케팅이 너무 부족하다. 우리 한국도 내년부터 인쇄 입찰시장이 개방됨에 따라 마찬가지로 세계시장을 뒤져야 할 것이다. 한국인이 UN 총장을 시작한다. UN사무처는 한 해 예산을 3억 달러 이상을 입찰하고 있다. 문을 두드려야 한다. 이를 위해 인쇄기업이 준비해야 될 것이 있다. 세계화를 위한 인터넷 쇼핑몰의 준비다. 홍콩과 싱가포르 등에 영업장소를 개설하고 세계와 네트워크화해야 한다. 회사 나름의 최고 전문화를 만들어야 한다. 다음 업계 공동의 단체 컬러표준화를 제정해야 한다. 인쇄연구소는 세계 지식정보 입수와 인력양성 및 마케팅지원, 인쇄프로그램 기획과 환경준비, 인쇄센서스 등을 통하여 인쇄 세계화를 준비해야 될 것으로 사료된다.

2) 인쇄의 변화

디지털기술은 인쇄설비를 변화시키고 생산 및 유통경로를 변화시키고 있다. 또한 정보 거래방식도 변화되고 있어 지식과 문헌정보의 통신 환경변화는 전자정부, 전자출판,

제4장 인쇄경영에 문화유전자를 심는다(경영)

전자카탈로그를 출현시켜 PREPRESS분야를 혼란시켰다.

작년 오프라인 출판시장은 2조 5,840억 원인 반면에 새로운 온라인 출판시장이 2,625억 원 정도로 1년 사이에 급속 팽창되었다.

변하는 게 이것뿐이겠는가? 광고시장에서도 전단지가 인터넷과 함께 사용되기 시작했다. 그렇다 보니 자체 수량폭발이 어렵지 않겠는가. 또한 의류, 의약품, 식품 및 전자상표 등이 소비자 선호도 및 고객요구에 따라 다품종 소수량으로 변하다 보니 단납기, 고품질, 저가격 요구는 더욱 거세지고 있다. 이제는 독특한 자기 전문화, 자기 브랜드를 갖지 못하면 어려워질 게 뻔하다. PRESS분야, 후가공산업도 새로운 요구가 많아지고 특수인쇄 등 다색화 및 초극세화 요구를 독자적으로 해결하기가 어렵게 되고 있다.

물론 변화 흐름에 재빠르게 대응한다면 더 큰 기회가 생길 것으로 확신한다. 변화를 발견할 수 있는 혜안이 필요하다. 복사 인쇄기가 출현하면서 PDF파일을 전송하면서 일부 경인쇄시장을 흡수하고 있다. 홍보물, 상품포장 등의 방법도 문자와 음성 및 동영상을 이용하여 전자카탈로그가 소비자층을 공략하는 가상 포장방법이 인쇄산업에 적지 않은 영향을 줄 것이다.

3) 새로운 인쇄기술의 상업화

나노기술이 출현하면서 모든 부품의 박막화는 필수적이다. 박막화하는 기법은 인쇄기술이 가장 많이 응용될 수밖에 없다. 각종 안테나 생산, 종이배터리, 고강도 필름개발 등 이미 대단위 유리 기판산업에서 시작했다. 그러나 이 중에서 꼭 인쇄기술을 이용할 패널과 필름이 필요한 틈새시장이 생기고 있다. LED유리기판도 0.7~0.5mm에서 0.2mm까지 줄이기 시작하다 보니 유리보다 PET 등 특수용지를 사용할 수밖에 없고 이중에서 인쇄가 맡아야 할 부문 생겨난 것이다.

초극세 컬러기술에는 입체 인쇄기술이 가능하게 될 것이고 컬러바코드 응용은 새로운 시장을 예고하고 있다. DNA잉크 등은 모든 책자, 사무용품 등 위·변조 방지에 이용될 것이다. 레이저 투시인쇄는 신상품 포장에 사용하는 등 새로운 인쇄기술은 다양하다. 총괄적으로 PREPRESS분야는 문자, 음성, 동영상을 이용한 멀티미디어산업 창출이 가능하고 PRESS분야는 나노기술과의 만남으로 각종 소재를 개발하고 POSTPRESS는 신상품 포장기술과 의약품 센서 등에 기여할 수 있다.

4) 인쇄산업의 새 출발

기존 인쇄시장을 바탕으로 새로운 산업을 찾아보기 위해 몇 가지 제안을 한다.

첫째, 행정정보, 문헌정보, 개인의 콘텐츠의 간소화 등 지식산업의 기술마케팅을 위해 뜻있는 업체들의 협동화 컨소시엄이 필요하다.

둘째, 컬러의 산업화를 위해 빛과 컬러의 응용을 인쇄기술과 접목하여 의료, 행정, 3D, 신상품 포장 등을 개발하고 최소한 HD영상의 이상의 해상도를 특화시켜 발전된 시장을 확보할 수 있다.

셋째, 모든 산업과 공동체 형성이 필요하다. 시장 확산을 위한 거래선과 변화유도를 적극적으로 기획 제안하기 위해 전문가를 양성하고 Web마케팅을 구축해야 한다.

넷째, 인쇄산업의 재창조를 위해 자기개발을 지원하고 세계 정보수집과 보급체제를 구현해야 할 것이다.

"한 우물만 파라"라는 전언보다는 +α라는 듀얼방식의 카멜레온 경영방식도 고려 대상이며 인쇄업계로서도 과연 인쇄물이 제조업인가 서비스산업인가 법률연구도 필요한 시점이다.

풍성한 '인쇄교육 2007'
—다양한 변화에 업계 공동 대응이 필수적—

인력양성은 근로자의 능력 향상을 목표로 교육되어야 한다. 산업사회에서 지식, 정보화 사회로 패러다임이 변하는 시대에 근로자 개개인의 능력은 회사를 변화시키고 기업을 발전시킨다. 그러나 업계의 현실은 전통적 실증은 갖추지도 못하고 업계 공동교육이 연속되지 못한 것이 현실이다.

그러나 지난 2007년 한 해 동안 (재)대한인쇄연구소는 지역연고산업진흥(주관 동국대학교)의 지원에 힘입어 인쇄기술 및 영업능력 교육을 새로운 방식으로 교육을 시작했다. CTP활용, 인쇄기술의 디지털화, 인쇄품질, 디지로그, 차세대인쇄, 마케팅 등 12개 카테고리의 다양한 주제에 따라 매 시간 참석인원이 약 100명 이상씩이었다.

이미 2006년에도 노동부 지원을 받아 강서기능대학, 정수기능대학과도 체계적인 맞춤형 인쇄교육프로그램이 진행 되고 있어 이를 뒷받침으로 특히 2007년은 인쇄인들이 어려운 인쇄경기 아래서 나름의 돌파구를 만들어 낼 수 있음에 기여했던 그야말로 전에 없던 교육의 한 해로 기억할 만하다. 그 후 몇 년이 지나 우리 인쇄 주변에 변하는 것이 많다. 우선 공공구매시장의 변화다. 1965년 제도도입 후 40여 년간 운영해 온 단체수의계약제도도 사라졌다.

정부, 지자체 등 공공기관은 경쟁을 통해 납품업체를 선정해야 하고, 선정하는 이행능력 심사규정은 인쇄업계 상식으로는 이해가 어렵고 개선점도 많은 곳에서 발견된다. 신기술개발 제품, 구매 목표제, 직접 생산확인제도, 공공구매 종합정보망 운용, 신용 평가방법 등은 기술, 품질, 가격 등을 경쟁우위로 확보해야 할 필요성이 높아졌다. 정부의 다수공급자계약제도(MAS) 도입에 인쇄업계는 관심조차 갖지 못하는 현실이다.

일반 인쇄시장에서도 상품 포장방법의 다양화, 새로운 디자인에 의한 제작방법, 인쇄출판물의 웹인쇄 통합실현, 즉 인터넷 한글 이원화 문제해결로 IT와 연합이 실현되고 있고 인쇄기의 양면 다색화 및 고기능화로 물량과 가격의 흔들림, 디지털인쇄 진입으로 인한 온 디맨드 프린팅 등 소수량 시장에서의 혼돈, 대형출판사들의 '임프린트(imprint)' 시스템의 도입이 증가되면서 인쇄업계의 중간 이익이 사라져 가고 있고 또한 두뇌집단인 북디자인 출현으로 일부 인쇄기능을 흡수하기 시작했다.

한쪽으로는 종이어음이 사라지고 전자어음이 증가되고 있으며 전자여권 도입은 새로운 시장을 예고하고 있다. e-페이퍼 상용화, 인쇄잉크를 수십 번 자동으로 지워지는 재활용 종이, 종이전지, 전기가 통하는 플라스틱개발 등은 새로운 인쇄산업의 패러다임을 선도하고 있다.

출판시장은 지난해 4만 5,521종에 총 1억 1,313만 9,627부가 발행되었다. 전년도에 비해 종수는 4.4%(1923종)가 늘었으나 부수는 오히려 5.5%(628만 부)가 줄었다.

이와 같은 변화는 운동선수가 경기장 속에 있는 한 새로운 배턴(baton)을 받을 수밖에 없고 받는 즉시 다음 목표를 향해 달릴 수밖에 없다. 어려움에 도전하려는 기업이 기업가 정신을 도외시한다면 그 순간 경영은 더 어려워진다. 발상의 전환과 도전정신이 새로운 발전이고 성장엔진이다.

그러면 어떻게 할 것인가. 기업경영을 나무 키우기에 비유해 보자. 나무를 잘 키우려면 좋은 비료를 줘야 하고 가지치기도 잘해야 한다. 좋은 비료는 기술력이고 가지치기는 선택과 집중이다. 무한경쟁시대에 차별화하지 않으면 사업경영은 진흙탕싸움일 뿐이다. 훌륭한 CEO는 선택과 집중을 위해서 즉시 결단한다.

수많은 성공한 기업들의 공통점은 모든 문제해결을 교육을 통해서 얻고 있다. 인쇄업계도 교육을 통하여 인재를 양성하여야 한다. 훈련된 인재는 훌륭한 두뇌 활동으로 이상을 적시적소에서 발현할 것이다. 금년도 인쇄업계는 교육의 기회가 상당히 넓혀질 것으로 기대되고 있다. 동국대학교를 주관사로 하여 정부로부터 약간의 지원이 있을 것으로 예상되기 때문이다.

여기에 인쇄연구소와 서울인쇄센터가 참여하여 대학은 실습위주의 양성교육을, 연구단체는 이론교육을 시행할 계획이다. 여기에 업계 공동협력은 필수적이라 생각한다.

1) 인쇄흐름과 교육과제

하나의 인쇄물이 탄생하기까지는 단순한 생산이 아니다. 인간의 두뇌와 현재의 시장상황, 시대의 선도적 역할, 문화기록, 모든 상품의 광고와 보존역할, 인간생활의 모든 사항을 포괄하는 것이 인쇄다.

수많은 인력의 정신적 육체적 아픔과 최첨단 기술과 기계, 재료, S/W, 경영관리, 계약제도 등 수십 가지 공정과 시스템을 거치지 않으면 인쇄물이 태어나지 못한다. 물론 어떤 인쇄물은 역사유물로 문화상품으로 남기도 하지만 대개는 보는 즉시 쓰레기장으로 사라져 버린다. 도표에 설명한 것처럼 인쇄과정은 그 어떤 산업보다도 과정이 복잡하다.

판매생산과 달리 수요기관이 별도로 있는 주문생산이기 때문에 생산과정에서도 여러 번 기계를 정지시키고 새로 시작하는 경우가 비일비재하다. 제조된 상품의 가격이 통일된 가격이 될 수 없고, 주문자의 사정에 따라 원가 계산 방법은 건별로 각기 다르기 마련이다.

따라서 재료 종류와 기계속도, 기술적용 등이 같다 하더라도 주문자 육안 판단에 따라 기준 없이 일방적인 불이익을 받을 때도 있는 것이 인쇄 현실일 것이다. 과거의 관행과 경험만으로 대처할 수 없이 수요기관의 수준은 높아지고 요구도 많아졌다. 신기술과 새로운 디자인은 인쇄업계에 변화를 요구하고 있다. 여기에 체계적인 교육이 필요하고 인력의 양성이 필요하다.

인쇄흐름을 분석해 보면 약 50여 가지 과목을 검토해야 하는 어려움이 있다. 하루아침에 해결될 수 있는 사안이 아니다. 단계적으로 몇 개 과제라도 정리하고 연구하여 함께 교육하는 것이 필요하다고 본다. 인쇄업계는 우리 현실에 맞고 시급한 과제부터 선정하여 체계화함이 급선무이다.

2) 인력양성과 업계 공동대응

모든 사업은 업종별로 사회적 문화적 배경에 따라 차이를 갖고 있다. 따라서 인쇄교육의 기획도 과거부터 내려온 전통과 역사성을 고려해야 하고 현실성을 감안해야 한다. 모든 교육 양성과정이나 훈련과정은 공식적이고 형식적인 실증을 갖추어야 한다. 일정한 기준과 절차에 따라 평가되고 공인된 지식과 기술의 습득으로서 직무수행에 필요한 능력을 갖춘 실적을 바탕으로 계획을 세워야 한다.

인력양성은 근로자의 능력향상을 목표로 교육되어야 한다. 산업사회에서 지식정보화 사회로 패러다임이 변하는 시대에 근로자 개개인의 능력은 회사를 변화시키고 기업을 발전시킨다. 그러나 업계의 현실은 전통적 실증은 갖추지도 못하고 업계 공동교육이 연속되지 못한 것이 현실이다.

도표에서 보다시피 인쇄교육에 필요한 과목은 50개가 넘는다. 이렇게 인쇄는 종합적 산업으로써 앞으로 크게 각광받을 산업임에 틀림없다. 우선순위에 따른 선택과 집중이 우리의 과제다.

마지막으로 인쇄 인력양성을 위해서는 업계와 단체들이 공동협력해야 하고 공동목표를 수립해야 한다. 우선순위를 정하고 산학연을 지휘해야 할 것으로 사료된다.

어쩌면 인쇄업계의 교육전문기관 출현이 급선무인지도 모르겠다. 인쇄업계는 어려운 현실을 극복해야 하고 시급하다. 아무쪼록 금년은 풍성한 인쇄교육이 우리 업계의 공동 협력 아래 다채롭게 이루어지길 간절히 기대한다.

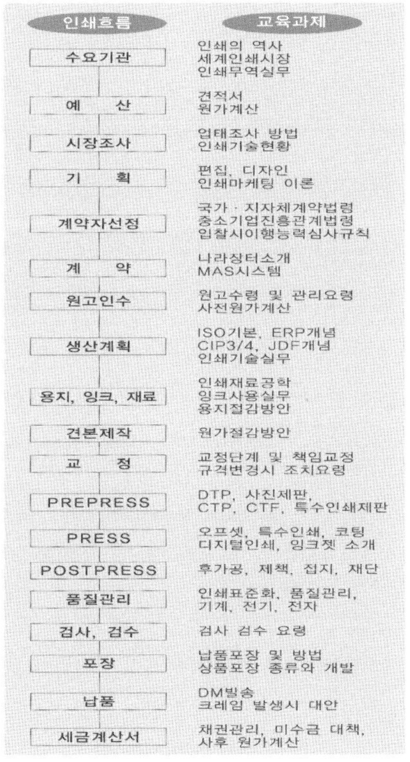

인쇄흐름과 교육과제

살고 싶으면 해결해야 한다

오늘 인쇄업계 현실에 맞는 경영관리를 체계화해야 하고 인쇄의 중장기계획도 마련해야 한다. 날로 치솟고 있는 필요한 재료 자원 확보를 위해 인쇄펀드도 확충 개발해야 한다. 새로운 인쇄펀드는 자본시장에서 형성될 수 있다.

1) 벤처신화의 정문술 사장

미래산업 창업자인 정문술 씨를 생각해 본다. 1980년대 중반, 당시로서는 우리나라에서는 감히 생각할 수도 없었던 최첨단 무인 반도체검사장비 제조에 도전한 분이다. 43세에 모 기관에서 강제 해직당하고 퇴직금 4,000만 원을 가지고 시작한 것이다.

4년간 도전하다 18억 원의 개발비를 날리고 도저히 재기가 불가능한 상태에서도 꿈을 잃지 않고 벼랑 끝 상황에서 밟히면 바로 일어서는 잡초처럼 더욱 의지를 다졌다. 과거를 후회하지 않고 미래를 낙관하면서 도전과 모험을 계속한 것이다. 그가 종업원들에게 직·간접적으로 영향을 준 것도 바로 이 잡초철학이라고 한다.

그 당시에 모범적 벤처기업을 만든 최초의 인간승리다. 그는 그러한 확신으로 미국과 일본이 반도체 장비 등을 석권하고 있던 시기에 반도체 장비분야에 도전장을 내고 사업 실패를 딛고 오뚝이처럼 다시 일어나 오늘의 미래산업을 일궈 냈다. 절망과 좌절을 극복하고 불가능에 도전, 이 시대의 벤처신화를 창조한 훌륭한 분이다. 성공하기 위해서는 새로운 분야에 도전해야 했고, 그의 호기심과 승부욕은 미래를 창조하고, 반도체 검사분야의 세계시장을 석권했고, IMF금융위기 시절인 1998년도에는 매출액의 최고의 극치를 이뤘다.

미래산업의 천안공장에 가면 아직도 한구석에는 개발에 실패한 장비들이 많다. 그것은 깨어진 미래산업의 꿈이기도 하고 끝까지 도전할 미래의 목표이자 상징이기도 하다. 개발한 장비는 무려 30여 종이 넘지만 불과 대여섯 종을 성공했을 뿐이다. 그야말로 확률 1%에 도전한 전형적인 벤처정신이다. 그는 종업원을 전적으로 신뢰하는 신뢰경영을 폈고 사업의 동반자로 대우했다. 그는 또한 Self-Leader를 강조한다. 경영에 친인척을 일절 배제하고 사장실의 사소한 비품도 회사 돈을 쓰지 않았다고 한다. 그리고 미래산업은 일류대학을 나온 기술자보다 공고출신의 기술자가 더 많았다.

미래산업이 주목받는 이유는 간단하다. 그것은 한 마디로 세계 최고기술을 계속 보유하여 엄청난 수익을 보장받는다는 것이다. 그는 항상 "내 인생에 있어서 가장 중요한 것은 미래"라 하면서 착한 기업이 성공한다는 긍정적인 생각을 갖고 있다.

이상에서 소개한 기업인은 인쇄와 아무 관련이 없는 성공한 벤처기업인이다. 그러나 인쇄산업도 세계가 변하면서 벤처화를 필요로 하고 있다. 황무지에서 출발한 벤처가 세계시장을 점령한 사례를 생각하지만 그래도 인쇄는 역사와 전통이 뿌리가 깊은 황무지는 아니다.

2004년 늦은 가을 '위기의 인쇄산업 이대로 좋은가'라는 주제로 포럼이 있었다. 우리는 인쇄산업을 위기로 표현했지만 전쟁을 치르는 극한 상황의 국가나, 힘들고 더럽고 위험한 작업을 도맡아 하는 동남아 출신의 노동자들은 "위기에 처해 있다"라고 말을 하는 경우는 없다. 인쇄산업의 위기는 분명 극한상황과 구별되지만 산업경쟁적 기반의 혼란 및 이업종 간의 차등이 생기고 있는 것은 사실이다. 조합원에게 주는 정부의 마지막 혜택의 경고, 저가격, 저임금, 가격경쟁에 의존하는 인쇄산업구조, 신기술 유혹에 의한 도입해야 할 업계부담 등 모든 것이 갈수록 태산이다. 태산은 넘어야 할 대상이고 넘을 수 있기 때문이다. 분명히 현 위치에서 인쇄도 정문술 사장 같은 벤처마인드가 필요하다. 살고 싶으면 해결해야 하기 때문이다.

2) 강대기업과 강소기업의 차이는 무엇인가

아무리 인쇄시장이 어렵다 하더라도 한편으로는 계속 발전하는 인쇄회사가 늘어나고 있다. 어떤 훌륭한 수요기관(거래선)에서는 인쇄기업에 부족한 인쇄장비에 투자까지 고려하는 일도 생기고 있다. 시장경제에서 자연스러운 순환의 법칙이다.

인쇄벤처인으로서 부단히 노력하고 개발하는 결과가 나타나고 있는 것이다. 민수시장의 확대로 인쇄시장의 기회는 많아지고 있으며 시장에서 기술적 요구도 증가하고 있다. 컬러품질, 후가공의 혁신, 환경방어기술, 기초소재의 변화 등 고급수요기관의 요구는 인쇄시장을 전통기술에 변화를 요구하고 있는 것이다.

인쇄 대기업과 초소기업의 인쇄물 품질과 기술의 차이는 무엇인가, 강대기업만이 우수하고, 작은 기업이라 해서 빈약한가? 해답은 '아니다'라는 것이다. 지금까지의 연고판매, 고정거래선의 유지, 인간관계로 형성된 전통성 등이 흔들리지 않는다고 장담할 수 있는가. 이미 고정거래선의 요구는 가격을 내리고 있다. 자원과 재료의 확보에 금융사정, 가격폭등, 관리비 증가 등 악재에다 인쇄가격 인하는 극복하기 힘든 상황이다. 경영압박이 과거에 경험해 보지 못한 것이 가미되고 전통적인 인쇄매체 영역에 문제점이 나타나기 시작하고 있는 것이다.

또한 생활패턴의 변화와 삶의 질의 향상으로 단순하고 빠르고, 신속한 요구는 과거 사고방식으로 해결이 불가능하다. 속도전과 저가 공습에 어떻게 대응할 것인가? 인쇄공정의 자동화로 해결되는 것이 아니고 인쇄 전체의 재정립과 새로운 인쇄마케팅의 개발이 시급해지고 있다. 인쇄의 유사업종인 디자인, 디지털, 포장, 식품산업 등 인쇄매체의 융합이 필요하고 인쇄 역할의 재공격으로 새로운 질서창출이 필요하다.

3) 교육과 개발

디지털과 접목으로 인쇄운영이 편이해지면서 한편으로는 새로운 부담이 생성된다. 앞으로 평판인쇄기의 미래적 변화, DTP영역, 후가공분야의 분리 등 정리할 분야도 생기고 있다. 일본의 후지필름은 아날로그 필름시장을 중국으로 옮긴 대신 PHOTO를 빼버린 후의 필름시장에서 판매실적은 40% 이상 증가하고 있다.

필름기술을 활용해 새로운 먹을거리 의료산업과 소모품산업에 도전한 결과이다. 디지털 접목에 따른 시스템 운용과 각종 소재활용 및 특수한 후가공처리기술, 접착제, 코팅제, 잉크의 활용 등에 대한 교육은 물론 그에 따른 연구개발이 필수적으로 따라오는 것이다.

고려시대의 책을 제책할 때 사용한 접착제 기술도 당시 우리가 세계 최고였다. 책은 제본된 후 박테리아가 접착제에 침범해 먹어 치우기 시작한다. 그러나 그 당시의 기술, 즉 먹을 수 있는 아주 쓴 접착제 사용은 박테리아의 독약이다. 4월 18일 KBS뉴스는 어린이 책자에 사용된 화학 접착제를 개선토록 요구하고 있다. 고려시대의 기술을 전수하지 못한 아쉬움이 문제가 아니라, 오늘 인쇄산업은 이러한 문제를 해결해야 한다. 살고 싶으면 해결해야 하기 때문이다.

또 하나는 금융과 경영관리의 개발과 교육이다. 오늘 인쇄업계 현실에 맞는 경영관리를 체계화해야 하고 인쇄의 중장기 계획도 마련해야 한다. 날로 치솟고 있는 필요한 재료 자원 확보를 위해 인쇄펀드도 확충 개발해야 한다. 새로운 인쇄펀드는 자본시장에서 형성될 수 있다.

이를 위해 시급히 경영교육과 개발이 필요하다. 이를 위해 미래인쇄의 개발과 교육이다. 구공탄에서 도시가스로 패러다임의 전환을 거부한 어떤 연탄공장 김 회장은 그 후 어떻게 되었을까? 그는 겨울이 존재하는 한, 온돌방이 존재하는 한 구공탄은 영원하다고 주장했으나 도시가스의 거센 물결에 쓸려 살아남지 못했다. 역설적인 이야기일 수 있으나 현실이다. 또 다른 요구도 있다. 2000년부터 '자원의 절약과 재활용촉진에 관한 법률'이 시행되고 있다.

인쇄에 있어 재활용·처리와 처리체계구축은 아주 중요하고 필요하다. 환경과 폐기물을 포함한 인쇄물 재활용센터 구축은 업계의 공동이익을 위하여 검토할 시점이다. 인쇄산업도 분명히 미래가 있고 미래산업으로 패러다임을 요구받고 있다. 살고 싶으면 해결해야 한다.

새로운 제도에 대응하는 업계의 지혜
– '입찰계약 이행능력 심사제도와 나라장터'를 중심으로 –

물은 높은 데서 낮은 데로 흐른다. 시장경제는 물의 속성처럼 자연스러운 삶의 현장이다. 모든 동식물들도 적자생존의 경쟁원리에 의해 움직이고 있다. 그러나 인간은 승자와 패자로 나누어지는 고달픈 경쟁을 싫어하는 속성을 가지고 있지만 경쟁적 생존질서는 거부할 수도 없고 선택의 여지가 있는 것도 아니다.

실든 좋든 우리가 더불어 살아가지 않을 수 없는 기본적인 삶의 방식이다. 자본주의 시장경제에서 물품의 수요와 공급은 항상 변하고 있다. 인쇄물의 수요와 공급도 마찬가지다. 산업발전에 따라 인쇄물량도 엄청나게 증가하여 이제는 정부 인쇄물에서 민수시장의 인쇄물로 그 의존도가 옮겨 가고 있다.

정부는 지금까지 중소기업의 자생력을 위해 한시적으로 협동조합을 만들어 단체수의 계약제도를 유지시켜 왔다. 그러나 2007년부터는 공공기관과 정부의 인쇄물 발주는 새로운 입찰경쟁 방식으로 변해야 하는 즈음에 이르렀다. 인쇄업계가 준비되어 있건 안 되어 있건 관계없다.

우리 인쇄업계가 새로운 제도 변경에 대하여 준비를 못 해 온 것도 사실이지만 스스로 인쇄 센서스 등을 통하여 업계현실, 문제점, 대정부 건의안 등을 마련하기도 전에 새로운 공공 구매제도는 이미 시행되고 있는 것이다. 이제라도 업종별 특성을 감안하여 지식산업 또는 기술혁신산업 등의 복합적인 구조를 가진 인쇄업종의 현실을 모두의 의견을 모아 개선되도록 대정부 건의도 필요하다고 사료된다.

이제는 인쇄기술인의 의지와 관계없이 Lotto식 계약이 생길 수도 있어 업계 간 화합도 해칠 수 있을 것이다. 주문 생산기업과 판매 생산기업의 두 가지 패턴의 생산업종은 새로 시행될 정부조달 구매방안에 전문화하지 못했다. 이제라도 늦지 않다고 본다. 이를 위해 새로운 전자입찰을 둘러보고 새로운 제도에 합리적이고 지혜롭게 대응하기 위하여 문제점을 분석하고 몇 가지 대안을 제시하고자 한다.

1) 나라장터(G2B)와 전자 입찰제도

정부조달분야만큼 변화가 빠른 곳을 찾기가 어렵다. 나라장터로 시행하고 있는 국가 전자조달제도의 거래방식은 민간분야가 생각지도 못할 정도로 입찰계약 업무가 완전히 달라졌다. 옛날에는 입찰 공고를 보기 위해 신문이나 게시판 등을 찾아야 했고 입찰신청이나 입찰서 제출을 위해 전국의 기관을 몇 번씩 방문해야 했고 또한 입찰시 서류의 반복제출을 위해 전국의 기관을 수없이 방문해야 했다. 또한 입찰시 서류의 반복제출 서류봉투를 든 수많은 영업부 직원들이 입찰실 현장에서의 어수선한 분위기는 누구나 아는 일이다.

이제는 확실치 않은 정보나 상호 간의 불신도 없어졌고 입찰의 사전비리도 없어졌다. 인터넷을 통해 나라장터에 등록하면 어느 기관이라도 입찰 참가가 가능하고 관련기관 시스템과 연계하여 공동DB를 활용함으로써 서류 형태의 제출도 없다. 납품 후 대금청구 및 수금을 위해 몇 번씩 먼 거리를 왕래했던 시절도 사라지고 편리하고 투명해졌다. 앞으로는 와이브로 통신을 통해 휴대전화나 IT기술을 이용 이동 중이라도 입찰을 할 수 있다. 한 건 입찰하는 데 며칠씩 소모되는 시간도 없어졌다. 디지털 조달시장은 끝없이 진화하고 발전하여 유비쿼터스 입찰이 개발되어 진행 중인 물품 납품 제조현황까지 실시간 동영상으로 검사, 검수할 수 있을 것이다.

관계자에 따르면 3만 개 정도의 공공기관과 15만여 개의 기업이 나라장터를 이용하고 있다고 한다. 또한 전자조달로 연간 5조 원 정도가 입찰비용이 절감된다고 한다. 이제는 물품을 제조 구매할 민간기업까지 나라장터를 이용하게 될 경우 우리나라 모든 구매계약은 엄청난 변화가 일어날 것이다. 전자 카탈로그 제조공장의 동영상이 나라장터에서 검색될 시기를 생각해 보면 우리 인쇄인도 나라장터 요령과 실무를 연습해야 할 필요를 느낀다.

또한 변동된 데이터를 실시간 데이터 교류에 의해서 전자 신청, 수정하는 요령을 익혀야 할 것이다. 적격심사 변동요인도 클릭 하나로 해결될 것이다.

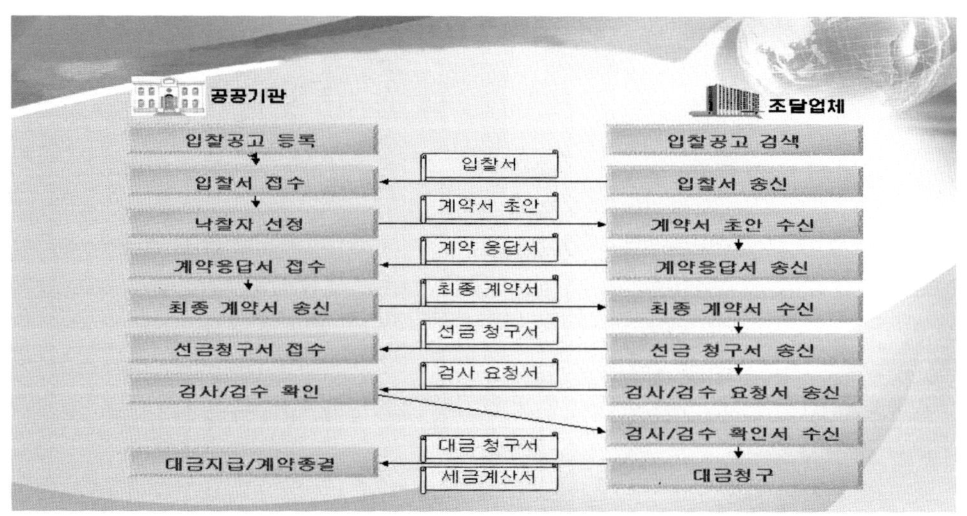

2) 새로운 공공 구매제도 참고법령

정부 및 관련기관과의 계약을 위해서는 단순히 적격 심사제도나 계약 이행능력 심사 제도 세부기준 등 법령의 최하위 단계인 시행규칙만 참고해서는 안 된다. 국가 계약법 관련 전반적인 것을 검토할 필요가 있다. 앞으로 설명할 내용은 시행규칙 세부적인 것보다 전체적으로 인쇄기업들이 필요하고 실리적이고 현실적인 대안을 소개하는데 중점을 둘 것인바 다음에 열거한 참고법령은 다운로드받아 참고하기 바란다.

- 국가를 당사자로 하는 계약에 관한 법률(법률 7722), 동 시행령(대통령령 19483호)
- 중소기업진흥 및 제품구매 촉진에 관한 법률(법률 7866), 동 시행령(대통령령 19513호)
- 중소기업자 간 경쟁제품 중 물품구매에 관한 계약이행능력 심사세부기준(중기청 2006-115호)
- 조달청 중소기업자 간 경쟁물품에 대한 계약 이행능력 심사 세부기준(조달청 2006-29호)
- 조달청 물품구매 적격심사 세부기준(조달청 2006-28호)

조달청과 중소기업청 두 개 기관의 세부기준이 있으나 각 수요기관에서 직접 입찰을 집행할 때는 중소기업청 고시를 적용하며 조달청에 집행요구 의뢰 시는 조달청 고시를 적용하나 세부기준이 거의 동일하며, 거의 모든 수요기관은 조달청을 통해 입찰할 경우가 많을 것으로 판단되며 모든 법령은 전체 참고해야 할 것이다.

3) 단계별 입찰 고시금액과 계약방안

500만 원 이하	수의계약(지방자치단체별로 적용)
3,000만 원 이하	수의계약 필수적으로 나라장터를 통한 2인 이상의 견적서 제출
2.1억 원 미만	입찰계약으로 간이 적격 심사제도 적용(대기업 쏠림 방지책)
2.1억 원 이상	입찰계약으로 적격 심사제도 계약이행 심사기준 적용 단, 배점기준에서 입찰가격을 70% 적용
10억 원 이상	입찰계약으로 적격심사제도 계약이행 심사기준 적용 단, 배점기준에서 입찰가격을 55% 적용

4) 사전준비와 문제점

이미 시행되고 있는 제도이기 때문에 경험한 업체들이 많다고 본다. 회사별로 사전준비를 철저히 할 필요성에 비추어 몇 가지 문제점을 생각해 본다.

- 심사기준 매뉴얼 항목이 너무 많다. 수요기관 사정에 따라 변동요인이 많아 인쇄업계와 맞지 않는 부분이 많다.
- 회사의 경영상태, 기술보유, 특허보유, INNO−BIZ, 단체 표준인증, 서비스인증, 공동 수급체 구성, 인쇄 신기술개발 인증절차 등 사전준비가 미흡하다.
- 희생적으로 최선을 다한다 하여도 노력과는 관계없이 Lotto식 계약으로 되어 의욕 상실의 우려가 있다.
- 가장 중요한 것은 입찰가격인데 심사기준은 가격을 88%이하로 낙찰을 유도하고 있다.
- 민수시장에서 정부 심사기준을 적용할 때를 대비한 준비가 부족하다.

5) 대책

계약 이행능력 심사 제도를 피하면서 업계 실리도 위하고 적정가격을 유지할 수 있는 몇 가지 방안을 검토할 필요가 있다.

　이미 출판·인쇄·정기간행물은 문화산업진흥법의 보호를 받고 있다. 인쇄도 지식기반 산업임을 활용하여야 하며, 협상에 의한 계약에도 제안서 입찰이 활용 되도록 하여야 할 것이다. 구체적으로 대책을 강구하고 연구하기 위해 범인쇄업계적으로 대한인쇄연구소의 경영자 교실을 활용, 관련세미나를 통하여 몇 가지 방안을 연구할 수도 있을 것이다.

인쇄산업의 현실을 진단해야 한다
－인쇄도 이제는 울타리를 허물 때이다－

구공탄 집이 도시가스업체로 변했고 종이봉투가 비닐봉투로, 다방이 카페로, 얼음 가게가 냉장고로 변했다. 구공탄 집이 경쟁력 10%를 올린다고 도시가스를 이길 수 있는가!

요즈음 지식 정보화산업이 급부상하고 있고 이에 연관되지 않는 곳이 없다. 또한 문화산업도 마찬가지로 정의를 내리기 어려울 정도로 모든 산업이 문화를 앞에다 갖다 붙여 놓고 시작한다. 지식 정보산업과 문화산업의 차별도 어려워졌고 양자 모두가 모든 산업의 대표격이 되어 버렸다. 지난해 문화산업 매출규모는 54조 원으로 전년 대비 7.8% 증가했다. 문화산업 중 출판분야가 19조 4,000억 원으로 가장 높은 비중을 기록했고, 종사자 수도 214,904명으로 전체의 47%를 점유한다는 통계다.

그러면 우리의 인쇄산업은 어떠한가? 사실 정확한 통계조차 알기 어렵다. 물론 출판분야에 포함되어 있고 전자, 식품, 약품, 건설 등에도 포함되어 있을 것으로 추정할 수는 있으나 인쇄업계는 독자적인 통계도 갖지 못하고 있고 우리가 의존하고 있는 광공업 센서스 자체도 중복 또는 타 산업에 포함되는 관계로 정확한 통계를 알기 어려워 쑥스럽다. 인쇄업에 대한 산업 분류도 재정립이 필요할 뿐 아니라 여러 가지 참고해야 할 조사통계는 인쇄업계 스스로 기회를 만들어야 할 막다른 시점에 이르렀다. 살기 위해서는 현실을 알아야 한다.

따라서 어떠한 지식정보도 기록 또는 산업화하려면 가장 먼저 인쇄를 해야 한다. 모든 상품이 인쇄를 통하여 표현하듯이 인쇄는 모든 산업의 요체이고 필수품이 되어 있다. 인쇄의 폭발적인 사용이 극에 달하면서 인쇄산업은 수많은 다른 형태의 인쇄산업으로 분화되고 있다. 여기에서 인쇄를 형태별로 산업적인 분류를 꼭 해야 하는지는 모르겠으나 발전을 위해서는 필요하다고 사료된다. 지금은 시장의 흐름과 인쇄시장의 정보를 알아야 하고 변화되는 요구와 변경되는 제도를 분석해야 한다.

현재는 미래를 위해서 있는 것이다. 인쇄업계의 현실 진단이라는 화두를 내면서 기본 실태조사도 물론 필요하겠지만 외적, 내적으로 인쇄환경 변화, 즉 지식산업을 앞세운

타 업종이 인쇄를 예속화하려는 조짐, 정부조달 구매법령의 변화에 대한 인쇄업계 현실, 협의적으로 인쇄용어가 오프셋 산업으로 변질되어 가고 있고 D.T.P응용과 사진제판의 변화, 종류별 매출액 분포도, 재료사용량, 성장지수 측정, 기술인력 분석, 다품종 소수량 변화계수, 기계장비의 보유 및 도입현황과 생산량 조사, 경영상의 애로 분석, 해외시장 조사, 공장입지별 현황, 환경관련 복지 및 기술개발 투자현황, 품질관리 실태, 대기업과 중소기업의 분류문제, 견적서 제출방안, 재무관리, 외주 협력업체 현황, 인쇄 경기지수 등 참고할 자료가 많아지고 또한 필요한 시점이다. 이러한 자료는 앞으로의 방향 설정에 따른 투자계획과 수요에 따른 기술 고급화에 결정적인 가이드가 될 것이라 믿는다. 물론 많은 항목을 하루아침에 분석하는 것은 어렵다. 그렇다고 무관심할 수 없는 게 우리 업계가 당면한 현실이다. 금년도부터라도 인쇄센서스의 기초설계라도 시작되었으면 하는 게 소망이다.

1) 불황 타개를 위한 인쇄센서스

아주 어려웠던 30년 전 일본은 전국 일본인쇄공업연합회를 중심으로 일본 전 인쇄업계가 불황타개에 나섰다. 어쩌면 그 당시는 현재 우리나라와 비슷한 매출액 규모인 것 같다. 1975년부터 다행이 일본 경제가 경이적인 발전으로 1980년대에는 인쇄매출 40조 원을 돌파했다. 물론 과정상 어려움이 있었지만 일본 인쇄업계는 이 기회를 놓치지 않고 제일 먼저 인쇄산업 중장기 발전계획을 수립하고 1차적으로 전 업계 인쇄실태조사를 시작함으로써 원인과 방향을 제시하고 분석했다. 따라서 품질의 고급화 요구, 제품의 다양화에 따라 전자인쇄 등 특수 인쇄분야에도 투자를 했고 당시 활판에서 오프셋으로도 전환했다. 그리고 인쇄를 고급화시켰다.

여기서 고려해 볼 점은 당시 일본 인쇄업계는 일본 정부의 직접적인 특혜를 받지도 않았고 단체수의계약에도 의존하지 않았다. 오로지 업계 스스로 연합한 후 대기업과 중소 인쇄업계가 일본 경제의 호황을 적절히 충분하게 활용했다. 특히 가격과 납기에 대해서 업계 이익을 위해서 철저히 일정한 룰을 지켰다. 이러한 모든 것은 우리에게 시사하는 의미가 크다.

당시는 전 일본 인쇄업계가 참여했었지만 우리나라 인쇄업계는 현실적으로 전 업계의 참여는 불가능할 것으로 본다. 그러나 각종 단체에 소속되어 있는 인쇄 연관업체와 인쇄조합에 가입되어 있는 업체들의 협조로 충분히 인쇄 현실을 진단할 수 있을 것으로 본다. 인쇄수요의 질적 변화와 인쇄업계에 도움이 부족한 조달구매제도의 개선, 도시형 산업의 재평가, 환경규제의 비현실성 등을 사례별로 정책에 반영할 수 있는 자료근거를 확보하고 가격비교 조사, 인쇄기자재 분석 등은 즉시 인쇄기업에 참고가 될 수 있을 것이다. 진정한 인쇄업계 현실이 과학적인 데이터로 종합된다면 장기비전과 대정부 건의안도 만들어질 것이다.

2) 원포인트 실태조사

전 인쇄업계 공통사항 조사연구 이외에도 사안별로 불이익을 받을 수 있는 사례도 있을 수 있다. 통합 조사된 자료는 제도개선과 사안별로 대책과 업계 전체의 건의가 필요하고 대안도 만들어질 수 있을 것이다. 공정한 거래를 위하여 수집된 인쇄산업 현실은 좋은 방향으로 새로운 모델이 만들어질 수 있다고 본다.

선진국 인쇄기술 발전과 개발방향에 대한 시장조사 정보는 인쇄업계의 어려움을 타개하는 데 매우 도움이 될 것이다. 업계의 현실 진단도 중요하지만 업종별 협동화 및 구조조정실태 수집도 참고할 수 있다. 세계의 인쇄물 입찰시장과 입찰참가 방안을 조사하는 것도 급선무이다. 원포인트 인쇄산업조사는 내적인 면과 외적인 면을 수집하는 테크닉도 진단연구의 대상이다.

3) 인쇄도 이제는 울타리를 허물어야 한다

살기 위해서 해결해야 하고 우리의 패러다임도 바꾸어야 한다. 우리 인쇄산업이 지금 어디에서 있는지 우리에겐 변화의 힘이 있는지 실사구시해야 한다. 시급히 패러다임의 전환이 필요하다. 전환은 힘들고 큰 저항에 부딪칠 수 있다.

600년 전 고문서에 사용하던 접착제 제조기술은 세계 최고 기술이었다. 책을 제본하3

고 난 후 박테리아의 폐해를 방지하기 위해 쓴 접착제가 600년이 지나도 원형대로 유지되어 있고, 컬러의 진수인 단청기술도 세계 최고다. 따라서 거의 외국에 의존하고 있는 인쇄기술도 패러다임으로 해결할 수 있다. 인쇄도 울타리를 허물어야 한다.

사내에 기획, 디자인, 출판을 두지 못하면 컨소시엄 또는 협동화사업으로 타개해야 한다. 인쇄업체가 인쇄판을 만들고 인쇄기계를 만들 수 있는 것 아닌가. 인쇄가 울타리를 허물고 영역을 넓히기 위해서는 필수적으로 국내외 시장을 조사 분석해야만 한다. 인쇄연구소는 이미 조사연구 프로그램을 준비해 놓고 있다(별표). 인쇄산업 발전을 위한 조속한 조사연구의 시작을 바랄 뿐이다.

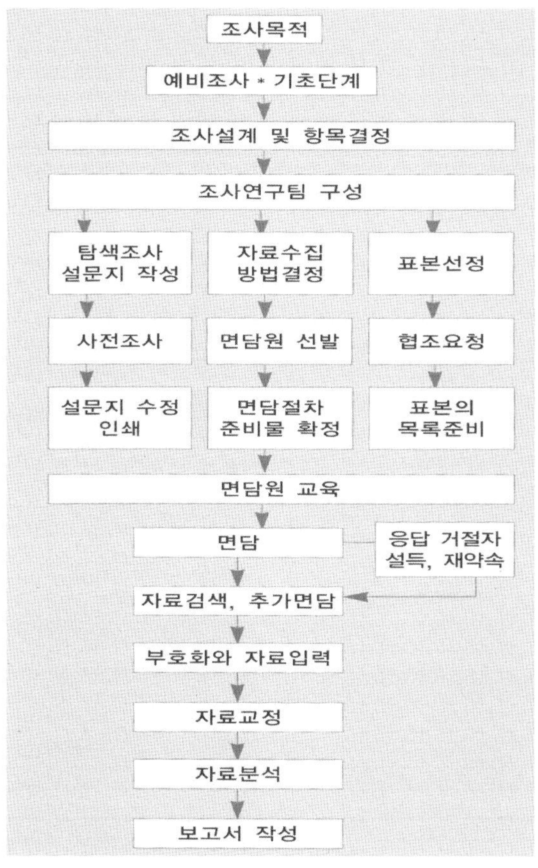

자료: 대한인쇄연구소

인쇄센서스 프로그램 체계도

인쇄문화산업진흥법과 인쇄독립선언

인쇄기술이 발명되고 계속 발전되면서 인쇄매체는 신속·대량생산할 수 있는 기반이 구축되고 지식과 정보뿐 아니라 각종 산업에 이르기까지 인쇄기술 활용이 증가일로에 있다.

우리나라의 근대 활판인쇄기술은 1883년 10월 1일 총리실 관하에 근대인쇄소인 박문국을 신설되면서 도입됐다. 그 후 일제 암흑기, 6·25동란을 겪으면서도 꾸준히 전통을 이어 왔고 격변하는 사회, 경험하지 못한 IMF금융위기 등 어려움 속에서도 인쇄산업은 민족문화를 전수하는 매개체로서 다른 산업과의 유기적 관련을 가지고 지식산업 등 모든 산업의 요체로서 국가 기간산업의 지위를 유지하고 있다.

인쇄산업은 수주산업인 동시에 장치산업으로서 인쇄기를 국내에서 생산되지 못한 관계로 우리나라에 도입된 인쇄설비는 무려 10억 달러가 넘는 것으로 추산된다.

여기에 디지털물결을 타고 세계 인쇄기술은 빠르게 발전하고 있어 숨이 찰 지경이다. 반도체·기능성소재·CIP4·JDF 등 새로운 S/W, 다색화·초스피드화, IT와 융합 등 새로운 요구는 계속 증가되고 있다. 더욱이 광통신망 연결로 영상과 음성 등이 문자와 동시에 전달되는 미디어혁명이 진전되고 있어 시대적 환경에 적응력을 발휘하기란 만만치 않다. 여기에다 인쇄산업은 새로운 경영환경과 마케팅의 변화 및 영상매체 등 뉴미디어와 경쟁을 감행해야 하기 때문에 상대적으로 불리한 상황에서 살아남기 위한 제2의 도전은 시작된 것이다.

그러나 우리 인쇄업계는 이 같은 열악한 환경 속에서 고군분투하고 있음에도 지금까지 우리나라 인쇄관련 법령은 인쇄를 출판이나 간행물의 종속적 복제산업으로 규정하고 있어 안타깝기 그지없다.

이렇게 출판문화의 틀 속에 들어가 있는 상태로는 인쇄산업이 새로운 도전이나 새로운 창조는 불가능하며 국가적으로도 바람직하지 않다. 인쇄는 간행물뿐만 아니라 식품, 전자상품, 홍보산업, 광고, 제약 등 모든 산업에 필수적 필요산업이 되고 있다. 인쇄산업은 제자리를 찾아야 한다. 국가 기간산업으로의 독립선언이 필요한 시점인 것이다.

1) 문화산업과 인쇄산업

　문화는 정신적 산물로서 휴머니즘의 매개체이고, 이 세상 모든 부문에는 문화가 아닌 것이 거의 없다. 물과 공기, 자연, 인간생태를 빼고는 어느 것 하나 문화 아닌 것이 없기 때문에 모든 산업은 문화산업이 되는 것이다.

　인쇄는 순수한 공업기술이기 때문에 인쇄문화라는 말 속에 두 가지 의미의 단어가 결합되면서 묘한 이질감을 빚어내고 있는 것이다. 인쇄는 문화와 산업이 함께하는 멀티산업이다. 인쇄는 문화상품뿐 아니라 모든 산업상품을 표현 생산해 내는 복합산업이다.

　산업적 측면으로 봐도 여러 가지 산업에 직접 연계되는 동반자적 산업은 인쇄산업밖에 없다. 따라서 문화와 산업이라는 용어정리에 오해도 있을 수 있다. 인쇄매체와 영상매체를 예로 들어 보자. 인쇄매체는 영상매체에 비하여 상대적으로 불리해지고 있다. 인쇄매체의 장점은 영상매체 출현으로 반감되었다. 속보성, 시각효과, 흥미 제공 등에서 영상매체를 따라갈 수가 없게 되었다.

　영상매체인 TV는 인류문화를 입체적으로 보여 주는 문화의 극치다. 그렇다고 TV를 생산하는 전자산업을 문화산업이라고 할 수 있겠는가. 인쇄도 마찬가지다. 인쇄산업이 하나의 산업으로 독립해야 할 당위도 여기에 있다. 그리고 인쇄산업은 여러 산업과 연계하면서 상호 보완적으로 발전해야 하는 산업이다.

2) 인쇄산업의 제자리 찾기

　우리나라의 인쇄와 관련된 법령을 보면 많은 문제점을 발견하게 된다. 관련 법률에 인쇄는 출판의 종속물로 규정되어 있다. 저작권법(1986.12.31. 법률 3916호)에서도 '출판권이 저작물을 복제, 배포할 권리를 가진다'라고 규정하여 저작물에 대해서도 복제권과 배포권을 동시에 출판권 속에 두었다. 엄연히 복제권은 인쇄권자가 가져야 하고 출판과 인쇄는 분리되어야 한다.

　출판 및 인쇄진흥법(2002.8.26. 법률 6721호)에서도 인쇄의 정의를 간행물을 발행하기 위한 복제생산하는 것쯤으로 규정하고, 인쇄문화산업이라는 정의도 간행물을 위한 산업으로 규정하고 있다. 따라서 '출판 및 인쇄진흥법 시행령'에 인쇄진흥에 관한 내용을 넣을 수가 없게 되었다.

인쇄가 간행물만 생산하겠는가?

인쇄가 소극적 경영을 탈피하지 못한 원인도 과거 오랜 관행으로 인쇄관련 법률에 묻힌 것 이 없지 않다. 모든 산업은 100년이 지나면 소멸되거나 형태가 변하지만 인쇄는 100년 역사 속에서도 계속 굳건히 자리를 잡고 있다. 그야말로 영원한 산업이고 국가 기간산업이다. 인쇄산업이 법률에 나타난 것처럼 독립되지 못하고 종속되어 있다 하더라도 인쇄는 영속적인 산업인 것이다. 인쇄산업은 제자리를 찾아야 한다. 독립산업으로서 자리를 찾아야 한다.

인쇄문화산업진흥법이 새로 제정되어 출발한 지 5년이 지나고 있다. 그러나 왜 인쇄산업진흥이 요원한 것인가?

3) 인쇄문화산업진흥법 5년, 이제는 주무관청을 재검토해야 한다

1904년 만세보 사설에서 "활판인쇄가 나라를 발전시키는 산업이다"라고 주장한 이래 주요 일간지에서 인쇄산업의 중요성에 관해 보도한 적이 거의 없다.

한국 인쇄역사 100년이 지난 오늘도 우리나라 인쇄산업은 거의 대부분 전통적 수준이다. 그러나 세계에서 디지털화된 인쇄매체의 새로운 변신은 이미 시작된 지 오래다. 우리 업계에 맞는 기술개발, 경영기법 등이 시급하고 생존에 필요한 품질향상 및 신기술개발 등 현안문제가 산적해 있다. 기술인력 양성, 인쇄표준화 등 전통적 수준이 아닌 혁신개발은 업계 스스로가 감당하기에는 어려움이 너무나 많다.

21세기 멀티미디어 환경에 뉴미디어와 새로운 경쟁이 시작되고 있고 매체융합 등 매체 간 경계선이 무너지고 있다. 새로운 변화는 계속되고 있다. 인쇄산업도 새로운 변화에 발맞추기 위해서, 인쇄산업 독립을 위한 인쇄정책 수립은 당연한 귀결이다.

만시지탄의 감이 있지만 인쇄업계에 두 가지 법률안이 제안되고 있어 그나마 자위하게 된다. 두 가지 법률안이 단일안으로 융합 승화되기를 간절히 기원하면서 몇 가지 문제를 생각해본다.

인쇄업계에는 여러 단체가 있다. 인쇄산업의 복합성 때문에 인쇄단체의 주무관청이 산업자원부와 문화관광부로 나뉘어져 있는 것도 불가피한 상황일 것이다. 산업자원부 산하로 인쇄정보협동조합 연합회와 동 연합회 산하 12개 지방조합과 대한인쇄정보기술협회가 있다. 문화관광부 소관으로 인쇄문화협회와 대한인쇄연구소가 있다. 당연히 기능에 따라서 소관부서를 달리할 수 있다고 본다. 그러나 힘이 분산되어 인쇄산업의 종합계획수립에 강한 추진력이 불가능하다. 문화산업의 현실적 상황에 맞는 주무관청의 재검토가 필요하다.

디지털혁명에 대응할 인쇄산업은 인쇄시스템의 구조조정 등 해결해야 할 정책적 과제가 너무나 많다. 인쇄업계의 필요적 요구사항은 별도의 인쇄센서스를 통하여 조사되겠지만 우선순위에 의한 정부지원은 필수적이다. 법이 제정된 지 5년이 지난 후 인쇄에 대한 용어의 정의는 확실해졌다.

동 진흥법 제2조에서 '인쇄는 인쇄기 또는 컴퓨터 등 전자장치 이용하여 문자·사진·그림 등의 정보를 종이·천·합성수지 또는 전자적 매체(유형물인 매체에 한한다) 등에 실어 복제·생산하는 것을 말한다'라고 명확히 규정되어 있고 인쇄물에 대한 정의도 '인쇄에 의하여 보고 읽을 수 있도록 복제·생산된 것을 말한다'로 확실히 규정하였다. 인쇄사는 인쇄를 업으로 하는 인적·물적 시설을 말하고, 인쇄문화산업은 인쇄산업 및 이와 밀접히 연관된 산업으로 분명히 정리되었다. 또한 법 제3조에서도 '국가 및 지방자치단체는 인쇄문화산업의 건전한 발전을 위하여 필요한 시책을 수립·시행하여야 한다'라고 모양은 완벽히 갖추어져 있다.

이제 남은 것은 인쇄인들의 통합이고 인쇄인들의 몫이다. 동 법령을 근거로 차세대 인쇄산업 중장기종합건의안이 작성되어야 한다. 인쇄독립선언문이 필요하다.

4) 제언—국가 기간산업으로의 독립선언

이제 인쇄는 새로운 요구와 경쟁해야 한다. HDTV보다 선명하게 색상이 뛰어나야만 인쇄는 상품가치를 가질 것이며, 인쇄를 필요로 할 것이다. 두뇌(원고)그룹과도 타협해야 하고 인쇄표준화도 필수적이다. 인쇄기술 환경변화에 대한 준비, 인쇄경영 환경변화에 대한 준비 등 두 가지 축의 준비는 산업현장의 환경, 노동, 경영, 원가구조, 물류비용 등을 해결할 것이다.

　모든 산업에서 산업 간 경계가 무너지고 서비스요구도 다양하게 증가할 것이다. 인쇄가 출판업도 겸해야 하고, 기획 디자인상품, 포장, 신소재, 인쇄기자재 생산에도 과감히 참여하는 것을 검토해야 한다. 인쇄단체도 변질이 아닌, 새로운 모습으로 변화해야 할 것으로 본다. 이제 인쇄산업이 독립선언을 함으로써 국가 기간산업으로서 서서히 자리를 잡아 갈 것으로 믿는다.

인쇄업계의 협정요금제도로 전환돼야 한다

－현실 외면한 정부 인쇄기준요금－

지식산업으로 전환된 인쇄산업의 숙명적인 변화는 새롭게 변화된 원가계산제도를 요구받고 있으며 따라서 이제는 정부 인쇄기준요금제도도 민간단체 협정요금으로 전환되어야만 인쇄업계의 자생력이 확보될 수 있을 것이다.

지난 2007년 5월, 중소기업중앙회 2층 국제회의장에서 중소기업제품 공공구매 지원제도 운용에 관한 정책토론회가 있었다. 여기서 나온 이야기를 정리해 보면 우리나라 경제의 뿌리는 중소기업이라고 거듭 강조한다.

제도를 운영하는 쪽에서는 중소기업 발전을 위해서 각종 정책을 쏟아내고 있다고 한다. 단체수의계약제도를 폐지한 것도 중소기업인들의 글로벌 경쟁력을 갖도록 하는 의도가 포함되어 있다 한다. 시행된 지 5개월 정도라 옮겨 심는 나무의 일시적인 몸살이고 발전을 위한 체질개선일 수 있다 한다. 중소기업의 기술, 경영혁신과 글로벌 마케팅 능력이 강화되고, 보호 위주에서 간접지원을 함으로써 기업의 자생력이 확보되고 경쟁체제에 적응하기 위한 체질이 강화될 것이고 이것이 선진경제로 가는 길이라고 강조한다.

여기에 반론하여 중소업계 필드 쪽에서는 정책토론을 떠나서 눈물의 항변을 한다. 우선 구매행정이 복잡하고 적격심사 등 절차가 어려워 수의계약보다 활용이 어렵고 구매기피로 인한 계약이 감소되고 있다 한다. 또한 낙찰 가능한 최저가(85%)로 응찰할 수밖에 없어 수익률의 악화요인으로 작용한다고 한다. 소기업은 납품실적, 신인도 등에서 수주기회가 축소되고 단체수의계약에 비해서 하자보수 등 신뢰성 문제로 영세기업과 계약체결을 기피한다고 한다.

따라서 관수분야에 의존할 경우 경쟁 입찰 때문에 회사의 경영유지를 위한 계획조차도 세울 수 없다고 한다. 또한 공기업 등은 자신들의 경영합리화를 위해 신뢰성, A/S 및 사후관리에 취약한 소기업에 대한 거부감이 더욱 확대되고 있고 의도적으로 중소기업 간 경쟁보다는 규격과 가격분리 입찰, 협상에 의한 계약 등으로 유도되고 있어 점점 수주 기회마저 잃고 있으며 신기술 개발을 적극 권장하지만 현 가격제도로 어떻게 무엇으로 개발하겠느냐는 등 마음 아픈 절규가 계속되었다.

결론적으로 본인은 과거 '단체수의계약 제도'만이 중소기업을 위한 만병통치약 아니었듯이 '중소기업 간 경쟁제도'도 중소기업을 위한 유일한 수단도 아니라는 것을 확신한다. 단체수의계약이 꼭 필요한 경우가 분명히 있을 것이며 경쟁을 해야 될 경우도 있을 것이다. 새로운 제도가 생산력이나 기술력 또는 성실성에 관계없이 누가 언제 낙찰될지 모르는 제도를 계속 진행하는 것도 모순이며 새로운 제도개선은 필수적이라 사료된다.

중소기업을 위한 공공구매 지원제도 중에서 집고 넘어가야 할 사항이 많이 발견된다. 그중 하나로 수십 년간 우리의 인쇄물 기준요금을 정부가 책정해 오고 있다. 그러나 현실적으로 공공구매제도는 변화되었고 각 업종별로도 글로벌 경쟁체제를 갖추어야 한다며 변화와 혁신을 강조하고 있다. 그러면 정부 인쇄물 기준요금과 경쟁력 확보는 무슨 연관이 있는가?

물론 업종별로 생산종류에 따라 너무 복잡한 경제유형이 창출하면서 정부의 기준도 이제는 한계가 있을 것으로 본다. 인쇄는 아직도 판매생산이 아닌 주문생산이 대부분이다. 아날로그에서 디지털로 전환되면서 계산이 어려운 인프라 구축, S/W 개발, 세계 신기술과의 경쟁 등 과거에 경험하지 못한 새로운 사안들이 정신없이 인쇄경영을 고달프게 하고 있다. 정부가 정한 회계 예규는 점점 현실과 멀어지고 있다.

인쇄는 제조와 서비스를 혼합하고 지식이 가미되지 않고는 우수한 품질이 불가능하다. 제조원가 구성도 재료비, 노무비, 경비의 단순한 논리로는 인쇄업계를 발전시킬 수 없다. 지식산업으로 전환되면서 국내 모든 산업이 세계시장에서 경쟁하면서 새로운 요구는 기존장비 교체, 디지털기술, 새로운 S/W, 기술인력의 확충, 환경개선, 도심산업으로서의 부대 비용증가 등 숙명적인 변화는 새롭게 변화된 원가계산제도를 요구받고 있으며, 따라서 이제는 정부 인쇄기준요금 제도도 민간단체 협정요금으로 전환되어야만 인쇄업계의 자생력이 확보될 수 있을 것으로 사료된다.

1) 경쟁력을 위한 제조원가 계산

관련법령에서 예정가격 작성 기준이 현존하고 있다. 기준에 따라 제조원가 계산은 운용의 묘에 따라 충분하다고 본다. 그러나 단체수의계약이 폐지되고 경쟁력 있는 활로를 위해서 공공구매제도가 개선되었기 때문에 이제부터는 과거의 감사 및 규제를 위한 가격제도에서 중소기업을 성장시키고 글로벌 경쟁력을 키울 수 있는 가격제도로 전환되어야 한다고 본다. 모든 산업이 세계시장에서 경쟁우위를 위해서는 물품의 품질도 중요하지만 상품의 옷인 표현상태, 즉 디자인이 큰 몫을 하고 있다. 그 디자인을 표현해주는 기술은 인쇄다. 따라서 인쇄는 모든 산업의 요체가 되는 것이다. 인쇄가 과거의 보고서나 홍보물 범주의 한계를 넘어선 지 오래되었다.

인쇄기술로 금속안테나가 생산되고 있다. 또한 상품포장의 고급화는 상상을 초월한다. 인쇄가 다양화되고 있는 현실에서 전통 인쇄물 기준요금으로 전체를 적용시킨다면 인쇄산업 발전은 없으며 결국 인쇄기업의 생존은 어렵고 상품의 질은 발전되지 못할 것이다. 인쇄요금 기준가격이 전년도 대비를 기준으로 또는 전통 인쇄방식의 실례가격, 가격조사기관의 비전문성은 종합적이지 못한 것 같다.

현재 인쇄업계가 적용받고 있는 표준가격이 사실은 용지, 잉크, 인쇄분야에 표준화가 되어 있지 않다는 것을 심각히 고려해야 한다. 인간의 두뇌에 의하여 각종 요구형태의 인쇄물이 쏟아지고 있고 신기술 요구는 인쇄업계의 심각한 부담으로 남고 있다. 인쇄 기준요금표는 인쇄 표준화를 전제로 책정될 수 있어야 한다.

물론 표준화는 국가기관이 ISO로 지정하고 있는 제도이다. 수요기관이나 발주자도 인쇄 표준화 기준에 따라 규격을 정한다면 표준규격에 따라 기준요금도 책정될 것이고 허용기술이 요구되면 별도의 차별요금이 생겨날 수 있다.

지금은 관수물보다 민수물 시장이 몇 배 이상을 점유하고 있어 과거 70년대 현황과는 상상을 못할 정도로 변화되었다. 그러나 과거 기준으로 책정 되어 있는 인쇄가격을 가지고, 이미 신기술로 변화된 인쇄시장에서도 계속 적용되고 있는 실정이다. 예를 들자면 디지털화되면서 컬러매니지먼트(CMS) 기술시스템을 요구받았을 경우 용역업종인 디자인에서는 CMS처리가격을 계상할 수 있지만 인쇄는 전혀 항목이 없이 단순히 인쇄비만 계상한다. 세계의 인쇄기술은 계속 개발되고 있다. 인쇄 프로세싱은 여러 가지이나 우리나라는 전통적 방법만 유지할 수밖에 없는 실정이 되고 있는 것이다. 이제는 원가계산제도에도 변화와 혁신이 필요하다. 경쟁력을 키우는 핵심은 인쇄요금을 인쇄단체에 넘겨주어야 한다.

2) 정부 인쇄요금 책정을 업계에 주어야 한다

인쇄업계의 현실을 설명하기는 두렵다. 공급과 수요의 밸런스를 잃은 지 이미 오래다. 균형을 잃어버린 시장에서 가격을 조사하는 난센스는 계속되고 있다. 인쇄요금을 책정하기 위해서는 우선 업계 전반적 현실을 데이터화해야 한다. 공급과 수요의 지수를 발견해야 한다. 아주 복잡하게 형성되고 있는 인쇄시장 가격을 조사기관 혼자 진단하기는 시야가 좁을 수밖에 없다. 업체들마다 재무구조, 과잉투자에 따른 희생으로 형성된 인쇄가격, 기자재가격 인상으로 인한 부담 등 수많은 악재를 안고 있으면서도 계속 버틸 수밖에 없는 경영자들의 고충 등이 상존해 있는 곳이 인쇄업계의 현실이다.

그러나 관련기관은 업계 스스로 해결하라고 한다. 그러면서 원가 계산은 업계 스스로에게 풀지 않고 있다. 이것이 문제인 것이다. 결국 인쇄가격은 추정가격과 낙찰가격에 상당한 차이가 생길 수밖에 없다. 이러한 상당한 차이 금액을 업계에 돌려주어야 한다. 이제 정부는 가격체계의 감사에 대비한 규제가격 같은 인상을 주지 말고 과감히 업계 스스로에게 주고 발전할 수 있도록 방향을 바꾸어 주어야 한다. 정부는 평균 낙찰률 급락을 가슴 아파해야 하고 제도를 개선해야 한다. 중소기업 간 입찰에서 중소기업을 살리기 위해서 85% 선을 선심 쓴 것처럼 오해할 수 있으나 중소 인쇄업체에는 전혀 도움이 되지 않는다는 것을 알아야 할 것이다. 왜냐하면 기초 원가 계산부터 문제가 있기 때문이다.

제 5 장
컬러 경영시대(컬러)

컬러와 건강 그리고 인쇄기술

−색채치료에서 본 인쇄기술 색채치료 대상은 사람과 동식물이며 그다음은 자연환경복원이다−

인간의 정서는 색채에 많은 영향을 받고 있다. 우리들 주변사람들은 그가 접하는 색채에 심리적 자극이 달라 자기감정에 맞는 컬러를 선택하려고 여러 가지 색을 맞추어 본다. 어린아이들 역시 마찬가지이다.

인간의 심리와 색채에 대하여 그 방면에 뛰어난 이론가이자 실천가였던 파버 비렌(Faber Billen, 1900~1988)은 "모든 색채는 그 색상마다 인간에게 각각 다른 느낌을 주는데, 실제로 상품판매, 성격, 음식 맛까지 좌우한다"라는 유명한 이론을 남겼다.

많은 사람들은 자신이 갖고 있는 다섯 가지 오감 중에서 먼저 접하고 자주 의존하는 색채에 많은 영향을 받는다고 한다. 파버 비렌은 이러한 색채심리를 이용하여 상품광고와 마케팅에 적용시킨 최초의 학자이기도 하다. 그가 고안한 안전색은 전 세계에서 지금까지 사용하고 있는 곳이 많다.

필자는 스포츠를 잘 모른다. 특히 월드컵 경기에서는 유니폼 색깔이 그날의 행운을 결정하는 비밀이 있다고 한다. 알게 모르게 각 팀들은 유니폼 색깔 선택에 상당한 전문가들을 동원하고 있다.

흰색은 붉은색에 비하여 강하고 적극적이지 못하다. 서울광장에서 거리응원을 보면,

시청자의 눈을 사로잡는 것은 힘과 활기에 넘치게 하는 붉은색이다. 월드컵 경기의 볼거리는 각각 뚜렷한 색으로 녹색 잔디와 어울리고 다양한 색채들이 불타는 경기와 함께하면 감정과 응원의 효과도 배가된다.

예로부터 조상들은 색이 사람에게 미치는 영향과 자연 속에 색이 조화되는 복잡한 상호 작용을 발견하고 이용해 왔다. 인간은 색채의 힘을 믿어 왔으며 태양의 빛과 무지개 색채는 신성한 것으로 간주되어 태양의 빛이 모든 생명을 유지시켜 주고 태양이 없이는 죽음이라는 사실을 인식하고 있었다.

아프리카 원주민이나 아메리카 인디언들은 얼굴이나 신체 부위에 자기들만의 신호의 표시로 무지개 색깔 중 뚜렷한 색깔을 골라 칠을 했다. 주술적 의미인 색채는 질병과 전쟁에서 살아남기 위한 삶의 표현이고 색깔의복이면서 그들 부족만의 증표이고 부적(符籍)이었다. 선사시대(先史時代)에 있어 컬러를 치료의 한 방법으로 사용된 것을 과장되고 신비주의적 측면이 너무 많이 포함되어 있다고 믿어 치료효과와 관계없이 고의적으로 경시되고 무시되어 왔다.

그렇다 하더라도 뿌리 깊은 컬러의식은 인류 속에서 문화생성으로 연결되고, 그리고 계속 진화하고 있다. 그러나 오늘날 빛과 색의 가치를 다시 치료의학 분야에 접목 연구되면서 컬러를 고유한 파장과 파동을 가진 에너지의 한 형태로 인정되기 시작한다. 최근 과학자들이 빛의 형태인 색채가 전자기 스펙트럼의 한 부분으로 밝혀지면서 색채가 시각적인 것은 물론 미각이나 심리상태까지 영향을 미친다는 연구결과도 내놓았다. 옛 인류의 컬러에 대한 관습과 전통을 새로운 산업화로 접근하고 있는 것이다.

미국의 존스홉킨스대학 연구팀은 컬러가 인간의 인지능력을 향상시킬 수 있음을 확인하고 색채치료의 가능성을 발표한 바 있다. 자연 속에서 생존을 위한 동·식물들의 색에 대한 인지도를 보면, 암컷에게 구애하는 수컷은 화려한 색채로 자신을 치장하는가 하면 또 다른 그룹은 천적을 피하기 위해 색깔을 바꾸기도 하고, 공격하기 위해 색깔을 바꾸기도 한다.

식물도 마찬가지로 가을 막바지에 해충을 피하기 위해 푸른 잎이 붉은색 단풍잎으로 물들도록 변색하는 것도 생존을 위한 컬러과학이다. 고대부터 인간도 공격과 방어의 상징으로 붉은색을 대표로 삼았던 것도 경험적 산물이다. 원시시대 인류가 채집생활을 할 당시에는 붉은색 과일이나 붉은색 고기를 많이 모으는 인간이 훨씬 부의 축적능력이 뛰어났다고 믿고 있었다. 따라서 붉은색은 정복을 상징하고 강한 힘을 만드는 에너지 색으로 부의 상징이 되기도 했다. 모든 색깔은 도시 공간에서 각각의 전자적 신호를 가진 파장 때문에 인간의 감성을 변화시킬 수도 있다.

어쩌면 파동과 파장에 아주 민감한 우리나라 젊은이들이 거리와 운동장에서 붉은색을 좋아하는 것도 색채의 유전인지도 모른다. 감성적 컬러 이외에도 인류생존의 핵심인 의, 식, 주에도 다양하게 활용되었고 사용목적에 따라 선(線), 형(型), 색(色)이 잘 어울리도록 바로 옆이나 주위에 있는 색을 이용하여 상호 조화되도록 색을 응용하는 기술이 계속 발전되어 왔다. 색채의 조화로 뛰어난 천재인 레오나르도 다빈치(1452~1519)는 르네상스시대에 이탈리아의 천재 화가였다. 그는 색채조화에 있어 선구자의 역할을 하면서 흰색, 노랑, 녹색, 파랑, 빨강, 검정의 6색을 기본으로 하고 녹색과 빨강, 노랑과 파랑 등 명암 대비법을 개발, 색을 연속적으로 변화시키는 방법으로 수많은 걸작을 남겼다.

또한 천재화가인 다빈치는 색의 농담과 윤곽을 점차적으로 분광 또는 분해하는 방법으로 신비한 색깔을 창조해낸 기법은 오늘날 사진제판 기술의 효시가 되기도 했다. 1666년에 뉴턴은 프리즘을 통과한 빛이 파장에 따라 굴절하는 각도가 다른 성질임을 이용하여 순수한 스펙트럼 인 가시(可視)색을 얻어 냈다. 빛을 분광시키는 기술도 여기서부터이다. 빛은 그 파장이 400nm(1nm=10-9m)에서 700nm 사이가 가시광선이다. 물체의 색은 자연광을 받으면 일정의 파장의 빛만 반사하고 흡수하는 성질이 있다. 빛이 파장에 따라 반사하는 비율의 차이가 물체의 색을 다르게 보이도록 하는 이유이다.

여기에서 인쇄잉크도 수많은 세월과 숨은 노력이 있다. 불투명한 물체의 표면에서 볼 수 있는 표면색(surface color)과 빛을 투과시키는 물체를 통과해서 나오는 빛, 즉 평면색 또는 투과색(film color)으로 나뉜다. 즉, 빨간 사과와 갈색 맥주에서 빨간 사과는 반사광의 파장이고, 갈색 투명 맥주는 투과광의 파장이다. 물체색은 반사 또는 투과에 따라 결정된다. 결국 파장원리이고 파장은 전자파의 성질을 갖는다.

따라서 빛의 색깔도 하나의 파장으로서 그 파장은 강도에 따라 모든 생명체에 영향을 줄 수 있다는 경험이 인류와 컬러가 함께하고 사회적 융합을 만들어 내고 있다. 서양의 색채치료 라는 용어는 새로운 용어는 아니다. 이미 동양의학에서는 지난 수천 년간 응용되어 온 실증적 학문이기도 하다. 지금까지 컬러에 대한 장황한 설명은 건강과 컬러의 재평가라는 과제가 튀어나오면서 색채치료는 전문의사의 몫이지만 치료의 도구가 될 컬러키트는 색채 표현기술처럼 인쇄산업이 맡아야 한다고 강조하고 싶다. 따라서 대체의학으로 효시되고 있는 기능성(機能性)이 탑재된 색채치료의 치료재료는 전통적 동양의학의 이해와 원리를 봄으로써 새로운 산업을 창출하는 데 도움이 될 것으로 사료된다.

1) 동양의학에서 컬러응용

『동의보감』내경편(內景篇)에 이르기를 손진인(孫眞人)은 "우주에서 사람이 가장 귀하다"라고 했다. 머리가 둥근 것은 하늘을 상징하는 것이고 발이 모난 것은 땅을 상징하는 것이다. 하늘에는 사시(四時)가 있으며, 사람에게는 사지(四肢)가 있다. 하늘에는 오행(五行)이 있고 사람에게는 오장(五臟)이 있다. 하늘에 육극(六極)이 있으며, 사람에게는 육부(六腑)가 있다. 하늘에는 팔풍(八風)이 있고, 사람에게는 팔절(八節)이 있다. 하늘에는 구성(九星)이 있고, 구규(九竅)가 있다. 하늘에는 12시(十二時)가 있으며, 사람에게는 12경맥(十二經脈)이 있다. 하늘에는 24기(二十四氣)가 있고 사람에게는 24유(二十四兪)가 있다. 하늘에는 365도(度)가 있고, 사람에게는 365골절(骨節)이 있다. 하늘에는 일월(日月)이 있으며 사람에게는 안목(眼目)이 있다(이하 생략).

형체(形體)와 기(氣)의 시초(形氣 之始)에서는 "주역"의 태극(太極) 과 생로병사의 원리를 설명한다. 『동의보감(東醫寶鑑)』의 핵심인 내경편에서는 사람의 오장육부에 "주역"의 음양오행 이론을 적용시키고 있다. 훈민정음도 오행(五行)의 이론에서 오음(五音)인 궁(宮), 상(商), 각(角), 치(徵), 우(羽)의 소리 파장으로 문자를 개발했고, 사람의 내경(內徑) 치료에도 오방색(五方色)의 원리를 응용하고 있다. 내장(內臟)에서 오색(五色)은 청(靑), 적(赤), 황(黃), 백(白), 흑(黑)의 다섯 가지 색을 말한다. 인체가 정상적인 상태에서는 오장정기의 색이 얼굴과 인당(印堂)에서 뚜렷하게 윤택하고, 만약 내장에 병변이 생기면 얼굴색은 다음과 같이 해당 부위에 해당 오방색이 나타난다. 간(肝)의 병변(病變)은 청색(靑色)이 많이 나타나고, 심(心)의 병변은 적색(赤色)이 많이 나타나고, 비(脾)의 병변은 황색(黃色)이 많이 나타나고, 폐(肺)의 병변은 백색(白色)이 많이 나타나고, 신(腎)의 병변은 흑색(黑色)이 많이 나타난다. 모든 자연식물의 형상과 색채를 보고 약성(藥性)을 진단한다.『동의보감』또는 중국의『황제내경소문』의 색진단법과 치료는 공통적인 속성을 가지고 있다. 동양의학의 색채치료에 대해 설명하기 전에 각 민족은 당시 사회적 환경에서 색채가 어떻게 인식되었나 알아볼 필요가 있다. 중국이나 인도의 사원은 여러 가지 색들로 도색되어 있다. 그 당시 지역의 기후나 풍토, 생활양식 속에서 어떠한 색이 마음과 신체에 적합한지의 비밀은 나름대로 거의 비슷하다. 중국의 황제가 내려다보는 신하들의 서있는 자리는 녹색이 가미된 적색이며 신하가 황제의 자리를 올려 보는 시선은 거의 황금색으로 도색되어 있다. 색채가 황제와 신하 간에 상생의 기(氣)를 살리는 법도이다. 기(氣)에 대해서 선대(先代)의 동양철학자들은 천체와 자연을 운행하게 하고 모든 생명체가 생명을 유지할 수 있도록 생리작용을 가능케 하는 에너지로 보며, 상극(相剋)의 기(氣)도 있어 역으로 생리작용에 나쁜 영향을 줄 수 있는 힘의 실체도 이해하고 있었다. 자연자원의 기(氣)는 다른 생명체와 물체에 영향을 준다. 현대과학자들이 지상의 모든 생명체가 생존하도록 생리작용을 가능케 하는 에너지(氣)의 원천은 무엇인가를 확인해 본 결과 모든 식물은 태양의 칠색(七色)이 광파장(光波長)을 합성한 것이라고 한다.

식물이 광합성(光合成)한 에너지가 먹이사슬의 기본이 되어 모든 생명체를 생존케 하고, 광합성할 때의 색파장(色波長)의 비율이 다른 것이 식물의 기미(氣味)를 다르게 한다고 추측된다. 사람의 감정이 칠정(七情)이 있는 것처럼 감정의 상태에 따라 안색(顏色)이 달라지는 것도 식물을 통하여 흡수된 칠색(七色)의 파장과 관련이 있을 수도 있다. 많이 움직이는 사람은 색의 파장을 많이 받아 기초체온이 높아진다고 한다. 감정도 기(氣)를 가지고 있고 문자의 표시의 색깔에 따라 기(氣)도 다르다고 한다. 생각하는 내용에 따라 느낌과 피로의 상태가 다른 것은 생각에 따라 발생하는 파동과 파장, 즉 염파(念波)가 다르기 때문이라고 한다.

현대의 가장 무서운 질병 암(癌)의 경우도 마음의 자세에 따라 다르게 발생하는 파동과 파장이 암세포에 영향을 주어 학자의 주장에 따르면 식물 중에서 인체의 기력을 강화하는 데 가장 좋은 것으로 확인된 인삼 등 삼과(蔘科) 식물이 오엽(五葉)으로 되어 있는 것은 인체에 생리작용을 주도하는 오장(五臟)의 색(色)파장을 이상적으로 합성하였기 때문이라고 주장하기도 한다. 따라서 색(color)의 중요성은 기(氣)와 연관되어 있음이 증명되고 있다. 우리 선조들이 정서적 갈등요인이 발생할 때 "기(氣)가 막힌다"는 표현을 자주 하였다.

마음의 자세에 대한 정신적 파장은 오방색(五方色) 컬러의 힘이 필요하다는 것을 알수 있다. 그렇다면 동양철학을 이용하여 인체의 생리작용에 도움을 주는 한 가지 "건강비법"을 소개하겠다.

> 오행의 배당색(五行의五方色)은 인체오장육부의 간(肝) 담(膽)은 목(木)에 속하고 색은 청(靑)색이다. 심(心) 소장(小腸)은 화(火)에 속하고 색은 적(赤)색이다. 비(脾)와 위(胃)는 토(土)에 속하고 색은 황(黃)색이다. 폐(肺) 대장(大腸)은 금(金)에 속하고 색은 백(白)색이다. 신(腎) 방광(膀胱)은 수(水)에 속하고 색은 흑(黑)색이다.

오행의 배당색 원리를 이용한 재미있는 동양의 색채진단법으로 자신의 음력 생일로 자신의 입태일(入胎日)에 해당되는 오형(五型)을 찾아 자신의 건강 상태를 참고하기 바란다.

오형체질(五型體質)은 입태(入胎)일 기준이다. 입태일은 부모의 수태일이다(음력 출생일을 입태한 월로 소급계산한다).

① 목형(木型): 음력 10, 11, 12월 출생(1, 2, 3월이 입태)
 － 잘 걸리는 질환: 간질환, 중풍, 편도선, 동맥경화
 － 도움이 되는 색: 녹색(녹색채소, 과일, 등푸른생선 등)
② 화형(火型): 음력 1, 2, 3월 출생(4, 5, 6월이 입태)
 － 잘 걸리는 질환: 심장병류, 신경성 두통
 － 도움이 되는 색: 붉은색(당근, 토마토 등)
③ 토형(土型): 음력 3, 6, 9, 12월 출생(각 15일 이후부터 말일까지 출생이 입태)
 － 잘 걸리는 질환: 위 질환, 위하수, 위 무력
 － 도움이 되는 색: 황색(보리, 찹쌀, 감자 등)
④ 금형(金型): 음력 4, 5, 6월 출생(7, 8, 9월이 입태)
 － 잘 걸리는 질환: 호흡기질환, 피부질환, 장염
 － 도움이 되는 색: 흰색(도라지, 마, 연꽃 근, 밤 등)
⑤ 수형(水型): 음력 7, 8, 9월 출생(10, 11, 12월이 입태)
 － 잘 걸리는 질환: 신장, 방광염, 관절, 기관지
 － 도움이 되는 색: 검은색(검은콩, 해삼, 인삼 등)
 ※ 도움이 되는 색을 종이, 스티커, 벽지, 천, 플라스틱 여러 가지 소재 위에 인쇄가공된 재료를 책상위, 벽지, 자동차, 신체부위 등에 부착

2) 서양의학에서 컬러치료

　현재 대체의학에 대한 활발한 연구는 독일, 미국, 일본이다. 색이 인간에게 미치는 생리적 변화와 심리적 반응에 대해 변증적 경험으로 접근하고 있다. 동양의학보다 늦었지만 과학적 접근방식으로, 특히 스트레스로 인한 질환이나 항생제의 한계에 대한 대안으로 색채치료를 활발히 하고 있다. 정신병동에서 그림요법과 미술치료, 회화요법, 컬러 빛의 요법 등을 사용하고 있다. 실제로 연구대상의 폭이 넓어져 가시광선의 파장과 색깔을 이용하는 것이 많아졌다. 동양은 연혁화되어 있는 틀에서 소극적일 수밖에 없지만 서양은 시각기관과 전혀 관계가 없는 맹인들에까지도 컬러가 내분비계에 영향을 미치고 있는 것을 이미 임상을 통해 실증하고 있다.

　루이스 체스킨(Louis Cheskin)이라는 미국 생체 심리학자는 음식의 맛과 그릇에서 색깔을 선택하고 4색 컬러를 선택하여 방 전체를 특정 색(컬러)으로 포장한 후 심리치료를 한다. 또 한편 우리나라도 외국연구소와 벤치마킹으로 색채진단을 위한 연구소도 생기기 시작했다. 피부색 반응 테스트다, 색의 전자적 파장을 이용한 오링 테스트와 색의 연상 법에 대한 홍채 테스트 등은 특히 어린이에게는 감응도가 더 높다고 한다. 빛과 색채의 정신 병리학자 펠릭스(Felix Deutch) 교수는 집안의 벽지선택 기준을 차트화하여 신경증환자, 결핵치료에 응용하고 있다. 음양오행학의 오방색의 원리와 비슷하지만 색채치료의 통계를 보면 녹색은 근육과 신경계통, 파랑은 정신건강, 보라는 감정정화, 라벤더는 진정제, 빨강은 에너지, 활기, 힘의 색, 주황은 기쁨, 노랑은 긍정적 사고 등 거의 비슷한 결과다. 색채치료의 응용은 어두운 방에서 색채광선을 받는 시스템과 색광물약 (Solarized water)을 개발한 인도에서는 공인된 색채치료사에 의해서 시술되고 있다. 아무튼 색채치료 방법과 선택은 동서양이 비슷하다.

3) 색채치료와 인쇄기술

　현대의학의 고민이 난치에 속하는 만성질환 환자의 수가 계속 증가하는 데 있다. 환자의 수 증가도 문제이지만 만성질환의 종류가 갈수록 늘어나는 것은 신체의 질병과 마음의 질병이 혼잡됨이다. 따라서 색채진단용 차트도 필요하지만 색채치료용 차트도 필요하게 된 것이다. 색채치료가 앞으로 광범위하게 확대됨에 따라 인쇄기술의 쓰임도 현재는 미미하지만 앞으로는 계속 확대될 수밖에 없을 것이다. 일반 의료약품에서도 이미 상당부분이 극히 대외비 속에 몇몇의 인쇄소는 발주량이 늘어나고 있다. 새로운 시작이지만 색채치료가 확대된다면 선택된 색채기술에 기능성을 합치는 요구가 늘어날 것은 뻔하다. 각종 형태의 색채치료 키트 수요보다는 예방차원의 치료용지의 수량에 인쇄입장에서는 좋은 먹잇감이 아닐 수 없다. 식품산업의 포장지 마케팅도 색채치료와 연계된 포장형태로 변화될 것이 분명하고 새롭고 큰 시장이다. 기능성 포갑지의 나노물질과 박막코팅은 경제성과 효과적인 면에서 인쇄만이 큰소리칠 수 있는 것이다.

필요에 따라 많은 아이디어가 있을 수 있으나 몇 가지를 소개한다. 개인적으로 동양의학을 선호한다. 각종 색깔을 가진 한약재를 가지고 이를 피부 속으로 침투시키기 위해서는 종이 배터리와 연계해야 하고, 자석 물질과 컬러를 후가공 처리하고 부분적으로 신경통 환자에 적용할 수도 있다. 전통적으로 쓰였던 부적은 미신적 지탄을 받고 있으나 글자에 칠하는 주 잉크재료인 경면주사(鏡面朱沙)는 전자파를 흡수하는 양질의 광물질이라는 것을 오늘에서야 알 수 있는 것도 과학적 테스트의 결과다. 육군교육사령부의 『전투발전』 최신호에서 발표한바 기발한 발상의 하나로 몸에 붙이는 패치형 전투식량을 만든다고 한다.

한 개의 패치형 테이프를 신체피부에 붙일 경우 패치를 통해 인체에 필요한 영양성분을 공급하는 것으로 전투 중에 안 먹고도 최장 3, 4일은 작전을 수행할 수 있다고 한다. 의료 요양기관에서 코로 음식을 공급받아야만 하는 수없이 많은 환자들이 있다. 필요한 사람들에게 치료용 대용식품 패치를 피부 프린팅용으로 개발할 수도 있다. 또 다른 분야로 빛을 투과시키는 편광색 필름을 활용하는 인쇄기술로 원하는 컬러만 통과시킬 수 있는 과일봉지나 식품 포장지, 각종 과일나무 포장지가 자외선, 적외선의 필요한 빛만 선택투과시킬 수 있는 각종 색채필터 필름도 색채 치료를 위한 고부가가치 인쇄기술산업이다. 지면 관계상 상세한 사항을 소개를 못 해 아쉽지만, 결론적으로 색채치료의 관련 산업은 인쇄인들에게는 기회이며, 인쇄기술의 고도화에 따라 성공 여부가 달려 있다. 마지막으로 색채치료의 대상은 사람과 동식물 그리고 자연환경의 복원 치료이다.

사양길로 접어든 '필름' 이야기
－인쇄산업은 디지털과 공존 바람직－

빛을 이용해서 표현하고 저장하는 필름의 역할을 디지털이 흡수하고 전통적 필름은 새로운 광학필름, 즉 기능성 필름산업으로 교체되고 있다.

인쇄기술 가운데 석판술은 가장 뛰어난 기술 중 하나다. 물과 기름을 이용하여 평활한 표면 위에 다른 물질의 성질을 만들어 내고 그 성질의 차이점을 이용하여 화학적인 인쇄를 한다는 것은 금속활자 기술에 버금가는 기술로 평가되는 평판 오프셋인쇄의 원조다.

당시 인간의 경험적으로는 생각해 낼 수도, 예측할 수도 없는 현상이지만 우연한 실험 속에서 발명된 기술이다. 최초의 발명가는 독일의 Alois Senefelder(1771~1834)라는 희곡연출가이다. 석판술의 발명은 인간으로 하여금 빛을 이용할 줄 알게 되었고, 제판기술에 필요한 사진과 카메라를 발명하기에 이르렀다. 학술적으로 표현하자면 빛의 작용을 이용하여 대상물의 이미지를 감광물질 위에 만들어 내는 과학이 된 것이다. 그 당시 '은의 변성'을 이용한 기술은 염화은이 빛에 노출되면 색깔이 검어진다는 사실을 발견한 경험을 바탕으로 은을 증착한 유리판, 즉 필름을 발명해 내었다.

결국 인쇄기술의 발전이 필름산업을 팽창시켰고 오늘날의 영화, 촬영용 필름, 의료용 X선 필름, 보안용 저장장치인 마이크로필름과 지문감식용 필름 등 모든 산업에 필수품으로 자리를 잡은 지 200년이 넘는다. 이러한 필름 생산산업은 다국적기업들을 탄생시켰고 이를 통해 탄생된 기업은 수없이 많은 고용창출과 더불어 인류에 크게 공헌했다. 그러나 필름산업은 이러한 위대한 공헌을 뒤로한 채 사양의 길에 접어들고 있다.

삶의 질 향상과 경제적 팽창으로 넘쳐나는 막대한 정보량을 종이나 필름에 담기에는 도저히 감당할 수 없는 한계에 부딪쳤다. 결국 컴퓨터와 디스크 등 필요에 의한 발명이 계속되어 첨단 정보저장 장치를 비롯한 각종 형태의 저장매체가 개발되었다. 이들 저장장치는 또다시 1장당 정보저장 용량이 DVD의 300배 이상에 이르는 홀로그래피 영상디스크를 개발해 내어 현재 주목받고 있는 블루레이 디스크는 이미 옛 이야기가 되고 있다.

필름사용을 통해 생산된 교과서도 손톱크기의 USB카드에 수록, 책가방을 없애겠다는 시범사업이 등장하고 있다. 따라서 저장용 필름시대는 디지털로 대체되고, 공학적 필름산업은 새로운 광학 필름통합시대로 전환되고 있다. LCD에 필요한 편광필름, 도광판, 확산·보호필름 등 패널사업이 폭발하고 있다. 빛을 이용해서 표현하고 저장하는 필름사용은 디지털이 흡수하고 전통적 필름은 새로운 광학필름, 즉 기능성 필름산업으로 교체되고 있다.

역사는 되풀이한다고 했던가. 기술도 되풀이될까? 현재 상황에서 우리의 인쇄산업도 다시 한번 되돌아 볼 필요가 있다. 현 단계에서 인쇄사업은 무엇을 준비할 것인가, 어떻게 대응할 것인가, 인쇄용 필름은 과연 사양길인가, 사양길에 접어드는 필름이 영화나 카메라뿐인가, 인쇄에서는 필름의 위치는 어떻게 변화되고 있는가. 한번 생각해 볼 필요가 있다.

1) 영화산업과 필름

영화진흥위원회 분석에 따르면 필름영화를 디지털영화로 전환할 경우 연간 200억 원 이상의 비용을 절감할 수 있다고 상정하고 있다. 구체적으로 보면 제작비 측면에서 104억 원과 배급운송 면에서 260억 원이 절감되고, 상영부문에서는 164억 원이 증가하여 전체적으로 200억 원이 절감된다는 것이다. 상영부분도 비용증가는 일시적인 현상이나 100% 투자가 완성되면 추가투자 비용이 없이도 경제적 이익이 발생한다는 것이다. 영화진흥위는 경제적 파급효과로는 영화산업의 디지털화가 2020년까지 완성되면 총 1조 7,000억 원의 생산 유발효과가 생긴다고 전망한 바 있다.

필름영화가 사라지면서 디지털 파일형태로 가공 처리된다면 네트워크를 이용, 각 극장에 온라인으로 배급되고, 관람객은 디지털영사기를 통해 고화질의 영화를 감상하게 될 것이다. 극장의 필름 보관상태, 영화기사의 개인적 기술능력 등 환경에 따라 극장마다 상당한 차이가 있을 수 있었으나 이제는 그러한 염려는 사라지게 됐다.

수천 통의 영화필름을 생산하는 시간, 환경 등 고려해야 할 복잡성이 없어지고 영화산업 전반에 걸쳐 혁신을 일으키는 요소가 되는 것은 분명하다. 지리적 공간을 넘어 제작과 편집 및 수정이 신속하고 필름을 소각할 때의 비용, 환경 유독가스 등의 피해도 줄일 수 있다. 더 나아가 대형스크린과 멀티사운드 웅장함, 영화감상 이상의 인간 간의 미팅의 장소로서 극장의 역할도 중요하지만 영화전송서비스의 통신네트워크 발전은 개봉영화들을 집에서나 호주머니 속에서 감상할 수 있는 유비쿼터스 검색이 가능해졌다. 따라서 영화산업의 새로운 장르는 필름이 사라짐으로써 어쩌면 영화산업은 발전할 여지가 있지 않을까?

2) 카메라와 필름

정확한 연대 고증은 어렵지만 1816년경 석판술의 사진제판법을 연구하던 중 카메라로 촬영해서 종이에 네거티브를 만드는 데 성공했다. 당시 프랑스의 니엡스(1765~1833)는 렌즈 달린 카메라를 최초로 사용했다 한다.

영상 프린트장치인 사진은 인류 역사를 문화산업 쪽에 엄청난 가속도를 붙게 했다. 다양한 카메라회사가 출현하고 세계 최초로 코닥 회사는 "당신은 셔터를 누르기만 하십시오. 다음은 우리가 맡겠습니다"라는 로고송을 내놓고 필름 생산으로 세계 다국적 기업으로 도약했다. 산업생산 쪽에서도 의료 판독장치, 인쇄용 필름, 즉석카메라인 폴라로이드의 편광 유리산업과 인화지 사업 등의 개발로 세계화되면서 독일, 일본 등이 필름산업을 개척해 세계 생활산업으로 뿌리를 내렸다.

그러나 필름과 인쇄기술의 한계인 저장능력과 신속성에서 한계에 부딪치면서 세계화의 정보전달은 도저히 아날로그로는 방법을 찾지 못하던 차에 디지털의 출현은 모든 부문에서 세상을 변화시켰다. 컴퓨터와 반도체로 생활과 정보편이성이 극대화되고 검증됨으로써 모든 커뮤니케이션의 문제해결과 편이성이 정착되었다. 따라서 필름은 결국 표현과 저장장치에서 힘을 쓰지 못했다. 세계 필름제조회사들이 필름생산을 중단하기 시작했다. 디지털 카메라는 메모리 화소수를 높여 광학적 아날로그 해상도를 따라가게 되고 필름 없는 다기능 저장장치로 대중화되면서 필름이 사라지고 있다. 문제는 디지털화한 이미지는 인쇄에서 꼭 아날로그 제판을 할 필요가 없어지게 된 것이다.

3) 인쇄와 필름

　디지털기술은 디자인, 교정, 인쇄 등 각 공정을 자동화시키고 인간지능형 S/W의 이용을 훨씬 편리하고 신속한 처리로 인쇄산업에 기여하고 있다. 컬러를 창출한 손기술의 달인들과 훌륭한 장인들을 사라지게 하고 있다. 필름이 필요 없는 웹데이터는 공정과 인력관리를 개선하고, CTP 출현으로 인한 고해상도 접근, 디지털인쇄의 다품종 소수량에의 신속대응 등은 인쇄기술도 결국 필름을 멀리할 수밖에 없게 되어 가고 있다. 물론 생체적인 색감 반응, 전통적 아날로그의 감성 등을 아직은 디지털이 해결할 수는 없지만 디지털의 무서운 노력은 역사를 바꿀 것이다.

　카메라산업처럼 인쇄용 필름에 관한 정확한 통계는 없지만 계속 하향곡선이지 않을까. 인쇄연구소의 기반이 부족하여 영화산업이나 IT산업과는 달리 정부의 지원 없는 상태에서 광학필름 생산과 판매실적 조사조차 어려워 우리 인쇄한국의 미래를 계정하는데 어려움이 많다. 또한 디지털과 아날로그의 표현기술의 인간화를 비교, 수치개념으로 표현하는 연구도 필요하다. 그리고 디지털교과서가 과연 학습효과에 만족을 줄 수 있을지, 인쇄기술상 표현되는 한국문화의 색깔이 어느 것이 합리적인지 알게 될 때 우리는 대세에 흔들리지 않고 양립시킬 수 있는 지혜가 개발되어야 한다. 꼭 필름을 없애는 게 최선이냐 할 때 아직도 나는'아니다'라고 말하고 싶다.

컬러경영 시대
-컬러와 그리고 삶-

왜, 컬러에 열망하는가!

요즈음 거리에서 몇 가지 독특한 유행이 보이고 있다. 청색 브랜드를 버린 빨간 청바지와 화려한 색동점퍼들이 형형색색인 것이다. 밝은 색깔로 불황의 그늘을 걷어 내려는 심리가 색깔 열풍을 불러오고 있다. 불황기일수록 소비자들의 우울함을 달래 주려는 일종의 역설적인 마케팅이다.

컬러 표현의 주인은 인쇄이다. 얼마 전 광화문 광장이 새로 출발하면서 우리 민족의 역사적이고 전통적인 컬러 '단청'을 핵심으로 잡았다. 국토부는 색(色)다른 혁신도시를 지정 권고 하겠다고 한다. 그린에너지 시범도시인 광주 전남 혁신도시는 따뜻한 느낌의 노란색을, 물과 교통의 도시인 경북김천은 파란색을, 울산혁신도시는 붉은색과 노란색을 지정했다.

지하철 9호선은 한강 남쪽편의 강서와 강남을 연결하는 황금노선이다. 시민 500명과 전문가 200명이 물어 상징색을 '골드'로 정하고, 지하철 9호선을 '골드라인'이라고 부른다고 한다. 왜 지하철에도 상징색이 출현하는가! 온통 세상이 컬러에 점령당해 있기 때문이다.

옛날 어렸을 적 찬란한 색깔로 보였던 들길의 코스모스가 오늘의 눈에는 영 컬러의 느낌이 약하다. 컬러의 빅뱅으로 TV의 자극적인 HD컬러 때문에 눈이 마비되어 본래의 것을 보지 못한다. 모든 사회활동이 컬러를 앞세우지 않고는 비즈니스가 어렵다.

옛날의 컬러의 쓰임과 오늘의 컬러의 쓰임이 상당히 다르다. 우리 민족은 색을 볼 때 감각, 즉 시각적 이미지보다는 관념적이고 지식적인 색채인식을 가지고 있다. 우주와 삶의 관계로 음양오행의 조화를 응용하기 위해 '오방색(五方色)'을 컬러의 골격으로 삼고 있다.

황(黃)은 오행 가운데 토(土)로 우주 중심에 해당하고 가장 고귀한 색으로 인식되어 임금만이 황색 옷을 입은 바 있고, 청(靑)은 오행 가운데 목(木)으로서 동쪽에 해당되고 봄의 색으로 창조와 생명을 상징하고, 백(白)은 오행 가운데 금(金)으로서 서쪽에 해당되고 진실과 결백을 상징하고 적(赤)은 오행 가운데 화(火)에 상응하며 남쪽으로 정열과 적극성을 뜻하고 흑(黑)은 오행 가운데 수(水)에 해당되고 북쪽으로 인간의 지혜를 관장했다. 오행방위에 따라 의식주와 건강에 컬러를 적용한 전통이다. 색동저고리, 얼굴에 바르는 연지곤지, 고추를 끼운 금줄, 국수 위에 올린 오색고명, 황토사용, 단청, 재앙을 물리치는 붉은 부적, 장수부귀를 위한 녹의홍상(綠衣紅裳) 등에 사용된 오방색은 단순한 컬러로서의 색만이 아닌 방위와 계절을 표시하고 우주관적인 철학을 지닌 선조들의 색채관은 세계사적으로 매우 독특하다.

이것은 현대인들이 시각적 디자인으로 색을 사용하는 것보다는 차원이 높고 생명력이 있다. 붉은(赤)색의 경우도 우리 민족의 고유이미지는 재앙을 물리치기 위해 부적에 사용했던 경면주사(鏡面朱沙)인 광석가루를 사용한 심오한 붉은색이다. 서양에서 사용하는 '피'의 붉은색과는 사뭇 다르다. 물론 민족마다 컬러를 사용하는 문화의 차이는 다르다.

오늘의 주제는 컬러와 삶이다. 정치, 경제, 사회, 문화, 경영에 컬러를 내세우는 그야말로 컬러의 전성시대이다. 모든 상품이 세상에 나오기까지 상품의 기능이나 가격도 중요하지만 디자인의 핵심인 컬러의 선택이 소비자 심리에 영향을 미치는 것은 당연하다. 소비자는 상품을 보는 순간 컬러의 좋고 나쁨에 그 상품을 판단하고 있기 때문이다. 어쨌든 좋아하는 색깔이 최초로 눈에 들어오게 되고 좋아하지 않는 색깔은 처음부터 관심이 없는 것이 인간의 심리다.

미국의 색채연구가 페버 비렌은 '오래전부터 많이 팔린 색이 좋은 색'이라고 주장한다.

이제부터는 컬러 적용(쓰임새)보다는 컬러작용(성능)을 더 연구해야 하고 이것이 컬러 경영 시대를 열어가는 것이다. 컬러인쇄기술도 컬러 경영 시대에 맞추어 준비하고 연구할 과제가 많다. 사회 전체의 환경문제, 건강문제, 경제활동 등 나라와 지역 등이 범세계적으로 컬러 디자인을 응용하려는 움직임은 당연하다.

에너지 관련 색, 건강 관련 색, 환경 관련 색 등 심리적 작용을 위한 색채계획이 컬러 디자인을 중심으로 하여 상품 색의 매니지먼트가 수립되고 있다. 옛 조상들의 오방색 원리가 모든 산업 비즈니스에 응용이 시작되고 있다. 지금 앞서 가는 기업들은 심리적 설득력을 가진 컬러를 이해하고 이를 위해 디지털 산업화를 위한 적합한 표준색을 구축하고 있다. 디지털화하는 작업은 인쇄기술이 필수적이다.

1) 한국 표준색도 인쇄기술 표준화

KSA0062에서 지정된 표준색은 1519개이다. 표준색을 재현하기 위해서 기준을 만들어야 한다. 디지털 컬러 팔레트를 매엽 오프셋 또는 윤전인쇄 그리고 디지털 프린트에서 범용적으로 쉽게 사용할 수 있도록 인쇄공정 표준화는 시급하다. 컬러의 재현은 용지와 잉크, 기계, 판, 속도, 인압, 수량, 환경 등의 구조가 필수적이다. 특히 매엽인쇄, 윤전인쇄, 신문인쇄, 스크린 등 특수인쇄 분야는 CMS(컬러 관리 시스템)가 각각 업체별 고유 기술로 운영되고 있어, 업계 공통의 표준화는 단체 표준도 정하지 못하고 있다. 디자인 업계 또한 자신이 개발한 컬러차트에 의해서 각각 인쇄감리 되고 있어 분쟁과 낭비의 요인이 많아 비경제적이다.

물론 나라마다 문화의 차이 때문에 비경제적이다. 또한 나라마다 문화의 차이 때문에 컬러의 표현과 강도가 다를 수밖에 없다. 그러나 선진국들과 가까운 중국이나 일본은 이미 컬러인쇄 공정에 대해 국가 표준화하여 TC/130위원회까지 두고 있다. 국제무역에서도 인쇄거래가 국가별 코드체계를 주문 교환하고 있다.

우리나라도 시급하다. 국가 표준색을 인쇄하기 위해 객관적 제작기준과 인쇄공정을 선정하고 RGB색 공간좌표를 정해야 한다. CRT, LCD, LED 등의 컬러 디스플레이와 인쇄종이 컬러 사이의 오차를 과정별로 RGB값을 비교 검토하여 색표집뿐만 아니라 제작 프로세스도 디지털화해야 한다.

2) 브랜드 전략으로서 컬러

우리나라 기업들의 브랜드 세계화와 이에 대한 열의는 대단하다. 특히, 삼성, LG, SK 등 C.I.(Corporate Identity)의 전용컬러의 의욕이다. 기업 브랜드의 컬러의 일치성을 위해서 부단히 노력 중에 있는 것이다.

인쇄업계의 컬러 시스템이 체계적이지 못한 점은 세계시장에서 브랜드 경쟁 우위에 상당한 지장을 주고 있는 것도 현실이다. 현실적으로 컬러표현 기술에 필드 경험이 없는 학자들에게 맡길 수는 없다. 인쇄업계의 적극적인 공동의 노력이 필요하다. 브랜드를 위한 컬러제작 기술이 개발되고 이를 모든 산업 앞에 당당히 내놓아야 한다.

사회가 급속히 변하고 기업이 판매중심에서 소비자 중심으로 시장이 급변하고 있어, 소비자를 위한 문화적인 커뮤니케이션을 발견해야 하고 기업이미지, 목적, 활동에 맞는 컬러를 인쇄업계가 개발해야 한다.

디자인계에 색채 표현 기술까지 맡겨서는 진정한 문화발전은 더욱 늦어질 수밖에 없다. 우리나라 기업들도 단순하지가 않다. 전자, 섬유, 금융, 자동차, 건설, 정보통신, 에너지 등 산업구조가 다양하고 복합적이다.

오랜 세월 100년간 RED만 고집해 온 코카콜라와 같은 단일 전문 브랜드를 지켜 온 미국이나 기타 선진국들의 컬러 경쟁력을 배울 필요가 있다. 체계적이지 못한 컬러 시스템은 우리나라 브랜드 경쟁력을 약화시킬 뿐이다. 우리나라 산업구조 특성에 맞는 컬러체계를 심사숙고해야 할 것 같다.

3) 우리 컬러의 활용

우리 민족은 오랫동안 자연에 순응하면서 주변 환경과 조화롭게 사는 방법을 택했다. 태극(주역) 사상이나 음양오행사상의 오방위색을 잘 활용하는 우수한 역사성을 가지고 있다. 천연재료를 사용한 한약재도 생김새와 색깔을 판단 쓰임새를 정했다. 태극기를 형성하는 이미지에도 오방위색을 선택하여 하늘과 땅 사이의 음양조화로 만물이 생성하고 번영을 이루도록 했다. 화훼(花卉) 분야도 혁명이다. 장미꽃도 꽃잎 내의 세포 전체를 변화시켜 색소분포를 개발, 수십 가지 컬러로 꽃을 제작하고 있다. 한국인의 입술컬러를 DB화하여 전통착색뿐 아니라 많은 꽃의 색소를 이용 여러 형태의 화장용 컬러를 개발하고 있다. 인간의 의식주에서 인간의 생활과 가장 밀착된 예술인 복식 문화도 컬러의 활용이다.

과거와 현재 그리고 미래는 항상 공존한다고 한다. 최초 문자를 발명하면서부터 컬러는 계속 진화되고 있다. 이제는 흔히 좋아하는 색(favorite color)과 어울리는 색(personal color)을 분별하는 방법도 알고 있다.

4) 컬러 마케팅과 교육

유비쿼터스 시대의 마케팅의 핵심은 컬러 선택이다. 학습용 교재개발, 방송미디어의 컬러 전쟁은 무섭다. 커뮤니케이션과 의사소통의 핵심도 컬러의 위력이다.

색의 심리적 요인은 생체리듬을 변화시킨다. 디지털 기술은 풍부한 빛의 색을 창출해 낸다. 색상은 각각의 파장과 주파수를 갖고 있기 때문에 컬러를 디지털화하는 것은 어려운 일이 아니다. 앞으로는 음성의 주파수도 컬러로 표시된다고 한다.

컬러의 산업화는 인간의 생채학적 경험과 충돌하겠지만 기본적으로 사람의 눈과 뇌에는 종이에 인쇄된 것 이상 좋은 것이 있을 수 있으랴? 결국 컬러 마케팅과 교육도 사람의 눈에게 하는 것이다.

컬러가 질병을 치료하고 있다. IT기술과 디지털 기술을 컬러 마케팅에 이용하고 있는 이 시점에서, 이 거대한 산업을 인쇄가 놓칠 수는 없다.

인쇄잉크의 재발견
─삶의 현장에서 다양하게 요구되는 있는 잉크─

실크로드가 지나가는 곳 서쪽의 끝자락, 사막 가운데 오아시스, 그곳에 기적의 샘으로 불리는 초승달 샘(月牙泉)이 있다. 그 부근의 막고굴에서 혜초의 '왕오천축국전'이 두루마리로 된 필사본이 발견된 곳, 이곳에서 둔황벽화(敦煌壁畵)도 발견되었다.

1500년 이상 견뎌 온 색상이 살아 있는 곳이다. 요즈음 그곳이 도시화 및 관광객 증가로 용수사용 증가와 풍화작용 등으로 채색벽화가 파괴되고 있다. 그러나 중요한 것은 수천 년 세월을 사막 속에서 자기생명을 지키고 견뎌 온 것은 잉크이다. 또 한편으로는 1447년 세종 때 화가 안견이 안평대군의 청을 받아 '몽유도원도' 그림을 그린 지 560년이 넘었지만 마치 어제 그린 그림 같다. 문화를 지켜주고 있는 잉크의 신비가 발견되고 있는 것이다.

미국의 학자 다드 헌터(Dard Hunter, 1883~1966)는 자서전에 "한국인은 종이의 원료인 섬유에 직접 천연염색을 한 색종이를 세계 최초로 사용한 민족"이며 종이 발명국인 중국보다 한 발 앞선 것이라고 주장한 바 있다.

우리나라 염색문화는 불교문화를 통해 발전해 왔다. 천연염료로 염색된 종이는 벌레가 먹는 것을 막아 준다. 현재 천연색종이로 남아 있는 대표적인 것은 고려시대의 '감지

은니불공견색신변진언경'으로 국보 210호이다. 오늘날 잉크가 진화하여 쓰임새가 상상을 초월한다. 주택의 냉난방 비용을 절약하기 위해 친환경적으로 지붕과 벽 색깔을 스스로 바꾸게 하는 것이다. 여름철 뜨거운 햇빛에는 하얀색으로 겨울철 저온에서는 검은색으로 스스로 바뀌는 시온타일이 출현했다. 물론 온도에 따라 색깔이 변하는 고분자 시온잉크를 인쇄한 것이다. 부활절 달걀도 직접 그리지 않고, 달걀을 삶아 찬물에 식힌 후 컴퓨터로 색과 그림을 디지털 스티커에 프린트하여 달걀에 씌우고 뜨거운 물에 5초 정도 담그면 스티커가 수축하면서 손쉽게 부착된다. 특히 어린이 장난감에 시온잉크를 부착하여 손가락으로 만질 때마다 색깔이 변하게 하여 호기심을 자극시킨다. 나노물질과 잉크가 만나면서 일정한 시간이 지나면 글자와 그림이 스스로 사라지는 현상을 이용 특수한 목적에 사용되기도 한다.

특정한 파장의 빛에서만 색이 변하는 잉크도 개발되고 있다. 이 잉크로 인쇄할 경우 보통 인쇄물처럼 보이지만 인쇄할 때 사용한 빛의 파장과 다른 주변 환경의 빛 파장이 다르면 색깔이 변할 수도 있고, 지울 수도 있다.

자외선을 비추면 글자가 보이고, 강한 적외선을 쪼일 때 글자가 나타나기도 한다. 옛날 글씨 연습하던 도구처럼 필름을 떼었다 붙였다 하면서 반복 글씨를 썼던 종이판처럼 지금은 고분자 나노물질로 광결정 구조를 인쇄한 후 소금물로 글씨를 쓰면 빛의 반사에 따라 소금부분이 글씨로 보였다가 물로 씻으면 사라진다.

이러한 것들이 어린이장난감에 응용될 것이다. 유리병이나 모든 플라스틱에 새겨진 그림을 아세톤이나 시너로 지우고, 특수잉크로 만들어진 물전사지에 자기가 원하는 문자나 그림을 인쇄한 후, 물에 2분 정도 담근다. 그런 후 이면종이를 떼어 투명스티커처럼 된 전사지를 다시 유리나 플라스틱에 붙이면 전혀 새로운 작품이 된다.

투명 전사지도 잉크로 인쇄한 것이다. 위 변조방지 문서시스템 사업을 위해 종이에 자성잉크를 투입하기도 하고, 고해상도 오프셋 기술로 자성나노잉크를 인쇄하여 위변조감지 장치를 첨가하기도 한다.

이러한 잉크들이 진화하여 머지않아 유리기판기술로 생산하는 전자종이가 잉크젯이나 오프셋 기술로 대체생산되어 비용을 극적으로 줄이게 될 것이다. 이 모든 것이 인쇄 잉크의 재발견이다.

잉크 속에 자사의 DNA를 삽입하면 위변조가 완전히 불가능해지고, 뺑소니 차량의 페인트만 가지고도 차종 분석 및 도색정보DB로 해결할 수 있다.

활자 및 각종 디자인도 좋은 잉크를 만나야 한다. 디자인이 좋은 활자를 100% 표현하기 위해서는 적합한 잉크의 선택이 중요하다. 서체 하나를 개발하려면 KSC5601 한글 2,350자, 숫자·약물·영문 등 1,081자, 한자 4,887자를 합하여 8,318자를 만들어야 한다. '8,318자 × 수백 종'이 넘는 활자를 위해서 잉크는 계속적으로 개발되어야 한다. 스스로 빛을 내는 발광문자, 스캔과 동시에 자동번역되는 것도 활자를 찍는 잉크의 역할이고, 새로운 미래산업이다.

인쇄물이 고급화·다양화되고 있고, 과거보다 많은 수요자들이 기능성 잉크를 요구하기 시작했다. 물론 사용목적과 용도에 따라 다양한 잉크가 사용될 것이다. 하나의 인쇄방식으로는 어렵고 두 가지 이상의 인쇄기계를 동원해야 하는 어려움이 있을 수도 있다.

1) 잉크의 기본

대부분 착색제로는 착색안료 또는 체질안료가 사용되며 특수한 경우에 염료가 사용되기도 한다. 인쇄물의 사용목적에 따라 내성을 요하는 경우에 따라 고급유기안료나 무기안료를 선택하기도 한다.

옥외에 사용되는 포스터, 간판 등은 내후성안료, 식품포장재는 색소가 용출되지 않아야 하고, 형광잉크나 자성잉크는 각각의 안료와 자성물질을 포함해야 한다.

따라서 인쇄물에 따라 소재와 밀착을 위해서 수지선택과 여기에 상응한 건조방식이 달라진다. 용제, 용해력, 증발속도, 인쇄적성을 고려해야 하고 보조제로서는 경화제, 건조성, 산화방지제, 광택제 등 피막형성을 위한 기타 화학용제가 첨가된다.

그렇지만 중요한 것은 착색재료이다.

2) 활판과 오목판 잉크

　활판은 일반인쇄업계에서는 사라졌지만, 세계의 화폐제조에는 아직도 중요한 부분이다. 활판에 사용되는 잉크는 역사가 오래됨으로써 사용·내구성은 이를 따를 자가 없는 것 같다. 고속생산성과 그림 색상 그리고 피인쇄 재질 때문에 출현한 사진오목판이라 불리는 그라비어인쇄는 포장용, 공업용필름 등에 활용되면서 오프셋인쇄와 물량경쟁을 하고 있다. 오목화 성분의 잉크는 가압력에 의해 피인쇄체에 전이가 쉬워야 하고, 피인쇄물에 두꺼운 피막의 화선을 형성해서 될 수 있는 대로 시급히 건조될 수 있어야 한다.
　잉크성질은 활판이나 오프셋잉크보다 응집력과 부침력이 강해야 한다. 장기보존을 위해서 변·퇴색이 적고 입자지름이 큰 무기안료를 흔히 사용한다. 고속인쇄의 경제성을 고려하여 카본, 철흑, 체질안료가 사용되기도 한다.

3) IR(적외선)잉크

　오프셋인쇄 윤전기의 건조장치는 **IR**을 받음으로써 잉크 비이클의 수지바이스가 활성화되어 열에너지에 의해 인쇄 면과 인쇄된 종이 사이의 온도가 상승해 산화중합건조가 이루어진다.
　속도와 온도도 중요하지만 환경에 따라 잉크와 용제선택이 인쇄환경마다 다를 수밖에 없다. 건조시간과 후가공 대기시간을 단축시키고 뒤 묻음 방지용 스프레이 파우더 양의 경감에 따른 환경개선과 습도조절 등은 지면잉크의 광택을 높인다.
　인쇄 중 잉크비이클 일부가 종이에 침투, 잉크막이 유독성을 잃게 되거나 마찰로 더러워지는 것을 방지해야 한다. 시스템에 맞고 자사의 경험적 통계가 잉크선택을 하는 최선의 방법일 것이다.

4) UV(자외선)잉크와 EB잉크

　요즈음 UV인쇄가 날로 확장되고 있다. 인쇄의 다양성과 친환경의 특징을 갖고 있다.

제5장 컬러 경영시대(컬러)

UV잉크는 기존잉크와 달리 안료(착색제)비이클, 감광성수지, 광반응성 희석제, 광합성제, 보존제 등이 혼합되며 용제류는 사용하지 않는 무용제 잉크이다.

UV잉크의 특징은 순간 속건성으로 생산성향상에 도움이 되고 건조공간이 감소된다. 태양빛에 내성이 강하다. 용제 미사용으로 친환경이다. 잉크성분이 고형 분으로 인쇄피막이 두껍다. 문제는 인쇄물 광택이 약하다. 잉크색상 중 청색, 먹색이 경화속도가 늦다. UV잉크를 세척하기 위한 전용용제가 잔류할 경우, 인쇄효과에 지장을 주고, 잉크를 장시간 보관이 어렵다. 따라서 UV잉크는 생산량이 평준화가 확보되어야 한다.

UV와 비슷한 원리로서 UV단점을 보완하기 위한 것으로 전자선(EB)잉크가 있다. 자외선보다 높은 에너지를 가진 전자빔으로 건조한다. 설치비용은 상당히 고가이지만 차세대 건조시스템이다. 인쇄효과가 우수하고 정밀인쇄(나노물질)에 적응성이 높다. 금속인쇄가 가능하다. 코팅용 인쇄잉크는 모두 적응이 되며 앞으로 상당히 관심을 가질 수 있는 기술이고 이미 선진국에서는 UV방식과 EB방식을 혼합한 시스템을 사용하기 시작했다.

5) 금속성 잉크

알루미늄 분등의 금속분을 사용하여 금속과 같은 효과를 만드는 목적으로 2, 3년 전부터 사용이 급격히 증가되고 있다.

나노입자로 된 골드잉크, 실버잉크 등을 아연과 동, 소량의 용제를 혼합하여 스크린인쇄나 드라이 오프셋인쇄를 이용, 적용하고, 카드나 명함에 적용하고 영구보관용 사진에도 이용하고 있다. 금·은·동의 나노화된 입자를 마이크로캡슐 속에 집어넣고 플라스틱 코팅으로 마감하여, 종이와 협착시켜 기능성 있는 전기적 성질의 목적에 사용한다. 이것이 E-잉크로서 전자종이의 시초다.

도전성 잉크를 사용하여 반도체 모듈에 적용하고 PCB의 프린트 배선판용으로 사용하기도 한다. 납땜용이나 납땜방지막으로 스크린인쇄로 전자부품도 생산한다. 구리나 실버, 알루미늄 페이스트는 RFID의 안테나를 생성시키는 데 한몫을 하고 있다.

터치패널 제작 대표업체인 일본사진인쇄(Nissha Printing)는 은와이어잉크를 채용할 방침이다. 휴대전화의 터치센서, 자동차 뒷유리 열선 등에 금속인쇄산업이 신종 산업으로서 계속 매출이 상승하고 있다.

6) 액정잉크(Liquid crystal)

액정이란 액체와 고체의 중간으로서, 액체와 고체의 성질을 모두 갖고 있다. 액정의 온도, 압력, 전압에 따라 색이 민감하게 표시하는 특성을 응용하여 온도표시 등 액정디스플레이에 사용되고 있다. LCD는 전압에 의해 투명도가 변하는 menatic 액정을 스크린인쇄 후 photo etching에 의해 투명전극을 가진 panel에 주입시킨 표시장치를 말한다. 마이크로캡슐과 PCB의 에칭기술과 스크린인쇄, 그라비어인쇄, 드라이오프셋인쇄를 이용 필름과 투명수지의 박막판에 액정을 인쇄하고, 먹으로 오버프린팅한 후 밀폐시키기도 한다.

7) 기타

복권이나 행운권 등의 스크래치오프(scratch off: 긁어내는) 잉크는 주로 알루미늄 잉크나 라텍스 등으로서 스크린, 그라비어, 플렉소인쇄로 가능하다.

CD, DVD 등의 광기록 광감지 기능도 반도체의 금속물질이다. 데이터를 입력하는 장치는 인쇄기술은 아니다. CD 표면에 그림과 문자는 UV인쇄 또는 주조연판기술 같은 전문인쇄장치가 있다.

발포잉크는 미끄럼방지, 쇼크방지용으로 사용하며, 양각인쇄에도 사용된다. 향료인쇄는 마이크로캡슐에 내장한 후 스크린이나 UV인쇄로 가능하며, 자성잉크를 사용하는 통계, 분류, 집계하는 용으로, MICR잉크는 모든 인쇄방법으로 생산이 가능하다. 광학적 문자나 마크판독장치인 OMR, OCR용 인쇄는 후가공이 중요하고 인쇄는 오프셋으로도 가능하다. 생산량만 확보되면 오프셋인쇄기에 롤 스크린 인쇄를 인라인화하여 생산성을 높일 수 있다.

컬러산업화, 인쇄가 앞장서야 한다

우리 인쇄산업은 컬러에 관한 한 여타 업종에 비해 풍부한 지식과 노하우를 축적하고 있다. 인쇄가 컬러산업화의 헤게모니를 장악함으로써 인쇄산업이 종속적 구조를 탈피할 수 있다는 희망을 가져 본다.

1) 컬러의 주인은 누구인가

우리가 보고 있는 모든 것이 '색채'로 인식되고 있다. 모든 정보전달도 색채를 이용하는 것이 기본이 되었다. 인간의 두뇌에 가장 편하게 정보를 전달하는 것도, 인간의 생활편의 수단의 하나도 색채이다. 따라서 컬러를 산업에 이용하는 것은 당연하다. 시각을 효과적으로 통하게 하는 방법이 '색'이기 때문이다.

색채는 인쇄, TV, 사진, 인터넷, 의학, 의류, 미용에 이르기까지 모든 분야에 사용되고 있다. 결국 색채는 우리들의 삶이며 생명의 에너지로서 기능을 한다. "많이 팔린 색이 좋은 색이다"라는 말이 생겨나고 앞으로는 경제적 수치로도 계산될 것이다. 따라서 색채 계획이 필요하고 컬러리스트, 컬러디자이너 등 컬러 전문가가 생겨나고 있다.

이런 관점에서 필자는 '색=시각적 요소=인쇄'라는 공식을 성립시키고 싶다.

현재의 대표적 산업인 전자, 통신, 금융, 방송, 건설 등도 각자 기업이미지에 적합한 색채를 추출하고 있다. 브랜드전략으로 다양한 산업구조의 특성에 맞는 색상체계를 제대로 갖추는 것이 기업경쟁력이 되고 상품마케팅의 요체가 되는 것이다.

"어떤 색을 쓸 것인가"가 주요 이슈가 되면서 컬러가 급속히 산업화하기 시작했다. 막상 컬러산업화의 헤게모니를 장악해야 할 인쇄산업은 이런 추세를 외면하고 있는 가운데 이미 다른 분야에서 컬러에 대한 구체적인 사업사례가 생겨나고 있다. 여기에 문제 제기를 해 보고 싶은 것이다.

지금까지 인쇄는 컬러가 생명이고 생활이기 때문에 컬러에 대한 많은 인프라를 갖추고 긴 세월에 걸쳐 많은 노력을 해 오고 있다. 그러나 현실은 머리로 사는 업종에게 자리를 통째로 내주는 게 아닌가 하는 아쉬움이 있다.

색채산업도 경험과 역사적인 뿌리가 있어야 하고 시각 표현의 인프라를 갖추어야 한다. 따라서 컬러의 개발은 인쇄가 주도적으로 앞장서야 함은 당연하다.

2) 색채산업의 센스와 인쇄기술

디지털기술의 발전은 모든 전통산업의 순서를 바꾸어 놓았다. 색채를 디지털화하면서 색의 응용과 개발은 무서운 속도로 진행되었고, 기존산업이 미처 인식조차 못 한 사이 디지털컬러는 사회학, 경제학, 심리학들과 손을 잡고 있다. 인간의 행위자체를 뇌에서 어떻게 판단하고 있는지 색채가 어떠한 영향을 주는지 등의 대뇌생리학 카테고리를 발견하기 시작한 것이다.

시각적인 요소이면서 심리적인 설득력을 갖춘 색을 좋은 연구대상으로 삼아 뜻있는 경영자나 상품개발 담당자들이 중요성을 인식하고 산업적 측면으로의 접근을 시도하고 있다.

색채심리를 위해 추측하고 실험하는 고도의 과학기술이 접목되고 있는 것도 사실이다. 그러나 색채 개발 및 디자이너 센스만으로는 턱없이 부족하고 최종적인 시각장치인 인쇄기술이 접목되어야 함은 말할 필요가 없다.

모든 정보가 색채를 이용하여 보여 주는 대상은 결국 우리 인간이다. 지금 현재까지는 영상 아니면 인쇄로 표현되고 있지만 우리에게 가장 정확하고 과학적인 전달은 결국 인쇄가 앞선다는 것을 누구나 다 알게 될 것이다.

3) 인쇄가 적극적으로 찾아 나서자

『본초강목』이라는 의술서적에 약재 효능을 집필한 신농(神農) 씨는 모든 식물을 관찰할 때 효과적인 방법으로 우선 색깔을 살폈다. 색을 음양오행으로 나누어 한의학의 기본을 만들었듯이, 오랜 옛날부터 인간들은 색채를 이용해 왔다.

오늘날도 마찬가지이다. 유비쿼터스 시대의 컬러마케팅은 다양하다. 생활인테리어, 자동차, 공공장소 등에 시간과 계절에 따라 자동적으로 빛과 색깔 등이 변하는 조명이 될 것이며 사용하는 대상에 따라 색이 선택돼 디자인될 것이다.

빛과 함께 우리 인쇄가 컬러산업으로 찾아 나설 곳은 어디인가? 색의 선택과 혼합으로 기능성 소재를 가미하여 의학적 치료진단용 시약, 시제 kit 등 무한한 상품이 출현할 수 있을 것이다. 빛의 방사에너지를 이용하여 3차원 영상 표현을 쉽게 하여 색채의 심리적 치료에 효과적으로 응용할 수 있다. 중요한 정부문서의 색채 기준의 제정 필요성을 우리 인쇄업계가 제안하여 공공표지판 등 국방, 행정, 교육시설의 색채 지정 등 사업을 창출할 수도 있다.

종교단체의 내부 공유의 색채 표현물, 방송사의 프로그램의 상징적 색채 특성 등도 컬러산업화의 대상이며 기업체들의 전용컬러, 모든 상품의 컬러 사용기법 개발 등 앞으로도 다양한 형태의 컬러마케팅이 기다리고 있다. 우리 인쇄업계는 컬러에 관한 한 어느 업종보다 더 많은 지식과 노하우가 축적돼 있다. 종속적 구조를 탈피하여 뜻있는 몇몇 인쇄인들이라도 연합하여 컬러리스트와 함께한다면 새로운 산업 하나를 더 가질 수 있겠다는 희망을 가져 본다.

이제 잉크와 종이의 활용이다
－인쇄의 새로운 혁신방향에 대한 제언－

상품이 경쟁에서 이기기 위해서는 필수적으로 인쇄기술을 이용하여야 한다. 이러한 시대적 추이와 사명에 따라 인쇄는 새로운 기획이 필요하다. 핵심은 '잉크와 종이를 어떻게 활용하느냐'이다.

혁신이라는 용어에 대해 많은 사람들이 유감이 있는 것은 사실이다. 이 시대의 기업 이야기에서 거의 '혁신'이라는 말에 많이 시달리고 있을 것이다. 경영전략 이전에 거부감이 더 많은 것도 현실이다. 그렇다고 하더라도 누구나 집을 나설 때 무의식적으로 허리춤을 한 번쯤 동여매고 추스르고 나가는 습관이 있다. 그것은 사람이 움직일 때마다 습관적으로 중추적인 허리를 점검하기 위해서란다. 사람은 누구나 '革'을 차고 다니기 때문이다.

어느 시대나 상품을 사고파는 시장은 인간과 함께 있어 왔다. 과거 70년대 시장과 현재의 시장을 비교해 보자. 규모와 형태, 상품의 질, 판매방법 등이 엄청나게 변했다. 소비자는 물건을 고를 때 상품의 내용물을 확인하는 것보다 상품케이스, 카탈로그 등의 상품정보를 먼저 확인한다. 판매장소도 빛과 조명을 이용하고 시각적 효과를 위해 디자인과 컬러의 조화를 설계한다. 내용물의 품질에 대한 판단은 사용 후의 소비자의 몫이다. 우선적으로 고려되는 구매동기 유발이 사업의 핵심이 되어 버렸다.

수많은 기업들의 상품은 수단과 방법을 가리지 않고 각기 목적한 바대로 문화, 전통, 습관, 여론, 예술 등을 통합하여 구매동기 유발을 위한 최대한 볼거리를 창출한다. 삶의 질이 향상되면서 변화는 속도의 문제를 떠나서 전 세계가 생존경쟁의 장이 되었다. 분명한 것은 모든 것이 상상을 초월하여 변화하고 있는 것이다. 그렇다면 변화와 혁신에서 무엇이 중요하고, 무엇이 변화와 혁신을 주도하고 있는가. 결론은 상품을 표현하는 기술이다. 상품의 경쟁은 표현기술의 경쟁, 즉 인쇄기술의 경쟁이다. 인쇄기술은 끊임없이 발전하고 혁신되고 있다. 여기에 인쇄산업의 희망이 있다.

폭발적으로 팽창하고 있는 상품들은 인쇄를 팽창시킬 수밖에 없다. 이러한 과정은 끊임없이 계속되어 인쇄는 틀림없이 차세대 유망산업의 위치를 견지할 것이다. 디지털시대에 왜 종이소비가 늘어나는가? 많은 사람들이 전자우편, 인터넷 광고, 전자미디어 도입이 많은 상품시장에 영향을 주어 인쇄물이 감소하리라 예측한 바 있다. 신문이나 잡지, 기타 출판 홍보물이 제공하는 인간의 감성부문을 커버하는 데 인터넷과 전자매체는 한계가 있기 때문이다. 따라서 이 문제는 미래로 미룰 수밖에 없게 됐다. 나아가 종이와 디지털은 상호 보완관계로 진행되면서 프린터 등의 디지털기기의 발전과 급속한 보급으로 종이 사용량은 크게 증가되어 예상은 빗나갔다.

상품이 경쟁에서 이기기 위해서는 인쇄기술을 이용하여야 하는 것은 당연하다. 누구도 이 주장을 부인할 수는 없을 것이다. 이러한 시대적 추이와 사명에 따라 인쇄는 새로운 기획이 필요하다. 핵심은 '잉크와 종이를 어떻게 활용하느냐'이다.

모든 기술은 진화하고 엄청난 속도로 발전하고 있다. 특히 잉크와 종이도 기술진화에 맞추어 발전하고 있다. 이제는 인쇄도 주문에 의해서만 기업을 운용할 수는 없다. 수많은 새로운 상품이 쏟아지고 있으며 각각의 상품은 자기에 맞는 옷을 입기 위해 시장에서 부단히 움직인다. 상품에 대한 새로운 인쇄기획은 새로운 수요창출과 연결된다. 기업조직의 크고 작고에 관계없이 지식사회는 개인의 시대이며 '머릿수'보다 창조성을 의미하는 '머릿속'이 더 중요해진 사회다. 독자적인 특성을 살리는 것이 인쇄의 새로운 혁신이 될 것이다. 여기에 잉크와 종이를 관련해서 몇 가지를 응용하면 산업시장에서 많은 참고가 될 수 있을 것으로 사료된다.

1) 친환경 잉크와 종이

2003년 7월 환경부는 '환경표지대상제품 및 인증기준'을 발표한 바 있다. 정부물품은 의무 구매제도 대상으로 되어 있고 고지투입량 함수율, 형광증백제 사용, 표백제 사용 규제 등 오염물질의 저감과 자원절약 등을 고려하여 품질기준을 마련, 친환경상품진흥원이 인증을 해주고 있고 메이커별로 친환경상품의 의무 구매제도에 맞추어 인쇄용지별로 환경인증마크를 교부하고 있다. 정부기관 및 특별법인 등 292개 기관과 산하기관에서도 '친환경상품 구매촉진에 관한 법률'에 따라 의무적으로 구매해야 한다. 이에 따라 제지회사나 인쇄회사도 환경에 따른 특허출원도 증가하고 있다.

잉크분야도 오프셋잉크부터 석유화학 복합물질들의 취약한 환경규제를 벗어나기 위해 콩기름(대두유)잉크를 어린이 학습교재 및 신문인쇄에 많이 사용되고 있다. 우리나라의 잉크제조회사들도 미국의 ASA로부터 인증마크를 획득 판매하고 있다. 여러 가지 이점도 있지만 용제형 잉크에 비해 대두유잉크는 건조시간이 길고 상대적으로 가격이 비싸며 인쇄공장의 특수설계를 필요로 하는 등 제약요건이 있지만 광고주나 수요기관의 대두유잉크 사용 요구가 계속 증가되고 있다. UV경화형 잉크도 작업성, 가격 등을 극복하기 위해 하이브리드잉크로 개발되고 있다.

친환경을 넘어서 이제는 건강적 차원의 치료잉크도 개발이 시작되고 있다. 담배연기를 제거하고 냉장고 속의 냄새를 흡수하며 피부프린팅기술을 이용, 각종 의료테이프에 종이와 잉크가 적용되기 시작했다. 질병치료에 먹는 약보다 붙이는 약 시대로 가는 추세이며 인쇄의 역할이 강조되고 있는 것이다. 오늘날 모든 유아용 장난감도 새로운 잉크와 종이를 요구하고 있다. 즉 새로운 인쇄혁신이 시작되고 있는 것이다.

2) 기능성 잉크와 종이

인쇄기계는 자동화되었다. 그러나 인쇄의 종합자동화는 아직도 먼 길이다. 인쇄업계의 가격에 따른 수익성 창출과 보다 나은 인쇄경영을 위해서는 종합자동화를 검토해야 한다. 컴퓨터를 이용하는 모든 기계 제어장치는 아직은 잉크나 종이의 색상, 농도, 광택, 망점재현, 지질의 평활도, 백색도, 강도 등을 읽지 못한다.

앞으로는 사용자의 요구에 따라 정보가 자동 제어될 수 있도록 인쇄 명령체제에 잉크와 종이 정보를 포함시켜야 한다. 이를 위한 1단계로 잉크와 종이의 기본 자료를 선택적으로 사용하기 위한 규격화, 표준화를 거쳐 잉크와 종이에도 각종 기능을 첨가시킬 필요가 있다.

인쇄는 작업자의 감성적인 평가를 탈피, 인쇄시작부터 끝날 때까지 각종 요구 입력자료가 자동 제어되어 인쇄물의 검색과 종합평가까지의 과학적인 데이터가 필요로 하는 TOTAL PRINTING Management System으로 변화될 것이다. 따라서 다양한 색상의 창조가 가능하며 새로운 영역의 Color-Scale이 실용화될 것이다.

500선 이상의 초극세 표현이 가능하여 난해한 고미술품의 완벽한 복제가 아주 쉬워지고 3D 영상표현 등 새로운 사업도 창출된다. 삶의 질 향상에 따라 상품의 다양성에 맞추어 식용잉크, 항균잉크, 각종 화재예방에 사용될 시온잉크, 빛을 감지하는 잉크, 위조방지용 잉크, DNA잉크, 야간에도 책을 읽을 수 있는 발광잉크 등 수많은 특수 인쇄잉크들은 결국 종이와 만남으로써 해결된다.

3) 전자활용 잉크와 종이

일본 돗판인쇄는 반도체 제조에 사용하는 포도마스크사업을 강화하고 있다. 이것도 빛과 전자잉크의 활용이다. 차세대 산업으로 인쇄산업과 동떨어져 있는 것으로 인쇄산업이 배제될 수 있지만 분명한 것은 인쇄기술의 발전이며 타 업종에서 이를 응용하면서 인쇄기술 구도에 새로운 변화를 예고하고 있다. 나노기술이 인쇄를 만나면서 종이는 고강도 필름으로 대체하여 건축 부자재산업으로 시작되었고 잉크의 개발은 전자부품시장을 공략하고 있다.

전도체 잉크로 인쇄된 스피커를 이용한 종이 광고판은 말하는 상품케이스로 거듭나고 전자회로가 내장된 디지털 종이, 전자회로에 인쇄된 전도성 잉크는 오디오 파일을 전달하게 되고 이 기술은 상품 포장기술로 프린터를 대체할 수 있는 여지가 생기고 있다.

액체 플라스틱 잉크와 액체 펄프 잉크를 이용하여 모양, 구조 같은 모형을 만들어 내어 입체적인 시제품이 시험실에서 제작되고 있다. DNA잉크는 피부혈관까지 입체로 찍어 내고 있다. 이 모든 것은 환상이 아니고 현실이다. 이대로라면 인쇄에 대한 자부심과 긍지가 필요하지 않은가.

여기에 소개된 기술도 머지않아 우리 인쇄인들이 서비스할 수 있을 것으로 믿는다. 결국 인쇄가 잉크와 종이를 최대한 활용하지 못한다면 인쇄산업의 미래는 밝다고만 할 수 없을 것이다.

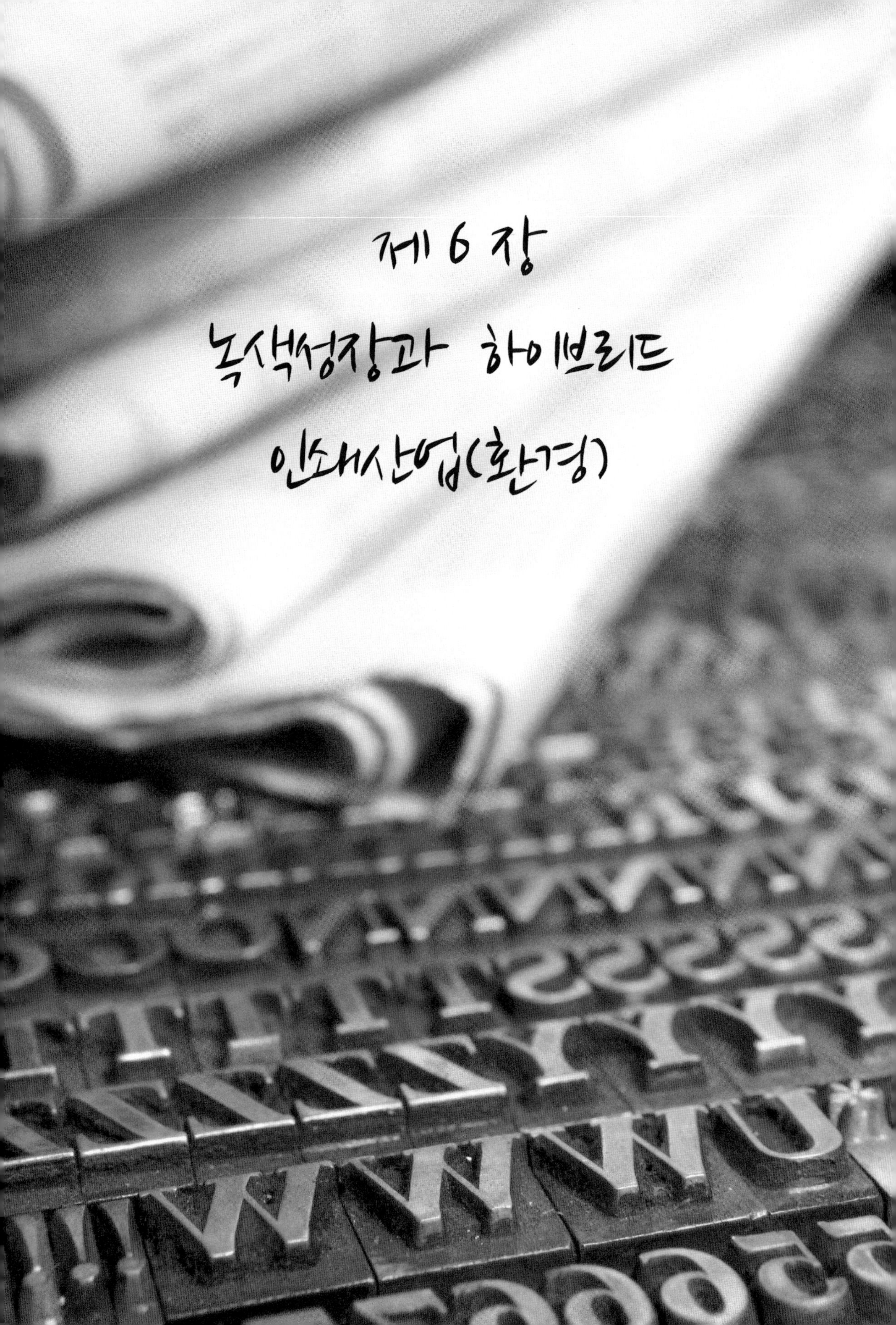
제 6 장
녹색성장과 하이브리드
인쇄산업(환경)

스마트그리드 그리고 인쇄의 희망

"인쇄산업은 석유화학과 연관된 산업이다. 종이, 인쇄잉크, 판, 유통, 동력 등 에너지와 자원의 영향을 많이 받고 있다. 따라서 인쇄뿐만 아니라 모든 산업이 마찬가지로 신재생 청정에너지가 개발되기 전까지 당장 해야 할 일들이 많아졌다. 탄소배출량 표시, 유럽수준의 환경인증에 맞는 재료 선정, 그린공정 구축, 친환경제품 개발 등이 눈앞에 와 있고, 이를 위해 정부는 탄소마일리지제도 시행 등 '그린프로덕션시스템(GPS)'을 도입할 예정이다. 여기에 인쇄산업도 스마트그리드를 적용함과 동시에 인쇄에도 희망이 생기게 될 것이다."

음양변증법이라는 이론은 통방사상에서 오래되고 깊이 있는 철학적 이론으로 알려지고 있다. 오묘하고 심오한 철리(哲理)를 정확히 설명하기는 불가능하다. 우주만상의 음과 양의 두 가지 '기(氣)'로 이루어져 있고, 이 둘은 상대성의 관계 속에 있고 둘이 반드시 있어야 둘 다 존재 의미가 성립한다. 주역의 이론에서도 음 속에는 양이, 양 속에는 음이 들어 있다고 한다.

서양에서도 19세기 미국의 시인이며 철학자인 Ralph Waldo Emerson(1803~1882)이 자연의 모든 만물들이 둘로 나뉘어 있어서 하나는 다른 것으로 완성시켜야만 하는 반쪽에 불과하다고 했다. 즉, 영혼과 물체, 남자와 여자, 하늘과 땅, 빛과 어둠 등 대치의 상대적 개념이지만 서로가 보완, 상생으로 조화를 이루어야 힘이 생긴다는 것이다.

힘(Energy)은 음과 양 때문에 우주만상을 생성 변화시킨다. 음양 상호 작용의 형태는 순환적이며 변증법적이다.

자원의 개념이 바뀌고 있는 것이다. 흔히 자원을 이야기할 때 땅속의 석유나 모든 광물질이 지하자원의 대표이고 부의 자원이었다. 그러나 이러한 자원국가들이 부의 혜택도 받았지만 일부 자원은 지구온난화의 주범인 이산화탄소를 배출시키고 생명을 다하기 시작했다. 그리고 고갈되고 있는 것이다.

지구 에너지의 종말인가? 모두에서 말한 음양변증법이 이 우주에 존재하는 한 순환 상생할 것이다. 땅속 자원과 땅 위의 자원(태양, 바람, 바다)은 음과 양으로 서로 상생, 상극하면서 계속 변증되고 생성되기 때문이다.

많은 사람이 우리나라는 자원이 없는 국가라고 한다. 그러나 이제는 틀린 말로 증명되고 있다. 누구에게나 공평하게 재생할 수 있는 친환경적인 신재생에너지가 무한하기 때문이다. 즉, 땅 위의 자원의 가치를 발견했다는 것이다. 태양이 매초 지표에 내보내는 빛의 에너지는 170조kW에 달한다고 한다. 자연 생성되는 바람과 물, 땅 위에서 자라는 모든 식물들이 친환경에너지원이다.

나는 우리나라를 축복받은 땅을 가진 나라라고 감히 생각한다. 과거에는 쓸모없는 산이 70%라고 불평을 했다. 그러나 그 산의 형태가 2,000m급 이하로 각종 식물이 자랄 수 있어 섬유소를 이용해 에탄올이나 탄화수소연료를 생성할 수 있는 잡초, 낙엽 등의 에너지가 넘쳐나, 좁은 땅의 공간에서도 경제성 있는 자원으로 이는 이산화탄소를 식물에 저장 소멸시킬 수 있을 뿐 아니라 태양광을 받는 면적도 굴곡 있는 면이 평지보다 훨씬 더 많은 양의 빛을 받을 수 있는 천혜의 산지이기 때문이다.

또한 3면이 바다로 둘러싸여 있어 물 자원의 에너지인 바닷물도 풍부하다. 학자들의 연구는 바닷물을 정제하거나 핵변환시킨다면 인공태양에 들어가는 이중수소도 얻을 수 있다고 한다. 따라서 한국은 자원이 없는 국가가 아니라 신생 에너지로 무게가 이동됨과 동시에 자원이 풍부한 나라가 될 것이다.

특히, 인쇄산업은 석유화학과 연관된 산업이다. 종이, 인쇄잉크, 판, 유통, 동력 등 에너지와 자원의 영향을 많이 받고 있다. 따라서 인쇄뿐만 아니라 모든 산업이 마찬가지로 신재생 청정에너지가 개발되기 전까지 당장 해야 할 일들이 많아졌다. 탄소배출량 표시, 유럽 수준의 환경인증에 맞는 재료 선정, 그린공정 구축, 친환경 제품 개발 등이 눈앞에 와 있고, 이를 위해 정부는 탄소마일리지 제도 시행 등 '그린프로덕션시스템(GPS)'을 도입할 예정이다.

여기에 인쇄산업도 스마트그리드를 적용함과 동시에 인쇄에도 희망이 생기게 될 것이다.

1) 스마트그리드

디지털화 시대의 인쇄는 과거와 달라 두뇌 편집부터 에너지 사용이 시작된다.

영업, 관리, 기획, 편집, 디자인, 원고, 사진, 종이, 잉크, 판, 인쇄, 후가공, 납품, 유통 등이 모든 부분이 에너지 없이는 불가능하다. 그리고 단위공정별로 에너지 소모량을 실시간으로 표시되어 확인할 수만 있다면 품질관리를 자동화하는 길도 쉬울 것이다.

스마트그리드! 요즈음 신문은 경쟁적으로 매일 보도하고 있다. 물론 인쇄까지 적용하기는 상당한 시간이 필요할 것이다. 그러나 친환경 공정 도입은 도입 즉시부터 그 진가를 알 수 있을 것이다.

그러면 스마트그리드를 생각해 보자. 많은 기업들이 비용절감에 목소리를 높이고 있다. 전기, 종이, 물, 인력, 택배, 기름 등 허리띠를 졸라매는 절박한 심정이다. 출·퇴근 시 소등이나 이면지 사용 등 "마른 수건도 다시 짜라"는 식의 극한의 원가절감을 들고 나오는 것은 외부 경영환경이 갈수록 악화되고 있기 때문이다. 원자재 가격상승, 가격의 과당경쟁 극복은 남이 하지 않고 있는 어떤 것이라도 먼저 녹색으로 과학화해야 한다.

이렇게 에너지 절약은 녹색혁명으로부터 시작해야 된다는 시그널이 계속 전파되고 있다. "모든 산업에 녹색 옷을 입혀라"라고 모든 기업의 산업의 그린화는 생존과 동시에 성장 동력도 찾는 것이다.

이를 위하여 상징적 용어인 '스마트그리드'를 세계 최초로 사용한 사람은 퓰리처상을 세 차례나 받은 미국 뉴욕타임스의 대기자 토머스 프리드먼(Thomas L. Friedman, 56)이다. 그는 최근 출판한 『뜨겁고 평평하고 북적이는 세계(Code Green, Hot, Flat and Crowded)』라는 책을 통해서 녹색혁명의 절차를 이야기하고 있다.

스마트그리드(Smart grid)는 지능형 전력망의 쌍방향성을 말한다. 휴대전화 중에도 통화시간표시보다는 통화요금 누계를 사용자가 리얼 타임으로 확인한다든가, 대문 밖이나 신발장 뒤에 있는 계량기를 거실이나 TV모니터로 가져와 전력량과 요금, 수도, 가스요금까지 실시간으로 표시해 주고, 모든 전자제품마다 현재 사용되고 있는 에너지량의 의무표시나 피크타임을 알려 주어 언제나 사용자들이 선택하여 절약할 수 있는 기회를 제공한다.

택시나 주유소의 미터기처럼 공공요금이 10원, 100원씩 올라가는 것을 눈으로 확인시키자는 것이다. 이렇게 함으로써 기계공정이나 생산공정에서 비효율적인 것을 찾아내고 에너지 사용의 선택권을 사용자에 주어 에너지 효율화를 이루자는 것이다.

구글이 파워미터(Power Meter)라는 프로그램을 시범운용하고 있다. 국내에서도 LS산전 등이 스마트 계량기의 모델제품을 선보이고 있다. 거실에 놓으면 15분, 30분 단위로 전기소모량이 모니터 화면에 표시된다.

스마트그리드의 초보단계이다. 발전소, 송전망, 변전소, 송전철탑, 전봇대에 전력망 칩을 달면 어느 곳이 모자라고 넘치는지를 알아 수급을 조절할 수 있다. 이 기술을 이용하면 인쇄공정도 부착된 공정센서칩에 의해 상당한 에너지절약과 품질을 진단할 수 있으리라 생각한다.

지금은 모든 산업이 정보, 기술, 지식이 없이는 기업을 성공시킬 수 없다고 한다. 우리나라 지방자치단체들이 경쟁적으로 미래도 도시 U-시티를 시범 사업화하고 있다. 사람과 환경, 문화, 사물, 행정을 스마트그리드화한다는 것이다.

여기에 인쇄도 시스템화하여 유무선 통합 커뮤니케이션 서비스 속에 집어넣어 모든 상황을 유비쿼터스화 인쇄로 U-시티 시민에게 서비스될 것이라 한다. 환경오염, 모든 강의 형태, 빌딩관리, 홈 네트워크 등에 적용되는 IP센서는 스마트그리드의 발전된 형태이다.

오프셋 4색기 1대의 1개월간 평균 15,000kW로 볼 때 1년간 이산화탄소 배출량을 계산해 보면(에너지관리공단 탄소배출량 계산법) 15,000kW×12월×0.424kg CO2/kWh=76.320tCo,

년 76.320tCÄ가 발생한다. 계산할 필요 없이 스마트그리드센서가 자동으로 표시해 준다. 따라서 인쇄도 녹색혁명의 대상이다.

탄소배출량이 엄청나다. 인쇄공정은 시작부터 완료까지 전력이 없으면 불가능하기 때문이다.

2) 인쇄공정에 적용할 신재생에너지

LED(Light Emitting Diode)는 전기에너지를 빛 에너지로 발산하는 반도체소자로서 백열등보다 최대 85%까지 에너지를 절감할 수 있고 수명도 5~10배 이상 견고하다. 색상이 RGB를 구현할 수 있고, 컬러검색하는 데 파장이 없어 훨씬 안정적 교정이 가능하다. 공장 내부의 조영환경 등은 정신적 안정에 도움을 주고 있다. 앞으로 인쇄공정에 도입할 것을 권장한다.

태양광을 이용한 축전기는 공장의 UPS를 대신할 것이다. 이 기술은 인쇄기가 운전하면서 발생하는 전자기를 이용해 무선 충전 공간을 만드는 기술도 진행 중이다. 즉, 햇빛이 없는 실내 공간에서도 자동충전이 가능하다고 한다.

풍력발전 전기를 이용한다든지, 실내의 풍력과 열을 이용한 충전기도 개발 중이다. 태양전지로 도시전체를 먹여 살리는 독일의 큐셀 시도 하나의 희망이다. 이러한 신재생에너지는 인쇄산업에도 상당한 영향을 미칠 것이고 희망을 줄 것이다.

작업환경이 품질이다
―환경과 인쇄―

친환경 인쇄만이 살아남고 크게 성장할 수밖에 없다. 인쇄산업도 환경을 고려해야 한다는 것은 시대의 요청이기 이전에 생존의 전략이다. 인쇄 곳곳에서도 고려되어야 될 사항이 여러 곳에서 터져 나오고 있다. 환경과 인쇄라는 통합에 새로운 연구가 필요한 시점에 이르렀다.

지금까지 인류가 5,000년간 지켜 온 지구환경이 지난 50년이라는 아주 짧은 기간에 인류의 생존 자체를 위협할 정도로 파괴되고 오염되어 버렸다. 지구공동체의 존재가 흔들리고 있다는 요구에 온통 세상이 시끄럽다. 인류가 자신의 삶의 질을 향상시키기 위한 의지와 편이성 추구가 자원의 무분별한 사용으로 이어졌고 자원의 고갈이라는 예상치 못한 새로운 문제로 야기되고 있는 것이다. 성장을 위한 공업화, 소비에 따른 낭비, 선진국을 따라잡기 위한 전략 등은 속도전쟁으로 치닫고 있다. 더욱 심각한 것은 염료 같은 오염물질을 배출하는 공해산업이 저개발국가로 이동되고 있고 이를 간파한 후진국도 환경오염에 대한 방어를 시작했다.

컬러로 먹고사는 인쇄산업은 자연색소를 어찌할 것인가?

개인당 자원 소비량은 초스피드로 증가하면서 새로운 자원전쟁은 이미 시작되었다. 해결될 수 있는 대안이 희박하다. 이러한 인간중심주의 산물은 천연자원에 의존하는 인쇄환경에 막강한 어려움을 끼치기 시작했고 과도기적 상황에서 값을 치러야 하는 경제적 부담이 안팎으로 심각하다. 디지털이냐, 생체적 전통이냐, 갈림길의 방황이다. 이로 인한 인쇄비용은 계속 증가하고 있고 새로운 기술을 강요받고 있다. 요즘 벤처캐피털의 투자순위는 친환경→생명공학→미디어→반도체 순으로 바뀌고 있다. 특히 환경오염물질의 저감장치에 엄청난 투자가 일어나고 있다.

1970년대 니콘, 캐논, 미놀타, 펜탁스, 올림푸스 등 일본 카메라산업은 생애 최고의 호황을 누렸지만 필름이 디지털로 전환되면서 업체 간 희비가 엇갈리고 있다. 1936년 세계 최초로 컬러필름을 개발하여 세상을 주도했던 AGFA는 새로운 사업영역으로 전환했고 캐논사는 연매출이 3조억 원이 넘는 글로벌기업으로 급성장했다. 이것도 환경에 따른 산업의 변화다. 지구자원의 일부인 종이와 잉크도 환경으로부터 어떤 형태의 저항을 받을지 모른다. 인쇄기술도 마찬가지다. 결국은 친환경 인쇄만이 살아남고 크게 성장할 수밖에 없다.

인쇄산업도 환경을 고려해야 한다는 것은 시대의 요청이기 이전에 생존의 전략이다. 인쇄 곳곳에서도 고려되어야 될 사항이 여러 곳에서 터져 나오고 있다. 인쇄의 5대 요소는 원고, 판, 잉크, 종이, 인압이라고 한다. 모든 부문에서 환경적 종합 고려가 필요하게 된 것이다. 기후변화와 공장환경 그리고 자원절약과 오염물질 절감, 인쇄재료의 보관환경 등은 인쇄품질과 원가형성에 지대한 영향을 주고 있다. 여기에 소음, 진동, 분진, 냄새, 폐수 등으로 인한 근로자와의 관계, 잉크와 종이의 친환경 재료개발의 계속된 요구, 더 나아가 생체에너지에 도움을 주는 인쇄기술을 요구받고 있다. 이러한 모든 것은 새로운 부담과 더 많은 값을 치를 수밖에 없다. 이에 따라 인쇄 원가 계산도 새로운 시각으로 접근해야 하고, 환경과 인쇄라는 통합에 새로운 연구가 필요한 시점에 이르렀다.

1) 사용자의 새로운 요구와 제도

식품의약품안전청은 식품의 생산부터 소비까지 모든 단계의 식품이력 추적제도 도입을 위해 인프라 구축 정보화 전략계획을 수립한다고 한다. 그리고 제책된 아동용 교재에 사용된 접착제와 잉크 및 종이에 대해 언론과 방송이 환경적 관심을 보도하기 시작했다. 이것은 소비자의 올바른 선택과 알 권리를 보장하기 위함이다.

2008년에 6월부터 2012년까지 148억을 투입해서 영·유아용 식품을 포함 정보화 전략계획 로드맵을 확정했다. 인쇄업계의 새로운 도전이다. 모든 상품은 원재료 내용물뿐 아니라 포장지와 내포장지까지라도 환경평가를 받을 것이다. 이제는 인쇄물이 기본적인 대상이 되었다. 품질관리, 위해정보 파악, 안전한 식품망 및 이력추적제도는 유통체계에서 손상을 받는 인쇄기술에 대한 새로운 도전이 될 것이다.

2) 환경친화용지와 잉크

환경문제와 밀접한 관련이 있는 인쇄업계가 상기 여러 가지 동향에 능동적으로 대처하기 위해 정확한 정보와 장비, 용지, 잉크, 용재, 소모품 등에 대해서도 개발동향에 대해 최신정보를 습득할 필요가 있다. 결국 인쇄업계는 환경에서 피해 갈 수 없고 자유스러울 수도 없다. 각종 출판물과 인쇄용지에 환경제품 보급 확대를 위해 이미 정부는 환경표지 대상 제품 및 인증기준을 발표한 바 있다. 수많은 종이와 잉크를 환경인증제품을 사용한다 하더라도 인쇄기술이 따르지 못하면 효과적인 것이 못 된다. 인쇄기술을 환경제품으로 분류시켜 정부 및 공공기관 의무제도의 구매대상이 될 수도 있다.

인쇄용지는 많은 종류에 환경인증 마크를 받은 제품이 많다. 잉크 역시 미국 ASA로부터 인증마크를 받은 제품이 많다. 현재 환경인증 재료를 15~20% 정도 사용 중인 것으로 보고되고 있다. 그러나 종이와 잉크만 가지고 환경문제를 해결할 수 없다. 공장환경과 인쇄기술도 새로운 영역이고 그린인쇄로 인증마크 제도를 도입해야 한다.

3) 인쇄사의 작업환경은 품질이다

인쇄시장은 속성인 단납기, 고품질, 저코스트 구조에서 벗어나지 못하고 있다. 인쇄의 품질은 인쇄기 성능, 인쇄재료인 잉크와 종이 그리고 습수조절, S/W, 경험 등을 어떻게 조절하여 인쇄하느냐가 중요하다. 하지만 더 중요한 것은 작업장의 환경을 어떤 조건으로 관리하느냐에 따라 좌우될 수 있다. 즉 인쇄과정의 설치동선이나 기계중심이 아닌 인간중심의 환경이 크게 좌우한다.

인쇄근로자의 피로상태, 조명상태, 온·습도, 소음과 진동, 냄새, 분진, 휴식공간 등 이러한 제요소를 갖추고 운영하는 곳은 그리 많지 않은 것 같다. 또한 인쇄현장에서 배출되는 대기 및 폐수의 오염도나 유기용제에 적셔진 수입포(걸레) 등 인체에 유해한 것이 많다. 인쇄물은 과학기술을 이용한 종합예술이라고 하는데 그 생산현장은 아직 열악하다. 선진국의 인쇄기술과의 경쟁에서 우리는 작업환경에서 뒤지고 있다.

대한인쇄연구소는 작업장 및 인쇄공정도 인쇄표준화에 모든 것을 포함시켜 정리하고 싶다. 작업장의 조명을 보더라도 전 공장의 조명은 200~300룩스로 유지하더라도 국부(局部) 조명은 700룩스로 하여야 한다. 색 맞춤대, 검사실, 조색하는 작업실 등도 시간에 따라 색 온도가 변하기 때문에 자연채광 및 인공광원도 채택해야 한다.

탈취장치, 소음 진동대책, 수질오염의 방지, 오염물질 처리, 안전 위생대책 등은 현재 정부인쇄가격이 포함되어 있지 않는 상태에서 인쇄불황기에 사치스러운 이야기일 수 있지만 이제부터는 환경 극복에서 인쇄발전의 성취와 성공할 수 있는 길이 있다고 믿는다.

4) 차세대인쇄와 나노기술의 오해

누구나 인근에서 웰빙을 앞세운 나노물질을 쉽게 만나고 있다. 항균성과 냄새를 제거하는 은나노입자는 인쇄기술을 이용하여 표면에 디스플레이되고 있다. 은, 탄소, 티타늄 등 나노입자는 책자나 섬유제품에서 100% 접착유지를 못하기 때문에 입자폐수는 수중에 서식하는 유기체와 인간에게 원하지 않는 효과를 초래할 수도 있다. 나노기술은 2차적으로 소재와 밀착성을 개발해야 한다. 현재 포장산업의 인쇄술인 그라비어, 플렉소, 실크 등과 종이의 대표인쇄인 오프셋인쇄 등의 환경문제로 시작되고 있는데 잉크젯·레이저 프린트, 디지털인쇄 등이 모든 산업에 침투하고 있다. 또 다른 환경영역이 생겨나고 있는 것이다.

금속입자에 천연의 강도를 유지하는 인쇄기술, 마이크로캡슐을 이용한 전기전자인쇄 등 차세대에 응용될 인쇄기술이 속속 등장하고 있다. 새로운 희망도 생기지만 뒤따르는 환경기술문제가 같이 해결되어야 한다. 오늘 나는 환경요구와 인쇄라는 명제에 1%라도 접근했는지는 모르겠다. 들어가 보면 인쇄는 그렇게 간단치가 않다. 그러나 우리 인쇄는 싫어도 환경에 대응해 준비하지 않으면 안 된다. 어찌되었건 네덜란드 철학자 스피노자(1632~1677)가 "비록 내일 지구의 종말이 온다 해도 오늘 한 그루의 사과나무를 심겠다"라는 말이 의미심장하게 다가온다.

제6장 녹색성장과 하이브리드 인쇄산업(환경)

녹색성장과 하이브리드 인쇄산업
-인쇄산업의 신경영기술 검토-

인쇄기술로 녹생성장에 필요한 경영기술은 무궁무진하다. 정부는 신성장동력 3개 분야와 17개 산업 선정을 발표했다. 주로 녹색기술이다. 이 사업 중 일부는 인쇄산업과 융합되지 않으면 100% 성공할 수 없다. 여기에 신인쇄경영기술이 필요하다.

요즈음 환경과 그린에 대해 정책과 언론은 활자와 방송을 통해 거의 매시간 계속되고 있다. 여기에 대표적인 사진은 북극빙하와 북극곰이다. 빙하는 녹아내리고 북극곰은 지구온난화로 인하여 사라지고 있다는 장면이다. 앨 고어도 "북극 얼음이 녹는다라고 말하지 말고 우리 모두가 북극얼음을 녹이고 있다고 생각해야 한다"고 주장한다. 최근 국내 산업계도 화두는 산업 그린화이다. 녹색변화가 세상을 바꾸고 있다. 국내 기업들도 CO2 규제를 넘어 신성장동력을 발굴하여 녹색경쟁력을 갖추지 않으면 수출이 어렵고 투자유치도 어렵다는 인식이 지배적이다. 효율적인 에너지사용, 생산, 마케팅, 물류, 소비자의 녹색 요구에 따라 전 생산공정을 친환경, 저탄소형으로 바꾸는 것은 필연적인 운명으로 받아들여지고 있다. 어쩌면 녹색이 세상을 바꾸는 제2의 산업혁명이 될 수도 있다.

한편에서는 경제실정을 모르는 철부지들의 생각이라고 공격하는 의견도 있다. 그러나 새로운 기술혁신은 코스트를 절감시키고 제2의 산업혁명인, 환경혁명은 고도성장으로 가는 필연적인 과정이라는 것이 대다수 의견이다. 금년 초 라스베이거스에서 열린 전자제품전시회 'CES2009'에서의 거의 모든 출품작들이 친환경제품으로, 에너지 소모량을 줄이고 CO2 배출을 거의 없게 하는 제품들이었다. PET 생수병을 재활용해 친환경 휴대전화를 만들고 햇빛과 바람으로 휴대전화를 충전하고, 각종 전자부품도 전력소모량을 50% 이상 줄이고, 옥수수 전분으로 만든 휴대전화 등 녹색성장 산업 관련 제품들이다. 미국을 비롯한 세계 주요국의 녹색성장 정책은 막대한 예산, '그린 뉴딜'이라는 이름으로 러시아워 때처럼 경쟁이 치열하다. 지구촌 키워드가 이제부터는 '녹색'이다. 환경과 경제 중 한 가지만을 선택하는 것이 아니고, 두 마리 토끼를 동시에 잡는 새로운 경영이론으로 재무장하고 있다. 즉, 스마트 콤비카드 1장으로 2가지 업무를 동시에 구현하는 것이다.

탄소배출량을 줄이기 위해 에너지 전략과 생산성 향상을 위한 IT기술의 접목이다. 영국은 탄소 제로형 국가로 목표를 정했고, 일본은 탄소배출량을 계속 줄여 2030년부터 80%까지 줄인다는 '후쿠다비전'을 선언했다. 우리나라도 향후 5년간 그린에너지 산업 분야에 3조 원을 투자해 선진국 수준으로 올리겠다는 구상이다. 세부적으로 ① 한국 9대 주력산업의 녹색혁명, ② 지식 서비스산업의 저탄소형 산업구조 재설계, ③ 그린 IT에 파생되는 다양한 산업 체제를 신산업으로 성장시키겠다는 구상이다.

이렇게 녹색이 세상을 바꾼다고 세계가 난리 법석인데 우리의 생명인 인쇄산업과 녹색이 무슨 연관이 있겠는가라고 외면할 수는 없다. 이미 인쇄는 디지털화라는 변화가 시작되었다. 필름과 판이 없는 인쇄시도는 친환경이라는 명분으로 진화되고 있으며, 잉크와 종이 일부분에서도 자원절약, 오염물질 저감이라는 환경이슈에 인쇄업계도 피해갈 수는 없다. 인쇄산업도 환경경영이라는 새로운 용어가 미래를 준비하는 필수조건으로 여겨지게 되었다. 앞으로 친환경제품 의무구매제도가 시행될 것에 대비해 친환경 인쇄제품 규격도 업계 스스로 만들어야 한다. 그러나 더욱 중요한 것은 세계의 녹색성장 속에서 인쇄산업이 그동안의 소극적인 친환경기술에 만족할 것이 아니라, 지금부터는 타 업종과의 교류와 협력으로 신성장동력산업에 적극적으로 참여하는 하이브리드 인쇄산업으로 발전시켜야 한다. 왜 녹색성장 산업에 인쇄기술이 필요한지를 검토할 필요가 있다. 녹색성장에 참여할 수 있는 새로운 인쇄산업의 경영기술을 발굴해야 한다.

1) 디지털과 책 읽는 방식의 변화

우리나라 디지털북 시장은 걸음마 수준이지만, 미국의 구글은 1994년부터 미국의회 도서관 서적뿐 아니라, 정부·대학 도서관 1만 4천 곳의 소장도서를 디지털기록으로 변환하겠다고 밝힌 바 있다. 500개 언어로 된 책 2,100만 권과 인쇄물 지도, 사진, 그림, 영상, 음악자료까지 1억 3,800만 점이라고 한다. 그리고 새로운 책은 매년 7%씩 늘어난다고 한다. 엄청난 인쇄물량이 세계 속에 성장하고 있는 것이다.

이것을 연차적으로 디지털북화하여 스캔서비스를 상업화하면서 조선일보를 비롯한 세계 수백 개 신문에 광고를 내었다. "당신이 책을 쓰거나 출판한 적이 있는 저작권자라면 알려 달라." 온라인 북으로 팔아 수익을 나누겠다는 것이다. 이것은 조선일보 "만물상"에서 읽은 것이다. 책의 변화도 결국 녹색혁명의 흐름인 것이다.

생체적 책장의 맛을 디지털이 흉내 낼 수는 없으나, 분명한 것은 디지털이 성공할 경우에는 종이 책자를 인쇄하기도 전에 세계의 모니터에서 미리 보게 될 것이다. 따라서 생산부수는 줄어들 수밖에 없고, 이로 인하여 감소된 판매액은 인쇄과정 중에서 새로운 기술을 창출 보완하여야 한다. 인쇄하기 전 프리프레스단계에서 온라인과 연계하는 프로그램이 개발되고, 인쇄업계가 이를 데이터뱅크화해서 직접 딜해야 할 것이다. 그리고 스캔된 도서정보의 해상도를 높여 상업적 디지털 형성이 시급하고, 서비스 중단위기에 처해 있는 전자책 시장도 방송과 통신융합으로 PC외에 스마트폰, Kindle 같은 전용 단말기가 저렴한 가격으로 출시되면 활성화될 것은 분명하다.

특히 우리나라가 보유하고 있는 문화유산 콘텐츠는 세계가 욕심낼 수 있는 훌륭한 보물들이다.

2) 광촉매 코팅과 인쇄기술

2008년 말 대한인쇄연구소에서는 '태양전지도 인쇄기술로 생산한다'는 주제로 교육한 바 있다. 물론 여기서 파생된 여러 가지 유사기능, 기술은 녹색성장에 있어서 가장 핵심이면서 성장 동력산업에 필수적으로 기여할 수 있다고 본인은 자신한다.

그러나 종이인쇄에 집착되어 있는 현실에서 변화하기는 지극히 어려움이 있는 것도 사실이다. 새 집 증후군은 집안의 가구와 벽지, 장판 등에서 나오는 휘발성 유기화합물(VOC)로 인해 일어나는 알레르기성 질환이다. 일부 내장 포장재에서는 10년 후에도 유해물질이 배출되는 사례가 있다. 따라서 실질적인 유해물질 방어 및 제거책으로 광촉매가 가장 적합한 대안으로 떠오르고 있다. 물론 인쇄기술의 접목 없이 직접 페인팅하는 방법이 있으나 품질문제와 고가의 원가구성이 걸림돌이다.

1990년부터 광촉매 코팅액을 수입 보급했으나 거의 실패했다. 원료비 절감을 위한 무원칙 혼합비율이 문제가 되었다. 광촉매 인쇄기술로 코팅하여 박막필름을 생산하여 사용하는 것이 효과적 해결책이다. 이러한 기술이용은 태양광 발전시스템의 핵심부품인 실리콘 반도체보다도 원가절감이 가능한 염료감응형 태양전지가 대안이 될 수 있다. 이 것 또한 박막 코팅필름을 생산한 인쇄기술이 핵심이다. 요즘 쉽게 접할 수 있는 터치스 크린뿐 아니라, 음이온 발생물질을 OP필름에 나노코팅하여 빨리 시드는 장미 같은 생 화를 다른 포장지보다 3배 이상 신선도를 유지시키고, 과일숙성도 표시라벨인 '센서라 벨'을 부착, 소비자들이 과일을 고를 때 즉시 먹을 것과 며칠 후 먹을 것을 구별할 수 있게 한 것도 인쇄기술이다. 하나 더 소개하면 포장지 내에 산소 흡수제를 코팅하여 식 품의 품질과 유통기한을 늘릴 수 있는 FRESH PAX도 역시 핵심은 인쇄기술이다.

3) 컬러와 미술치료

컬러는 손과 인쇄에 의해 표현한다. 모니터상의 컬러도 손과 인쇄가 원천기술이다. 요즈음 정신질환 치료수단으로서 미술치료는 공간적이기 때문에 구체적이고 영속성 이 있다고 한다. 조지워싱턴대학 암센터에서는 색과 심리의 작동을 이용해 심리치료를 병행하고 있다. 눈을 뜨면 다양한 색이 있고, 다양한 컬러마다 힘의 원천이 있다고 한 다. LEO(발광소자)들이 청색과 적색 빛을 이용하여 환경을 제어하는 식물공장은, 실내 에서 작물을 공산품처럼 계획 생산하는 생물기업이 출현하고 있다. 인간의 심리에 적합 한 컬러를 선택하여 특수병동이나 주거 룸에도 온 벽면 전체를 컬러필름과 LED로 포장 한 후 소정의 효과를 볼 수 있다. 또한 컬러와 핀에 편차를 두는 원색 분해기술은 3D인 쇄(입체)가 가능한 획기적 기술로 일본의 D인쇄사에서 특허를 출원했다. 이렇게 개발 된 컬러는 새로운 인쇄경영기술의 하나이고, 동시에 인쇄가 하이브리드 산업이 되는 것이다.

4) 바이오와 인쇄기술의 만남

한창제지는 옥수수에서 추출한 자연물질을 사용해 만든 친환경 종이컵을 개발했다고 한다. 현재의 종이컵은 표면에 석유 화합물질인 폴리에틸렌(PE)을 입힌 것으로 땅속에 묻더라도 종이는 썩지만 PE는 자연 분해되지 않는다. 옥수수의 자연물질인 PLA(Poly Latic Acid)을 코팅 인쇄한 것은 땅속에서 100% 자연 분해된다고 한다. 화장품과 약물 흡수력을 높이는 종이전지를 로켓전지에서 개발하였는데, 이는 고분자 화합물로 만든 초박형 필름전지를 종이로 코팅해 만들어 두께가 0.08~0.1mm에 불과하다. 세계 최초의 기술들이며 피부 프린팅시대를 여는 것이다. 이제는 종이비료가 나올 것도 같다.

인쇄기술로 녹생성장에 필요한 경영기술은 무궁무진하다. 정부는 신성장동력 3개 분야와 17개 산업 선정을 금년 1월 13일 발표했다. 주로 녹색기술이다. 여기에 인쇄 관련하여 구체적 언급은 없지만, 이 사업 중 일부는 인쇄산업과 융합되지 않으면 100% 성공할 수 없다. 여기에 신인쇄경영기술이 필요하다. 그렇다고 현재가 어렵다고 무관심하게 포기할 수는 없는 것이다.

후기(後記) – 필자가 경험한 인쇄 이야기

필자에게도 거의 반세기에 걸친 인쇄경험 이야기가 있다. 어쩌면 개인적인 일이겠지만 인쇄와 함께 살아온 미소(微小)한 경험도 역사가 될 수 있어 몇 가지를 간략(簡略)하여 적는다.

어린 중학교 시절 인쇄와 특별한 인연을 맺은 행운이 있었다. 당시 선친께서 남쪽 해안지역 소도시에서 제과공장을 운영하실 때의 일이다. 모든 것이 열악한 시절이라 과자 포장지는 종이가 귀하여 값이 싸고 빛바랜 황토색의 꺼칠한 산화지와 신문지를 손으로 직접 봉투를 만들어 과자를 싸 주는 것이 최고의 서비스였다. 이것이 당시의 포장지이며 시골에서는 꽤 고급스러워 그러한 과자봉투도 버리지 않고 요긴하게들 사용했다. 장사가 잘되어 과자의 종류도 다양해지고 납품량도 많아지면서 밀가루로 만든 과자나 빵들은 산화지나 신문용지로 포장하고, 사탕종류의 포장은 당시 고급 모조지를 사용하였는데 깨끗한 백지여서 공책 대신으로도 사용되었다.

점점 발전하여 종류에 따라 단색 인쇄된 포장봉투도 출현하여 고급과 싸구려 등으로 차등 적용되기 시작했다. 가내공업에서 폭발적으로 사업이 확장되어 비과나 유과를 대량생산하면서 위생문제가 요구되고 제품의 습기도 방지하기 위해 낱장씩 포장을 할 수 있는 소절(小切) 용지가 서울에서 수입이 되면서 포장도 고급화가 시작되었다. 파라핀을 먹인 방습용지에 3원색으로 인쇄되어 그 당시로서는 최첨단이었다. 그뿐이랴. 엿이 녹더라도 겉 포장지에 붙지 않도록 소위 간지 역할을 하는 얇은 찹쌀용지가 있어 포장하는 여공들이 2겹의 용지를 동시에 손으로 포장하는 것은 상당히 고난도 손기술이었으며, 신기한 달인들이었다. 얇으면서 정밀하게 재단된 찹쌀용지는 어떻게 만들어질까 상당히 궁금하기도 했다. 포장지를 납품하는 인쇄사 사장의 부족한 과학적 이론과 기술의 설명은 너무 서툴러 이해하기 어려웠다.

마치 과자공장이 인쇄 포장지 사업장 같았다. 그리고 과자에 넣는 먹는 색소와 향료는 이태리에서 수입한 제품으로 지금의 인쇄공장처럼 인쇄잉크통들이 넘쳐났다. 그때도 게임용 오마께(おまけ)경품과자는 포장지 속에 감춰진 숫자가 당첨되면 사탕 1박스를 덤으로 주는 것으로 당시 대유행이었다. 가내공업에서 기업의 틀을 제법 갖추고 있었다. 겉의 포갑지 인쇄가 핀이 맞지 않아 코가 두개로 보이는 것도 고급컬러 훌륭한 인쇄물로, 그 포갑지는 기념으로 학용품을 담는 그릇으로도 인기가 좋았다. 주인 아들인 나는 사용하지 않은 새 포갑지를 훔쳐 인심을 쓰기도 했다.

그 후 60년 초 서울의 대기업 제과업체들이 전국을 강타하면서 지방 제과점들은 결국 모두 문을 닫았지만 남는 것은 포장지 인쇄 추억이다. 결국 배운 게 있다면 과자도 인쇄 없이는 팔 수 없다는 사실이었다.

오랜 세월을 지나 1970년 필자는 서울신문사에 입사했다. 인쇄에 대한 많은 경험과 기술을 습득할 수 있었다. 당시 신문조판이 주조, 문선, 식자, 지형 연판을 거쳐 장착된 인쇄판은 투박하고 거대한 활판 윤전기에 실려 돌아가는 소리 굉음(轟音)을 들어 보지 않고는 실감할 수 없다. 그 후 책을 만드는 부서로 옮겨지면서 재난의 삶은 연속이었다.

필자가 직접 담당하고 개발했던 몇 가지 사업도 근대 인쇄산업의 충분한 자료가 될 수 있을 것으로 사료된다. 추첨식 주택복권의 위·변조 방지를 위한 시큐리티 처리와 여러 형태의 넘버링 설계와 구조는 앞으로도 새로운 아이디어 사업이 창출될 수 있는 것들이다. 인쇄는 모든 산업과 연결되고 있는 창조적 산업이다. 그 외 무역복권의 접지기술과 서울시내버스의 승차권, KBS시청료영수증은 위·변조 방지가 가장 중요했다. 유가증권 인쇄실에서 화제로 불에 탄 납세증지는 기억하기 싫다.

최첨단 기술을 외국기술에 의존하지 않고 회사가 보유한 전통식기계로 고집스럽게 개발하려다 국내기술의 한계에 부딪쳐 실패한 즉석식복권은 서울신문사 창사 이래 처음으로 회사 사고(社告)에 공식사과문을 게재하기도 했다.

『민족문화대백과사전』을 우리나라 최초로 전산조판하여 DB화시킨 사상 초유의 작품을 의욕적으로 성공했으나 백과사전인쇄는 87년 대통령 선거 당시 정책배려와 전중소기업중앙회 회장(유기정)의 끈질긴 건의 때문에 인쇄협동조합에 양보할 수밖에 없었던 아픔도 경험했다.

70년대 초 미숙한 인쇄기술은 주택복권의 판매장소가 열악한 노점상의 환경 때문에 1등으로 당첨된 복권이 햇볕에 바래 원본복권과 색상차이 발생은 위조여부와 검사의견 문제로 인한 당첨금 미지급사건으로 복권시장이 떠들썩하게 했던 적도 있었다. 이를 해결하고자 하여 전혀 국내 인쇄업계에 정보가 없는 UV인쇄를 개발하려고 일본에 요청한 기술수입이 즉시 거절당해 버린 망신스런 일도 있었지만, 결국 청계천 뒷골목 1평 남짓한 단추공장에서 단추컬러 인쇄방식을 배워 UV인쇄를 성공시키고 즐거워했던 일 모두가 추억이다.

당시 정부간행물에서 최대물량인 특허청의 법정간행물 특허공보류를 25년간 100만 페이지 조판을 달성한 일, 특히 상표공보의 경우는 출원한 상표 자체를 고무인으로 받기 때문에 이를 활자조판과 연계시키기가 여간 어려운 일이 아니었다. 그 후 전자출원으로 업무효율화는 되었지만 관련 인쇄사업은 사라져 버렸다.

농가달력을 1천만 부 납품 때문에 매년 신정휴일마다 밤새운 일, 임술(壬戌)년의 술(戌)자가 수(戍)로 오자(誤字) 인쇄돼 다시 인쇄하고도 한국일보에 꼬집힌 일, 한국관광공사의 캘린더에 70년 초 2월 28일이 2번 중복 인쇄되어 세계 각국으로부터 창피 산 일, 그것들이 차원 다른 씁쓸한 경험이다.

스마트카드시스템을 한국조폐공사와 똑같은 최첨단장비를 도입하여 행정안전부의 전자주민증사업 공략이 정부 측 보류로 무산된 일, 차선책으로 서울시의 교통카드(RFID) 최초 제안자로 성공은 했으나 국내 독점공급을 위해 초기에 독일에서 생산된 전자칩을 몽땅 과다구매해 투자회수의 어려움을 겪었던 일, 외통부의 전자여권개발을 위해 모든 시스템을 개발하고 개발된 장비로 일본 NTT와 공동으로 한(韓)·일(日) 양국의 국제공항에서 시연을 계속하면서 여러 차례 미국 국토안보부에 방문 제안했던 일, 결국 우리나라 외통부의 지연으로 "닭 쫓던 개 지붕 쳐다본 꼴"이 되어 버린 허탈한 일도 나의 인쇄경험이다.

또한 국내 최초로 인쇄기술로 랜티큘러필름(3D필름)을 개발하고도 사업화 못 하고 사장(死藏)돼 버린 것이 지금은 3DTV에서 대성공하고 있다. 2004년 대한인쇄연구소 소장의 미래인쇄 포럼을 통해 나노인쇄를 외치다가 업계로부터 외면당한 일 등 회한도 있

후기(後記) - 필사가 경험한 인쇄 이야기

다. 또한 너무 일에만 재미있게 매달리다 개인 창업을 못한 것도 조그마한 후회로 남는다.

원고정리가 끝나는 이 시점에도 세계의 인쇄정보는 쏟아지고 있다. 3차원프린터가 당신의 책상 위로 올라온다면 예술가와 화가들 집단을 넘어설 것이다. 프린터된 OLED가 전등벽지로 바뀌고, 종이와 IT가 융합하여 스마트종이로 만들어진 스마트종이책이 컴퓨터와 전쟁을 시작할 날도 머지않았다.

필자가 개인적으로 겪은 다양한 인쇄경험은 어쩌면 나에게는 행운인지도 모른다. 이 시점에서 인쇄시장에 닥치고 있는 자본주의의 "마테오 효과"를 어떻게 극복할 것인가는 하나의 과제이기도 하다. 그러나 인쇄는 미래가 있어 행복하다. 지금부터 인쇄5.0세대의 시작이다.

조용국

서울신문사 출판사업국장
경영지도사(중소기업청 등록)
인쇄문화산업진흥위원회 위원
(재단법인) 대한인쇄연구소 소장
미래인쇄기획 대표
(주)케이디엠티 회장

인쇄의 생명력

인쇄 5.0세대

초판인쇄 | 2012년 8월 10일
초판발행 | 2012년 8월 10일

지 은 이 | 조용국
펴 낸 이 | 채종준
펴 낸 곳 | 한국학술정보㈜
주   소 | 경기도 파주시 문발동 파주출판문화정보산업단지 513-5
전   화 | 031) 908-3181(대표)
팩   스 | 031) 908-3189
홈페이지 | http://ebook.kstudy.com
E-mail | 출판사업부 publish@kstudy.com
등   록 | 제일산-115호(2000. 6. 19)

ISBN   978-89-268-3591-3 93580 (Paper Book)
          978-89-268-3592-0 95580 (e-Book)